二五"国家重点图书出版规划项目：**光通信技术丛书**

OTN
原理与技术

刘国辉 张皓◎编著 毛谦◎主审

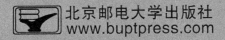

北京邮电大学出版社
www.buptpress.com

内 容 简 介

本书系统地吸收了迄今为止 ITU-T 和 OIF 关于光传送网方面的最新建议,结合作者近 20 年来从事光通信技术研究的成果和体会,介绍了光传送网的产生和演进历程、分组化趋势、OTN 控制智能化和 SDN 化趋势、5G 的 OTN 承载方案(MOTN)以及 OTN 演进的最终形态(全光网);介绍了光传送网和灵活光传送网(Flex OTN)的最新分层结构、接口结构、客户信号的映射和复用路线、帧结构和开销;介绍了各种速率、各种格式的客户信号在 OTN 中的映射方法和复用方法(包括客户信号到 OTN 的映射、虚级联技术和链路容量调整方案);介绍了 OTN 的节点设备及组网应用、OTN 的网络结构与保护、光传送网物理层接口;介绍了超 100 Git/s OTN 技术,包括 Flex OTN 的接口与帧结构、Flex Ethernet 技术及在 OTN 中的映射、灵活栅格技术;介绍了软件定义光网络的体系构架、SDON 多层多域控制架构、SDON 与现有网络的兼容和演进等内容。

本书是一本关于 OTN 的比较全面、新颖、专业的书籍,内容翔实、概念清晰、系统性强,可供从事光传送网研究与光网络规划、光传送网设备开发的科技人员阅读,可作为从事通信网工作的专业技术人员和管理人员学习 OTN 技术的参考书,也可供欲了解光通信前沿技术的大专院校信息通信类专业的教师、研究生、高年级本科生参考。

图书在版编目(CIP)数据

OTN 原理与技术 / 刘国辉,张皓编著. -- 北京:北京邮电大学出版社,2020. 1(2022. 7重印)
ISBN 978-7-5635-5951-0

Ⅰ. ①O… Ⅱ. ①刘… ②张… Ⅲ. ①光传送网 Ⅳ. ①TN929. 1

中国版本图书馆 CIP 数据核字(2019)第 292689 号

书　　　　名:OTN 原理与技术	
著作责任者:刘国辉　张　皓	
责 任 编 辑:刘　颖	
出 版 发 行:北京邮电大学出版社	
社　　　　址:北京市海淀区西土城路 10 号(邮编:100876)	
发　行　　部:电话:010-62282185　传真:010-62283578	
E-mail:publish@bupt.edu.cn	
经　　　　销:各地新华书店	
印　　　　刷:北京九州迅驰传媒文化有限公司	
开　　　　本:787 mm×1 092 mm　1/16	
印　　　　张:21.75	
字　　　　数:542 千字	
版　　　　次:2020 年 1 月第 1 版　2022 年 7 月第 2 次印刷	

ISBN 978-7-5635-5951-0　　　　　　　　　　　　　　　　　　　　　定　价:52.00 元

丛 书 序

现代意义上的光纤通信源于 20 世纪 60 年代,华人高锟(C. K. Kao)博士和霍克哈姆发表了题为《光频率介质纤维表面波导》的论文,指出利用光纤进行信息传输的可能性,提出"通过原材料提纯制造长距离通信使用的低损耗光纤"的技术途径,奠定了光纤通信的理论基础,简单地说,只要处理好石英玻璃纯度和成分等问题,就能够利用石英玻璃制作光导纤维,从而高效传输信息。这项成果最终促使光纤通信系统问世,而正是光纤通信系统构成了宽带移动通信和高速互联网等现代网络运行的基础,为当今我们信息社会的发展铺平了道路。高锟因此被誉为"光纤之父"。在光纤通信高科技领域,还有众多华人科学家做出了杰出的贡献,谢肇金发明了"长波长半导体激光器件",金耀周最早提出了同步光网络(SONET)的概念,厉鼎毅是"光波分复用之父"等。

武汉邮电科学研究院是我国光纤通信研究的核心机构。1976 年,武汉邮电科学研究院在国内第一次选用改进的化学气相沉积法(MCVD)进行试验,改制成功一台 MCVD 熔炼车床,在实验过程中克服了管路系统堵塞、石英棒中出现气泡、变形等一系列"拦路虎",终于熔炼出沉积厚度为 0.2~0.5 mm 的石英管,并烧结成石英棒。1977 年年初,研制出寿命仅为 1 h 的石英棒加热炉,拉制出中国第一根短波长(850 nm)阶跃型石英光纤(长度 17 m,衰耗 300 dB/km),取得了通信用光纤研制史上第一次技术突破。1981 年,武汉光纤通信技术公司在国内首先研制成功一批铟镓砷磷长波长光电器件,开启了长波长通信时代。1982 年 12 月 31 日,中国光纤通信第一个实用化系统——"82 工程"按期全线开通,正式进入武汉市市话网试用,从而标志着中国开始进入光纤通信时代。

最近,由武汉邮电科学研究院余少华总工牵头承担的国家 973 项目"超高速超大容量超长距离光传输基础研究":国内首次实现在一根普通单模光纤中在 C+L 波段以 375 路、每路 267.27 Gbit/s 的超大容量超密集波分复用传输 80 km,传输总容量达到 100.23 Tbit/s,相当于 12.01 亿对人在一根光纤上同时通话。对于我们日常应用而言,相当于在 80 km 的空间距离上,仅用 1 s 的时间,就可传输 4 000 部 25 GB 大小、分辨率 1 080 像素的蓝光超清电影。该项目实现了我国光传输实验在容量这一重要技术指标上的巨大飞跃,助力我国迈入传输容量实验突破 100 Tbit/s 的全球前列,为超高速超密集波分复用超长距离传输的实用化奠定了技术基础,将为国家下一代网络建设提供必要的核心技术储备,也将为国家宽带战略、促进信息消费提供有力支撑。

经过 40 多年的发展,武汉邮电科学研究院经国家批准为"光纤通信技术和网络国家重点实验室""国家光纤通信技术工程研究中心""国家光电子工艺中心(武汉分部)""国家高新技术研究发展计划成果产业化基地""亚太电信联盟培训中心""商务部电信援外培训基地""工业和信息化部光通信产品质量监督检验中心"和创新型企业等,已形成覆盖光纤通信技术、数据通信技术、无线通信技术与智能化应用技术四大产业的发展格局,是目前全球唯一集光电器件、光纤光缆、光通信系统和网络于一体的通信高技术企业。

2013年第68届联合国大会期间,中国政府推动并支持通过决议将2015年确定为"光和光基技术国际年"。其重要原因是,2016年是诺贝尔奖获得者、号称"光纤之父"的科学家高琨先生发明光纤50周年。为了进一步普及推广光纤通信技术的最新成果,武汉邮电科学研究院和北京邮电大学组织资深的工程师和培训师,编写了"十二五"国家重点图书出版规划项目:光通信技术丛书,该丛书包括《光纤宽带接入技术》《光纤配线产品技术要求与测试方法》《分组传送网原理与技术》《光网络维护与管理》《OTN原理与技术》《光纤材料》《光有源器件》等,力图涵盖光纤通信技术的各个层面。

著名的通信网络专家、武汉邮电科学研究院总工程师、国际电联第15研究组(光网络和接入网)副主席余少华院士,烽火科技学院卢军院长和各位领导对光通信技术丛书给予了大力支持。国际电信联盟组织的成员、武汉邮电科学研究院原总工毛谦教授在百忙之中对光通信技术丛书进行了细心审核。

我们将这套丛书献给通信技术和管理人员、工程人员、高等院校师生,目的是进一步普及光纤通信的最先进技术,共同为我国的光纤通信技术发展努力奋斗!

陶智勇

前　言

全光通信是人类通信的梦想,随着光纤通信的发明和应用,人们发现全光通信的梦想通过努力是可以一步步实现的。于是,全光通信和全光网成为人们追求的理想和目标。

全光网为人类勾画出了通信的美好蓝图,但人们很快发现美好蓝图的实现面临着巨大的困难。首先,光信号的再生、波长变换等在电域很容易实现的功能在光域实现起来十分困难,有些功能虽然可以实现,但效果并不理想,且成本高昂。再者,全光网的管理和维护信息无法在光域处理。因此,全光网不能组成全球性/全国性的大网以实现全网内的波长调度和传输,而仅能组成一个有限区域的子网。光信号在子网内可透明传输和处理,子网之间的互连互通只能通过 3R 电再生实现。

在这一背景下,ITU-T 于 1998 年提出光传送网(OTN)的概念以取代全光网。光传送网根据网络功能与主要特征命名,虽然它的最终目的是构建透明的全光网络,但它不限定网络的透明性,可从"半透明"开始,即在网中允许有光电变换。因此,可以说 OTN 是向全光网发展过程中的过渡形态。

经过 20 多年的发展,OTN 技术已经取得了很大进步,居于通信网的主导地位。多维度的 ROADM 和 OXC 已经比较成熟,可以引入到 OTN 网络。近年来,中国电信已经在骨干网(长江中下游区域)和大城域网(上海)的核心传送节点实现了 ROADM 的规模部署。同时,OTN 技术还吸收了原来 SDH 和现在 PTN 的电层处理技术,具有处理多业务、多速率信号的能力。OTN 现在是既当"爹"(管大事,处理高速信号)又当"妈"(管中小事,处理中低速信号)。通过对 OTN 的功能和能力进行组合和裁剪后,OTN 不仅可用于省际干线和省内干线,而且可用于城域网的核心层、汇聚层,甚至接入层。

ITU-T 从 2007 年开始探索在数据业务占主导情况下 OTN 的应变与改进之道。为了适应业务的 IP 化,先后引入了 ODU0、ODU2e、ODU4、ODUflex 等容器来装载 GE、10GE、100GE 以及任意速率的分组业务和 CBR 业务;为了适应多业务的接入需求,OTN 增加了GPON、CPRI、FC 以及各种速率的客户信号,引入了 GMP(通用映射规程)的映射方式,增加了低阶/高阶 ODU 结构;为了适应网络扁平化的趋势,OTN 吸收了 PTN 的功能,演变出了分组增强型 OTN(POTN);为了充分利用现有资源灵活承载和传送高速信号,ITU-T 提出了灵活光传送网(Flex OTN)、灵活波长栅格的概念和标准,OIF 提出了灵活以太网(Flex Ethernet)的概念和标准;为了满足 5G 业务对承载网的要求,ITU-T 近来提出了移动承载优化光传送网(Mobile-optimized Optical Transport Network,MOTN)的概念,简化了 OTN 的封装,用以降低 OTN 设备的时延和成本;未来几年,OTN 还要在控制平面引入 SDN(软件定义网络),以优化整个通信网。

本书系统地吸收了迄今为止 ITU-T 和 OIF 关于光传送网方面的最新建议,参考了近几年来国内外大量文献资料,结合作者近 20 年从事光通信技术研究的成果和体会,着重讨论了和光传送网密切相关的诸多技术问题。

全书共分 9 章。第 1 章以光传送网的演进为主线,介绍了光传送网的产生和演进历程、分组化趋势、OTN 控制智能化和 SDN 化趋势、5G 的 OTN 承载方案(MOTN)以及 OTN 演进的最终形态(全光网);第 2 章介绍了光传送网的新分层结构,并从原子功能的角度描述了各层网络的组成及其功能,还从标准的角度介绍了光传送网的标准架构以及各标准的主要内容;第 3 章介绍了光传送网和灵活光传送网(Flex OTN)的最新分层结构、接口结构、客户信号的映射和复用路线、帧结构和开销;第 4 章介绍了各种速率、各种格式的客户信号在 OTN 中的映射方法和复用方法(包括客户信号到 OTN 的映射、虚级联技术和链路容量调整方案);第 5 章介绍了 OTN 的节点设备及组网应用;第 6 章介绍了 OTN 的网络结构与保护;第 7 章介绍了光传送网物理层接口的有关概念、命名及技术要求;第 8 章介绍了超 100 Gbit/s OTN 技术,包括 Flex OTN 的接口与帧结构、Flex Ethernet 技术及在 OTN 中的映射、灵活栅格技术;第 9 章介绍了软件定义光网络的体系构架、SDON 多层多域控制架构、SDON 与现有网络的兼容和演进等内容。

本书的前身《光传送网原理与技术》是"十五"国家重点图书出版规划项目,是在国际电信联盟组织成员、武汉邮电科学研究院原副院长兼总工程师毛谦教授的亲自指导下编写而成的。该书是我国第一本全面介绍 OTN 的专著,出版后受到广大读者的青睐,被广泛引用。

本书在《光传送网原理与技术》的基础上进行了全面更新。作者对引入的最新技术进行了逻辑梳理、难度分解、难点解读和画图说明。因此,本书逻辑性强,深入浅出,通俗易懂,易于理解。

毛谦教授高屋建瓴,对本书从选题到结构和内容的确定,再到全书的审阅和修改,都提出了许多宝贵的意见,倾注了大量的心血!烽火通信股份有限公司的吕建新教授级高级工程师、陈德华教授级高级工程师、郭志霞高级工程师为作者提供了很多帮助。在编写过程中,作者还得到了武汉邮电科学研究院烽火科技学院的领导和同事的鼎力支持和无私帮助。在本书出版之际,谨向所有给予作者关心、爱护、支持和帮助的领导和朋友们致以衷心的感谢!

由于作者水平有限,书中难免有诸多错误和不周之处,敬请广大读者批评指正。

作 者

2019 年 7 月于武汉

目　　录

第 1 章　概述……………………………………………………………………… 1

　1.1　光传送网的演进 ……………………………………………………………… 1

　　1.1.1　从电通信到光通信 ……………………………………………………… 1

　　1.1.2　从 PDH/SDH 到 WDM ………………………………………………… 3

　　1.1.3　从 WDM 到 OTN ………………………………………………………… 4

　　1.1.4　OTN 与 WDM 的关系 …………………………………………………… 5

　1.2　OTN 的概念及所涉及的技术 ………………………………………………… 6

　　1.2.1　OTN 的概念 ……………………………………………………………… 6

　　1.2.2　OTN 涉及的技术 ………………………………………………………… 7

　1.3　OTN 的控制智能化——ASON ……………………………………………… 10

　　1.3.1　ASON 的主要特点 ……………………………………………………… 11

　　1.3.2　ASON 的网络结构 ……………………………………………………… 11

　　1.3.3　ASON 的网络接口 ……………………………………………………… 14

　1.4　OTN 的分组化——POTN …………………………………………………… 16

　　1.4.1　通信业务的分组化 ……………………………………………………… 16

　　1.4.2　承载网的分组化 ………………………………………………………… 16

　　1.4.3　传送网的分组化 ………………………………………………………… 17

　　1.4.4　POTN 的技术演进 ……………………………………………………… 18

　1.5　OTN 对 5G 承载的支持——MOTN ………………………………………… 19

　　1.5.1　MOTN 概念的提出 ……………………………………………………… 19

　　1.5.2　MOTN 的思路 …………………………………………………………… 20

　　1.5.3　面向 5G 的光传送网承载方案 ………………………………………… 20

　1.6　OTN 的未来——全光网 ……………………………………………………… 24

　　1.6.1　全光网的优点 …………………………………………………………… 24

　　1.6.2　全光网的基本结构 ……………………………………………………… 25

　　1.6.3　全光网的关键技术 ……………………………………………………… 25

第 2 章　光传送网的分层结构和标准架构 ……………………………………… 29

　2.1　光传送网的分层结构 ………………………………………………………… 29

　2.2　光传送网层网络的组成与功能 ……………………………………………… 31

2.2.1　数字层网络的组成与功能·· 31

2.2.2　光信号层网络的组成与功能·· 31

2.2.3　媒质层网络的组成与功能·· 34

2.2.4　光传送网各层网络的客户/服务者关系 ································· 35

2.3　光传送网标准的框架结构··· 37

第3章　光传送网的接口及其帧结构·· 39

3.1　光传送网的接口结构··· 39

3.1.1　有关术语··· 40

3.1.2　传统光传送网接口的电域信息结构······································· 42

3.1.3　灵活光传送网接口的电域信息结构······································· 44

3.1.4　光传送网接口的光域信息结构·· 45

3.1.5　光传送网接口的信息包容关系·· 46

3.2　客户信号的映射和复用··· 51

3.2.1　客户信号的映射和复用路线··· 51

3.2.2　ODUk 的时分复用路线··· 54

3.3　OTN 的帧结构与速率·· 63

3.3.1　OTN 的帧结构·· 63

3.3.2　OTN 各种信息结构的比特率·· 65

3.4　OTN 的非随路开销··· 70

3.4.1　路径踪迹标识符和接入点标识符·· 70

3.4.2　光传输段开销··· 72

3.4.3　光复用段开销··· 73

3.4.4　光通道开销和光支路组开销··· 73

3.5　OTU/ODU 的帧定位开销·· 74

3.6　OTU 的开销··· 75

3.7　ODU 的开销··· 79

3.7.1　ODU 的开销概貌·· 79

3.7.2　ODU 通道监视开销·· 79

3.7.3　ODU 串联连接监视开销·· 82

3.7.4　ODU 的其他开销·· 88

3.8　OPU 的开销··· 90

3.9　OTN 的维护信号··· 92

第4章　客户信号的映射和复用··· 97

4.1　普通客户信号到 OPUk 的映射·· 97

4.1.1　CBR 信号到 OPUk 的映射·· 98

4.1.2　ATM 信元流到 OPUk 的映射··· 101

4.1.3　GFP 帧到 OPUk 的映射·· 102

4.1.4　测试信号到 OPUk 的映射 ·············· 103

4.1.5　非特定客户比特流到 OPUk 的映射 ·············· 104

4.2　通用映射规程 ·············· 104

4.2.1　引入 GMP 映射的目的 ·············· 104

4.2.2　灵活的光数据单元 ·············· 105

4.2.3　GMP 映射的原理 ·············· 105

4.2.4　GMP 处理客户信号的流程 ·············· 106

4.3　其他 CBR 信号到 OPUk 的映射 ·············· 107

4.3.1　速率小于 1.238 Gbit/s 的 CBR 信号到 OPU0 的映射 ·············· 107

4.3.2　速率为 1.238～2.488 Gbit/s 的 CBR 信号到 OPU1 的映射 ·············· 109

4.3.3　速率接近 9.995 Gbit/s 的 CBR 信号到 OPU2 的映射 ·············· 110

4.3.4　速率接近 40.149 Gbit/s 的 CBR 信号到 OPU3 的映射 ·············· 111

4.3.5　速率接近 104.134 Gbit/s 的 CBR 信号到 OPU4 的映射 ·············· 112

4.4　FC-1200 信号到 OPU2e 的映射 ·············· 113

4.5　速率大于 2.488 Gbit/s 的 CBR 信号到 OPUflex 的映射 ·············· 116

4.6　低阶 ODU 到高阶 ODU 的复用 ·············· 116

4.6.1　OPUk 的支路时隙 ·············· 117

4.6.2　ODTU 的定义 ·············· 122

4.6.3　ODTUjk 到 OPUk 的复用 ·············· 124

4.6.4　ODTUk.ts 到 OPUk 的复用 ·············· 127

4.6.5　OPUk 的复用开销 ·············· 131

4.6.6　ODUj 到 ODTUjk 的映射 ·············· 138

4.6.7　ODUj 到 ODTUk.ts 的映射 ·············· 145

4.7　客户信号的虚级联映射 ·············· 148

4.7.1　虚级联的概念 ·············· 148

4.7.2　虚级联容器及其开销 ·············· 149

4.7.3　客户信号的虚级联映射 ·············· 151

4.8　虚级联信号的链路容量调整方案 ·············· 151

4.8.1　LCAS 控制开销 ·············· 156

4.8.2　链路容量调整原理 ·············· 158

4.8.3　LCAS 协议 ·············· 160

4.8.4　LCAS 命令的时序分析 ·············· 163

第 5 章　OTN 的节点设备 ·············· 170

5.1　POTN 设备的总体构架及主要功能 ·············· 170

5.1.1　POTN 设备系统构架 ·············· 170

5.1.2　板卡式 POTN 设备逻辑功能模型 ·············· 171

5.1.3　集中交叉式 POTN 设备逻辑功能模型 ·············· 172

5.1.4　POTN 设备的主要功能 ·············· 173

5.2 POTN 的电层交换技术 ………………………………………………… 174

5.2.1 集中交换的原理 …………………………………………………… 174

5.2.2 实现统一信元交换的关键技术 ………………………………… 175

5.2.3 统一信元交换设备的实现 ……………………………………… 177

5.3 OADM 的功能与结构 …………………………………………………… 177

5.3.1 OADM 的功能及其性能要求 …………………………………… 178

5.3.2 OADM 节点的结构 ……………………………………………… 179

5.4 OXC 的功能与结构 ……………………………………………………… 184

5.4.1 OXC 的功能及其性能要求 ……………………………………… 184

5.4.2 OXC 的结构 ……………………………………………………… 188

5.4.3 基于空间光开关矩阵的透明 WXC 结构举例 ………………… 190

5.5 烽火通信公司 POTN 设备介绍 ………………………………………… 194

5.5.1 烽火 FONST 6000 U 系列设备介绍 …………………………… 194

5.5.2 FONST 6000 U60 介绍 …………………………………………… 195

5.6 POTN 设备的组网应用 ………………………………………………… 197

5.6.1 POTN 设备在光层的组网应用举例 …………………………… 197

5.6.2 POTN 设备在电层的组网应用举例 …………………………… 199

第 6 章 OTN 的网络结构与保护 …………………………………………… 204

6.1 OTN 的网络结构 ………………………………………………………… 204

6.1.1 OTN 的物理拓扑结构 …………………………………………… 204

6.1.2 OTN 的逻辑拓扑结构 …………………………………………… 206

6.2 OTN 的保护策略 ………………………………………………………… 207

6.2.1 网络保护的概念与分类 ………………………………………… 207

6.2.2 路径保护 ………………………………………………………… 207

6.2.3 子网连接保护 …………………………………………………… 209

6.2.4 共享环保护 ……………………………………………………… 211

6.3 OTN 线性保护的结构与 APS 协议 …………………………………… 211

6.3.1 常用术语 ………………………………………………………… 211

6.3.2 线性保护的体系结构 …………………………………………… 212

6.3.3 保护组命令 ……………………………………………………… 214

6.3.4 线性保护的 APS 协议 …………………………………………… 215

6.4 OTN 线性保护 APS 协议的传输 ……………………………………… 220

6.4.1 1+1 单向和双向倒换举例 ……………………………………… 220

6.4.2 1∶n 的双向倒换举例 …………………………………………… 221

6.4.3 练习命令操作 …………………………………………………… 221

6.5 OTN 环网保护的 APS 协议与传输 …………………………………… 224

6.5.1 OTN 环网保护的结构 …………………………………………… 224

6.5.2 OTN 环网保护的 APS 协议 ……………………………………… 225

6.5.3　OTN 保护环的配置 ·· 228

6.5.4　OTN 环保护倒换中 APS 信令的传输 ····················· 230

6.6　OTN 的光层保护 ·· 232

6.6.1　光线路 1＋1/1∶1 保护 ·· 233

6.6.2　光复用段 1＋1 保护 ·· 233

6.6.3　光通道 1＋1 波长保护 ·· 235

6.6.4　光通道 1＋1 路由保护 ·· 235

6.7　OTN 的 OCh 层保护 ··· 238

6.7.1　OCh 1＋1 保护 ··· 240

6.7.2　OCh $m∶n$ 保护 ··· 241

6.7.3　OCh Ring 保护 ··· 242

6.8　OTN 的 ODUk 层保护 ·· 244

6.8.1　ODUk 1＋1 保护 ··· 244

6.8.2　ODUk $m∶n$ 保护 ·· 245

6.8.3　ODUk Ring 保护 ··· 247

第 7 章　光传送网的物理层接口 ·· 249

7.1　域间接口及其命名 ··· 249

7.1.1　域间接口 ·· 249

7.1.2　光网络单元的参考点 ·· 250

7.1.3　域间接口的命名 ·· 251

7.2　多信道和单信道域间接口 ···································· 253

7.2.1　多信道域间接口 ·· 253

7.2.2　单信道域间接口 ·· 256

7.2.3　多信道域间接口与单信道域间接口的互联 ················· 258

7.2.4　域间接口的横向兼容 ·· 258

7.3　域间接口的技术要求 ·· 260

7.3.1　域间接口的技术参数 ·· 260

7.3.2　多信道域间接口的技术参数值 ································· 269

7.3.3　单信道 NRZ 码域间接口的技术参数值 ····················· 270

7.3.4　单信道 RZ 码域间接口的技术参数值 ······················· 271

第 8 章　超 100 Gbit/s OTN 技术 ··································· 273

8.1　Flex OTN 的接口与帧结构 ································· 273

8.1.1　Flex OTN 的短距接口 ··· 273

8.1.2　Flex OTN 的长距接口 ··· 275

8.1.3　Flex OTN 的帧结构与比特率 ································ 276

8.2　ODUk 到 ODTUCn 以及 ODTUCn 到 OPUCn 的复用 ······ 277

8.2.1　OPUCn 支路时隙的定义 ······································· 277

8.2.2　ODTUCn 的定义 ……………………………………………………… 282

8.2.3　ODUk 到 ODTUCn.ts 的映射 ………………………………………… 282

8.2.4　OPUCn 的复用开销和 ODTU 调整开销 ……………………………… 283

8.2.5　ODTUCn 到 OPUCn 的复用 …………………………………………… 286

8.3　OTUCn 到 n 个 FlexO 实体的映射 …………………………………………… 287

8.3.1　OTUCn 的分配和 OTUC 的合并 ……………………………………… 287

8.3.2　OTUC 到 FlexO 帧的映射 ……………………………………………… 287

8.4　Flex Ethernet 技术 …………………………………………………………… 288

8.4.1　Flex Ethernet 的概念 …………………………………………………… 289

8.4.2　FlexE 的主要功能 ……………………………………………………… 291

8.4.3　100G/200G/400G FlexE 的复用功能结构 ……………………………… 293

8.5　Flex Ethernet 在传送网中的传送模式 ……………………………………… 296

8.6　Flex Ethernet 在 OTN 中的映射 …………………………………………… 297

8.7　灵活栅格技术 ………………………………………………………………… 298

8.7.1　固定的 DWDM 栅格 …………………………………………………… 299

8.7.2　灵活的 DWDM 栅格 …………………………………………………… 302

8.7.3　灵活栅格的使用 ………………………………………………………… 302

第 9 章　软件定义光网络 ……………………………………………………………… 304

9.1　软件定义光网络的体系构架 ………………………………………………… 304

9.1.1　软件定义光网络的定义和基本特征 …………………………………… 304

9.1.2　软件定义光网络的总体构架 …………………………………………… 306

9.2　SDON 多层多域控制架构 …………………………………………………… 309

9.2.1　多域网络控制架构 ……………………………………………………… 309

9.2.2　多层网络控制架构 ……………………………………………………… 309

9.3　SDON 控制器功能要求 ……………………………………………………… 311

9.3.1　总体功能要求 …………………………………………………………… 311

9.3.2　控制器可靠性要求 ……………………………………………………… 316

9.3.3　控制器扩展性要求 ……………………………………………………… 317

9.3.4　控制器安全性要求 ……………………………………………………… 318

9.4　SDON 与现有网络的兼容和演进 …………………………………………… 319

9.4.1　光网络设备向 SDON 的兼容和演进 …………………………………… 319

9.4.2　光网络向 SDN 的演进 ………………………………………………… 320

缩略语 …………………………………………………………………………………… 323

参考文献 ………………………………………………………………………………… 332

第 1 章
概　述

1.1　光传送网的演进

光通信自问世至今已得到高速发展,被普遍推广应用。但一直以来,光纤传输主要还是作为一种信号传送的手段,网络的组织主要是在电的层面。随着社会对信息需求的日渐增长,仅在电层组织网络已经不能满足需求,于是光通信从电层网络向光层网络发展,出现了光传送网(OTN)。

1.1.1　从电通信到光通信

1873 年,美国人莫尔斯发明了电报,用电传输了文字信息(数据);1876 年,美国人贝尔发明了电话,用电传输了声音;1924 年,英国人贝尔德发明了电视机,用电传输了图像。电报、电话和电视都是用无线电或有线电传输信息,电通信作为信息传输的有效通道,一直沿用了一个多世纪。

电通信网是一种成熟的网络,采用电缆将网络节点互连在一起,其网络节点采用电子交换。作为电信号承载信道的电缆,是一种损耗较大、带宽较窄的传输信道,主要采用了频分复用(FDM)方式来提高传输的容量。电网络具有如下特点:信息以模拟信号为主;信息在网络节点的时延较大;节点的信息吞吐量小;信道的容量受限、传输距离较短等。电网络完全是在电域完成信息的传输、交换、存储和处理,因此受到电器件本身的物理极限的限制。

1960 年 7 月,美国休斯公司实验室的西奥多梅曼研制出世界上第一台激光器——红宝石激光器,并发出一束很强、很直、很纯的红光。从此,人类历史上便出现了第一束被驯服的光——激光。有了激光器,继而要解决的首要问题便是用什么样的导体传送它发出的信号。因为激光的大气传输本身并不是一种全天候的通信方式,遇到能见度不好的天气,它简直是一筹莫展。

经过 10 年的寻觅,1970 年美国康宁玻璃公司由加勒博士领导的一个研究小组,根据英籍华人科学家高锟提出的理论,研制成功了第一条损耗系数为 20dB/km 的单模石英光纤,这证明光纤作为通信的传输媒质是大有希望的。同年,GaAlAs 异质结半导体激光器实现了室温下的连续工作,为光纤通信提供了理想的光源。从此,人类通信史上便开创了光纤通信的新时代。

有了激光和光导纤维,信息传输的能力大大提高。光纤通信集电报、电话、有线电视、传真等于一体,形成了快速、便宜、交互的通信网。一根头发丝粗细的光纤的信息容量相当于数亿路电话线,足以传送数十万套电视节目。

光子具有极快的响应速度。电子脉冲的脉宽最窄限度在纳(10^{-9})秒量级,因此在电子通信中,信息速度被限定在 10^{10} bit/s 以下。而光子技术,其脉冲信号可轻易达到皮(10^{-12})秒量级,使用光子作为信息载体,其信息速率可以是电子通信的千万倍。

光子具有极强的互连能力与并行能力。在电子技术中为了实现互连,必须给导线搭"立交桥",将其运行线路隔离,电子信号也只能串行提取、传输或处理。而在光子技术中,不存在这样的问题,光子的存储能力极强。与电子存储不同,光子除能进行一维、二维存储外,还能完成三维存储。而且光子无电荷,以其作信息载体既无电磁干扰,又具有极好的保密性。

从理论上讲,只需一根光缆便可承载全世界的所有通信。不过,目前的光通信实际上还是一种"电光通信"或者叫作"半光通信",所构成的网络是光电混合网络。因为在通信过程中要有电信号的参与和电信号与光信号的相互转换。因此,现有的光通信系统,最好的通信能力也要比理论峰值低上千倍。

以打电话为例,讲话的甲方先用电话将声能转成电能使之成为电信号,通过发送光端机再将电信号变成光信号;而在听话的乙方则需先通过接收光端机将光能变成电能,再经电话将电能变成声能。在这种声电转换、光电互变的通信系统中,光子充其量只是一个"长跑冠军",通信的两端仍是电信号的来回转换,在转换过程中难免要掺杂进一些杂音,使通信质量劣化。如何把电信号从通信过程中"请出去",已成为科学家们攻关的目标。

光电混合网在网络节点之间用光纤取代了传统的电缆,实现了节点之间的全光化。这是目前广泛采用的通信网络。光纤传输与电缆传输相比有如下优点:通信容量大、传输距离远;信号串扰小、保密性能好;抗电磁干扰、传输质量佳;光纤尺寸小、重量轻、便于敷设和运输;节约有色金属。光电混合网是一个数字化的网络,它采用时分复用(TDM)技术来充分挖掘光纤的宽带宽资源,来进行信息的大容量传输,采用时分交换网络(结合空分)实现信息在网络节点上的交换。TDM 有两种复接体系,即基于点到点的准同步复接体系(PDH)和基于点到多点、与网络同步的同步复接体系(SDH)。由于 SDH 优于 PDH,因而目前 SDH已经广泛取代 PDH。也就是说,光电混合网的传输在光域进行,交换/交叉仍在电域进行。

未来的光通信将是"全光通信",所构成的网络就是全光网络,电仅仅只作为能源使用而不参与通信过程。通信系统将由"电子世界"跃入"光子世界"。届时电报、电话、电视将统统改名换姓为光报、光话、光视。

全光网络将以光节点取代电节点,并用光纤将光节点互连在一起,实现信息完全在光域的传送和交换,是未来信息网的核心。全光网络最重要的优点是它的开放性。全光网络本质上是完全透明的,即对不同速率、协议、调制频率和制式的信号同时兼容,并允许几代设备(PDH/SDH/ATM)共存于同一个光纤基础网络中。全光网的结构非常灵活,因此可以随时增加一些新节点,包括增加一些无源分路/合路器和短光纤,而不必安装另外的交换节点或者长光缆。全光网络与光电混合网络的显著不同之处在于它具有最少量的电/光和光/电转换。

以目前的眼光看来,全光通信应该是通信的最高理想,然而,通往理想之路必须立足于现实,理想的实现必然是一个渐进的演进过程。

1.1.2　从 PDH/SDH 到 WDM

自 20 世纪 90 年代中期起,国际上开放互联网让公众使用,用户使用计算机上网实现数据通信,并索取大量有用的数据信息。于是通信领域中数据通信业务量快速增长,超过电话的年增长率。进入 21 世纪后,数据通信业务总量必将超过传统电话业务总量。相应地,正在考虑设计的新型通信网必将以数据通信为重心,传统的电话网必将作出相应的改变。这是通信网发展过程中重大的、革命性的转变。

随着数字通信的普遍应用及其业务量的快速增长,为便于全世界各国统一使用,国际上曾经按电的时分多路复用(TDM)原则,制订了数字系列标准。最基本的是以 30～32 路电话为一群,按每路数字话音信号 64 kbit/s 设计,30～32 路数字电话的速率共约 2 Mbit/s,这样就成为基本的数字群。其后,4 个 2 Mbit/s 合成下一级数字群 8 Mbit/s,这样 4 个一组组成 34 Mbit/s、155 Mbit/s、622 Mbit/s、2.5 Gbit/s 以至 10 Gbit/s。这样把电的数字信号按 4 个低级群组成 1 个高级群的原则,称为准同步/同步数字系列(PDH/SDH)。在使用电的时分多路复用(E-TDM)技术时,其电的数字合路/分路器和复用/解复用(Mux/DeMux)的结构制造难度,随着数字速率提高而加大。迄今,电的 TDM 似乎限于 10Gbit/s 以下,个别实验室曾做成 4×40 Gbit/s=160 Gbit/s,再高就有一定困难。因此,电的多路数字信号利用 TDM 技术所能达到的实用化数字速率,在最近期间只能以 40 Gbit/s 为限度。

在 20 世纪末和 21 世纪初,全球信息基础设施主要是由同步数字体系(SDH)支撑的,这种网络体系结构在传统电信网中扮演了极其重要的角色,但随着数据业务逐渐成为全网的主要业务,作为支持电路交换方式的 SDH TDM 结构,越来越不适应业务的发展,需要探索新的技术和新的、更有效的网络结构。

从 20 世纪八九十年代的电信发展史看,光纤通信发展始终在按照电的时分复用方式进行,高比特率系统的经济效益大致按指数规律增长。商用系统的速率已达 40 Gbit/s,有些实验室甚至已进行了 160 Gbit/s 乃至 320 Gbit/s 的试验。单路波长的传输速率正趋近上限,这受限于集成电路硅材料和镓砷材料的电子和空穴的迁移率及受限于传输媒质的色散和偏振模色散,还受限于所开发系统的性能价格比是否有商用经济价值,因而现实的进一步大规模扩容的出路是转向光的复用方式,即波分复用(WDM)。

采用 WDM 技术后,可以使容量迅速扩大几倍至几百倍;由于光放大器的出现,电再生距离从传统 SDH 的 40～80 km 增加到 400～600 km,甚至达到 10 000 km,节约了大量光纤和电再生器,大大降低了传输成本。

随后,WDM 系统发展十分迅猛,320 Gbit/s(32×10 Gbit/s)WDM 系统开始大批量装备网络,北电、烽火、华为等公司的 1.6 Tbit/s(160×10 Gbit/s)WDM 系统也相继投入商用。日本 NEC 和法国阿尔卡特公司分别实现了总容量为 10.9 Tbit/s(273×40 Gbit/s)和总容量为 10.2 Tbit/s(256×40 Gbit/s)的当时传输容量最新世界纪录。目前的最高纪录是 2012 年发布 NTT 实现的 WDM 最高容量,达到单纤 102.3 Tbit/s(224×548 Gbit/s=122.752 Tbit/s(加了 FEC)),传输 240 km。从应用场合看,WDM 系统已经从长途网向城域网渗透。总的看来,采用 WDM 后传输链路容量已基本实现突破,网络容量的"瓶颈"将转移到网络节点上。

1.1.3　从 WDM 到 OTN

传统的点到点 WDM 系统在结构上十分简单,可以提供大量的原始带宽。然而,传统 WDM 系统每隔 400～600km 仍然需要电再生,随着用户电路长度的增加,必须配置大量背靠背的电再生器,系统成本迅速上升。据初步统计,在不少实际大型电信网络中大约有 30％的用户电路长度超过 2 400 km,随着 IP 业务的继续增加,长用户电路的比例会继续增加,这些长用户电路的成本很高;每隔几百千米就需要安装和开通电再生器,使端到端用户电路的指配供给速度很慢,需要一个月以上;大量电再生器的运行维护和供电成本以及消耗的机房空间使运营成本大幅攀升;网络的扩容也十分复杂,在大型网络节点中,往往需要互连多个点到点系统,涉及几百乃至几千个波长通路的互连。传统 WDM 结构要求每一个方向的每一个 WDM 通路都实施物理终结,靠手工进行大量光纤跳线的互连,造成高额终结成本和运行成本。

传统点到点 WDM 系统的主要问题是:点到点 WDM 系统只提供了大量原始的传输带宽,需要有大型、灵活的网络节点才能实现高效的灵活组网能力;需要在枢纽节点实现 WDM 通路的物理终结和手工互连,因此不能迅速提供端到端的新电路;在下一代网络的大型节点处,高容量的光纤配线架的管理操作将十分复杂,手工互连不仅慢,而且易出错,扩容成本高,难度大;需要增加物理终结大量通路和附加大量接口卡的成本,特别是对于工作和保护通路可延伸到数千千米的长距离传输系统影响更大。

DWDM 系统本质上是点对点的系统,组网方式有限。显然,为了将传统的点到点 WDM 系统所提供的巨大原始带宽转化为实际组网可以灵活应用的带宽,需要在传输节点处引入灵活光节点,实现光层联网,构筑所谓的光传送网乃至自动交换光网络(ASON),即实现从传统 WDM 走向 OTN 和 ASON 的转变和升级。它的基本思想是将点到点的波分复用系统用光交叉(Optical Cross-connector,OXC)互连节点和光分插复用(Optical Add/Drop Multiplexer,OADM)节点连接起来,组成光传送网。波分复用技术完成 OTN 节点之间的多波长通道的光信号传输,OXC 节点和 OADM 节点则完成网络的交叉连接、上下波波长转换等功能。

WDM 系统向 OTN 演变的进程如下。

1. 向点到点的超长 WDM 系统演进

向全光网络的演进可以从敷设点到点的超长 WDM 系统开始,即将典型的干线网电再生中继距离从目前的几百千米扩展到几千千米,当时烽火通信股份有限公司已实现 3 040 千米的超长无电中继传输,这样可大量减少电再生中继器。

完成这一步演进的主要好处是简化和加快了高速电路的指配和业务供给速度,大大降低了网络的维护运营成本。

然而,仅仅实现点到点的超长距离传输仍然是不够的,此时由于 DXC 还需要物理上终结所有电路,使得系统仍难以快速指配和提供端到端电路,运营复杂、成本高、容量扩展性差的缺点仍然存在。

2. 中间站节点引入 OADM

随着光节点波长数的迅速增长和光节点间传输距离的扩展,中间站节点上下业务量的需求将会增加,于是光分插复用器(OADM)成为灵活组网的必须设备,构成 WDM 网的一部分。此时的 WDM 网开始具有简单的光层联网功能,在中间站,节点可以根据组网的需要插入或分出一组选择的波长。此外,由于消除了光电变换,网络成本降低。通常,多于 50% 的用户电路是直达电路,无须在中间站终结。

完成这一步演进的主要好处有:

(1)由于高速直达电路的指配只需要在电路的端点加线路卡即可,因而可以进一步加快直达电路的指配和业务提供速度;

(2)减少了大量中间站节点的背靠背终端设备及相应的收发机线路卡,降低了网络成本,增强了透明性并进一步降低了运营成本;

(3)由于仅仅落地业务需要在 OADM 终结,可以大大减小数字交叉连接的规模和大大降低成本,同时也减轻了路由器或 ATM 交换机等业务层节点所要处理的业务量,降低了对业务节点规模的要求。

3. 在枢纽节点引入 OXC

随着更多的波长在网中应用,网络变得越来越复杂,逻辑上更趋向于完全的网状拓扑,大型传送节点需要在光通路等级上管理业务容量和处理网络间的信号,此时具有更大波长处理能力和灵活组网能力的光交叉连接设备(OXC)成为必要设备,WDM 网开始演变为光联网,ITU-T 称之为光传送网。光传送网就是在光层面上实现类似 SDH 在电层面上的联网功能。光传送网由一组可以为客户层信号提供主要在光域上进行传送、复用、选路、监控和生存性处理的功能实体所构成,其中 OXC 是光层联网的核心。

在枢纽节点引入 OXC 的主要好处与在中间站节点引入 OADM 相同,只是由于网络逻辑拓扑的完全网状化、光层互连程度的大大增加,从而可以在更大程度上体现光层联网的一系列优点并能实现光层恢复功能。

1.1.4 OTN 与 WDM 的关系

从前面的讨论可以看出,WDM 技术是将多波长信号在光纤线路上进行传输的技术,属于线路技术。OTN 技术是在 WDM 的基础上,增加了在节点处理光波长信号和电信号功能的技术,属于节点技术。OTN 既有 WDM 的线路技术,又有自己独有的节点技术,OTN 与 WDM 的关系如图 1-1 所示。

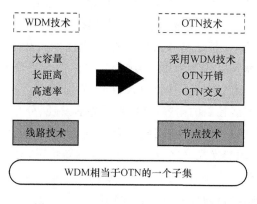

图 1-1 OTN 与 WDM 的关系示意图

1.2　OTN 的概念及所涉及的技术

1.2.1　OTN 的概念

在 20 世纪 90 年代初大家谈得较多的是全光网(AON),但后来人们逐渐发现实现全光的处理非常困难。首先是放大、整形、时钟提取、波长变换等在电域很容易实现的功能在光域实现却十分困难,有些虽然经过复杂的技术可以实现,但效果并不理想,且成本高昂。如波长变换,在电域利用光/电/光变换(O/E/O)很容易实现,但是在光域则必须采用各种复杂的变换技术,且消光比还不十分理想,可变换的波长范围也受限,不可能像电域那样在一个极宽的范围内进行变换。另外,全光网的管理和维护信息处理也是一个重要问题,无法在光域上增加开销对信号进行监视,管理和维护还必须依靠电信号进行。因此全光网出现了一些挫折,不能组成全球性/全国性的大网以实现全网内的波长调度和传输,而仅能组成一个有限区域的子网,在子网内透明传输和处理。子网之间的互联通过 3R〔Re-amplifying(再放大)、Reshaping(再整形)、Retiming(再定时)〕再生处理,如图 1-2 所示。子网的大小可以改变,随着光通信的发展子网可以扩大。

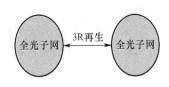

图 1-2　OTN 的网络形态

1998 年,ITU-T 提出光传送网的概念取代过去全光网的概念。OTN 是据网络功能与主要特征定名,它不限定网络的透明性,虽然最终目的是透明的全光网络,但可从半透明开始,即在网中允许有光电变换。这就解决了全光网络透明部分应占多少的争议。

从 OTN 功能上看,OTN 的一个重要出发点是子网内全光透明,而在子网边界处采用 O/E/O 技术(这与 WDM 系统有着很大的区别,WDM 系统只采用线路系统传输技术,不涉及组网技术)。OTN 在光域内可以实现业务信号的传送、复用、路由选择、监控,并保证其性能指标和生存性。于是 ITU-T 开始提出一系列的建议,以覆盖光传送网的各个方面。由于 OTN 是作为网络技术来开发的,许多 SDH 传送网的功能和体系原理都可以仿效,包括帧结构、功能模型、网络管理、信息模型、性能要求、物理层接口等系列建议。应该说 2000 年之前,OTN 的标准化基本采用了与 SDH 相同的思路,以 G.872 光网络分层结构为基础,分别从物理层接口、网络节点接口等几方面定义了 OTN。

2000 年以后,由于自动交换传送网络(ASTN)的出现,OTN 的标准化发生了重大变化。标准中增加了许多智能控制的内容,例如自动邻居发现、分布式呼叫连接管理等被引入了控制平面,以利用独立的控制平面来实施动态配置连接管理网络。另外,对 G.872 也作了比较大的修正,针对自动交换光网络(ASON)引入的新情况,对一些建议进行了修改。涉及物理层的部分基本没有变化,如物理层接口、光网络性能和安全要求、功能模型等。涉及 G.709 光网络节点接口帧结构的部分也没有变化。变化大的部分主要是分层结构、网络管理。另外,引入了一大批新建议,特别是控制层面(Control Plane)的建议。

原则上讲,按照 ITU-T 的定义,狭义的 OTN 是特指基于 G.872 的光传送网,它仅仅是一个传送平面,必须加上管理平面才能进行配置、监控、运行维护管理,这和电层网络是相似的。在 OTN 传送平面和管理平面的基础上,如果再加上控制平面,及能为管理平面与控制平面的信息提供传送的网络(DCN),则 OTN 就发展到其高级形式——自动交换光网络(Automatically Switched Optical Network,ASON),即基于 OTN 的 ASON。

可以说,广义的 OTN 是包括 ASON 在内的光层网络。实际上,基于 G.872 的 OTN 构成了 ASON 的基础传送平面,本书所讨论的 OTN 更多的是指在这种意义上的基于 G.872 的光传送网。

近年来,软件定义网络(SDN)的概念在 IP 网中出现,现在正在引入通信网。例如,中国电信集团公司 2016 年 7 月发布了《CTNet2025 网络构架白皮书》,白皮书明确提出要对网络架构进行变革,即从垂直封闭架构转向水平开放架构,体现在网络控制与转发分离、网元软硬件的解耦和虚拟化、网络的云化和 IT 化等多个方面,代表性技术有 SDN、NFV(Network Function Virtualization,网络功能虚拟化)和云计算。

SDN/NFV 是把通信网作为一个整体来进行规划的,即把全网的所有基础设施(包括所有传送设备及提供的带宽、服务器等)按照业务的需求进行协同编排,统一调配使用。

这样一来,基于 OTN 的 ASON 上面就还要引入全局性的、最高层级的管理和控制机制。也就是说,基于 OTN 的 ASON 将要向基于 SDN 的 OTN 演进。

第 9 章将探讨有关 SDON(软件定义光网络)的有关问题。

1.2.2　OTN 涉及的技术

在 OTN 中要应用许多技术,如光复用技术、光器件技术、网络生存性技术、电接口技术、高速光传输技术、网络管理技术以及控制技术等。下面对这些技术给予简单介绍。

1. 光复用技术

在 OTN 的光复用段层,需在光域对光通道进行复用和解复用。最常用的光复用技术是波分复用(WDM),其中 DWDM 应用最为普遍,较常用的是 40/80 波系统。原来的 DWDM 波道都是在 C 波段,现在已经向 L 波段延伸,目前 160×100 Gbit/s 系统已经大量商用,$N * 400$ Gbit/s 的波分系统也即将商用。

在实验室可以做到相当高的水平,如烽火通信股份有限公司在 2011 年 7 月,实现了普通单模光纤 C 波段 16×1.92 Tbit/s(30.72 Tbit/s)传输 80km 的无误码传输试验,这是当时在 C 波段实现的单通道速率最高、总容量最大的 DWDM 系统。2012 年 7 月 18 日华为发布全球首个 2T 波分样机,单通道速率是 2 Tbit/s,C+L 波段系统总容量达 56 Tbit/s,该系统在标准 G.652 光纤和普通掺铒光纤放大器(EDFA)组成的链路中,无电中继传输超过 1 000 千米。目前,NTT 实现的 WDM 最高容量达到单纤 102.3 Tbit/s(加了 FEC 开销后,单纤容量为 224×548 Gbit/s=122.752 Tbit/s),传输 240 km。

波分复用系统分为三大类:密集波分复用系统(DWDM),波长间隔<1 000 GHz(约 8 nm);粗波分复用系统(CWDM),波长间隔<50 nm;宽波分复用系统(WWDM),波长间隔≥50 nm。

现在的光纤技术已经允许 1 260～1 675 nm 全部使用,这 415 nm 可划分为 6 个波段,如表 1-1 所示,这为 WDM 技术的发展提供了有利的条件。

表 1-1　光纤可利用波段

波　段	名　称	范围/nm
O	初始波段	1 260～1 360
E	扩展波段	1 360～1 460
S	短波长波段	1 460～1 530
C	常规波段	1 530～1 565
L	长波长波段	1 565～1 625
U	超长波长波段	1 625～1 675

OTDM(光时分复用)是另一种光复用技术。它避开了在电域进行更高速率复用所受到的限制,采用光脉冲压缩、光脉冲时延、光放大、光均衡、光色散补偿、光时钟提取、光再生等一系列技术实现在时域的复用和解复用。光时分复用应用宽带的光电器件代替电子器件,可以避免高速电子器件所造成的限制,可以实现高达几十 Gbit/s 乃至几百 Gbit/s 的高速传输。

OCDM(光码分复用)也是一种有发展潜力的光复用技术。它利用正交码在自相关和互相关方面的特性,在同一波长、相同时间内将不同码址的光信号进行复用和解复用。无论 DWDM 还是 OTDM 本身,由于技术的限制,都不可能将信道数做到无限大,因此总容量和总速率受到一定的限制。如果将 DWDM 与 OTDM 结合使用,则可发挥两者各自的优势,使总容量和总速率极大地提高。

例如,NTT 进行的 3 Tbit/s OTDM/WDM 传输实验,就是先用 OTDM 把每个波道速率提高到 16×10 Gbit/s＝160 Gbit/s,再将 19 个波道的 160 Gbit/s 用 WDM 复用在一起得到总速率为 3 Tbit/s 的信号。

对于光纤来说,可以利用的带宽资源达 100 Tbit/s 数量级,所以要充分利用这一资源,只用 OTDM/WDM 方式还达不到,如果在每个时隙采用 OCDM,然后进行 OTDM,最后进行 DWDM,即 OCDM/OTDM/DWDM 的方式,则总速率可达数十 Tbit/s 到百 Tbit/s,就相对接近光纤的可利用带宽了。

迄今为止,在光的三种复用方式中,WDM 技术是研究最多、发展最快、应用最为广泛的技术。经过二十多年的发展和应用,波分复用技术已经很成熟,而且越来越成为现代通信系统中不可替代的传输技术。目前,WDM 系统的传输容量正以极快的速度增长,直接基于 WDM 传输的业务也越来越多。波分复用技术正对光通信的发展起着重要的作用,其作为现代超大容量传输复用技术的优越性将越来越明显。而光时分复用(OTDM)技术虽然可以获得较高的速率带宽比,可克服掺铒光纤放大器(EDFA)增益不平坦、四波混频(FWM)非线性效应等诸多因素限制,而且可解决复用端口的竞争,增加全光网络的灵活性。但由于其关键技术(高重复率超短光脉冲源、时分复用技术、超短光脉冲传输技术、时钟提取技术和时分解复用技术)比较复杂,更为重要的是实现这些技术的器件特别昂贵,而且制作和实现均很困难,所以这项技术迟迟没有得到很大的发展和应用。光码分多址复用(OCDMA)技术可以提高网络的通信容量,提高信噪比,改善系统性能,增强保密性,增加网络灵活性,降低网络对同步的要求,随机接入,实现信道的共享。然而,经济实用的 OCDMA 系统仍有很多技术问题有待解决。OCDMA 实用化还有一些障碍,在非相干光 CDMA 方面,由于无极性码的数量有限,码间干扰较大,限制了用户数量;光编解码器过于笨重,不实用。在相干光 CDMA 方面激光源的频率稳定度差,光纤极化态不稳定及光脉冲相位难以控制是主要问题。目前,在为 OCDMA 寻找最佳的编解码器结构和最优的光正交码方面,尚未有突破性的进展。码道增多以后,随着光功率增加,引起光纤的非线性效应问题也需要解决。应该说,OCDMA 距实用化还有很长一段路要走。

利用 WDM 技术构建的 WDM 全光网设备——OXC 和 OADM 已经应运而生,并且国内外已经有不少网络采用了 OXC/OADM 来组网。随着大端口光开关的成熟,OXC 也逐步走向成熟,用 OXC/OADM 组建网络将成为网络的主流。OTDM 和 OCDMA 虽然有很多的优点,但是由于这两种技术实现复杂,而且技术尚不太成熟,价格也相对昂贵,所以目前用 OTDM 和 OCDMA 组网的关键网元还没有出现,其离实用尚有一段距离,即使以后使用这两种组网技术的网元出现,和相当成熟的 WDM 组网技术相比,也很难占有太大的优势,最多是这几种技术在组网上的相互融合。而更为可能和现实的是以 WDM 组网技术为主,其他两种组网技术为辅,共同构建全光网络。这就是 OTN 为什么采用基于 WDM 的 G.709 光接口的原因。

2. 光器件技术

光传送网实现的关键在于光器件。除在电层网络所使用的光器件(如激光二极管、光检测器、光连接器、光隔离器、光衰减器等)外,在 OTN 中,还要用到许多种类的光器件,没有这些器件,OTN 的实现是非常困难的。OTN 中特定波长激光二极管(LD)及其组件、特定波长滤光器、可调谐 LD、可调谐滤光器、泵浦 LD、波分复用/解复用器、光纤放大器(包括 EDFA 和 FRA)、光半导体放大器(SOA)、光开关、光分插复用器、光环形器、光准直器、光可变衰减器、光均衡器、色散补偿器、PMD 补偿器等都是非常重要的,如果要实现全光网,还需要用到光逻辑器件、光延迟器件、光存储器件等。

3. 生存性技术

由于 OTN 中传送的光信号速率高、容量大,因此 OTN 的生存性比普通电层网络更加重要。目前提高网络生存性的方法主要是网络的保护倒换与恢复。在电层网络中,一般有线性保护倒换、自愈环保护以及利用 DXC 的恢复技术。同样,OTN 的恢复要采用 OXC。但目前基于 OXC 的 OTN 网络并不多,基于 OXC 的恢复技术还不太成熟。

OTN 在光层分为光通道层、光复用段层、光传输段层。目前这三层都相应地引入了光通道层保护(包括波长保护和路由保护)、光复用段层保护、光传输段层保护。

OTN 在电层分为 OTUk 层和 ODUk 层,目前这两层也都引入了不同形态(线形、环形、网形)和不同层级(电光通道和子网连接)的保护。

当前,ITU-T 已经开发和更新了有关 OTN 保护的系列标准。它们分别是 ITU-T G.808.1(2014)《通用保护倒换—线性路径和子网保护》、G.808.3 (2012)《通用保护倒换—共享网状网保护》(Shared Mesh Protection,SMP)、G.873.1(2017)《OTN ODUk 的线性保护》、G.873.2 (2015)《OTN ODUk 共享环保护》、G.873.3(2017)《OTN ODUk 共享网状网保护》。

4. 电接口技术

为了承载多种业务和新业务,ITU-T 对 OTN 电接口技术进行了很多改进。在原来 ODU1、ODU2、ODU3 的基础上增加了 ODU0(适于装载 GE 业务)、ODU2e(适于装载

10GE 业务)、ODU4(适于装载 100GE 业务)、ODUflex 等容器来承载各种业务;将原来一阶的 OPU/ODU 结构改进为二阶的 OPU/ODU 高低阶结构,以适应高速业务和低速业务的接入和汇聚;在原来客户信号异步映射规程(AMP)、比特同步映射规程(BMP)的基础上增加了通用映射规程(GMP),以适应和 OPU 速率有较大差异的任意客户信号的映射;在传统 OTN 线路速率 OTU1/OTU2/OTU3/OTU4 的基础上增加灵活的线路速率 OTUCn(即 flex OTN),使得 OTN 线路速率更灵活、更高效。

5. 高速光传输技术

目前网络广泛使用单波道传输速率为 100 Gbit/s 的 OTN 系统,为了进一步提高单波道的传输速率,势必要采用更高阶的相位调制技术(QPSK、8QAM、16QAM、32QAM 等);采用更高的波特率调制技术(28G、32G、64G);采用多子载波复用的超级信道技术,即将多个光子载波打包组合在一起作为一个信道来传输,具体可采用奈奎斯特波分复用技术和全光正交频分复用技术(COOFDM)实现;采用灵活栅格的频谱调制技术,实现频谱的精细管理和高效利用,获得更大的频谱效率。

6. 网络管理和控制技术

OTN 的网络管理主要完成标准管理信息的交换及故障管理、性能管理、配置管理和安全管理。管理对象包括:传送平面(光层网络或/和电层网络)、控制平面、DCN、业务等。网元间通信可采用 GCC,或采用外部数据通信网;网元与网管之间采用外部数据通信网,协议栈可采用 OSI 协议栈或 TCP/IP 协议栈通信。

OTN 的控制技术包括安全控制技术、自动光功率控制技术、动态偏振模色散补偿技术、动态增益均衡技术等。其中,安全控制技术主要是对各通路激光器(LD)的控制和对光放大器中所用的泵浦 LD 的控制,对这些 LD 的控制主要是考虑安全的因素,包括断光纤时保护人体的安全和恢复时避免浪涌以保护系统的安全。当 OTN 演进到 ASON 时,增加了控制平面,控制技术就复杂多了。对整个光交换的控制都由控制平面实现,其中最重要的变化是必须采用信令系统,这是原来单纯的传送网络所没有的,这也是交换技术和传送技术相结合的产物。在 ASON 中,可以考虑使用基于 PNNI/Q.2931 的呼叫和连接管理的协议,也可以选用基于 GMPLS RSVP-TE 的呼叫和连接管理的协议。

1.3　OTN 的控制智能化——ASON

狭义的 OTN 仅仅是一个传送平台,其核心 OXC 尽管具有灵活的组网能力,但仅仅具有静态网络配置的能力,主要靠网管系统进行调配,无法适应日益动态的网络和业务环境。特别是随着 IP 业务成为网络的主要业务量后,由于 IP 业务量本身的不确定性和不可预见性,对网络带宽的动态分配要求将越来越迫切,网络急需实时动态配置能力,即智能光交换能力。为了将传统的 OXC 升级为智能光交换机,一种能够自动完成网络连接的新型网络概念——智能的自动交换传送网(ASTN)应运而生,这是几十年来传送网概念的重大历史性突破,也是传送网技术的一次重要突破,将使传送网具备了自动选路和管理的更高智能。ASTN 是一种利用独立的控制面来实施动态配置连接管理的网络。以 OTN 为基础的 ASTN 又称为自动交换光网络(ASON),是开发 ASTN 的主要方向。

ASON 是一种由用户发出请求,由信令网控制实现光传送网内链路的连接/拆线、交换、传送等一系列功能的新一代光网络。可见,自动交换光网络就是光传送网＋智能化,是在传送网的光层网络基础上演进而来的,其着眼点是要把富具潜力的光网络发展成能高度自主地应对业务需要、可在光层上直接为全网提供端到端服务的智能光网络。

1.3.1 ASON 的主要特点

在网络中引入 ASON 有很大的好处,主要体现在以下几个方面:
- 利用流量工程,允许将网络资源动态地分配给路由,因此可以根据真实业务模式来分配带宽,使得网络的性能最优;
- 可以实时地建立光通道连接;
- 采用了专门的控制面协议,而不是通用的只有少量原语集的网管协议;
- 采用可扩展性能的信令组;
- 支持多厂家环境下的连接控制;
- 具有快速的业务提供和拓展能力;
- 减少了业务提供者开发和维护用于新技术配置管理的运行支持系统软件的需要;
- 具有恢复能力,使网络在出问题时仍能维持一定水准的业务,特别是分布式恢复能力,可以实现快速业务恢复;
- 便于引入新的业务类型,诸如按需分配带宽业务、波长批发、波长出租、光拨号业务、动态路由分配、光传送层虚拟专用网(VPN)等,使传统的传送网向业务网方向演进;
- 可以提供各种不同质量级别的区分业务,例如可以结合不同层面上的不同保护级别提供不同的业务类别,既省钱又增收。

ASON 网络结构的核心特点就是支持电子交换设备动态地向光网络申请带宽资源,可以根据网络中业务分布模式动态变化的需求,通过信令系统或者管理平面自主地去建立或者拆除光通道,而不需要人工干预。采用自动交换光网络技术之后,原来复杂的多层网络结构可以变得简单和扁平化,光网络层可以直接承载业务,避免了传统网络中业务升级时受到的多重限制。ASON 的优势集中表现在其组网应用的动态、灵活、高效和智能方面。支持多粒度、多层次的智能,提供多样化、个性化的服务是 ASON 的核心特征。

1.3.2 ASON 的网络结构

ASON 的网络结构由传送平面、控制平面、管理平面构成,如图 1-3 所示,下面予以介绍。

1. 传送平面(TP)

传送平面由作为交换实体的传送网网元(NE)组成,主要完成连接/拆线、交换(选路)和传送等功能。作为业务传送的通道,它为用户提供端到端的双向或单向信息传送,同时还要传送一些控制和网络管理信息,组网的灵活性由封装在网元内的连接功能提供。

ASON 对传送平面提出了两个新的要求:一个是增强信号质量的检测功能,当发生故障时,直接在光层进行信号质量监测,不仅保证了从传送层面进行业务恢复的能力,而且极大提高了光网络的恢复效率与恢复速率;另一个是支持多粒度光交换技术,多粒度交换技术是 ASON 实现流量工程的重要物理支撑技术,同时也适应带宽的灵活分配和多种业务接入的需要。

ASON 传送网络基于网状网结构,也支持环网保护。光节点使用具有智能的光交叉连接(OXC)和光分插复用(OADM)等光交换设备。

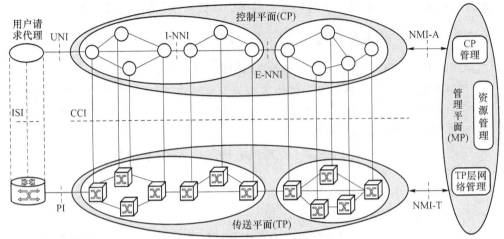

PI—物理接口;   I-NNI—内部网络网络接口;   CCI—连接控制接口;   NMI-T—网络管理接口T;
UNI—用户网络接口;   E-NNI—外部网络网络接口;   NMI-A—网络管理接口A;   ISI—内部信令接口

图 1-3   ASON 的网络结构图

对于 ASON 来说,其传送平面就是基于 G.872 的 OTN。

2. 控制平面(CP)

控制平面的引入是 ASON 不同于传统 OTN 的一个根本点,是 ASON 最具特色的核心部分,控制平面的引入赋予了 ASON 智能和生命。

ASON 的控制平面由独立的或者分布于网元设备中通过信令通道连接起来的多个控制节点组成。实现对连接的建立/释放进行控制、监控、维护等功能,从而完成路由控制、信令协议、资源管理以及其他的策略控制等任务。而控制节点又由路由、信令和资源管理等一系列逻辑功能模块组成。它们通过信令相互协调,形成一个统一的整体,完成呼叫和连接的建立与释放,实现连接的自动化。并且能在连接出现故障时,进行快速而有效的恢复。ASON 通过引入控制平面,使用接口、协议以及信令系统,可以动态地交换光网络的拓扑信息、路由信息以及其他控制信息,实现了光通道的动态建立和拆除,以及网络资源的动态分配。

在 ITU-T 的建议中,把控制平面节点的核心结构组件分成六大类:连接控制器(CC)、路由控制器(RC)、链路资源管理器(LRM)、流量策略(TP)、呼叫控制器(CallC)和协议控制器(PC)。这些组件分工合作,共同完成控制平面的功能。它们之间的相互关系如图 1-4 所示。

连接控制器是整个节点功能结构的核心,它负责协调链路资源管理器、路由控制器以及对等或者下一级的连接控制器,以便实现连接建立、释放及现有连接的参数修改等管理和监控功能。

呼叫和连接是 ASON 实现自动交换功能最为关键的两个过程。当客户向网络发起连接请求时,交换连接开始的呼叫过程是由呼叫控制器来完成的;当接收到一个链路连接分配请求时,链路资源管理器调用连接接纳管理功能,决定是否还有足够的空余资源建立一条新的连接;路由控制器组件为连接控制器提供所负责域内的连接路由信息;策略组件检查进入的用户连接是不是在根据前面达成的参数来传输业务;协议控制器的作用是把上面所说的控制组件的抽象接口参数映射到消息中,然后通过协议承载的消息完成接口的互操作。各个组件协调工作,达到连接的自动建立、修改、维持及释放。

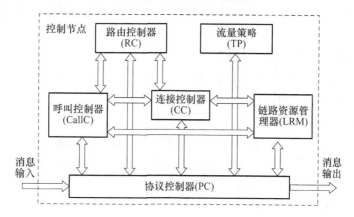

图 1-4　ASON 控制平面的节点结构

ASON 支持三种连接:交换连接(SC)、永久连接(PC)和软永久连接(SPC)。三种连接的基本含义如下。

（1）交换连接

交换连接是由控制平面发起的一种全新的动态连接方式,是由源端用户发起呼叫请求,通过控制平面内信令实体间信令交互建立起来的连接类型,如图 1-5 所示,交换连接也称为信令型连接。交换连接实现了连接的自动化,满足快速、动态并符合流量工程的要求。这种类型的连接集中体现了自动交换光网络的本质要求,是 ASON 连接的最终实现目标。

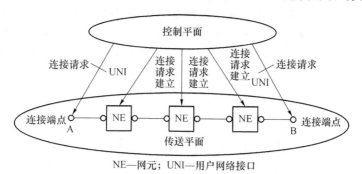

NE—网元；UNI—用户网络接口

图 1-5　交换连接示意图

（2）永久连接

永久连接是由网管系统指配的连接类型,沿袭了传统光网络的连接建立形式,连接路径由管理平面根据连接要求以及网络资源利用情况预先计算,然后沿着连接路径通过网络管理接口(NMI-T)向网元发送交叉连接命令,进行统一指配,最终完成通路的建立过程。永久连接又称为硬永久连接或者指配型连接。

（3）软永久连接

软永久连接由管理平面和控制平面共同完成，是一种分段的混合连接方式，因此软永久连接又称为混合型连接。软永久连接中用户到网络的部分由管理平面直接配置，而网络部分的连接由控制平面完成。可以说，软永久连接是从永久连接到交换连接的一种过渡类型的连接方式。

三种连接类型的支持使 ASON 能与现存光网络"无缝"连接，也有利于现存网络向 ASON 的过渡和演变。

ASON 控制平面的主要目的可以归纳为：

- 简化在传送网内的快速和有效的连接指配以支持交换连接和软永久交换连接；
- 支持对已建立呼叫的连接的重配置或修改；
- 实施恢复功能。

总的来看，一个设计良好的控制面结构应该使业务提供者在提供快速和可靠呼叫建立的同时，能有效控制网络。控制面本身应该是可靠的、可扩展的和高效的，原则上能适用于不同技术、不同业务需要和不同的功能分布。

3. 管理平面(MP)

管理平面的重要特征就是管理功能的分布化和智能化。传统的光传送网管理体系被基于传送平面、控制平面和信令网络的新型多层面管理结构所替代，构成了一个集中管理与分布智能相结合、面向运营者（管理平面）的维护管理需求与面向用户（控制平面）的动态服务需求相结合的综合化的光网络管理方案。ASON 的管理平面与控制平面技术互为补充，可以实现对网络资源的动态配置、性能监测、故障管理以及路由规划等功能。

1.3.3　ASON 的网络接口

在 ASON 的网络结构中，根据 ASON 各种实体之间的逻辑关系以及在这些实体之间所传递的信息，ASON 定义了不同的网络接口。网络接口的规范化有利于在网络中使用不同厂商设备，构造不同网络结构或划分不同的运营域。ASON 定义的网络接口包括：用户网络接口、域内网络节点接口、域间网络节点接口、连接控制接口、网络管理接口等。

1. 用户网络接口(UNI)

用户网络接口指用户和网络间的接口，它为光网络客户与光网络之间提供了一个申请光网络服务或操作的接口。对控制平面而言，它是上层客户（如 IP 路由器、ATM 交换机和 SDH 交换机等设备）的请求代理(RA)和信令网之间的接口。

正因其地位重要，该接口必须有明确规范。该接口需要规范的主要内容有每个用户端点的连接建立请求速率、连接请求参数、光通道端点的寻址方案、光通道客户的命名方案、保护需求的规范、安全参数和响应时间等。

从功能角度看，跨越 UNI 参考点的信息流至少应该支持呼叫控制、资源发现、连接控制和连接选择四项基本功能，通常不支持选路功能。此外，像呼叫安全和认证、增强的号码业务等功能也可以加到这个接口参考点上。具体而言，它允许 ASON 的客户执行以下操作：

- 创建连接。客户可以通过信令请求网络建立一条具有指定属性的连接。连接的属性包括带宽、保护机制、恢复机制等。

- 删除连接。客户可以通过信令请求网络删除一条已经建立的连接。
- 修改连接。客户可以通过信令请求网络修改某一条先前已经存在的连接的某些属性。
- 状态查询。客户可以查询某一已经存在的连接的状态信息。

ASON 用户网络接口还具有客户注册、地址解析、邻居与业务发现等功能。

2. 域内网络节点接口(I-NNI)

域内网络节点接口定义了同一运营域中各子网络的控制面实体之间的双向信令接口。它可以采用标准的 I-NNI 的规范,也可以采用私有的规范。它存在于运营商的运营域之内,负责支持在网络中进行连接的建立与控制。

该接口首先需要重点规范的是信令与选路,此外还需要一种手段允许信令应用为特定的正在建立的连接进行选路,这涉及选路信息交换协议。其次,还需要能提供路由选择可用的初步的拓扑概貌。当然还会涉及携带选路和信令协议的通信通路、响应时间和安全措施等。从功能角度看,跨越 I-NNI 参考点的信息流至少应该支持资源发现、连接控制、连接选择和连接选路等四项基本功能。

3. 域间网络节点接口(E-NNI)

域间网络节点接口定义了不同运营域间的控制面实体间的双向信令接口。有了该接口就可以将 ASON 进一步划分为多个子网,每个子网可以独立管理且仍然能跨过多个运营域建立端到端连接。

E-NNI 在功能上与 I-NNI 有所区别,两者在功能上的区分类似于 Internet 域间模型中的内部网关协议与外部网关协议之间的关系。E-NNI 可应用于同一运营商的不同 I-NNI 区域的边界,也可应用于不同运营商网络的边界。在 E-NNI 上交互的信息通常是网络可到达性、网络地址概要、认证信息、策略功能等,而并非完整的网络拓扑/路由信息;E-NNI 的连接选择也更多地基于安全、策略考虑而不是如同在 I-NNI 中所考虑的性能限制。边际网关协议(BGP)是一种广泛应用于 IP 网络的外部网关协议,它可以用来在不同的 ASON 域之间交换网络的可到达信息。

从功能角度看,跨越 E-NNI 参考点的信息流至少应该支持呼叫控制、资源发现、连接控制、连接选择和连接选路五项基本功能。

4. 连接控制接口(CCI)

连接控制接口定义了 ASON 信令网元与传送网网元之间的接口。连接控制信息通过该接口下发到传送网网元,以供在光传送交换设备的端口间建立连接。CCI 使得各种不同容量、不同内部结构的交换设备成为 ASON 节点的一部分,因此 CCI 也被归入 ASON 的控制平面。CCI 上运行的协议必须执行两个基本功能:添加和删除连接、查询交换设备各端口的状态。

5. 网络管理接口(NMI)

网络管理接口包含 NMI-A 及 NMI-T。NMI-A 定义了网络管理系统与 ASON 控制平面网管之间的接口,NMI-T 则定义了网络管理系统与传送网络之间的接口。

1.4 OTN 的分组化——POTN

1.4.1 通信业务的分组化

在 20 世纪末之前,通信业务主要是传统语音业务,数据业务较少。传统语音业务通常采用电路交换技术来承载,这样效率最高;数据业务通常采用分组交换技术来承载,这样效率也高。

21 世纪以来,随着计算机的普及,互联网获得了快速发展。互联网采用的核心技术是 TCP/IP 技术(简称 IP 技术),IP 技术由于简单且价廉的特点,在与 ATM 技术及其他分组技术的竞争中胜出,因此 IP 技术成了分组交换技术的主要形式。现在,当人们谈到分组交换技术时,实际上指的就是 IP 技术;当人们谈到分组化时,实际上指的就是 IP 化。

大量的计算机产生大量的数据业务,随着时间的增长,数据业务量在所有通信业务中的比重越来越大,通信业务由原来以传统语音业务为主导逐步演变为以数据业务为主导。

到现在为止,绝大部分通信业务都是数据业务,采用分组化的格式传送;语音业务所占的比重已经很小,其中有一部分还是采用分组化的格式传送(Voice over Internet Protocol,VoIP)。综合起来,可以说几乎所有的通信业务都分组化了。

1.4.2 承载网的分组化

随着通信业务的分组化,作为承载网的 SDH 技术也不得不向分组化改进,从而诞生出 MSTP 技术。但 MSTP 技术毕竟是基于电路交换,承载分组业务效率不高,后被基于分组交换的 PTN 技术所代替。

1. 承载网从 SDH 到 MSTP 的演变

SDH 技术作为电路交换技术,本是设计十分完善、具有很好的 QoS 的保证和强大的 OAM(Operation Administration and Maintenance,操作、管理、维护)功能且适合传送 TDM 业务的承载技术。但随着分组业务量的增加,SDH 承载分组业务时效率低下、成本高的弊端就明显地体现出来,人们不得不对 SDH 技术进行改造。2002 年,基于 SDH 的多业务传送 MSTP 技术(又称为新一代 SDH)标准问世,使得 SDH 也能支持分组业务,适应了业务分组化的大趋势。2003 年中国电信主导国内外 16 个厂商的 MSTP 互通测试成功,实现了基于 GFP 映射的多厂商互通。从此,MSTP 建设进入了规模建设时期,可以支持以太网交换和接口的 MSTP 全面代替了传统 SDH。SDH 技术的发展进入了 MSTP 时代,华为技术、烽火科技、中兴通讯基本垄断了国内市场并走向世界。

2. 承载网从 MSTP 到 PTN 的演变

MSTP 是改进了的 SDH,虽然可以传送分组业务,但毕竟内核仍是电路交换。电路交换的最大特点,表现为用户对通信资源占用的排他性(或独占性)。通信网络一旦为用户分配了电路,即便用户处于"无话可说"的静默状态,在没有信息需要传送时,该电路也不能被其他用户利用。统计表明,一般情况下,分配给用户的信道,40%以上的电路资源都处于空闲状态。

可见,MSTP 虽然解决了承载分组业务的问题,但效率十分低下。只有改用具有统计复用特征的分组交换方式,即内核改为分组交换,才能真正适应分组业务的传送。

业界推出的内核为分组交换的承载技术统称为分组传送网(Packet Transport Network,PTN)技术,这是对 PTN 的广义定义。分组传送网的实现技术有两种方案:基于 MPLS-TP 的分组传送网和基于 IP/MPLS 的分组传送网。基于 MPLS-TP 的分组传送网通常被人们称为 PTN,显然,这是对 PTN 的狭义定义;基于 IP/MPLS 的分组传送网技术通常被称为路由器增强技术或 IPRAN。这两种技术介绍如下。

PTN(MPLS-TP)是一种基于传输平台、核心是分组交换、面向连接的多业务传送技术,增加了 L2 和必要的 L3 功能。它继承了 SDH 的优势,又有以太网低成本和统计复用的特点。PTN 着重支持分组数据业务的高效承载,同时也能够通过伪线仿真方式实现对于 TDM、ATM 和以太网业务的仿真和统一承载。PTN 支持电信级的 OAM 功能,具备分层和分域能力,可以提供良好的扩展性,还具备基于分组的 QoS 机制。PTN 还具有丰富的保护倒换技术,便于与现有传输网互联互通和演进。同时 PTN 支持分组网络环境的时钟同步和时间同步技术,是一种很有发展前景的城域网技术。

IPRAN 是以路由器技术为核心,对路由器进行协议简化并增强传送功能的技术。IPRAN 是面向无连接的分组交换技术,具有强大的 L2、L3 功能,路由器方案基于动态地址分配,能最大限度地实现动态数据业务对传输带宽的共享。但路由器的复杂性导致其成本较高,且与现有传输网体制差别大。

PTN 技术和 IPRAN 技术的主要差异在产业化基础、网络建设和运维成本,在市场竞争中究竟谁能最后脱颖而出,目前尚不得而知。不排除根据不同的业务应用场景和网络部署情况,在不同的区域选择不同的技术解决方案,或结合运用。或许两种技术方案在充分竞争的基础上,互相融合和促进,最后殊途同归。物竞天择,适者生存。

1.4.3　传送网的分组化

随着业务的分组化和承载网的分组化,作为通信网核心的传送网也必须分组化。作为传送网主流技术的 OTN,也就走上了向分组化演进的道路,从而诞生了分组 OTN(POTN),业界把经过改进后、能承载多种业务的分组 OTN 称为分组增强型光传送网。

传统的 OTN 是以波分复用技术为基础、在光层组织网络的传送网,是当代正在使用的骨干传送网。它的最大特点是具有大容量的光(波长)、电信号(ODUk)交叉处理能力,具有强大的组网、传送和保护能力,主要应用在省际干线和省内干线。

近年来,高速增长的 LTE、家庭宽带客户、集团客户、超高清 IPTV、云、C-RAN(Cloud-Radio Access Network,云无线接入网)等超大带宽业务,使城域网流量爆炸性增长,城域网流量和骨干网流量占比达到 3∶1。

为解决如此大量的业务汇聚、疏导和传送问题,PTN 设备已经难以招架,请 OTN 进城,引入城域网已是不可避免。但 IP 在上灵活调度,OTN 在下管道传输,采用叠加方式组网,仍然是两张独立的网络,层次仍然不够简化,不能适应网络扁平化的需求。那么将 PTN 的功能融合到 OTN 中就成为必然的选择,POTN 应运而生。

融合了 PTN 功能的 POTN 既具有传统 OTN 的特点,又具有 PTN 处理分组业务和 TDM 业务的能力,被广泛用于城域网核心层。随着业务发展和网络进一步扁平化的需要,

POTN 的裁剪版或迷你版将进一步下沉到通信网的边缘。

1.4.4 POTN 的技术演进

1. POTN 的国内外标准

POTN 设备可以描述为同时具备传统波分复用、电交叉(G.709 定义的 OTN 形态)和分组功能的设备,即同时具备 L0 层、L1 层和 L2 层功能的平台。POTN 的概念最早在 2008 年被 Verizon 提出,随后国内外运营商、设备商及标准化组织开始密集跟进。

在国内,POTN 的技术标准主要由中国通信标准化协会(CCSA)牵头,中国移动、中国电信和中国联通各大运营商,以及烽火、华为、中兴等各大设备厂商共同推进。在 2010 年 10 月的厦门会议中,CCSA 第一次正式提出了《OTN 多业务承载技术报告(征求意见稿)》,当年年底,在北京正式立项并随后发布了多业务承载 OTN 设备技术要求。2010 至 2013 年间,CCSA 组织了多次工作会议和技术讨论,于 2013 年发布了 YD/T 2484-2013《分组增强型光传送网(OTN)设备技术要求》(以下简称《要求》),成为总体技术标准。

在《要求》中,规定了 POTN 设备的技术总体要求,主要包括以下几个方面:

(1) 设备结构功能模型,包括 ODUk 适配功能、OTUk 线路接口处理功能、分组处理及交换功能、VC/ODUk/OCh 交叉调度功能以及光复用段和传输段处理功能。

(2) 接口适配和映射复用要求,包括 ODUk 映射复用结构、客户侧 SDH/ODUk/以太网/FC/CPRI/GPON 业务的映射复用、客户侧信号到 PW/LSP 的适配等分组功能要求,包括以太网交换处理基本功能要求、业务转发、VLAN 处理功能、以太网 OAM 和 Qos 处理。

(3) 同步要求,包括频率同步、时间同步要求,设备支持的外同步接口。

(4) 设备性能要求,包括 OTN 性能要求、以太网性能要求、MPLS-TP 性能要求、SDH 性能要求、CPRI 性能要求等。

(5) 保护要求,包括设备级保护要求、OTN 层的保护要求、MPLS-TP 层的保护要求、以太网层的保护要求、SDH 层的保护要求,以及各层间保护的协调机制。

在国际上,2011 年,ITU-T SG15 通过了 G.798.1(OTN 设备类型及功能),定义了 OTN/PTN 混合设备的功能模型。模型规定分组业务经过分组处理后,映射到 ODU 进行交叉调度。2013 年,ITU-T 更新了 G.798.1,增加了分组交换功能,并定义了分组业务通过 NNI 接口映射到 ODU 的功能模型,同时增加了支持 SDH 交叉连接功能的设备模型定义。

2. POTN 的技术演进

由于 POTN 设备融合了分组设备和 OTN 设备的功能,因此传送网向 POTN 演进可分为两条主要路线。一是在 PTN 设备上增加支持 ODUk 业务接入和交叉调度的板卡,并增加对彩光接口和波分复用的支持,从而演进到 POTN 设备。二是在 OTN 设备的基础上,开发支持分组业务接入和映射、调度,支持 VC 业务接入和映射、调度的支路板、线路板及交叉板卡,从而向 POTN 设备演进。

目前来看,各厂家新推出的 POTN 设备都采用了新开发的平台,具备统一交叉架构,兼具 PTN 和 OTN 两种设备功能。

从 OTN 到 POTN 设备演进的过程中,出现了两种 POTN 设备实现方式,分别为板卡式 POTN 设备和集中交叉式 POTN 设备。

板卡式 POTN 设备,通过在原 OTN 设备上开发具备分组功能的业务板卡来实现,客户侧分组信号在该种业务板卡上完成分组处理后,进行 ODUk 的封装,进而通过交叉单元实现交叉调度。优点在于,由于这种实现形式只需要对业务板卡进行研发,不涉及交叉单元、背板的重新开发,也不改变设备架构,因此开发难度相对较低,与原组网设备兼容性也较高。各厂商在较短时间内分别推出了板卡式 POTN 设备。

板卡式 POTN 设备对于以太网处理的支持程度比较完善,但目前厂商推出的分组板卡受芯片限制,单板卡支持的 ODUk 物理通道数为 16,导致网络汇聚比较低,对有更高要求的场景无法满足。

集中交叉式 POTN 设备是将实现分组交换的功能在交叉板上实现,然后再经由线路板分装到 ODUk 容器中。该设备对于 OTN 业务和分组业务要求可以进行统一承载,因此业务板卡需要灵活可配置,需要开发混合支路和线路板卡。这种板卡在使用中,可以根据接入的业务类型,通过软件设置,选择支持 ODUk 容器或分组业务流。此外,实现集中交叉式POTN 设备,最重要的是开发统一交换单元,开发难度较大,原有设备架构也必须改变。另外,集中交叉式的 POTN 设备的分组处理功能,既支持对以太网业务的处理,也支持对MPLS-TP 的处理。

目前,各主流设备厂商先后推出了多型 POTN 平台。比较典型的有烽火通信的FONST 6000 U 系列,华为的 Optix OSN 9600 系列,中兴的 ZXONE 9700 系列以及阿尔卡特・朗讯的 PSS 1830 系列。这些设备都使用了集中交叉架构,满足对 OTN、Packet 和 VC业务的统一承载和交叉调度。本书第 5 章会详细介绍烽火通信的 FONST 6000 U 系列的设备架构和功能。

1.5　OTN 对 5G 承载的支持——MOTN

1.5.1　MOTN 概念的提出

ITU-T 为 5G 定义了 eMBB(增强移动宽带)、mMTC(海量大连接)、URLLC(低时延高可靠)三大应用场景。实际上不同行业往往在多个关键指标上存在差异化要求,因此 5G系统还需支持可靠性、时延、吞吐量、定位、计费、安全和可用性的定制组合。

5G 对承载网的需求主要包括:高速率、超低时延、高可用性、高精度同步、灵活组网、支持网络切片、智能管控与协同。

OTN 由于其独特的优点,自然成为 5G 承载网所采用的主要技术。但 OTN 处理信号的层级多、开销多,所带来的延时自然也不短,为了满足 OTN 对 5G 承载的要求,中国电信提出了移动承载优化光传送网(Mobile-optimized Optical Transport Network,MOTN)的概念,即对 OTN 的封装进行简化,用以降低 OTN 设备的时延和成本。

在国际电信联盟第十五研究组(ITU-T SG15)2017—2020 研究期第二次全会上,经过两周(2018 年 1 月 29—2 月 9 日)的激烈讨论,中国电信主导推动的 MOTN 标准取得实质进展,实现了两个相关标准的立项。这标志着 ITU-T SG15 研究组正式认可 MOTN 技术可适用于 5G 承载的前传、中传和回传,后续将正式开展 MOTN 的标准化工作。

1.5.2 MOTN 的思路

MOTN 是面向移动承载优化的 OTN 技术,主要特征包括单级复用、更灵活的时隙结构、简化的开销等,目标是提供低成本、低时延、低功耗的移动承载方案。

目前商用 OTN 设备单点时延一般在 $10\sim20\ \mu s$ 之间,主要原因是为了覆盖多样化的业务场景(如承载多种业务、多种颗粒度),添加了很多非必要的映射、封装步骤,造成了时延大幅上升。

随着时延要求越来越高,未来在某些时延极其苛刻场景下,针对特定场景需求进行优化,超低时延的 OTN 设备单节点时延可以达到 $1\ \mu s$ 量级。具体可以通过以下三个思路对现有产品进行优化。

1. 针对特定场景,优化封装时隙

目前 OTN 采用的是 1.25G 时隙,以传送一个 25 Gbit/s 的业务流为例,需要先分解成 20 个不同时隙来传输,再将这 20 个时隙提取恢复原始业务,这个分解提取的过程需要花费不少时延(约 $5\ \mu s$)。

如果将时隙增大到 5 Gbit/s,这样就可以简化解复用流程,能够有效降低时延(约 $1.2\ \mu s$),并且节省芯片内缓存资源。

2. 简化映射封装路线

常规 OTN 中,以太业务的映射方式需要经过 GFP(Generic Framing Procedure,通用成帧规程)封装与缓冲存储器中间环节,再装载到 ODUflex 容器,而在 OTU 线路侧,需要时钟滤波、缓冲存储器、串并转换,整体时延因引入缓冲存储器和多层映射封装而增大。

新一代的 Cell 映射方式基于业务容量要求做严格速率调度,映射过程采用固定容器进行封装,可以跳过 GFP 封装、缓冲存储器、串并转换等过程,降低时延。

3. 简化 ODU 映射复用路径

OTN 同时支持 ODU 的单级复用和多级复用,理论上每增加一级复用,时延将增加 512ns。因此在 ODU 选择映射复用路径时,采用单级复用可以有效降低时延。例如,针对 GE 业务,多级复用(GE→ODU0→ODU2→ODU3→ODU4→OTU4)的时延约为 $4.5\ \mu s$,而单级复用(GE→ODU0→ODU4→OTU4)的时延约为 $2.2\ \mu s$,时间缩短近一半。

值得注意的是,在实际项目中,在追求极致时延特性的时候,也应当权衡适用性、功耗、体积、芯片可获得性、可靠性等其他因素,比如针对特定场景进行优化,可能就会导致应用场景受限。总之,随着未来芯片架构、工艺技术进一步提升,OTN 设备可以通过多种渠道实现超低时延,逐步向理论极限逼近,同时更好地平衡其他性能参数。

1.5.3 面向 5G 的光传送网承载方案

5G 业务存在大带宽、低时延的需求,光传送网能提供大带宽、低时延、一跳直达的承载能力,具备承载 5G 业务的天然优势。面向 5G 的光传送网承载方案如图 1-6 所示。

5G 承载网络由前传、中传、回传三部分组成。前传是指基站 AAU(Active Antenna Unit,有源天线处理单元)和 DU(Distributed Unit,分布单元)之间的信息传送,中传是指 DU 和 CU 之间的信息传送,回传是指 CU 和 5G 核心网 New Core 间信息的传送。

在综合业务接入点 CO(Central Office,中心局)可以部署无线集中式设备(DU 或 CU+DU)。CO 节点承载设备可以将前传流量汇聚到此节点无线设备,也可以将中传/回传业务上传到上层承载设备。

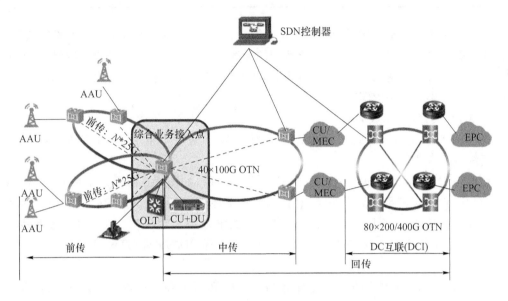

图 1-6　基于光传送网的 5G 端到端承载网示意图

下面简单介绍一下基于光传送网的 5G 前传、中传、回传承载方案。

1. 5G 前传承载方案

根据 DU 部署位置,5G 前传有大集中和小集中两种典型场景。小集中就是 DU 部署位置较低,与 4G 宏站 BBU 部署位置基本一致,与 DU 相连的 5G AAU 数量一般小于 30 个。

大集中就是 DU 部署位置较高,位于综合接入点机房,与 DU 相连的 5G AAU 数量一般大于 30 个。依据光纤的资源及拓扑分布的不同等,又可将大集中的场景再细分为 P2P 大集中和环网大集中,如图 1-7 所示。

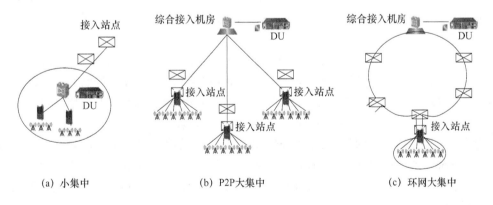

(a) 小集中　　　　　　　(b) P2P 大集中　　　　　　(c) 环网大集中

图 1-7　5G 前传的三种不同场景

针对 5G 前传的三个组网场景,可选择的承载技术方案如表 1-2 所示。

表 1-2　5G 前传场景与相应的承载方案

组网场景	小集中	P2P 大集中	环网大集中
适用方案	有源/无源 CWDM/DWDM	有源/无源 DWDM	有源 DWDM

无论是小集中还是 P2P 大集中场景,有源方案和下一代 DWDM 无源方案都能满足,这就需要根据网络光纤、机房资源和需要达到的无线业务优化效果综合考虑,选择性价比最佳的解决方案。对于环网大集中场景,有源 DWDM 方案具有明显的比较优势,在节约光纤的同时还可以提供环网保护等功能。

2. 5G 中传/回传承载方案

5G 中传和回传对于承载网在带宽、组网灵活性、网络切片等方面需求基本一致,因此可以采用统一的承载方案。

城域 OTN 网络架构包括骨干层、汇聚层和接入层,如图 1-8 所示。城域 OTN 网络架构与 5G 中传/回传的承载需求是匹配的,其中骨干层/汇聚层与 5G 回传网络对应,接入层则与中传/前传对应。近几年 OTN 演进到了分组增强型 OTN(POTN),可以很好地匹配 5G IP 化承载的需求。因此,5G 中传/回传承载方案采用城域网 OTN 网络架构(如图 1-8 所示)。

基于 OTN 的 5G 中传/回传承载方案可以发挥 POTN 强大高效的帧处理能力,有效实现 DU 传输连接中对空口 MAC/PHY 等时延要求极其敏感的功能。同时,对于 CU,POTN 构建了 CU、DU 间超大带宽、超低时延的连接,有效实现 PDCP(Packet Data Convergence Protocol,分组数据汇聚协议)处理的实时、高效与可靠,支持快速的信令接入。POTN 还可以实现到郊县的长距传输,并按需增加传输链路的带宽容量。

当然,为了满足中传/回传在灵活组网方面的需求,需要考虑在 POTN 已经支持 MPLS-TP 技术的基础上,增强路由转发功能。

3. 网络切片承载方案

网络切片就是对 5G 业务进行分类,并分别传输。光传送网具有天然的网络切片承载能力,每种 5G 网络切片可以由独立的光波长/ODU 通道来承载,提供严格的业务隔离和服务质量保障。具体到 5G 网络切片的承载需求,POTN 可以提供基于一层和二层的网络切片承载方案。

基于一层网络切片承载方案主要基于 ODUflex 进行网络资源划分,可以将不同的 ODUflex 带宽通过通道标识划分来承载不同的 5G 网络切片,并可根据业务流量的变化动态无损调整 ODUflex 的带宽。也可以通过物理端口进行承载资源的划分,将物理端口对应的所有电层链路都进行标签隔离处理。这种方案实现较简单,粒度较大。

基于二层网络切片承载方案通过 MPLS-TP 标签或以太网 VLAN ID(Virtual Local Area Network,虚拟局域网)划分隔离二层端口带宽资源,即逻辑隔离。采用不同的逻辑通道承载不同的 5G 网络切片,同时通过 QoS 控制策略来满足不同网络切片的带宽、时延和丢包率等性能需求。

其中一层网络切片承载方案的切片间业务属于物理隔离,不会相互影响。二层网络切片承载方案的切片间业务是逻辑隔离,不同切片间业务可以共享物理带宽。可根据 5G 不同网络切片的性能需求选择不同的承载方案。

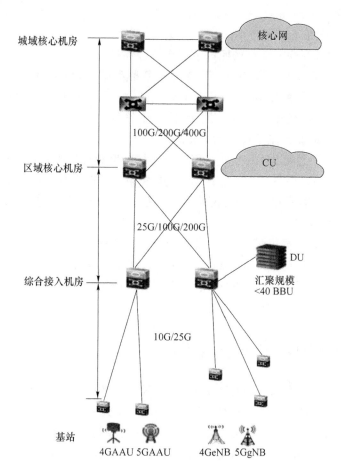

图 1-8　城域 OTN 网络架构匹配 5G 承载需求示意图

4. 5G 云化数据中心互联方案

5G 时代的核心网将下移到城域网核心层并向云化架构转变,由此产生云化数据中心互联的需求,包括:核心大型数据中心互联,对应 5G 核心网 New Core 间及 New Core 与 MEC (Mobile Edge Computing,移动边缘计算)间的连接;边缘中小型数据中心互联,本地 DC (Data Center,数据中心)互联承担 MEC、CDN(Content Delivery Network,内容分发网络)等功能。

(1) 大型数据中心互联方案

大型数据中心作为 5G 承载网中 New Core 核心网的重要组成部分,承担着海量数据长距离的交互功能,需要高可靠长距离传输、分钟级业务开通能力以及大容量波长级互联。因此需要采用高维度 ROADM 进行 Mesh 化组网、光层一跳直达,减少中间大容量业务电穿通端口成本。同时,还需要结合 OTN 技术以及 100G、200G、400G 高速相干通信技术,实现核心 DC 之间的大容量高速互联,并兼容各种颗粒灵活调度能力。

在网络安全性的保障上采用光层、电层双重保护,使保护效果与保护资源配置最优化:光层 WSON(Wavelength Switched Optical Network,波长交换光网络)通过 ROADM 在现有光层路径实现重路由,抵抗多次断纤;电层 ASON 通过 OTN 电交叉备份能够迅速倒换保护路径,保护时间小于 50 ms。

(2)中小型数据中心互联方案

中小型数据中心互联方案可按照以下三个阶段演进:

- 5G 初期,边缘互联流量较小,但接入业务种类繁多,颗粒度多样化。可充分利用 POTN 网络提供的低时延、高可靠互联通道,使用 ODUk 级别的互联方式即可。同时,POTN 能够很好地满足边缘 DC 接入业务多样化的要求。

- 5G 中期,本地业务流量逐渐增大,需要在 POTN 互联的基础上,结合光层 ROADM 进行边缘 DC 之间 Mesh 互联。但由于链接维度数量较小,适合采用低维度(如 4/9 维)ROADM。考虑到边缘计算的规模和下移成本,此时 DCI(Data Center Interconnect,数据中心互联)网络分为两层,核心 DCI 层与边缘 DCI 层,两层之间存在一定数量的连接。

- 5G 后期,网络数据流量巨大,需要在全网范围内进行业务调度。需要在全网范围部署大量的高维度(如 20/30 维)ROADM 实现边缘 DC、核心 DC 之间全光连接,以满足业务的低时延需求。同时采用 OTN 实现小颗粒业务的汇聚和交换。

1.6 OTN 的未来——全光网

前已述及,OTN 不限定网络的透明性,虽然最终目的是透明的全光网络。随着技术的进步,子网逐渐扩大,最后扩展到整个网络,便构成了全光网。

真正意义上的全光网不仅光信息流在网络中的传输与交换始终以光的形式存在,不需要经过光/电、电/光转换,而且管理全光网的管控器也是光信号,即所有设备的控制信号不是电信号而是光信号。

光信息流从源节点到目的节点的传输过程涉及光传输、光放大、光再生、光交换、光存储、光信息处理、光信号多路复接/分插、进网/出网等许多全光技术。全光网由全光内部部分和外部网络控制部分组成。内部全光网是透明的,能容纳多种业务格式,通过光交换与选路技术,网络节点可以透明地发送或从别的节点接收信息。外部控制部分可实现网络的重构,使得波长和容量在整个网络内动态分配以满足通信量、业务和性能需求的变化,并提供一个生存性好、容错能力强的网络。

全光网络由光传输系统和在光域内进行交换/选路的光节点组成,光传输系统的容量和光节点的处理能力非常大,电子处理通常在边缘网络进行,边缘网络中的节点或节点系统可采用光通道与光网络进行直接连接。光节点不进行按信元或按数据包的电子处理,因而具有很大的吞吐量,可大大地降低传输延迟。不同类型的信号可以直接接入光网络。光网络具有光通道的保护能力,以保证网络传输的可靠性。

1.6.1 全光网的优点

基于波分复用的全光通信网,能比传统的电信网提供更大的通信容量,可使通信网具备更强的可管理性、灵活性、透明性。

全光网具备如下以往通信网和现行光通信系统所不具备的优点:

（1）全光网络能够提供巨大的带宽。因为全光网对信号的交换都在光域内进行，可最大限度地利用光纤的传输容量。目前电联网的节点或链路的容量均无法赶上数据业务量的指数增长速度。

（2）全光网络具有传输透明性。全光网通过波长选择器来实现路由选择，即以波长来选择路由，对传输码率、数据格式以及调制方式均具有透明性，可以提供多种协议业务，可不受限制地提供端到端业务。透明性是指网络中的信息在从源地址到目的地址的过程中，不受任何干涉。由于全光网中信号的传输全在光域中进行，信号速率、格式等仅受限于接收端和发送端，因此全光网对信号是透明的。

（3）全光网络具有前后向兼容性。全光网不仅可以与现有的通信网络兼容，而且还可以支持未来的网络技术以及网络的升级。

（4）全光网络具备可扩展性，加入新的网络节点时，不影响原有网络结构和设备，降低了网络成本。

（5）可根据通信业务量的需求，动态地改变网络结构，充分利用网络资源，具有网络的可重组性。

（6）全光网络结构简单，端到端采用透明光通路连接，省去了庞大的光/电/光转换的设备，网中许多光器件都是无源的，可靠性高、可维护性好。

全光网由于具有以上的优点，因此成为宽带通信网未来发展的目标。

1.6.2　全光网的基本结构

全光网络主要由核心网、城域网和接入网三层组成，三者的基本结构相类似，由 DWDM 系统、光放大器、OADM（光分插复用器）和 OXC（光交叉连接设备）等设备组成。最低一级（0 级）是众多单位各自拥有的局域网（LAN），它们各自连接若干用户的光终端（OT）。每个 0 级网的内部使用一套波长，但各个 0 级网多数也可使用同一套波长，即波长或频率再用。全光网的中间一级（1 级）可看作许多城域网（MAN），它们各自设置波长路由器连接若干个 0 级网。最高一级（2 级）可以看作全国或国际的骨干网，它们利用波长转换器或交换机连接所有的 1 级网。

1.6.3　全光网的关键技术

全光网络的相关技术主要包括光交换/光路由（全光交换）、光交叉连接、全光中继和光分插复用、动态路由和波长分配等。

1. 光交换/光路由（全光交换）

所谓光交换/光路由是指不经过任何光/电转换，在光域直接将输入光信号交换到不同的输出端。光交换可分成光路光交换和分组光交换两种类型，前者可利用 OADM、OXC 等设备来实现，而后者对光部件的性能要求更高。由于目前光逻辑器件的功能还较简单，不能完成控制部分复杂的逻辑处理功能，因此现有的分组光交换单元还要由电信号来控制，即所谓的电控光交换。随着光器件技术的发展，光交换技术的最终发展趋势将是光控光交换。

光分组交换系统所涉及的关键技术主要包括：光分组交换（OPS）技术、光突发交换（OBS）技术、光标记分组交换（OMPLS）技术、光子时隙路由（PSR）技术等，这些技术目前主要是在实验室内进行研究与功能实现。

光交换/光路由属于全光网络中关键光节点技术,它所完成的关键工作就是波长变换。由于实质上是对光的波长进行处理,所以光交换/光路由应该称为波长交换/波长路由。全光网络的几大优点,如带宽优势、透明传送、降低接口成本等都是通过该技术体现的。

从功能上划分,光交换/光路由、OXC、OADM 是顺序包容的,即 OADM 是 OXC 的特例,而 OXC 是光交换/光路由的特例。

2. 全光交叉连接

光交叉连接(OXC)是全光网中的核心器件,它与光纤组成了一个全光网络。OXC 交换的是全光信号,它在网络节点处,对指定波长进行互连,从而实现波长重用。当光纤中断或业务失效时,OXC 能够自动完成故障隔离、重新选择路由和网络、重新配置等操作,使业务不中断,即它具有高速光信号的路由选择、网络恢复等功能。

通常 OXC 有 3 种实现方式:光纤交叉连接、波长交叉连接和波长变换交叉连接。其中,光纤交叉连接以一根光纤上所有波长的总容量为基础进行交叉连接,容量大但不灵活。波长交叉连接可将任何光纤上的任何波长交叉连接到使用相同波长的任何光纤上,比如,波长 λ_1、λ_2、λ_3 和 λ_4 从输入端 1 号光纤输入,波长交叉连接可以将这 4 个波长选路到输出端口的 1、2、3 和 4 号光纤上去,它的波长可以通过空间分割实现重用。波长的选路路由由内部交叉矩阵决定,一个 $N \times N$ 的交叉矩阵可以同时建立 N^2 条路由。波长变换交叉连接可将任何光纤上的任何波长交叉连接到使用不同波长的任何光纤上,具有最高的灵活性。它和波长交叉连接的区别是可以进行波长转换。

OXC 的光交换单元可采用两种基本交换机制:空间交换和波长交换。实现空间交换可采用各种类型的光开关,它们在空间域上完成入端到出端的交换功能,典型结构如基于空间光开关矩阵和波分复用/解复用器对的 OXC 结构、基于空间光开关矩阵和可调谐滤波器的 OXC 结构、基于分送耦合开关的 OXC 结构、基于平行波长开关的 OXC 结构等。实现波长交换可采用各种类型的波长变换器,它们将信号从一个波长上转换到另一个波长上,实现波长域上的交换,典型结构如基于阵列波导光栅复用器的多级波长交换 OXC 结构、完全基于波长交换的 OXC 结构等。另外,光交换单元中还广泛使用了波长选择器(如各种类型的可调谐光滤波器和解复用器)。

OXC 的难点之一是在光网络、光节点与业务接入层面上如何解决路由算法与控制问题。目前提出了多协议波长标签交换 MPLmS 技术,它是将 MPLS 流量工程和 OXC 相结合的一项技术,主要研究基于多协议标签交换(MPLS)技术和动态波长分配/波长路由技术的新型网络体系结构及相关组网技术,解决标签的分配、绑定和交换以及与光包交换的波长路由虚通路标识(VOPI)的协调问题和分配算法,以及同期到达的去往同一目的地的数据包对资源的竞争等问题,在此基础上可实现基于 MPLmS 技术的光路由器。另外,考虑到用户的需求与目前的技术水平,现已提出了一种光纤—波长—分组(FWP)的混合交换方式,即采用光纤的空分交换、波长的信道交换和分组的包交换的有机结合,以实现不同粒度的交换与选路。

3. 全光中继

信息在光纤通道中传输时,如果光纤损耗大、色散严重,将会导致最后的通信质量很差,损耗导致光信号的幅度随传输距离按指数规律衰减,通常可以采用全光放大器来提高光信号功率从而解决这一问题。色散会导致光脉冲发生展宽,发生码间干扰,使系统的误码率增大,严重影响了通信质量。因此,必须采取措施对光信号进行再生。目前,对光信号的再生都是利用光电中继器,即光信号首先由光电二极管转变为电信号,经电路整形放大后,再重新驱动一个光源,从而实现光信号的再生。这种光电中继器具有装置复杂、体积大、耗能多的缺点。而全光中继是在光纤链路上每隔几个放大器的距离接入一个光调制器和滤波器,从链路传输的光信号中提取同步时钟信号输入光调制器中,对光信号进行周期性同步调制,使光脉冲变窄、频谱展宽、频率漂移和系统噪声降低,光脉冲位置得到校准和重新定时。全光信息再生技术不仅能从根本上消除色散等不利因素的影响,而且克服了光电中继器的缺点,成为全光信息处理的基础技术之一。

4. 光分插复用

OADM 是全光网的关键器件之一,其功能是从传输光路中有选择地上下本地接收和发送的某些波长,同时不影响其他波长信道的传输。也就是说,OADM 在光域内实现了传统的 SDH 分插复用器在时域内完成的功能,而且具有透明性,可以处理任何格式和速率的信号,这一点比电 ADM 更优越。

OADM 分为固定型 OADM(FOADM)和可重构型 OADM(ROADM)两种类型。固定型 OADM 只能上下一个或多个固定的波长,节点的路由是确定的,缺乏灵活性,但性能可靠、延时小。

ROADM 能动态调节 OADM 节点上下通道的波长,可实现光网络的动态重构,使网络的波长资源得到良好的分配,但结构复杂。ROADM 常用的技术有三种:平面光波导(Planar Lightwave Circuit ,PLC)、波长阻断器(Wavelength Blocker,WB)、波长选择开关(Wavelength Selective Switch,WSS)。三种 ROADM 各有特点,基于 WB 和 PLC 技术的 ROADM 可以利用现有的成熟技术,成本相对较低,对网络的影响最小,主要用于二维站点,因此一般在环形组网中应用。基于 WSS 的 ROADM 具有更高的灵活性,可以在所有方向提供波长粒度的信道,可远程重配置所有直通端口和上下端口,因此可应用于环、多环、网状网等各种复杂组网。

目前各大厂商的 OADM 设备已经比较成熟,性能也不错,如烽火通信生产的 ROADM 能实现动态全波长上下功能,并支持多维环间扩展,支持最大 9 个维度的光波长调度。

5. 动态路由和波长分配

给定一个网络的物理拓扑和一套需要在网络上建立的端到端光信道,而为每一个带宽请求决定路由和分配波长以建立光信道的问题也就是波长选择由和波长分配问题(RWA)。

目前较成熟的技术有最短路径法、最少负荷法和交替固定选路法等。根据节点是否提供波长转换功能,光通道可以分为波长通道(WP)和虚波长通道(VWP)。WP 可看作 VMP 的特例,当整个光路都采用同一波长时就称其为波长通道,反之则是虚波长通道。

在波长通道网络中,由于给信号分配的波长通道是端到端的,每个通道与一个固定的波长关联,因而在动态路由和分配波长时一般必须获得整个网络的状态,因此其控制系统通常必须采用集中控制方式,即在掌握了整个网络所有波长复用段的占用情况后,才可能为新呼叫选一条合适的路由。这时网络动态路由和波长分配所需时间相对较长。

而在虚波长通道网络中,波长是逐个链路进行分配的,因此可以进行分布式控制,这样可以大大降低光通路层选路的复杂性和选路所需的时间,但却增加了节点操作的复杂性。由于波长选路所需的时间较长,近年提出了多协议波长标记交换的方案,它将光交叉互联设备视为标记交换路由器进行网络控制和管理。

在基于 MPLS 的光波长标记交换网络中的光路由器有两种:边界路由器和核心路由器。边界路由器用于与速率较低的网络进行业务接入,同时电子处理功能模块完成 MPLS 中较复杂的标记处理功能;而核心路由器利用光互联和波长变换技术实现波长标记交换和上下路等比较简单的光信号处理功能。它可以更灵活地管理和分配网络资源,并能较有效地实现业务管理及网络的保护、恢复。

全光网为我们描绘了未来通信网的美丽蓝图,但美丽蓝图的实现不是一蹴而就的,是个逐步实现的过程。我们目前必须从某个局部开始,即从 ITU-T G.872 定义的 OTN 开始,本书主要介绍 OTN 的相关技术。

第 2 章
光传送网的分层结构和标准架构

WDM 技术的出现为传送网络的容量扩展提供了一种很好的解决方法。IP 网络的风行、电信网络业务的多样性不仅对网络传输容量提出了更高的需求,也对网络节点的吞吐容量、网络的功能和运营水平提出了更高的要求。光传送网正是适应这些要求而诞生。开始人们称这种提供客户信号透明传输的网络为"全光通信网",后来发现要实现透明全光通信尚有很多技术困难,于是就不再强调"透明传输",ITU-T 将其定名为光传送网(OTN)。和 SDH 传送网相比较,OTN 的主要特点是在电信号处理层的基础上引入了"光处理层"。

本章将主要讨论 OTN 的分层结构、OTN 层网络的原子功能模型及功能,最后介绍有关 OTN 的标准架构。

2.1　光传送网的分层结构

OTN 对客户层信号提供的光域处理功能可以使用 ITU-T G.805 建议的通用原则进行描述。根据此建议,光传送网被分解为若干独立的层网络,其中每个层网络可以进一步分割成子网和子网间链路,以反映该层网络的内部结构。

按照 2017 年 1 月之前的 ITU-T G.872 建议,光传送网的分层结构充分考虑了 SDH 网络到 WDM 光网络的平滑过渡,把 OTN 分为三层结构,即光通道层(OCh)、光复用段层(OMS)和光传输段层(OTS)。其中光通道层既包含电层信号的处理,又包含电层信号加载到波长通道的处理,但这种处理在原分层结构上体现得并不明显。

ITU-T G.872 建议 2017 年版将原光通道层分成了两层,具体如图 2-1 所示;同时把原来的光复用段层和光传输段层合二为一了。因此,OTN 的新分层结构分为三层,它们分别是数字层、光信号层和媒质层,如图 2-1 所示。

1. 数字层

数字层的作用是提供数字客户信号的接入、复用和维护,它包括 ODU(光数据单元)和 OTU(光传送单元)两个子层。数字层实际上就是电信号处理层。

虽然业务层面不是光传送网的组成部分,但光传送网作为多协议业务的综合传送平台,应能支持多种客户层网络,这些客户层网络构成了光传送网络的业务层。光传送网络的主要客户类型包括 STM-N、FC、IB、IP、以太网、MPLS 等,为了使各种客户信号适合于光网络的传输,需要在光网络的边界加上客户信号适配功能。

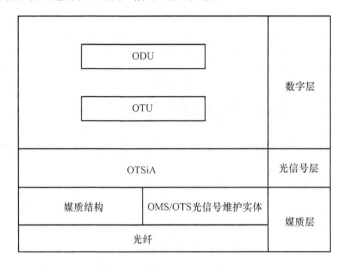

图 2-1　OTN 的新分层结构

2. 光信号层

光信号层的作用是将数字层的 OTU(光传送单元)加载到光支路信号组(Optical Tributary Signal Group,OTSiG),并加上光支路信号组开销(OTSiG Overhead,OTSiG-O),这称为光支路信号装配(Optical Tributary Signal Assembly,OTSiA)。一个 OTU 通常加载到一个光波长通道上,但高速 OTU 可能要降低速率,用几个子波长来承载。这些子波长信号称为光支路信号(OTSi),这组光支路信号称为光支路信号组。当光支路信号数为 1 时,OTSiG 就是以前 OTN 定义的光通道。

光信号层负责为来自电层的 OTU 信号选择路由和分配波长,为灵活的网络选路安排光通路连接,为透明地传递 OTSiA 和光通道提供端到端的联网功能;处理 OTSiA 和光通道开销,提供 OTSiA 和光通道的检测、管理功能,提供端到端的连接;在故障发生时,通过重新选路或直接把工作业务切换到预定的保护路由来实现保护倒换和网络恢复。

光信号层与各种数字化的客户信号接口,为透明地传送这些客户信号提供点到点的以光通道为基础的组网功能。

3. 媒质层

媒质层的作用是给 OTSiA 和光通道的传送提供光媒质通道(波长通道)和光信号的监测、维护功能。媒质层包括媒质结构、光复用段和光传输段光信号维护实体(Optical Signal Maintenance Entity,OSME,即 OMS/OTS 开销)和光纤。这里的媒质结构指的是光纤的多波长通道,光复用段和光传输段的含义与以前相同。

(1)光复用段

光复用段(Optical Multiplexing Section)负责保证相邻两个波长复用传输设备间多波长复用光信号的完整传输,为多波长信号提供网络功能。其主要功能包括:为灵活的多波长网络选路重新安排光复用段功能;为保证多波长光复用段适配信息的完整性处理光复用段开销;为段层的运行和维护提供光复用段的检测和管理功能。

（2）光传输段

光传输段为光信号在不同类型的光媒质（如 G.652、G.653、G.655、G.656 等光纤）上提供传输功能；进行光传输段开销处理以便确保光传输段适配信息的完整性；同时实现对光放大器或中继器的检测和控制功能等。

综合起来，光传送网的数字层为各种数字客户信号提供接口和电域信号处理；光信号层为透明地传送这些客户信号提供点到点的以光通道为基础的组网功能；媒质层的 OMS 子层为经波分复用的多波长信号提供组网功能，OTS 子层经光接口与传输媒质相连接，提供在光介质上传输光信号的功能。光传送网的这些相邻层之间形成所谓的客户/服务者关系，每一层网络为相邻上一层网络提供传送服务，同时又使用相邻的下一层网络所提供的传送服务。

2.2 光传送网层网络的组成与功能

前面已经谈到，光传送网（OTN）的新分层结构分为三层，它们分别是数字层、光信号层和媒质层，本节从原子功能模型的角度对光传送网的层网络的组成和功能进行描述。

2.2.1 数字层网络的组成与功能

OTN 数字层网络的作用是提供数字客户信号的接入、复用以及本层网络的维护，它包括 ODU（光数据单元）和 OTU（光传送单元）两个子层。ODU 子层负责客户信号的接入，完成在电层的选路、复用、监视、维护等功能，实为 OTN 的电通道。OTU 子层支持作为客户的 ODU 子层，在电层为 ODU 提供传送功能。

OTU 和 ODU 的关系是服务者和客户的关系，这种关系分为有 ODU 复用和没有 ODU 复用两种情况。

1. 没有 ODU 复用的数字层的组成

没有 ODU 复用的 OTN 数字层组成如图 2-2 所示。从图中可以看出，一个 OTUk 只承载一个 ODUk。客户信号经过适配后，进入 ODUk 接入点（AP），形成 ODUk 路径；再加上 ODUk 源功能，形成 ODUk 发送点（Forwarding Point，FP），ODUk FP 点也是 ODUk 网络连接点。ODUk 作为 OTUk 的客户进行适配后，即形成 OTUk。

2. 有 ODU 复用的数字层的组成

有 ODU 复用的数字层组成如图 2-3 所示。这里的 ODU 复用指的是若干低阶 ODUj 复用到高阶 ODUk 或者 ODUCn。而后，高阶 ODUk 或者 ODUCn 再加载到 OTU，形成 OTN 的数字层。从图中可以看出，一个 OTUk 承载一个 ODUk 或多个 ODUj。

2.2.2 光信号层网络的组成与功能

光信号层的作用是将数字层的 OTU 加载到光支路信号组（OTSiG），并加上光支路信号组开销（OTSiG-O），即实现了光支路信号装配（OTSiA）。一个 OTU 通常加载到一个光波长通道上，或者加载到几个子波长（OTSi）通道上。负责有关光波长通道及子波长通道的路由选择、光通路连接、联网功能、检测、管理功能、保护倒换和网络恢复等功能。

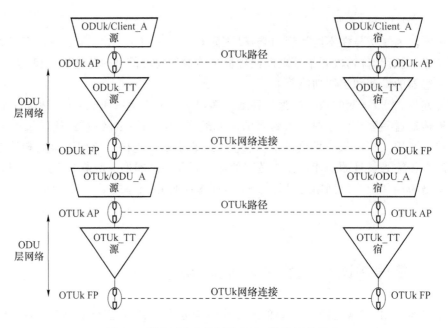

图 2-2　没有 ODU 复用的 OTN 数字层的组成

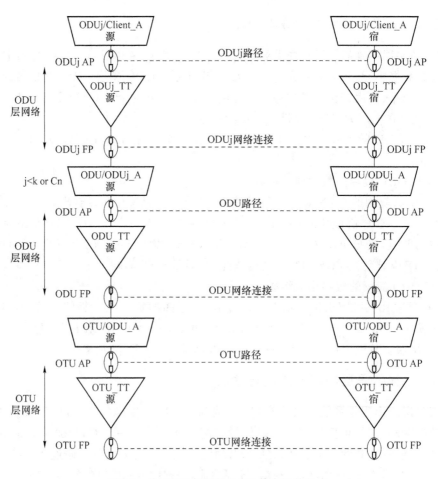

图 2-3　有 ODU 复用的 OTN 数字层的组成

一个 OTU 需要由一个光支路信号或多个光支路信号组成的 OTSiG 支持,一个 OTSiG 只能承载一个 OTU。每一个光支路信号加载在一个网络媒质通道上,但必须控制好每一个光支路信号的延时。如果要添加 OTSiG-O,那么 OTSiG 的所有成员和承载 OTSiG-O 的 OSC 必须同纤传送。下面是 OTU 加载到 OTSiG 和 OTSiA 的过程。

1. OTU 加载到只有一个 OTSi 的 OTSiG 的情形

当 OTSiG 只有一个成员时,OTU 经过适配后加载到这个光支路信号上,如图 2-4 所示,图中灰色的原子功能图表示该功能出现在媒质层。

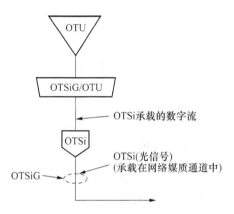

图 2-4　只有一个 OTSi 的光信号层组成示意图

2. OTU 加载到有多个 OTSi 的 OTSiG 的情形

当 OTSiG 有 n 个成员时,OTU 经过适配后加载到 OTSiG 的 n 个光支路信号上,如图 2-5 所示。

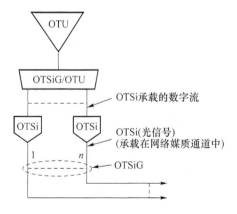

图 2-5　有多个 OTSi 的光信号层组成示意图

3. OTU 加载到一个 OTSiA 的情形

OTSiG 加上 OTSiG-O 就是 OTSiA,因此图 2-6 在图 2-5 的基础上增加了 OTSiG-O 就是 OTSiA,如图 2-6 所示。

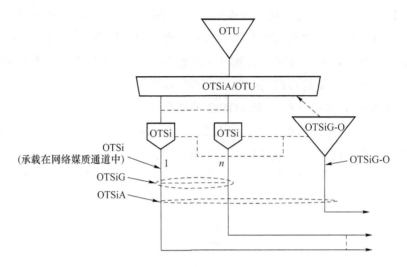

图 2-6   OTU 加载到一个 OTSiA 时的光信号层组成示意图

2.2.3   媒质层网络的组成与功能

OTN 的媒质层由媒质端口、媒质通道、媒质子网、媒质链路、光滤波器、光耦合器、光放大器、OMS/OTS 光信号维护实体、光纤组成。下面主要介绍一下媒质通道和 OMS/OTS 光信号维护实体。

1. 媒质通道

媒质通道是一个穿通媒质并占用媒质频率隙资源的拓扑结构,可以理解为波长通道,如图 2-7 所示。A、B、C、D、H、I、J、K 为频率隙较窄的媒质通道,E、F、G 为频率隙较宽的媒质通道。媒质通道 B 穿过 E、F、G 和 I 级联构成媒质子网,光支路信号 OTS♯1 通过该媒质子网连接起来。

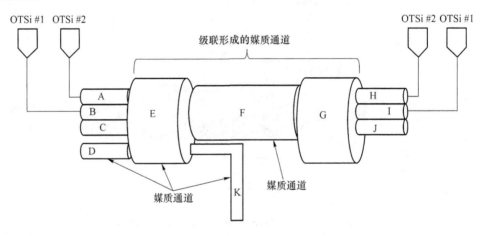

图 2-7   媒质通道的级联

2. 媒质通道和光信号的关系

光信号是待传送的信号,媒质通道是承载光信号的载体,它们之间的关系如图 2-8 所示。如果把媒质通道比喻成宽窄不同的道路,那么光信号就是在道路中行进的车辆,频率隙宽就是道路的宽度。

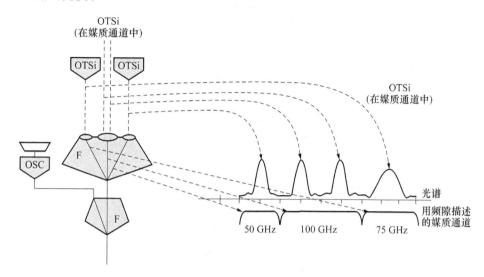

图 2-8　媒质通道和光信号的关系示意图

3. 媒质层信号处理流程

OTN 具有管理功能的多 OTU 接口 MOTUm（参见第 3 章）的信号处理流程如图 2-9 所示，但为了清晰起见，图中只画出了单 OTU 的情形。

OTU 经过到 OTSiA 的适配后，信息加载到 OTSiG 上，OTSiG 加载到媒质子网上，经过光耦合，进入光复用段（OMS），光复用段经过光放大进入光传输段（OTS）。

OTU 加载到 OTSiG 时会产生非关联开销 OTSiG-O，OTSiG-O 经过适配加载到 OMS-O 中，同时 OMS 的光信号维护实体（OSME）对 OMS 进行监视，结果置于 OMS-O 中。OMS-O 再经过适配后加载到 OTS-O 中，OTS 通过光信号维护实体对 OTS 进行监视，结果置于 OTS-O 中。OTS-O 再加载到 OSC 中形成光监控信号。光监控信号和光传输段经过合波即形成了 OTN 的 MOTUm 接口信息。

2.2.4　光传送网各层网络的客户/服务者关系

光传送网作为信息传送的主要网络，支持很多已经存在的客户信号。客户信号和光传送网之间，以及光传送网内部各层网络之间都是客户/服务者关系，这种关系通过适配功能来体现。

1. 客户信号到 OTN 数字层的适配

在图 2-2 和 2-3 中，都有一个客户信号到 ODU 的适配功能，这个适配功能就是客户信号接到 OTN 数字层的入口处或服务窗口，通过这个适配功能后，OTN 数字层就开始给客户信号提供服务。

2. OTN 数字层到光信号层的适配

在图 2-8 中，有一个 OTU 到 OTSiA 的适配功能，这个适配功能就是 OTU 接到 OTN 光信号层的入口处或服务窗口，通过这个适配功能后，OTN 光信号层就开始给 OTU 提供服务。

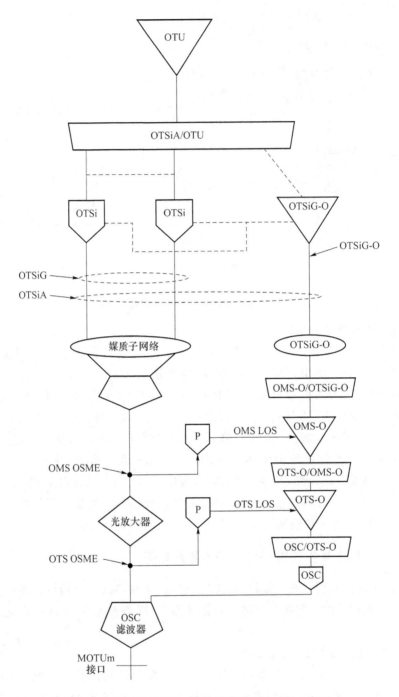

图 2-9　OTN MOTUm 接口的信号处理流程示意图

3. OTN 光信号层到媒质层的适配

在图 2-8 中,有一个 OTSiG 到 OMS 的适配(耦合)功能以及 OTSiG-O 到 OTS-O 的适配功能,这两个适配功能就是光信号层到媒质层的入口处或服务窗口,通过这个适配功能后,OTN 媒质层就开始给光信号层提供服务。

2.3 光传送网标准的框架结构

光传送网的各个方面都是由一系列的标准规范的,包括:光传送网的体系结构、光传送网的接口结构和映射、光传送网设备的功能特征、光传送网的管理、光传送网的物理层接口、器件和子系统等。OTN 的系列标准见表 2-1。

表 2-1 OTN 各方面的标准

规范对象	主要标准
框架结构	G.871
体系结构	G.872/G.8080/G.807
术语与定义	G.870
接口结构和映射	G.709/G.709.1/G.709.2/ G.709.3
设备功能特征	G.798/G.806
网络管理	G.874/G.7710
管理信息模型	G.874.1/G.875/G.876
物理层接口	G.664/G.959.1/G.695/G.698.1/G.698.2
器件和子系统	G.661/G.662/G.663/G.671/G.694.1
抖动/漂移性能	G.8251/O.173
误码性能	G.8201
网络保护	G.873.1/ G.873.2/ G.873.3
光安全规程	G.664
OTN 业务投入与维护	M.2401

1. 光传送网的体系结构

光传送网的体系结构对应于国际电信联盟的 G.872 标准。

G.872 对光传送网的体系结构进行了定义,从网络分层的观点具体规定了光传送网的分层结构、客户信号特征、客户/服务层关系,网络拓扑,提供光信号传输、复用、选路、监视、性能评价、网络生存性等层网络功能。

具体需要规范的方面包括:OTN 的功能结构(分层结构)、OTN 的数字层、OTN 的媒质层、媒质拓扑、网络管理、OTN 生存性技术。

2. 光传送网的接口结构和映射

光传送网的接口结构和映射定义在 G.872、G.709、G.709.1、G.7041 和 G.7042 建议中。

G.709 建议定义了 OTN 的网络节点接口(NNI)。建议规范了光传送网的光网络节点接口,保证了光传送网的互联互通,支持不同类型的客户信号。建议主要定义了 OTN 接口的电层结构和光层结构,采用了数字封包技术定义各种开销功能、映射方法和客户信号复用方法。通过定义帧结构开销,可以实施电信号层功能,例如保护、选路、性能监测等;通过确定各种业务信号到光网络层的映射方法,实现光网络层面的互联互通。

G.7041 建议为通用成帧规程(Generic Framing Procedure,GFP),作为一种先进的数据业务适配的通用协议和映射技术,它为 OTN 承载数据业务提供了新型高效的手段。GFP 是一种简单而灵活的适配方式,它提供了一种通用机制来将高层客户信号适配到字节同步的 OTN 传输网络中(GFP 帧以 ITU-T G.709 所定义的映射方式映射到 ODUk 帧中)。

G.7042 建议定义了虚级联信号的链路容量调整方案(LCAS),采用虚级联技术增加或减少 OTN 网络中的容量。如果网络中一个单元出现失效,可以自动减少容量。当网络修复完成后,可以自动增加容量。

3. 光传送网设备的功能特征

G.798 定义了光传送网设备的功能特征,包括 OTS(光传输段)终端、放大功能,OMS(光复用段)终端功能、OCh/OTSiA 终端功能和 OCh/OTSiA 交叉连接功能。G.798 还规定了构成 OTN 设备的基本构件库和一组组合规则。任何 OTN 设备都是由 G.798 建议规定的这些功能构件互连而成,其互连应符合建议中的规则。规范的方法基于将设备分解为原子功能和复合功能,设备就由设备功能规范和性能指标来描述。

具体需要规范的方面包括:光传送网的各个分层功能(包括连接、终端、适配;网络监测;复用;同步)。

4. 光传送网的管理

光传送网管理方面的标准有 G.874、G.874.1、G.875 等。

G.874 详细定义了光网元管理的各个方面,内容包括故障管理、配置管理、性能管理、安全管理、计费管理、性能监测等。该建议定义了 OTN 的一层或多层层网络传送功能中的网元管理方面。光层网络的管理应与其客户层网络分离,使其可以使用与客户层网络不同的某些管理方法。该建议描述了网元管理层(EML)操作系统和光网元中的光设备管理功能之间的管理网络组织模型。

具体的规范包括:连接、配置、波长管理、故障管理等;为了支持光网元间的互连定义的信息模型。

G.874.1 建议描述的是基于网元观点的、协议无关的 OTN 管理信息模型。该建议从网元的观点定义了 OTN 中与协议无关的管理信息模型,包括管理实体和相关特性。这些特性用来描述 M.3010 建议的 TMN 结构定义中的、接口之间的信息交换过程和技术支持环境。与协议无关的管理信息模型可以以专用协议管理信息模型为基础,具体方法是根据专用协议信息模型设计,将与协议无关的管理信息模型映射进去。有关专用协议信息模型的规范在 G.875 建议中给出。

5. 光传送网的物理层接口

光传送网物理层接口是 OTN 最核心的标准,对应于 G.959.1 建议。具体的规范包括:光网络系统横向和纵向接口;波长划分,包括监测波长和波长范围;光学性能,光功率大小;应用代码;利用光孤子进行传输;光器件和子系统。

第 3 章
光传送网的接口及其帧结构

光传送网是现代通信网所采用的主要传送技术,所有的客户信号,包括 STN-N、FC、Ethernet、IB、IP、MPLS 和其他信号都应该能在光传送网中传输。如何将这些客户信号进行打包处理以便在 OTN 中传送,是一个非常重要的问题。ITU-T 2001 年 2 月通过的 G.709 建议第一版对此进行了规范,此后又经过四次重大修订,于 2016 年 6 月形成了现在的 G.709 建议第五版。

G.709 建议主要从以下几个方面定义了光传送网的 OTN 接口:OTN 的体系、支持多波长光网络的开销功能、帧结构、比特速率、映射客户信号的格式。

光传送网是用来传送适配净荷的一套标准化的数字传输结构,它支持不同结构的光网络(如点对点、环型、网孔型)的操作和管理。G.709 建议定义的接口可应用到光传送网的用户-网络接口(User-to-Network Interface,UNI)和网络-节点接口(Network Node Interface,NNI)。对于光网络子网之间的接口来说,接口的各方面使用的光技术依赖并服从于技术的进步。因此,和光技术相关联的方面(如横向兼容性),就没有在这些接口中定义,以便允许技术的进步。对于光子网的操作和管理来说,定义了必要的开销功能。

本章将主要介绍光传送网接口的电域信息结构和光域信息结构、客户信号的映射和复用结构、光传送网的帧结构及其开销描述。

3.1　光传送网的接口结构

ITU-TG.872 建议给光传送网定义了两种接口:域间接口和域内接口。顾名思义,所谓域间接口(Inter-Domain Interface,IrDI),是代表两个运营域之间边界的物理接口,在域间接口的每一端都具有再放大、再整形、再定时处理功能(简称为 3R 处理功能);而域内接口(Intra-Domain Interface,IaDI)是在运营域内部的接口。

G.709 建议在电域给 OTN 定义了光净荷单元(OPU)、光数据单元(ODU)、光传送单元(OTU)三个主要信息结构,OPU 用来承载和适配客户信号,ODU 用来给客户信号建立电路并提供监视和维护功能,OTU 给 ODU 提供电域的传输和维护功能。

G.709 建议在光域给 OTN 定义了光通道(OCh)/光支路信号适配(OTSiA)、光复用段(OMS)、光传输段(OTS)三个主要光媒质通道来传送电信号(即 OTU)。

根据 OTN 接口包含的 OTU 的多少和是否支持非随路开销,OTN 接口分为单 OTU 接口(SOTU)、多 OTU 接口(MOTU)、具有管理功能的单 OTU 接口(SOTUm)、具有管理功能的多 OTU 接口(MOTUm)。

本节将先对有关术语进行解释,然后介绍 OTN 接口的电域和光域信息结构以及接口的信息包容关系。

3.1.1 有关术语

本小节介绍的是 G.709 建议第五版仍然保留和增加的术语,为了方便读者比较第四版和第五版在有关术语上的变化,本书附录详细列出了有关术语的增减和含义上的变化。

1. 光净荷单元 k(OPUk)

光净荷单元 k 是用来适配客户信号以便使其适合于在光通道上传输的信息结构,相当于 SDH 的容器。它包含客户信息、用于执行客户信号速率和 OPUk 净荷速率之间适配的开销以及其他用于支持客户信号传送的 OPUk 开销。

k 的有效数字是 0、1、2、2e、3、Cn。k 为 0 表示近似为 1 Gbit/s 的比特速率,k 为 1 表示近似为 2.5 Gbit/s 的比特速率,k 为 2 表示近似为 10 Gbit/s 的比特速率,k 为 3 表示近似为 40 Gbit/s 的比特速率,k 为 4 表示近似为 100 Gbit/s 的比特速。

Cn 表示超 100Gbit/s 的 OTN 速率,Cn 表示 $n*100$ Gbit/s,其中 C 表示 100 Gbit/s,n 为正整数。

目前已经定义的 OPU 有 OPU0、OPU1、OPU2、OPU2e、OPU3、OPU4、OPUflex、OPUCn 等信息结构。其中,OPUCn 由 n 个 100 Gbit/s 的 OPU 组成。

2. 光数据单元 k(ODUk)

光数据单元 k 是由 ODUk 信息净负荷(OPUk)和 ODUk 相关开销构成的信息结构,它相当于 SDH 的虚容器。

目前已经定义的 ODU 有 ODU0、ODU1、ODU2、ODU2e、ODU3、ODU4、ODUflex、ODUCn 等信息结构。其中,ODUCn 由 n 个 100 Gbit/s 的 ODU 组成。

(1) ODUk 路径(ODUkP)

光数据单元 k 路径(ODUkP)是用来支持端到端路径监视的 ODUk 路径信息结构,简单地说,就是具有端到端路径监视功能的电路。

(2) ODUk TCM(ODUkT)

光数据单元 k 串联连接监视(ODUkT)是用于支持串联连接监视的 ODUk 路径信息结构,它可以将 ODUkP 根据管理域的不同进行分段监视。G.709 支持最多 6 级的串联连接监视。

3. 光传送单元 k(OTUk、OTUk V、OTUk-v)

光传送单元 k(OTUk)负责为 ODUk 在电域提供传输、监视、维护功能,通过一个或多个光通道连接来传送光数据单元(ODUk)的信息结构。它由光数据单元和 OTUk 相关开销(如 FEC 开销和用于光通道连接管理的开销)组成。

目前定义了的 OTU 有 OTU1、OTU2、OTU3、OTU4、OTUCn 等信息结构。其中,OTUCn 由 n 个 100 Gbit/s 的 OTU 组成。

OTUk 分为三种类型,它们是:

（1）完全标准化的光传送单元 k（OTUk）

完全标准化的光传送单元 k（OTUk）是指完全按照图 3-1 所示的完全标准化的格式来构建光传送单元,包括帧结构、帧定位开销、开销编码和前向纠错编码。

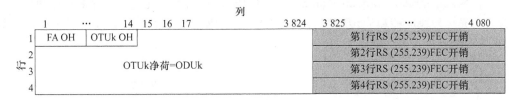

图 3-1　OTUk 的标准帧格式

（2）部分标准化的光传送单元（OTUk-v）

OTUk-v 仅仅定义了对光子网的操作和管理来说必不可少的开销功能。没有定义专用的帧结构、开销定位、开销编码和其他可能的特性（如前向纠错编码）。它们对设备制造商的个性化解决方案来说是开放的。

（3）具有设备供应商专用 FEC 的光传送单元 k（OTUk-v）

具有设备供应商专用 FEC 的光传送单元 k（Optical Transport Unit-k with vendor specific OTU FEC, OTUk-v）是指设备供应商使用自己私有的 FEC 编码来构建 OTUk。

4. 承载一个 OTUk 的 n 个光传送通道组（OTLk.n）

承载一个 OTUk 的 n 个光传送通道组（Group of n Optical Transport Lanes that Carry One OTUk, OTLk.n）指的是将一个高速的 OTUk 降速为原来的 $\frac{1}{n}$ 后,分 n 个光支路来承载的传送方式。

5. 随路开销和非随路开销

信息在传输时一般都要加相应的管理开销,管理开销分为随路开销（也称关联开销）和非随路开销（也称非关联开销）。

随路开销,是指必须和某种信息结构一起传输的开销,也就是说,该开销和该信息结构在传输时具有不可分割性。非随路开销（Non-associated Overhead, naOH）是指开销可以和某种信息结构分开传输,也就是说,该开销和该信息结构在传输时是可分割的。比如和 OPU、ODU、OTU 对应的开销就是随路开销,和 OCh、OMS、OTS 对应的开销就是非随路开销。

6. 光通道（OCh）

光通道（Optical Channel, OCh）的功能是为其客户信号 OTUk 提供光波长通道,支持光通道路径的连接、选路等光通道层的管理。光通道的净荷用 OCh-P（P: Payload）表示,光通道的开销用 OCh-O（O: Overhead）表示。

7. 光支路信号组（OTSiG）

见 2.2 节。

8. 光支路信号装配（OTSiA）

见 2.2 节。

9. 光复用段（OMS）

光复用段（Optical Multiplex Section, OMS）的功能是实现光通道和光支路信号适配的复用,支持光传送网中光复用段层的连接。光复用段由光复用段净荷和光复用段开销(OMS-O)组成。光复用段从多波长合波之后算起,到多波长分波之前结束,如图3-2所示。

10. 光传输段(OTS)

光传输段(Optical Transmission Section,OTS)的作用是给光复用段提供传输功能。光传输段由光传输段净荷和光传输段开销(OTS-O)组成。光传输段从光放大器的输出端算起,到下一个光放大器之前结束,如图3-2所示。

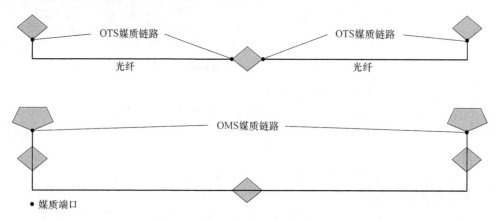

图3-2　OTS、OMS媒质链路示意图

11. 光物理段(OPS)

光物理段(Optical Physical Section,OPS)是一个在不同的光媒质上(如G.652、G.653、G.655、G.656光纤)提供多波长光信号传输功能的层网络。这里的多波长包含一个光通道的特殊情况。在没有光复用段和光传输段监控信息的情况下,光物理段具有光复用段和光传输段层网络的传输功能。

12. 光监控信道(OSC)

光监控信道(Optical Supervisory Channel,OSC)是用来在放大器带宽之外提供非随路开销传输的信息结构。非随路开销由光传输段开销、光复用段开销、光通道开销和OTSiG-O等组成。

13. 光网络节点接口(ONNI)

光网络节点接口(Optical Network Node Interface,ONNI)是光传送网中网络节点之间互连的接口。

3.1.2　传统光传送网接口的电域信息结构

光传送网接口既要处理电域信息,又要处理光域信息。处理电域信息的部分就是OTN的数字层,处理光域信息的部分就是OTN的光信号层和媒质层。

传统光传送网接口的电域信息结构如图3-3所示。光传送网接口的客户信号有SDH的STM-N信号、FC、IB、IP信号、Ethernet信号和OTN的ODUk信号等。这些客户信号经过OTN的容器OPUk进入ODU通道,ODU通道要对客户信号进行ODU通道监视(ODUkP)和ODU通道串联连接监视(ODUkT)。ODUk作为OTU的客户信号,加上OTU的开销后就形成OTUk信号。OTUk信号就可以作为客户信号接入OTN的光信号层。

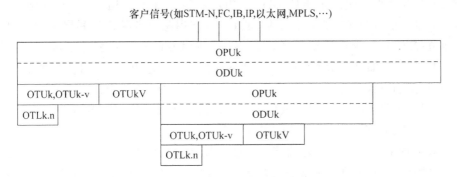

图 3-3　传统 OTN 接口的电域信息结构图

传统光传送网接口的几个重要技术细节详述如下。

1. ODU 层及监视

OPUk 是 OTN 承载客户信息的容器,为客户信息的传送提供适配功能。OPUk 加上光数据单元开销就形成 ODUk,ODUk 就是 OTN 的电路。一条电路路径可能跨越较长地理位置,可能跨越多个管理域,为了对 ODUk 路径进行管理,引入了通道监视和串联连接监视,如图 3-4 所示。

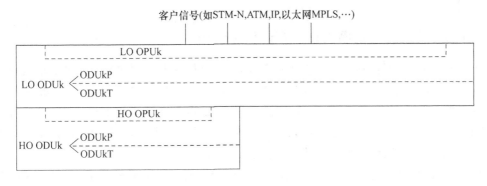

图 3-4　高阶和低阶 ODU 结构图

（1）ODUk 通道监视

ODUk 通道监视（ODUk Path,ODUkP）是对 ODU 建立从起点开始到终点结束的监视,即端到端的监视,只有 ODU 两端的网络操作者才能看到结果。ODUkP 开销相当于 SDH 的通道开销。

（2）ODUk 串联连接监视

ODUk 串联连接监视（ODUk Tandem Connection Monitoring,ODUkT）的含义是 OTN 可逐段监视 ODU 的净荷（即 OPUk）的传送质量。这是 OTN 的监视特色,是对原 SDH 的通道监视只能实现端到端的路径监视的改进。有了 ODUk 串联连接监视,就方便 ODU 路径沿途的运营商监视电路传送质量。

光数据单元最多支持 6 层的串联连接监视。

2. 高低阶 ODU 结构

OTN 最初设计的时候只引入了一层 ODU,但随着处理数据速率的差别越来越大,后来就引入了二层结构,如图 3-4 所示。

ODUk分为高阶ODUk和低阶ODUk,相当于SDH的高阶通道和低阶通道,这是改进的光传送网接口结构的亮点之一。低阶ODUk的作用是为各种速率和格式的客户信号提供接入通道;高阶ODUk的作用是将低阶ODUk复用为高阶ODUk,为低阶ODUk提供高阶传输通道。当然,如果低阶ODUk不需要接入高阶ODUk也可以,可直接接入OTU层。

3. OTU层的三种形式

OTU层的作用是给ODUk提供传输功能。由于传输速率都比较高,势必要用到前向纠错(Forward Error Correction,FEC)技术。

FEC技术的引入有多重方案,如果OTU的帧格式采用ITU-T所推荐的帧格式(如图3-1所示),就称为完全标准化的光传送单元k(OTUk)。如果采用部分推荐的帧格式,就称为部分标准化的光传送单元kV(OTUkV)。如果设备供应商采用自己的私有FEC编码,就称为具有设备供应商专用FEC的光传送单元k(OTUk-v)。

4. OTUk的多通道传送

对于一个高速的OTUk来说,如果没有对应的高速光通道来传送,那就只能将高速的OTUk降速后,用多个通道来传送,这种做法称为反向复用。承载一个OTUk的n个光传送通道组(OTLk.n)就是将一个高速的OTUk降速为原来的$\frac{1}{n}$后,分n个光支路来承载的传送方式。

3.1.3　灵活光传送网接口的电域信息结构

近年来,随着第四代移动通信技术的普及,移动互联网业务用户数和带宽需求呈现出爆炸式的增长,而且随着第五代移动通信网络的建设和新业务(如物联网、自动驾驶等)引入,移动互联网业务带宽需求将更大。另外,视频业务是消耗互联网带宽的大户,据不完全统计,视频业务流量已经占据了全球网络流量的60%以上;同时随着4K/8K视频业务标准的逐渐引入和普及,互联网带宽需求将呈现大比例增长。

面对巨大的数字洪流,大带宽、高速率成为光传送网演进的必然趋势。OTN因具有强大的综合业务承载能力、可靠的信号管理和监控、灵活的大容量业务调度及疏导等特征,已成为传送网的主流技术。

ITU-T虽然在2009年12月的G.709V3中定义了一种支持可变速率的低阶ODUflex客户侧接口,但线路侧仍局限于2.5 Gbit/s、10 Gbit/s、40 Gbit/s和100 Gbit/s的固定带宽。为适应业务发展的需要,在超100 Gbit/s的OTN平台上考虑采用可灵活调整的线路速率,这样既兼容已有线路带宽,同时又可满足超100 Gbit/s(如400 Gbit/s、1Tbit/s等)超大带宽客户业务的传送需求,以提升光频谱资源利用率,构建高效、灵活、低成本的传送网络。

超100 Gbit/s OTN技术线路侧演进方向,初期业界有两种观点:一种观点认为超100 Gbit/s OTN线路接口速率应遵从传统OTN演进路线,即定义400 Gbit/s OTU5线路速率;另一种观点认为超100 Gbit/s OTN应定义灵活的线路速率OTUCn($n\times100$ Gbit/s)。

2012年9月ITU-T SG15全会上,国际电信联盟将固定速率OTU5和灵活速率OTUCn纳入超100 Gbit/s OTN研究范畴,并将需要考虑的研究点以及可能的影响列入超100 Gbit/s研究列表,供业界研究。2013年2月美国Q11中间会议后,越来越多的参会单位投入基于灵活线路速率 OTUCn 的研究和标准推动。在 2013 年 7 月的 ITU-T SG15 日内瓦会议上达成了一致意见:即采用基于 OTUCn 的 $n\times100$ Gbit/s 作为 OTN 下一步的演进方向。随后,ITU-T SG15 Q11 对超 100 Gbit/s 多方面的技术方案达成了一致意见。2016 年 6 月,ITU-T SG15 正式发布了包含超 100 Gbit/s OTN 技术规范的 G.709V5,超 100 Gbit/s OTN 技术正式进入商用进程。

由于超 100 Gbit/s OTN 采用了灵活的线路速率 OTUCn($n\times100$ Gbit/s,$n=1$、2、3 等整数),我们把采用灵活线路速率 OTUCn 的超 100 Gbit/s OTN 称为灵活 OTN(Flex OTN)。

灵活 OTN 接口的电域信息结构如图 3-5 所示。可以看出,灵活 OTN 就是在传统 OTN 的基础上增加了 OPUCn、ODUCn、OTUCn 的信息结构,OPUCn 可以承载传统 OTN 的低阶光数据单元和高阶光数据单元的信号。OPUCn 加上 ODUC 的通道监视开销和串联连接开销后即形成 ODUCn。ODUCn 加上 OTUC 的段监视开销后即形成 OTUCn,至此,灵活 OTN 的电接口信息形成。

Flex OTN 的帧结构以及在光纤上传输的方法见第 8 章。

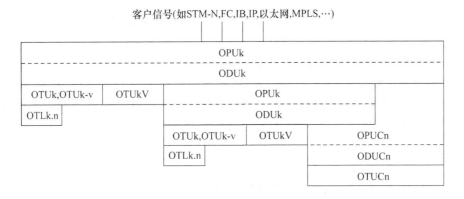

图 3-5　灵活 OTN 接口的电域信息结构图

3.1.4　光传送网接口的光域信息结构

根据 OTN 的光接口包含的 OTU 的个数,OTN 分为单 OTU 光接口(SOTU,SOTUm)和多 OTU 光接口(MOTU,MOTUm)两类,如图 3-6 所示。根据是否支持非关联开销,OTN 的光接口又分为具有管理功能的光接口(SOTUm、MOTUm)和不具有管理功能的光接口(SOTU,MOTU)。因为非关联开销支持的就是管理(Management)功能,因此具有管理功能的光接口的表示符号都有"m"。下面对各种光接口进行说明。

1. 单 OTU 光接口(SOTU)

单 OTU 光接口内只包含一个 OTU,该 OTU 在一个光支路信号上承载,没有非关联开销,然后直接上光物理层(即光纤)传输。

2. 多通道单 OTU 光接口(multi-lane SOTU)

多通道单 OTU 光接口内也是只包含一个 OTU,该 OTU 通过降速后分 n 路传输,用光支路信号组(OTSiG)承载,没有非关联开销,然后直接上光物理层传输。

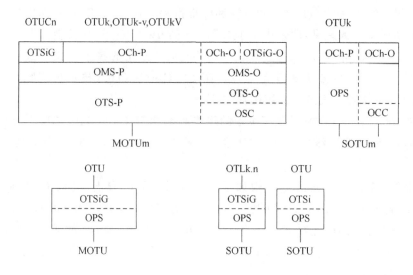

图 3-6　光传送网接口的光域信息结构

3. 多 OTU 光接口(MOTU)

多 OTU 光接口内包含多个 OTU,每一个 OTU 用一组光支路信号组(OTSiG)承载,没有非关联开销,然后直接上光物理层传输。

以上三种接口对应于原来的简化功能光传送模块。

4. 具有管理功能的单 OTU 光接口(SOTUm)

具有管理功能的单 OTU 光接口只包含一个 OTU,该 OTU 在一个光通道上承载,有非关联开销。承载了 OTU 的光通道直接上光物理层传输,非关联开销在开销通信通道(Overhead Communication Channel,OCC)传输。

SOTUm 对应于原来 n 为 1 的 OTM-n. m。

5. 具有管理功能的多 OTU 光接口(MOTUm)

具有管理功能的多 OTU 光接口内包含多个 OTU,每一个 OTU 用一个光通道来承载,再加上光通道开销形成完整的光通道,再加上光复用段开销和光传输段开销,就形成具有管理功能的多 OTU 光接口,其中由光通道开销、光复用段开销和光传输段开销组成的非关联开销通过光监控信道传输。

如果要传送的是 ODTUCn,则通过光支路信号组(OTSiG)来承载,其对应的光支路信号组开销(OTSiG-O)连同光复用段开销和光传输段开销组成的非关联开销还是通过光监控信道传输。

具有管理功能的多 OTU 光接口(MOTUm)对应于原来的完整功能的光传送模块OTM-n. m。

3.1.5　光传送网接口的信息包容关系

光传送网接口的信息结构可用信息包容关系来表征。下面对以上几种光接口的信息结构进行解析。

1. 低速 MOTUm 光接口的信息包容关系

这里的低速 MOTUm 光接口指的是速率不超过 100 Gbit/s 的 MOTUm 光接口,即以前的 OTM-n.m。低速 MOTUm 光接口内含有多个 OTUk。

低速 MOTUm 光接口的主要信息包容关系如图 3-7 所示。从图中可以看出，MOTUm 的客户信号首先映射到光净荷单元的净荷区，加上光净荷单元开销，就形成光净荷单元 (OPUk)。

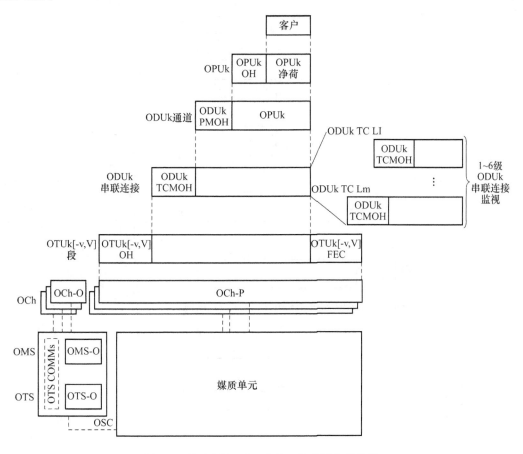

图 3-7　低速 MOTUm 光接口的信息包容关系

光净荷单元再加上光数据单元通道监视开销(ODUk PMOH)，就形成了光数据单元通道(ODUk Path)。光数据单元通道加上串联监视开销(TCM OH)后就形成了光数据单元串联连接连接(ODUk Tandem Connection)，ODUk TC 能对光数据单元通道进行串联连接监视，串联连接监视开销的作用是使复杂光网络能在光通道层提供管理、监测、运营和保护能力。OTN 的帧结构共提供了 6 个 TCM 开销，因此，对光数据单元通道可提供 6 层串联监视，以便提供给 ODUk 通过路径上的不同运营商进行适时监控。

在光数据单元串联连接的前面加上光传送单元开销，在后面加上前向纠错开销就形成了光传输单元，再将光传输单元装入光通道净荷区中，并加上光通道开销就形成了光通道。

光通道信号加载到相应的波长上就形成光通道载波。把若干光通道载波在媒质元中进行波分复用就形成多波长光复用信号，再加上光复用段开销，就形成光复用段。光复用段再加上光传输段开销，就形成光传输段。

光通道开销、光复用段开销、光传输段开销和光传输段的公共开销加载到 OSC 信号。

OSC 信号和多波长光复用信号合波后就形成 MOTUm 光接口信号。

2. 超 100G MOTUm 光接口的信息包容关系

对于超 100G MOTUm 光接口,由于承载的都是不低于 100Gbit/s 的超高速信号,因此设计的容器也是超高速的 OPUCn。超 100G MOTUm 光接口的主要信息包容关系如图 3-8 所示。

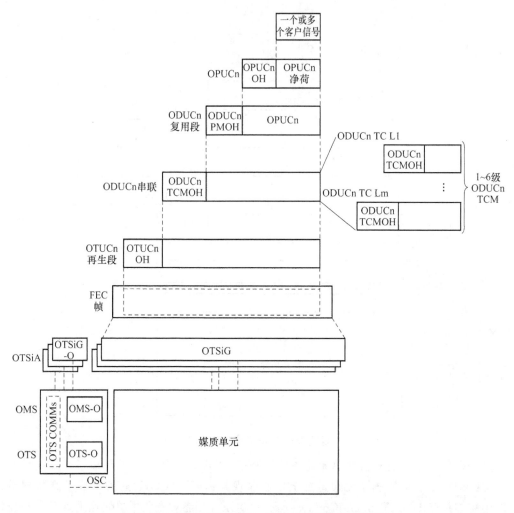

图 3-8　超 100G MOTUm 光接口的信息包容关系

客户信号映射到 OPUCn 的净荷中,加上 OPUCn 开销就形成 OPUCn。OPUCn 加上 ODUCn 的通道监视开销,就形成 ODUCn 复用段。在 ODUCnP 的基础上,再加上最多 6 级 TCM 监视开销就形成了 ODUCn。

ODUCn 加上 OTUCn 开销,就形成 OTUCn。OTUCn 称为 Flex OTN 的再生段,与 SDH 的再生段功能基本相同;相应地,ODUCn 称为 Flex OTN 的复用段,与 SDH 的复用段功能基本相同。

OTUCn 加上前向纠错开销就形成了带 FEC 的 Flex OTN 帧。带 FEC 的 Flex OTN 帧通过光支路信号组(OTSiG)承载,光支路信号组加载到媒质元上,进行子波长复用。相应的光支路信号组开销单独传送,从而完成光支路信号装配(OTSiA)。光支路信号组开销加上光复用段开销和光传输段开销后形成 OSC。OSC 和波分复用信号再进行合波就形成超 100 Git/s 的 MOTUm 光接口信号。

3. MOTU 光接口的信息包容关系

MOTU 光接口含有多个 OTUk,其信息包容关系如图 3-9 所示。从客户信号的接入到 OTUk 的形成过程都是一样的,差别在于形成 OTUn 后信息的处理。

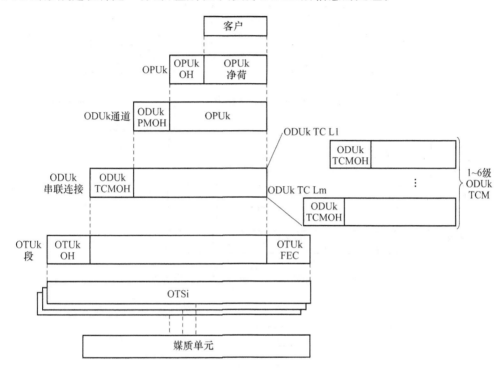

图 3-9 MOTU 光接口的信息包容关系

MOTU 光接口没有非关联开销,OTUn 直接通过光支路信号组承载,然后通过波分复用或子波长复用加载到媒质元(即光纤)上。

4. SOTUm 光接口的信息包容关系

SOTUm 光接口只有一个 OTUk,其信息包容关系如图 3-10 所示。从客户信号的接入到 OTUk 的形成过程都是一样的,差别在于形成 OTUn 直接承载在光通道上。该光通道接入到媒质元,同时光通道的开销在 OCC 中传输。

5. SOTU 光接口的信息包容关系

SOTU 光接口只有一个 OTUk,其信息包容关系如图 3-11 所示。从客户信号的接入到 OTUk 的形成过程都是一样的,差别在于形成 OTUn 直接承载在光支路信号组上。该光支路信号组接入到媒质元,SOTU 没有非关联开销。

6. 多通道 SOTU 光接口的信息包容关系

多通道 SOTU 光接口只有一个 OTUk,其信息包容关系如图 3-12 所示,从客户信号的接入到 OTUk 的形成过程都是一样的。差别在于 OTUn 进行降速处理后,再承载在光支路信号组上,该光支路信号组再接入到媒质元。多通道 SOTU 光接口没有非关联开销。

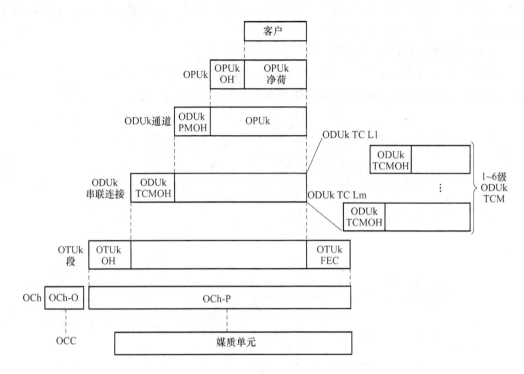

图 3-10　SOTUm 光接口的信息包容关系

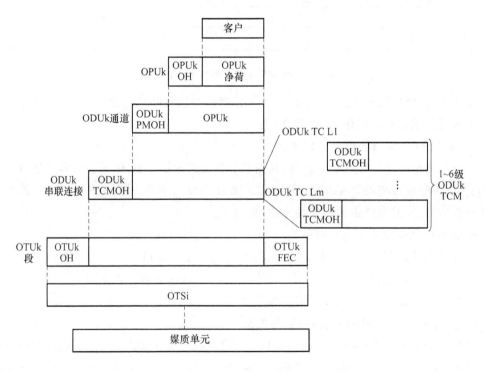

图 3-11　SOTUm 光接口的信息包容关系

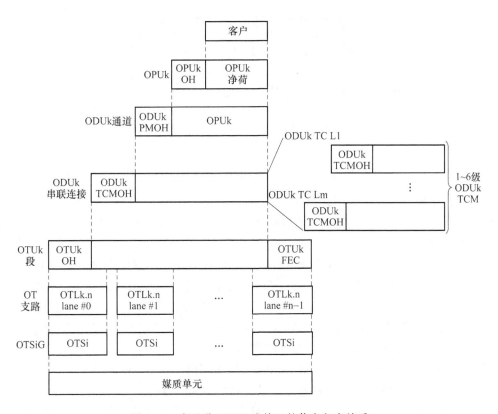

图 3-12　多通道 SOTU 光接口的信息包容关系

3.2　客户信号的映射和复用

光传送网(OTN)是现代通信网采用的核心传输技术,所有的客户信号都应该能在 OTN 中传输。ITU-T 2001 年 2 月制定的 G.709 建议对 OTN 的接口进行了规范,此后又多次对 OTN 的接口技术进行改进,包括增加 ODUk 的时分复用和 ODUk 的虚级联技术,增加能承载多种客户信号的多种 ODU 容器,引入高阶/低阶容器结构,引入超 100 Gbit/s 的 Flex OTN 等,形成了现在较为完善的接口结构。

本节主要介绍客户信号的映射和复用结构路线、光数据单元(ODUk)的时分复用路线。

3.2.1　客户信号的映射和复用路线

光传送网中客户信号及 OTN 信号经过 OTN 网络节点接口的处理,就形成了 OTN 光接口信号,如图 3-13 所示。从图 3-13 可以看出,客户信号及 OTN 信号必须经过电层和光层的处理,才能形成光接口信号。电层的主要功能是实现对客户信号的映射以及对 ODUk 的时分复用,形成 OTU [V];光层的主要功能是将电信号 OTU [V]加载到波长上,并进行波分复用,再加载光层的非关联开销,最后形成光接口信号。

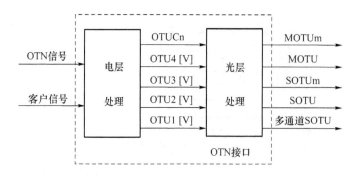

图 3-13　OTN 光接口的形成示意图

1. 客户信号的映射和复用之电层路线

图 3-14 给出了 OTN 的客户信号和来自其他 OTN 网络的 ODUk 信号通过本地光接口时，在电层的处理流程。

在图 3-14 中，装载信号的容器分为低阶容器 OPU(L)/ODU(L)和高阶容器 OPU(H)/ODU(H)。一般直接装载非 OTN 客户信号的容器为低阶容器，如 OPU0(L)/ODU0(L)、OPU1(L)/ODU1(L)、OPUflex(L)/ODUflex(L)等；能通过光数据支路单元组（ODTUG1/ODTUG2/ODTUG3/ODTUG4/ ODTUGCn)来承载低阶 ODU 的容器称为高阶容器，如 OPU1(H)/ODU1(H)、OPU2(H)/ODU2(H)等。

下面以四个典型的信号（SDH 的 STM-16、以太网的 GE、OTN 的 ODU1 和任意速率的客户信号）为例，来说明客户信号在光传送模块电层的处理方法。

第一个典型信号 STM-16 是典型的 SDH 信号，属于固定比特率信号，它可映射到光净荷单元 OPU1(L)，加上 OPU1(L)开销，便构成 OPU1(L)。OPU1(L)加上 ODU1(L)开销，便构成 ODU1(L)，ODU1(L)加上 OTU1 开销，就形成 OTU1。ODU1(L)也可以通过时分复用的方式，分别复用到 ODU2(H)、ODU3(H)、ODU4(H)、ODUCn 中，加上 OTU 开销，就可形成 OTU2、OTU3、OTU4、OTUCn。

第二个典型信号 GE 是典型的以太网信号，在实际中应用普遍。为此，ITU-T 专门为装载 GE 量身定做了容器 OPU0。GE 先映射到 OPU0(L)，加上 OPU0(L)开销，便构成 OPU0(L)。OPU0(L)加上 ODU0(L)开销，便构成 ODU0(L)，ODU0(L)通过 ODTU01 映射到 OPU1(H)的两个时隙中的任何一个，然后分别加上 OPU1(H)开销、ODU1(H)开销、OTU1(H)开销，就形成了 OTU1。同理，ODU0(L)也可以通过 ODTU2.1 映射到 OPU2(H)的任何一个时隙，加相关开销后形成 OTU2；或者通过 ODTU3.1 映射到 OPU3(H)的任何一个时隙，加相关开销后形成 OTU3；或者通过 ODTU4.1 映射到 OPU4(H)的任何一个时隙，加相关开销后形成 OTU4。

第三个典型信号是来自于其他 OTN 网络的信号。以 ODU1 为例，ODU1 通过装载到 OPU2 的支路 ODTU12，形成 OPU2、ODU2 和 OTU2；也可以通过装载到 OPU3 的支路 ODTU13，形成 OPU3、ODU3 和 OTU3；还可以通过装载到 OPU4 的支路 ODTU4.2，形成 OPU4、ODU4 和 OTU4。

第四个典型信号是非标准的任意速率信号，它可以装载到灵活的 OPU 容器 OPUflex(L)中，加相应开销后变成 ODUflex(L)。ODUflex 可以映射到 OPU2 的支路 ODTU2.ts，

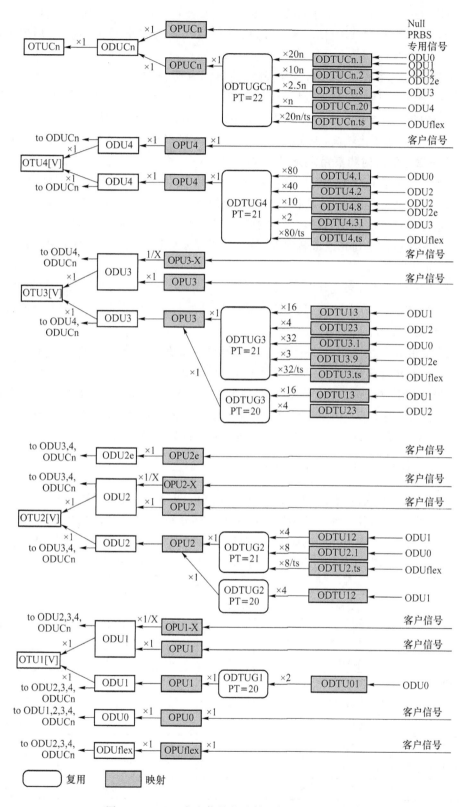

图 3-14　OTN 客户信号的映射和复用之电层结构

形成 OPU2、ODU2 和 OTU2；ODUflex 也可以映射到 OPU3 的支路 ODTU3.ts,形成 OPU3、ODU3 和 OTU3；ODUflex 还可以映射到 OPU4 的支路 ODTU4.ts,形成 OPU4、ODU4 和 OTU4。

需要说明的是,在图 3-14 中,OPU 的支路单元有两种:一种是 ODU1 等级,速率约为 2.5 Gbit/s,净荷类型用 20 表示;另一种是 ODU0 等级,速率约为 1.25 Gbit/s,净荷类型用 21 表示。OPUCn 的支路时隙只有一种,速率约为 5Gbit/s,净荷类型用 22 表示。

OPUCn 虽然速率比较高,但所有速率的 ODU 都可以加载到 OPUCn 的支路时隙。

2. 客户信号的映射和复用之光层路线

客户信号的映射和复用之光层路线如图 3-15 所示。OTN 在光层对信号的复用方式有波分复用和反向波分复用两种,所谓反向波分复用就是一个 OTUk 用多个子波长来承载。

客户信号经过电层处理完后就形成 OTU[V],OTU[V]再加载到 OCh/OTSiG 中,然后 OCh/OTSiG 被调制到光通道载波上,最多不超过 n 个光通道载波进行波分复用,就形成了 MOTU 光接口。

对于 MOTUm 接口来说,OTS、OMS、OCh 和 COMMS 开销将采用另外的映射和复用技术加入光监控信道(OSC)中。最后在光监控信道上与多波长复用信号进行合波,就形成 MOTUm 光接口信号。

特别需要指出的是,在图 3-15 中,增加了高速电信号的反向波分复用的应用。即把高速电信号 OTU3 或 OTU4 降速为原来的 $1/n$,然后把降速后的电信号分别加载到 n 个光通道传送通道 OTL,再加载到光传送通道载波 OTLC 上,然后再进行载波复用和传输。这样处理的好处是可以降低对光传输系统的要求。例如,100 Gbit/s 的以太网信号(实际为 112 Gbit/s)可降速为 4 个 28 Gbit/s 的电信号,再将 4 个 28 Gbit/s 的电信号加载到载波上,再复用和传输。

3.2.2 ODUk 的时分复用路线

ODUk 的时分复用路线是指低阶的 ODU(用 ODUj 表示)复用到高阶 ODU(用 ODUk 和 ODUCn 表示)的途径。图 3-14 给出了不同的时分复用单元之间的关系和复用结构,表 3-1 给出了低阶 ODU 复用到高阶 OPU 时所占用的支路时隙类型及配置的映射方式。

表 3-1　ODUj 到 OPUk 以及 ODUk 到 OPUCn 的映射类型表

ODU 类型	映射方式						
	5G 支路时隙	2.5G 支路时隙		1.25G 支路时隙			
	OPUCn (PT=22)	OPU2 (PT=20)	OPU3 (PT=20)	OPU1 (PT=20)	OPU2 (PT=21)	OPU3 (PT=21)	OPU4 (PT=21)
ODU0	GMP(注)	—	—	AMP	GMP	GMP	GMP
ODU1	GMP(注)	AMP	AMP	—	AMP	AMP	GMP
ODU2	GMP	—	AMP		—	AMP	GMP
ODU2e	GMP	—	—			GMP	GMP
ODU3	GMP	—	—			—	GMP
ODU4	GMP	—	—				—
ODUflex	GMP	—	—		GMP	GMP	GMP

注:映射 ODU0 和 ODU1 到 OPUCn 的 5G 支路时隙时,并不完全占满该时隙的带宽。

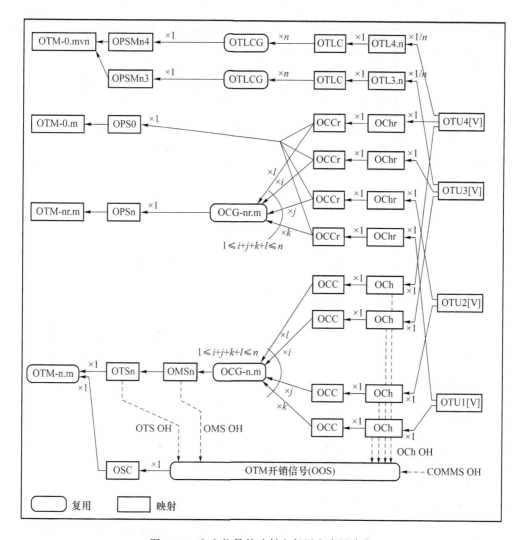

图 3-15　客户信号的映射和复用之光层路线

从表 3-1 可以看出,ODUj 复用到 OPUk 时可以选择 2.5 Gbit/s 的支路时隙,也可以选择 1.25 Gbit/s 的支路时隙;ODUk 复用到 OPUCn 时只能选择 5 Gbit/s 的支路时隙。

映射方式有异步映射规程(AMP)和通用映射规程(GMP)之分。

ODUj 映射到 OPUk 以及 ODUk 映射到 OPUCn 所需支路时隙数如表 3-2 所示。

表 3-2　ODUj 到 OPUk 以及 ODUk 到 OPUCn 映射所需支路时隙数表

ODU 类型	所需支路时隙数						
	5G 支路时隙	2.5G 支路时隙		1.25G 支路时隙			
	OPUCn	OPU2	OPU3	OPU1	OPU2	OPU3	OPU4
ODU0	1	—	—	1	1	1	1
ODU1	1	1	1	—	2	2	2
ODU2	2	—	4	—	—	8	8

ODU 类型	所需支路时隙数						
	5G 支路时隙	2.5G 支路时隙		1.25G 支路时隙			
	OPUCn	OPU2	OPU3	OPU1	OPU2	OPU3	OPU4
ODU2e	2	—	—	—	—	9	8
ODU3	8	—	—	—	—	—	31
ODUflex(CBR)							
- ODUflex(IB SDR)	1	—	—	—	3	3	2
- ODUflex(IB DDR)	1	—	—	—	5	4	4
- ODUflex(IB QDR)	2	—	—	—	—	9	8
- ODUflex(FC-400)	1	—	—	—	4	4	4
- ODUflex(FC-800)	2	—	—	—	7	7	7
- ODUflex(FC-1600)	3	—	—	—	—	12	11
- ODUflex(FC-3200)	6	—	—	—	—	23	22
- ODUflex(3G SDI) (2 970 000)	1	—	—	—	3	3	3
- ODUflex(3G SDI) (2 970 000/1.001)	1	—	—	—	3	3	3

下面分别介绍 ODUj 到 ODUk 的几种复用途径。

1. ODU1 到 ODU2 的时分复用

最多 4 个 ODU1 信号通过时分复用到光数据支路单元组 2(ODTUG2)中,ODTUG2 再被映射到 OPU2 中。图 3-16 给出了 4 个 ODU1 信号复用进 OPU2 的过程。ODU1 信号加上光通道数据支路单元 12 调整开销(ODTU12 JOH),就形成光通道数据支路单元 12 (ODTU12)。4 个 ODTU12 信号通过时分复用进入光数据支路单元组 2(ODTUG2),之后,ODTUG2 信号被映射到 OPU2 的净荷区,加上 OPU2 开销就得到 OPU2;再加上 ODU2 的开销,就形成 ODU2,这样就完成了从 ODU1 到 ODU2 的时分复用。

图 3-17 给出了 4 个 ODU1 复用到 ODU2 的示意图。首先将含有帧定位开销和 OTUk 开销区图案为全 0 的 ODU1 信号,通过调整(异步映射)适配到 ODU2 时钟;接着将这些适配了的 ODU1 信号按字节间插方式放置在 OPU2 净荷区,将它们的调整控制信号 JC 和负调整机会信号 NJO 按帧间插放在 OPU2 开销区;最后加入 ODU2 开销、OTU2(或 OTU2V)开销和帧定位开销,就形成了 OTU2。

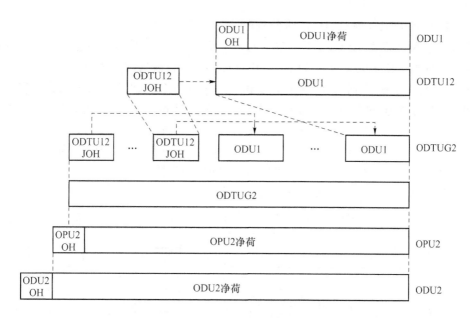

图 3-16　ODU1 到 ODU2 的时分复用

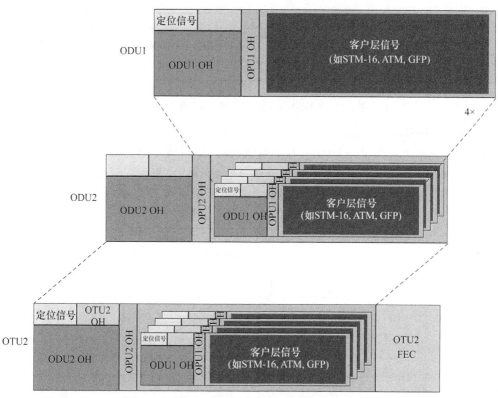

说明：一个ODU1约占OPU2净荷区的四分之一，一个ODU1帧跨越多个ODU2帧的边界。
一个完整的ODU1帧(15 293个字节)需要4.017个ODU2帧的带宽(15 296/3 808=4.017)。

图 3-17　4 个 ODU1 复用到 ODU2 的过程

2. ODU1 和 ODU2 到 ODU3 的时分复用

$j(j \leqslant 4,j$ 为自然数)个 ODU2 和 $16-4j$ 个 ODU1 的混合信号可以通过时分复用的方式加载到光数据支路单元组 3(ODTUG3)中,ODTUG3 再映射到 OPU3 中。

图 3-18 给出了最多 16 个 ODU1 信号和(或)最多 4 个 ODU2 信号复用到 OPU3 的情形。ODU1 信号加上帧定位开销,然后使用调整开销异步映射到光数据支路单元 13(ODTU13)。ODU2 信号加上帧定位开销后,也异步映射到光数据支路单元 23(ODTU23)。这样,j 个 ODTU23($0 \leqslant j \leqslant 4$)信号和 $16-4j$ 个 ODTU13 信号就被时分复用到了 ODTUG3,然后信号再映射到 OPU3,加上 ODU3 开销就形成了 ODU3。

ODUk 具体的时分复用过程参见本书第 4 章。

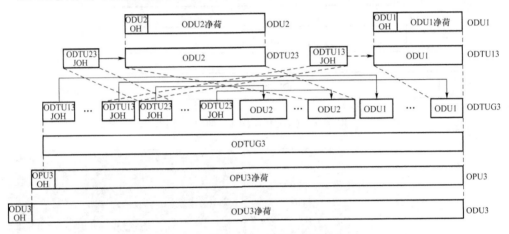

图 3-18　ODU1 和 ODU2 到 ODU3 的时分复用

3. ODU0 到 ODU1 的复用

图 3-19 是两个 ODU0 通过 ODTUG1(PT=20)复用到 OPU1 的示意图。ODU0 信号加帧定位开销进行扩展,通过 AMP 调整开销异步映射到光数据支路单元 01(ODTU01)。两个 ODTU01 信号时分复用到光通道数据支路单元组 1(ODTUG1),然后该信号再映射到 OPU1。

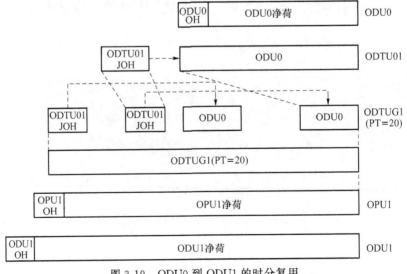

图 3-19　ODU0 到 ODU1 的时分复用

4. ODU0、ODU1、ODUflex 到 ODU2 的时分复用

图 3-20 表示不同的信号如何通过 ODTUG2(PT＝21)复用到 OPU2。图 3-19 表示最多 8 个 ODU0 和/或最多 4 个 ODU1 和/或最多 8 个 ODUflex 信号通过 ODTUG2(PT＝21)复用到 OPU2。

1 个 ODU1 信号使用帧定位开销进行扩展,并且通过 AMP 调整开销异步映射到光通道数据支路单元 12(ODTU12)。1 个 ODU0 信号使用帧定位开销进行扩展,并且通过 GMP 调整开销异步映射到光通道数据支路单元 2.1(ODTU2.1)。

1 个 ODUflex 信号使用帧定位开销进行扩展,并通过 GMP 调整开销异步映射到光通道数据支路单元 2.ts(ODTU2.ts)。

最多 8 个 ODTU2.1 信号、最多 4 个 ODTU 12 信号与最多 8 个 ODTU2.ts 信号时分复用到光通道数据单元支路单元组 2(ODTUG2(PT＝21)),然后再映射到 OPU2。

5. ODU0、ODU1、ODU2、ODU2e、ODUflex 到 ODU3 的时分复用

图 3-21 表示最多 32 个 ODU0 和/或最多 16 个 ODU1 和/或最多 4 个 ODU2 和/或最多 3 个 ODU2e 和/或最多 32 个支路时隙的 ODUflex 信号通过 ODTUG3(PT＝21)复用到 OPU3。

1 个 ODU1 信号使用帧定位开销进行扩展,并且通过 AMP 调整开销异步映射到光数据支路单元 13(ODTU13)。1 个 ODU2 信号使用帧定位开销进行扩展,并通过 AMP 调整开销异步映射到光数据支路单元 23(ODTU23)。

1 个 ODU0 信号使用帧定位开销进行扩展,并且通过 GMP 调整开销异步映射到光数据支路单元 3.1(ODTU3.1)。1 个 ODU2e 信号使用帧定位开销进行扩展,并且通过 GMP 调整开销异步映射到光数据支路单元 3.9(ODTU3.9)。1 个 ODUflex 信号使用帧定位开销进行扩展,并通过 GMP 调整开销异步映射到光数据支路单元 3.ts(ODTU3.ts)。

最多 32 个 ODTU3.1 信号、最多 16 个 ODTU13 信号、最多 4 个 ODTU23 信号、最多 3 个 ODTU3.9 信号与最多 32 个 ODTU3.ts 信号时分复用到光数据单元支路单元组 3(ODTUG3(PT＝21)),然后再映射到 OPU3。

6. ODU0、ODU1、ODU2、ODU2e、ODU3、ODUflex 到 ODU4 的时分复用

图 3-22 表示最多 80 个 ODU0 和/或最多 40 个 ODU1 和/或最多 10 个 ODU2 和/或最多 10 个 ODU2e 和/或最多 2 个 ODU3 和/或最多 80 个 ODUflex 信号通过 ODTUG4(PT＝21)复用到 OPU4。

1 个 ODU0 信号使用帧定位开销进行扩展,并通过 GMP 调整开销(JOH)异步映射到光数据支路单元 4.1(ODTU4.1)。1 个 ODU1 信号使用帧定位开销进行扩展,并通过 GMP 调整开销异步映射到光数据支路单元 4.2(ODTU4.2)。1 个 ODU2 信号使用帧定位开销进行扩展,并且通过 AMP 调整开销(JOH)异步映射到光数据支路单元 4.8(ODTU4.8)。1 个 ODU2e 信号使用帧定位开销进行扩展,并且通过 GMP 调整开销异步映射到光数据支路单元 4.8(ODTU4.8)。1 个 ODU3 信号使用帧定位开销进行扩展,并且通过 GMP 调整开销异步映射到光数据支路单元 4.31(ODTU4.31)。1 个 ODUflex 信号使用帧定位开销进行扩展,并且通过 GMP 调整开销异步映射到光数据支路单元 4.ts(ODTU4.ts)。

最多 80 个 ODTU4.1 信号、最多 40 个 ODTU4.2 信号、最多 10 个 ODTU4.8 信号、最多 2 个 ODTU4.31 信号与最多 80 个 ODTU4.ts 信号时分复用到光数据单元支路单元组 4(ODTUG4(PT＝21)),然后再映射到 OPU4。

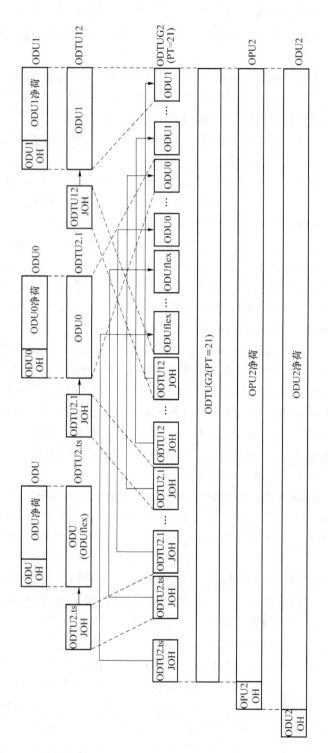

图 3-20 ODU0、ODU1、ODUflex 到 ODU2 的时分复用

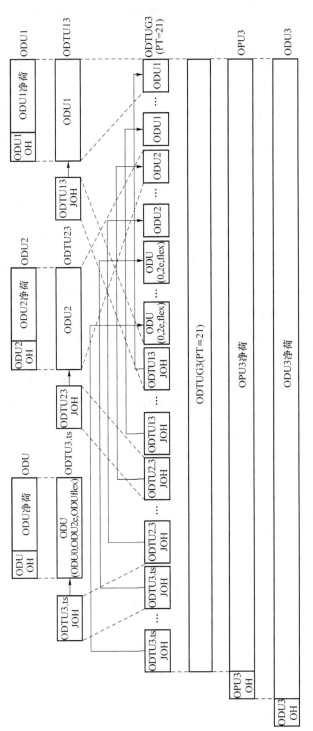

图 3-21 ODU0、ODU1、ODU2、ODU2e、ODUflex 到 ODU3 的时分复用

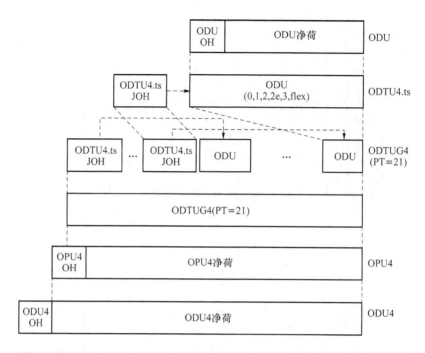

图 3-22　ODU0、ODU1、ODU2、ODU2e、ODU3、ODUflex 到 ODU4 的时分复用

7. ODU0、ODU1、ODU2、ODU2e、ODU3、ODU4、ODUflex 到 ODUCn 的复用

图 3-23 表示最多 $10n$ 个 ODU0 和/或最多 $10n$ 个 ODU1 和/或最多 $10n$ 个 ODU2 和/或最多 $10n$ 个 ODU2e 和/或最多 $\mathrm{int}(2.5n)$（注：即对 $2.5n$ 取整数）个 ODU3 和/或最多 n 个 ODU4 和/或最多 $10n$ 个 ODUflex 信号通过 ODTUGCn（PT＝22）复用到 ODUCn 的方法。

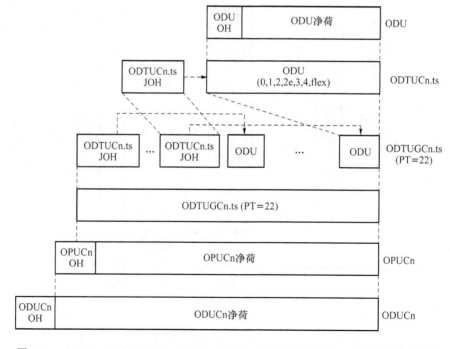

图 3-23　ODU0、ODU1、ODU2、ODU2e、ODU3、ODU4 和 ODUflex 到 OPUCn 的复用

1 个 ODUk 信号使用帧定位开销进行扩展,并通过 GMP 调整开销(JOH)异步映射到 ODTUCn. ts。其中 ts 为支路时隙的个数,k、ts 取值为 $<k,\text{ts}> = <0,1>,<1,1>$,$<2,2>,<2e,2>,<3,8>,<4,20>,<\text{flex,ts}>$。

最多 $10n$ 个 ODTUCn. 1 信号,最多 $\text{int}(2.5n)$ 个 ODTUCn. 4 信号,最多 n 个 ODTUCn. 10 信号和最多 $10n$ 个 ODTUCn. ts 信号时分复用到 ODTUGCn(PT=22),然后映射到 OPUCn。

3.3　OTN 的帧结构与速率

3.3.1　OTN 的帧结构

前面我们已经知道了 OTN 光接口的信息包容关系,这里将介绍 OTN 光接口各种信息单元的帧结构。

1. 光净荷单元(OPUk)的帧结构

OPUk($k=0,1,2,2e,3,4,\text{flex}$)是以字节为单位、具有 4 行 3 810 列的块状帧结构,如图 3-24 所示。OPUk 由 OPUk 开销区和 OPUk 净荷区构成,OPUk 开销区位于第 15、16 列,OPUk 净荷区位于第 17 至第 3 824 列。OPUk 净荷区用来装载 OTN 的客户信号,如 SDH、GFP 帧、Ethernet 和其他信号;OPUk 开销的作用是支持客户信号速率适配,并对净荷类型进行描述,OPUk OH 在 OPUk 组装的地方加上去,在 OPUk 拆开的时候终结。

图 3-24　OPUk 的帧结构

OPUCn 包括 n 个标号为 $1\sim n$ 的 OPU 帧结构。

2. 光数据单元(ODUk)的帧结构

ODUk($k=0,1,2,2e,3,4,\text{flex}$)是以字节为单位、具有 4 行 3 824 列的块状帧结构,如图 3-25 所示。其中,第 1 行第 $1\sim14$ 列用于帧定位和 OTUk 开销,严格来说,不应算在 ODUk 帧结构之内。这样,ODUk 帧就由 ODUk 开销区和 OPUk 区域构成,ODUk 开销区位于第 $2\sim4$ 行第 $1\sim14$ 列的长方形区域,OPUk 区域位于第 $15\sim3$ 824 列。可以看出:
$$\text{ODUk}=\text{OPUk}+\text{ODUk OH}$$
ODUCn 包括 n 个标号为 $1\sim n$ 的 ODU 帧结构。

3. 光传送单元(OTU)的帧结构

(1) OTUk 的帧结构

OTUk[v]的作用是为 ODUk 在光通道网络连接上的传输提供条件。前面我们已经谈到 OTUk 有三种类型,即完全标准化的光传送单元(OTUk)、部分功能标准化的光传送单元(OTUkV)和具有设备供应商专用 FEC 的光传送单元 k(OTUk-v)。

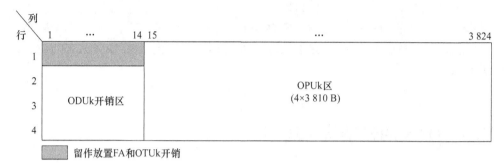

图 3-25　ODUk 的帧结构

OTUk 的帧结构是完全标准化的,OTUkV 是只针对某些需要的功能而规定的某种帧结构,我们这里只介绍 OTUk 的帧结构。

OTUk(k=1,2,3,4)的帧结构是在 ODUk 帧结构的基础上加上 4 行 256 列的 FEC 区域,再加上位于第 1 行第 8～14 列的 OTUk 专用开销区构成,是一个 4 行 4 080 列的字节块状帧结构,如图 3-26 所示。可以看出:

$$OTUk=ODUk+OTUk\ FEC+OTUk\ OH$$

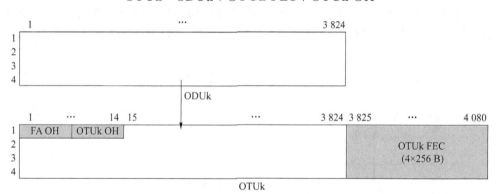

图 3-26　OTUk 的帧结构

OTUk(k=1,2,3,4)所用的前向纠错技术一般采用 RS(255,239)FEC 编码。对于 OTU4 来说,FEC 编码是必须的;对于 OTU1、OTU2、OTU3 来说,FEC 编码是可选的。如果不采用前向纠错技术,则 FEC 区域采用固定填充字节(全为 0)。

为了支持 FEC 和不支持 FEC 功能的设备之间的互通,对于不支持 FEC 功能的设备,可以在 OTUk FEC 中插入固定的全 0 来填充;对于支持 FEC 的设备,可以不启动 FEC 解码过程(忽略 OTUk FEC 的内容)。

OTUk 帧结构的传输顺序是从左到右、从上到下、从最高有效位(MSB)到最低有效位(LSB)。即先传第一行,再传第二行,依此类推;就每一行来说,先传该行第 1 列字节,再传第 2 列字节,依次类推;就每一字节来说,先传最高有效位(第 1 位),最后传最低有效位(第 8 位)。传输顺序如图 3-27 所示。

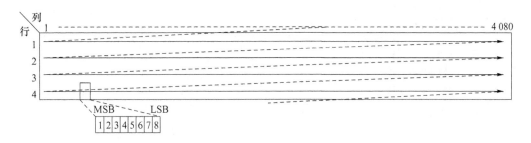

图 3-27　OTUk 帧结构的传输顺序

（2）OTUk 信号的扰码

OTUk 信号在光网络节点接口（Optical Network Node Interface，ONNI）必须提供足够的位定时信息。为了防止出现长连"0"或长连"1"，必须使用扰码器对信号进行扰码，以获得合适的比特图案。

OTUk 扰码器的工作原理与工作在 OTUk 速率、序列长度为 65 535 的帧同步扰码器工作原理一样。扰码器的产生多项式应该为 $1+x+x^3+x^{12}+x^{16}$，图 3-28 给出了帧同步扰码器的功能图。

在 OTUk 帧中，帧定位区中的定帧字节（FA OH）是不扰码的。在紧随最后一个定帧字节的最高位（也就是复帧定位字节 MFAS 的最高位），扰码器应该复位到"FFFF"（十六进制数），从该位开始，OTUk 帧内的每一位都需要扰码，具体方法是将输入数据和 X^{16} 位置上的输出进行模二加，输出端得到的就是扰码后的信号，如图 3-28 所示。

扰码是在完成 FFC 计算并将 FEC 监督信息加到相应的 FEC 区域后进行的。

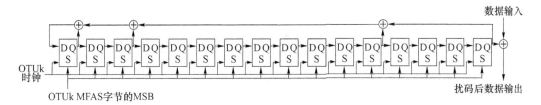

图 3-28　帧同步扰码器

（3）OTUCn 的帧结构

OTUCn 的帧结构由 n 个 4 行 3 824 列的 OTU 帧组成，如图 3-29 所示。其中 OTU 帧是在 ODU 帧的基础上加上 OTU 开销和帧定位开销组成。

特别要提醒的是：OTUCn 没有 FEC 开销。有关 OTUCn 在光纤中的传输见第 8 章。

3.3.2　OTN 各种信息结构的比特率

ITU-T G.709 建议对 OTN 的各种信息结构的比特率和容差进行了规范，分别介绍如下。

1. OTU 信号类型和比特速率

OTUk 信号的比特速率和容差见表 3-3。

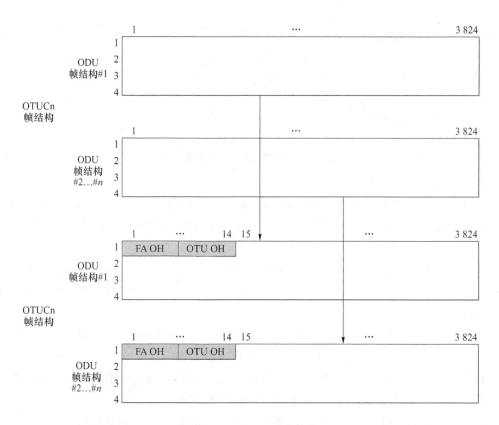

图 3-29 OTUCn 的帧结构

表 3-3 OTU 的类型和比特率

OTU 类型	OTU 标称比特速率	OTU 比特速率容差
OTU1	255/238× 2 488 320 kbit/s	
OTU2	255/237× 9 953 280 kbit/s	
OTU3	255/236× 39 813 120 kbit/s	$\pm 20 \times 10^{-6}$
OTU4	255/227×99 532 800 kbit/s	
OTUCn	$n \times 239/226 \times 99\ 532\ 800$ kbit/s	

注①：标称 OTUk 速率约为 2 666 057.143 kbit/s(OTU1)、10 709 225.316 kbit/s (OTU2)、43 018 413.559 kbit/s (OTU3)、111 809 973.568 kbit/s (OTU4)和 $n \times 105\ 258\ 138.053$ kbit/s (OTUCn)。

注②：ODU0 信号通过 ODU1、ODU2、ODU3、ODU4 或者 ODUCn 传送，ODU2e 信号通过 ODU3、ODU4 和 ODUCn 传送，ODUflex 通过 ODU2、ODU3、ODU4 和 ODUCn 传送。

注③：OTUk($k=1,2,3,4$)信号的比特率包含 FEC 开销域，OTUCn 信号的比特率不包含 FEC 开销域。

2. ODU 信号类型和比特速率

ODUk 信号的比特速率和容差见表 3-4。

表 3-4 ODU 的类型和比特率

ODU 类型	ODU 标称比特率	ODU 比特率容差
ODU0	1 244160 kbit/s	$\pm 20 \times 10^{-6}$
ODU1	$239/238 \times 2\ 488\ 320$ kbit/s	
ODU2	$239/237 \times 9\ 953\ 280$ kbit/s	
ODU3	$239/236 \times 39\ 813\ 120$ kbit/s	
ODU4	$239/227 \times 99\ 532\ 800$ kbit/s	
ODUCn	$n \times 239/226 \times 99\ 532\ 800$ kbit/s	
ODU2e	$239/237 \times 10\ 312\ 500$ kbit/s	$\pm 100 \times 10^{-6}$
用于 CBR 客户信号的 ODUflex	$239/238 \times$ 客户信号比特速率	
用于 GFP-F 映射客户信号的 ODUflex	可配置比特速率	
用于 IMP 映射客户信号的 ODUflex	$s \times 239/238 \times 5\ 156\ 250$ kbit/s $s=2,8,n \times 5\ (n \geqslant 1)$	
用于感知 FlexE 客户信号的 ODUflex	$103\ 125\ 000 \times 240/238 \times n/20$ kbit/s $(n=n_1+n_2+\cdots+n_p)$	

注:标称 ODUk 比特率约为 2 498 775.126 kbit/s(ODU1),10 037 273.924 kbit/s(ODU2),40 319 218.983 kbit/s (ODU3),104 794 445.815 kbit/s (ODU4),10 399 525.316 kbit/s(ODU2e)和 $n \times 105\ 258\ 138.053$ kbit/s(ODUCn)。

3. OPU 的类型和比特速率

OPU 的类型和比特速率见表 3-5。

表 3-5 OPU 的类型和比特速率

OPU 类型	OPU 净荷标称比特速率	OPU 净荷比特速率容差
OPU0	$238/239 \times 1\ 244\ 160$ kbit/s	$\pm 20 \times 10^{-6}$
OPU1	2 488 320 kbit/s	
OPU2	$238/237 \times 9\ 953\ 280$ kbit/s	
OPU3	$238/236 \times 39\ 813\ 120$ kbit/s	
OPU4	$238/227 \times 99\ 532\ 800$ kbit/s	
OPUCn	$n \times 238/226 \times 99\ 532\ 800$ kbit/s	
OPU2e	$238/237 \times 10\ 312\ 500$ kbit/s	$\pm 100 \times 10^{-6}$
OPUflex(CBR 客户信号)	客户信号比特速率	客户信号比特速率,最大 $\pm 100 \times 10^{-6}$
OPUflex(GFP 封装客户信号)	$238/239 \times$ ODUflex 信号速率	
OPUflex(IMP 映射客户信号)	$s \times 5\ 156\ 250$ kbit/s $s=2,8,n \times 5(n \geqslant 1)$	$\pm 100 \times 10^{-6}$
OPUflex(感知 FlexE 客户信号)	$103\ 125\ 000 \times 240/239 \times n/20$ kbit/s $(n=n_1+n_2+\cdots+n_p)$	
OPU1-Xv	$X \times 2\ 488\ 320$ kbit/s	
OPU2-Xv	$X \times 238/237 \times 9\ 953\ 280$ kbit/s	$\pm 20 \times 10^{-6}$
OPU3-Xv	$X \times 238/236 \times 39\ 813\ 120$ kbit/s	

注①:标称 OPUk 净荷速率约为 1 238 954.310 kbit/s(OPU0 净荷),2 488 320.000 kbit/s(OPU1 净荷), 9 995 276.962 kbit/s(OPU2 净荷),40 150 519.322 kbit/s(OPU3 净荷),104 355 975.330 kbit/s(OPU4 净荷), 10 356 012.658 kbit/s(OPU2e 净荷)和 $n \times 104\ 817\ 727.434$ kbit/s(OPUCn 净荷)。

注②:标称 OPUk-Xv 净荷比特速率约为 $X \times 2\ 488\ 320.000$ kbit/s(OPU1-Xv 净荷),$X \times 9\ 995\ 276.962$ kbit/s (OPU2-Xv 净荷)和 $X \times 40\ 150\ 519.322$ kbit/s(OPU3-Xv 净荷)。

4．OTU/ODU/OPU 的帧周期

OTU/ODU/OPU/OPUk-Xv 帧结构的周期见表3-6。

表 3-6 OTU/ODU/OPU 的帧周期

OTU/ODU/OPU 类型	周期（注）	
ODU0/OPU0	98.354 μs	
OTU1/ODU1/OPU1/OPU1-Xv	48.97 μs	
OTU2/ODU2/OPU2/OPU2-Xv	12.191 μs	
OTU3/ODU3/OPU3/OPU3-Xv	3.035 μs	
OTU4/ODU4/OPU4	1.168 μs	
ODU2e/OPU2e	11.767 μs	
OTUCn/ODUCn/OPUCn	1.163 μs	
ODUflex/OPUflex	CBR 客户信号：121856/客户信号比特速率	
	GFP-F 封装客户信号：122368/ODUflex 比特速率	
	IMP 映射客户信号：122368/ODUflex 比特速率	
	感知 FlexE 客户信号：122368/ODUflex 比特速率	

注：周期为近似值，取小数点后 3 位。

5．OTL 的类型和比特速率

OTLk.n 信号的类型和比特速率见表3-7。

表 3-7 OTL 类型和比特速率

OTL 类型	OTL 标称比特速率	OTL 比特速率容差
OTL3.4	255/236×9 953 280 kbit/s	$\pm 20 \times 10^{-6}$
OTL4.4	255/227×24 883 200 kbit/s	

注：OTL 标称速率近似为 10 754 603.390 kbit/s(OTL3.4)和 27 952 493.392 kbit/s(OTL4.4)。

6．1.25G、2.5G 及 5G 支路时隙的高阶 OPUk 复帧周期

2.5G 及 1.25G 支路时隙的相关高阶 OPUk 复帧周期见表3-8。

表 3-8 2.5 Gbit/s 和 1.25 Gbit/s 支路时隙高阶 OPUk 复帧周期

OPU 类型	1.25G 支路时隙复帧周期/μs	2.5G 支路时隙复帧周期/μs	5G 支路时隙复帧周期/s
OPU1	97.942	—	—
OPU2	97.531	48.765	—
OPU3	97.119	48.560	—
OPU4	93.416	—	—
OPUCn	—	—	23.251

注：周期为近似值，取小数点后三位。

7. ODTU 净荷带宽

ODTU 净荷带宽见表 3-9。该带宽取决于高阶 OPUk 类型（$k=1$，2，3，4）以及映射方式〔异步映射规程（AMP）或者通用映射规程（GMP）〕。AMP 的带宽包括 NJO 开销字节产生的带宽，GMP 则没有 NJO 字节。

表 3-9　ODTU 净荷带宽

ODTU 类型	ODTU 净荷标称带宽/(kbit·s^{-1})			ODTU 净荷比特速率容差
ODTU01	(1 904＋1/8)/3 824×ODU1 比特速率	最小	1 244 216.796	
		标称	1 244 241.681	
		最大	1 244 266.566	
ODTU 12	(952＋1/16)/3 824×ODU2 比特速率	最小	2 498 933.311	
		标称	2 498 983.291	
		最大	2 499 033.271	
ODTU 13	(238＋1/64)/3 824×ODU3 比特速率	最小	2 509 522.012	
		标称	2 509 572.203	
		最大	2 509 622.395	
ODTU23	(952＋4/64)/3 824×ODU3 比特速率	最小	10 038 088.048	
		标称	10 038 288.814	
		最大	10 038 489.579	$\pm20\times10^{-6}$
ODTU2.ts	ts×476/3 824 × ODU2 比特速率	最小	ts×1 249 384.632	
		标称	ts×1 249 409.620	
		最大	ts×1 249 434.608	
ODTU3.ts	ts×119/3 824×ODU3 比特速率	最小	ts×1 254 678.635	
		标称	ts×1 254 703.729	
		最大	ts×1 254 728.823	
ODTU4.ts	ts×47.5/3 824×ODU4 比特速率	最小	ts×1301 683.217	
		标称	ts×1301 709.251	
		最大	ts×1 301 735.285	
ODTUCn.ts	ts×190.4/3 824 × ODUCn 比特率/n	最小	ts×5240 781.554	
		标称	ts×5240 886.372	
		最大	ts×5240 991.189	

注：带宽为近似值，取小数点后三位。

3.4 OTN 的非随路开销

OTN 中的开销分为随路开销和非随路开销。所谓随路开销就是必须和业务信号一起传送的信号,像 OTUk、ODUk、OPUk 的开销就是随路开销,这将在 3.5～3.7 节予以介绍。所谓非随路开销就是不和业务信号一起传送但仍然管理业务的信号,像 OTS、OMS、OCh/OTSiG 开销就属于非随路开销,本节将对非随路开销予以介绍。

OTS、OMS、OCh/OTSiG 开销连同 OTN 同步信息通道(OTN Synchronization Messaging Channel,OSMC)、公共通信开销在光监控信道传送,这些开销概貌如图 3-30 所示。在介绍这些开销之前,我们先介绍路径踪迹标识和接入点标识。

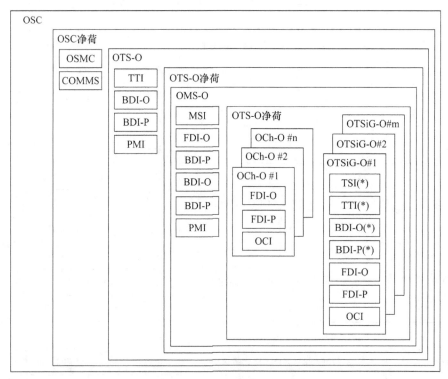

注: 带(*)的开销可能在OSC中或在OTSi的通信通道承载。

图 3-30 OTN 中非随路开销一览表

3.4.1 路径踪迹标识符和接入点标识符

1. 路径踪迹标识符

路径踪迹标识符(Trail Trace Identifier,TTI)被定义为具有如图 3-31 所示结构的一个 64 字节串或复帧结构,其中第 0～15 个字节为源接入点标识符(Source Access Point Identifier,SAPI),第 16～31 个字节为目的接入点标识符(Destination Access Point Identifier,DAPI),第 32～63 个字节为网络操作者专用字节。具体说明如下:

- TTI[0]由 SAPI[0]构成,它固定为全 0;
- TTI[1]至 TTI[15]由 15 个源接入点标识符(SAPI[1]至 SAPI[15])构成;
- TTI[16]由 DAPI[0]构成,它固定为全 0;
- TTI[17]至 TTI[31]由 15 个目的接入点标识符(DAPI[1])至 DAPI[15] 构成;
- TTI[32]至 TTI[63]为运营商专用字节。

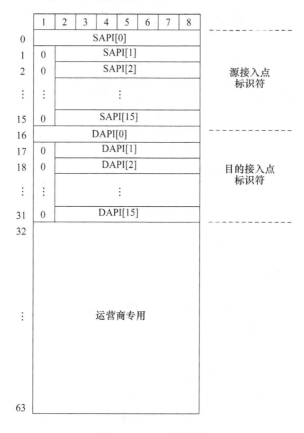

图 3-31 　TTI 的结构

2. 接入点标识符

接入点标识符(Access Point Identifier,API)具有下面的特性:

- 每一个接入点标识符在它的层网络中必须是全球唯一的;
- 在跨越运营商边界建立路径时,若需要接入点,那么接入点标识符对于其他运营商来说必须是可用的;
- 当接入点一直存在的时候,接入点标识符应该保持不变;
- 接入点标识符应该能够确定是哪个国家的哪个运营商选路到该接入点,同时也能确定从该接入点选路到了哪个国家的哪个运营商;
- 属于一个单一的管理层网络的一套接入点标识符应该形成一个接入点标识方案;
- 每一个管理层网络的接入点标识方案应该与其他管理层网络的接入点标识方案是相互独立的。

ODUk、OTUk 和 OTM 应该各有一个基于树型格式的接入点标识方案,以便有助于路由控制搜索算法。接入点标识符应该是全球明确的。

接入点标识符(SAPI、DAPI)应该由3字符的国际段(IS)和12字符的国内段(NS)构成,如图3-32所示,这些字符应该按照 T.50 建议(国际参考字母表—7 位信息交换编码字符集)编码。

国际段提供一个3字符的 ISO 3166 地理/政治国际编码(G/PCC),国际编码应该用3个大写字符表示,比如 CHN、USA。国内段由两部分构成:ITU 运营商编码(ICC)和唯一接入点编码(UAPC)。

IS字符			NS字符											
1	2	3	4	5	6	7	8	9	10	11	12	13	14	15
CC			ICC		UAPC									
CC				ICC			UAPC							
CC					ICC			UAPC						
CC						ICC			UAPC					
CC							ICC			UAPC				
CC								ICC			UAPC			

图 3-32　接入点标识符结构

3.4.2　光传输段开销

光传输段定义了如下开销:OTS-TTI、OTS-BDI-P、OTS-BDI-O、OTS-PMI。

1. OTS 路径踪迹标识(OTS-TTI)

OTS-TTI 用来传送一个用于 OTS 段监控的 64 字节 TTI。

2. OTS 净荷后向缺陷指示(OTS-BDI-P)

净荷后向缺陷指示的缩写是 BDI-P(Backward Defect Indication - Payload)。

对于 OTS 段监控来说,OTS-BDI-P 信号是用来向上游方向传送在 OTS-P 终端宿功能检测到的 OTS-P 信号的失效状态。BDI 处理信号的流程如图 3-33 所示。

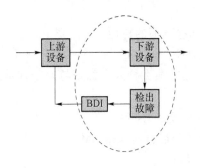

图 3-33　BDI 处理信号的流程

3. OTS 开销后向缺陷指示

开销后向缺陷指示的缩写是 BDI-O(Backward Defect Indication - Overhead)。

对于 OTS 段监控来说,OTS-BDI-O 信号是用来向上游方向传送在 OTS 终端宿功能检测到的 OTS-O 信号的失效状态。

4. OTS 净荷丢失指示

净荷丢失指示的缩写是 PMI(Payload Missing Indication)。

OTS-PMI 是一个向下游传送的指示信号,用来指示在上游 OTS 信号的源端没有净荷加入,以便压制相应的信号丢失状况的报告。PMI 处理信号的流程如图 3-34 所示。

3.4.3　光复用段开销

光复用段开销(OMS OH)包括支持光复用段的维护和操作的信息。光复用段开销在光复用单元组装时加入,在光复用单元打开时终结。

OMS 定义了下面这些开销:OMS-FDI-P、OMS-FDI-O、OMS-BDI-P、OMS-BDI-O、OMS-PMI、OMS-MSI。

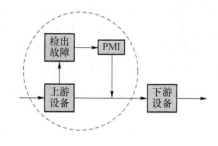

图 3-34　PMI 处理信号的流程

1. 光复用段净荷前向缺陷指示(OMS-FDI-P)

对于 OMS 段监控来说,OMSn-FDI-P 信号是用来向下游方向传送 OMS-P 信号的状态(正常或失效)。

2. 光复用段开销前向缺陷指示(OMSn-FDI-O)

对于 OMSn 段监控来说,OMSn-FDI-O 信号是用来向下游方向传送 OMS-O 信号的状态(正常或失效)。

3. 光复用段净荷后向缺陷指示(OMSn-BDI-P)

对于 OMS 段监控来说,OMSn-BDI-P 信号是用来向上游方向传送在 OMS-P 终端宿功能上检测到的 OMS-P 信号状态(正常或失效)。

4. 光复用段开销后向缺陷指示(OMSn-BDI-O)

OMSn-BDI-O 信号是用来向上游方向传送在 OMS-O 终端宿功能上检测到的 OMS-O 信号状态(正常或失效)。

5. 光复用段净荷丢失指示(OMS-PMI)

光复用段净荷丢失指示是一个向下游传送的指示信号,用来指示在上游 OMS-P 信号的源端没有一个频率隙载有光支路信号,以便压制相应的信号丢失状况的报告。

6. 光复用段复用结构标识符(OMS-MSI)

光复用段复用结构标识符(Multiplex Structure Identifier,MSI)用于在 OMS-P 源端对 OCh-P/OTSiG 复用结构和占用的频率隙进行编码。OMS-MSI 是一个向下游传送的指示信号,用来检测源端和宿端 OCh-P/OTSiG 复用结构的配置是否失配。

OMS-MSI 也用在独立于 OMS-P 源端和宿端 OCh-P/OTSiG 的媒质通道结构进行编码。OMS-MSI 将编码信息传送给下游,用来检测源端和宿端媒质通道结构配置是否失配。

OMS-MSI 是为采用灵活栅格的 MOTUm 接口定义的,固定栅格的 MOTUm 接口可以不支持 OMS-MSI。在 G.709 建议第五版之前设计的采用灵活栅格的 MOTUm 接口也可以不支持 OMS-MSI。

3.4.4　光通道开销和光支路组开销

光通道开销(OCh-O)和光支路组开销(OTSiG-O)包括支持故障管理等维护方面的信息,定义了如下开销:OCh -FDI-P 和 OTSiA-FDI-P、OCh-FDI-O 和 OTSiA-FDI-O、OCh-OCI 和 OTSiA-OCI、OTSiA-BDI-P、OTSiA-BDI-O、OTSiA-TTI、OTSiG-TSI。

1. OCh 和 OTSiA 前向缺陷指示-净荷(FDI-P)

对于 OCh 和 OTSiA 路径监视来说,OCh-FDI-P 和 OTSiA-FDI-P 信号用来向下游方向传送 OCh -P 和 OTSiG 信号的状态(正常或失效)。

2. OCh 和 OTSiA 前向缺陷指示-开销(FDI-O)

对于 OCh 和 OTSiA 路径监视来说,OCh-FDI-O 或 OTSiA-FDI-O 信号用来向下游方向传送 OCh -O 和 OTSiG-O 信号的状态(正常或失效)。

3. OCh 和 OTSiA 断开连接指示(OCI)

OCh 和 OTSiA 断开连接指示(Open Connection Indication,OCI)是一个向下游传送的指示信号,用于指示上游在管理命令的作用下交叉矩阵连接已经断开。相应地,在 OCh 或 OTSiA 终端检测到的信号丢失状况与断开的交叉矩阵是直接相关的。

4. OTSiA 后向缺陷指示-净荷(BDI-P)

对于 OTSiA 通道监视来说,OTSiA-BDI-P 信号用来向上游方向传送在 OTSiG 终端宿功能检测到 OTSiG 信号的失效状态。

5. OTSiA 后向缺陷指示-开销(BDI-O)

对于 OTSiA 通道监视来说,OTSiA-BDI-O 信号用来向上游方向传送在 OTSiG-O 终端宿功能检测到 OTSiG-O 信号的失效状态。

6. OTSiA 路径踪迹标识符(TTI)

OTSiA-TTI 是用来传送一个监视 OTSiA 通道的 64 字节的路径踪迹标识符。

7. OTSiG 发射机结构标识符(TSI)

OTSiG-TSI(Transmitter Structure Identifier,TSI)是用来传送监视 OTSiG 源端发射机和宿端接收机配置是否一致的开销。

3.5 OTU/ODU 的帧定位开销

OTU/ODU 的帧定位开销包括对单帧进行定位的开销和对多帧进行定位的开销。对单帧定位就是确定一帧的起点,对多帧定位就是确定某一帧信号在多帧信号中的位置。

OTU/ODU 帧定位开销(Frame Alignment Signal,FAS)位于 OTUk 帧结构的第 1 行第 1~6 列,有 6 个字节,如图 3-35 所示。OTU/ODU 帧定位开销既可用于 OTUk 又可用于 ODUk 信号。

复帧定位信号(Multi Frame Alignment Signal,MFAS)位于 OTUk 开销的第 1 行第 7 列,只有 1 个字节,如图 3-35 所示。

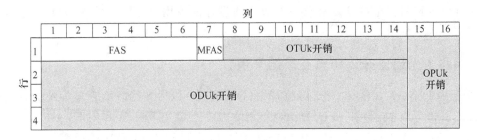

图 3-35 OTU/ODU 帧定位开销

1. 帧定位信号(FAS)

一个 6 字节的 OTUk-FAS 信号如图 3-36 所示,OA1 是"11110110"(F6H),OA2 是"00101000"(28H),这与 SDH 的定帧字节相同。

FAS OH字节1	FAS OH字节2	FAS OH字节3	FAS OH字节4	FAS OH字节5	FAS OH字节6
1 2 3 4 5 6 7 8	1 2 3 4 5 6 7 8	1 2 3 4 5 6 7 8	1 2 3 4 5 6 7 8	1 2 3 4 5 6 7 8	1 2 3 4 5 6 7 8
OA1	OA1	OA1	OA2	OA2	OA2

图 3-36 帧定位信号开销结构

OTUk/ODUk 包括一个 OTU/ODU 帧定位开销,OTUCn/ODUCn 包括 n 个编号为 $1 \sim n$ 的 OTU/ODU 帧定位开销。

2. 复帧定位信号(MFAS)

一些 OTUk 和 ODUk 的开销信号需要跨越多个 OTU/ODU 帧,如 TTI 和 TCM-ACT 开销信号。这些和其他复帧结构的开销信号一样,除了需要 OTU/ODU 的帧定位校准处理之外,还需要复帧的定位处理。

复帧定位信号(MFAS)的结构如图 3-37 所示。MFAS 字节的值将随着 OTU/ODU 帧而增加,可提供多达 256 帧的复帧。

OTUk 包括一个 OTU 复帧定位开销,OTUCn 包括 n 个编号为 $1 \sim n$ 的 OTU 复帧定位开销。所有 n 个 MFAS 字节装着相同的 256 个帧序列,并且在每一个帧中,所有 n 个 MFAS 字节承载着相同的值。

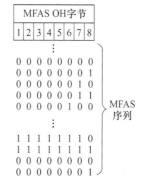

图 3-37 复帧定位信号开销

个别 OTU/ODU 开销信号可以使用中间复帧来锁定它们相对主帧的位置,如 2 帧、4 帧、8 帧、16 帧、32 帧等。

注意:MFAS 不支持 80 帧的 OPU4 复帧,用一个专门的 80 帧 OPU4 复帧指示器(OMFI)代替。MFAS 不支持 20 帧的 OPUCn 复帧,用一个专门的 20 帧 OPUCn 复帧指示器(OMFI)代替。

3.6 OTU 的开销

OTUk 的开销位于第 1 行第 8~14 列,共 7 个字节,下面予以介绍。

1. OTU 的开销概貌

OTUk 包含一个 OTU 开销,OTUCn 包含 n 个编号为 ♯1~♯n 的 OTU 开销。OTU 的开销定位如图 3-38 所示,它由段监视开销(Section Monitoring,SM)、通用通信通道 0(General Communication Channel 0,GCC0)、OTN 同步信息通道(OTN synchronisation Message Channel,OSMC)和预留字节构成。其中 GCC0 用于给 OTUk 终端之间提供一个通用通信通道,预留字节用于未来国际标准使用。下面重点对段监视开销予以介绍。

2. OTU 的段监视开销

OTU 的段监视开销位于第 1 行第 8~10 列,共 3 个字节。OTUk 包含一个 OTU SM

开销,OTUCn包含 n 个编号为♯1～♯n 的 OTU SM 开销,如图 3-39 所示。

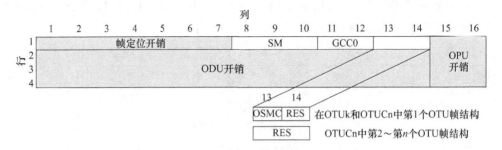

图 3-38　OTU 的开销定位

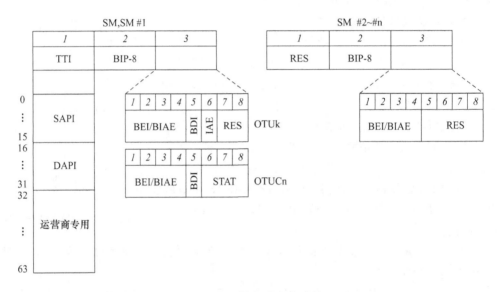

图 3-39　OTU 的段监视开销

OTUk 的 SM 和 OTUCn 的 SM ♯1 包含下列子域:路径踪迹标识符(TTI);比特间插奇偶校验-8(BIP-8);后向缺陷指示(BDI);输入定位错误(IAE);后向误码指示和后向输入定位错误(BEI/BIAE);指示出现输入定位错误或维护信号的状态比特(STAT);预留着未来标准用的比特(RES)。

OTUCn 的 SM ♯2～SM ♯n 包含下列子域(如图 3-39 所示):比特间插奇偶校验-8(BIP-8);后向误码指示和后向输入定位错误(BEI/BIAE);预留着未来标准用的比特(RES)。

下面对这些开销进行详细介绍。

(1) OTU SM 路径踪迹标识符(TTI)

对于段监视来说,一个字节的路径踪迹标识符开销用来传送一个 64 字节的 TTI 信号,这 64 字节的 TTI 复帧信号应该与 OTUk 的复帧一致。由于 OTUk 的复帧是从 00H 到 0FFH,共有 256 帧,而 TTI 的复帧数是 64,因此每个 TTI 的复帧在 OTUk 的复帧周期中传输 4 次,TTI 信号的字节 0 应该出现在 OTUk 复帧位置的 00H、40H、80H、0C0H。

(2) OTU SM 误码检测码(BIP-8)

OTUk 定义了一个一字节的差错检测码来检测 OTUk 的传输错误,该差错检测码使用的是 8 位比特间插奇偶校验码(BIP-8)。

OTUk BIP-8 通过对 OTUk 的第 i 帧的 OPUk 区域(15～3 824 列)进行 BIP-8 计算得到,然后插到 OTUk 的第 $i+2$ 帧的 OTUk BIP-8 开销位置,该位置处于帧结构的第 1 行第 9 列,如图 3-40 所示。这和 SDH 原理中对再生段的监控字节 B1 的处理方法基本相同,唯一不同的是,B1 字节是插入到下一帧中,而这里是隔一帧再插入。

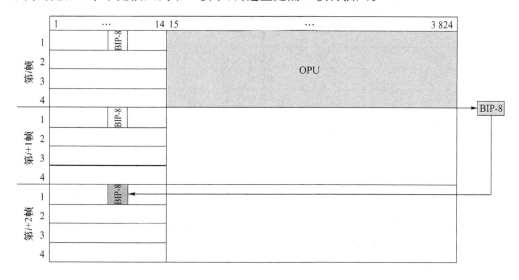

图 3-40　OTU SM 中 BIP-8 的计算

(3) OUT SM 后向缺陷指示(BDI)

一个比特的后向缺陷指示信号(Backward Defect Indication,BDI)用来向上游传送在段终端宿功能检测到的信号失效状态信息,BDI 为 1 时表示 OTUk 有后向缺陷指示,为 0 时表示没有后向缺陷指示。

(4) OTU SM 输入定位错误(IAE)

一个比特的输入定位错误信号(IAE)定义为允许段连接监视终端(S-CMEP)入口点通知它的对端 S-CMEP 出口点,在输入的信号中已经检测到了一个定位错误。IAE 为 1 时表示有帧定位错误,否则为 0。

S-CMEP 出口点可以利用这一信息来抑制在段的入口处由于 OTUk 帧相位变化而导致的误码统计。

(5) OTU SM 后向误码指示和后向输入定位错误(BEI/BIAE)

段监视定义了一个 4 位的后向误码指示(Backward Error Indication,BEI)和后向输入定位错误开销,它用来向上游方向传送在对应的 OTUk 段监视宿端用 BIP-8 编码检测到的比特间插码块的个数,它也用来向上游传送在对应的 OTUk 段监视宿中的 IAE 开销检测到的输入定位错误状况。

在 IAE 条件下,编码 1011 被插入 BEI/BIAE 中,则忽略误码统计;否则误码统计(0～8)将被插入 BEI/BIAE 中,BEI/BIAE 的详细编码见表 3-10。剩下来的 6 种可能取值(1001、1010、1100～1111)仅仅是由于一些不相关的条件产生,应该解释为没有误码和 BIAE 没有激活。

表 3-10   OTU SM BEI/BIAE 编码的含义

OTUk SM BEI/BIAE 1234 位	BIAE	BIP 误码数
0000	未激活	0
0001	未激活	1
0010	未激活	2
0011	未激活	3
0100	未激活	4
0101	未激活	5
0110	未激活	6
0111	未激活	7
1000	未激活	8
1001, 1010	未激活	0
1011	激活	0
1100~1111	未激活	0

OTUk 包含一个 OTU BEI/BIAE 开销,OTUCn 包含 n 个编号为 $1\sim n$ 的 OTU BEI/BIAE 开销。OTUCn 的 BIAE 需要传送 n 次(从 OTUC SM♯1 到 SM♯n),但在 OTUC SM♯1 检测一次即可。

(6) OTUCn SM 状态(STAT)

段监视定义了一个 3 位的状态比特(STAT),它表征 OTUCn 是否有维护信号,或者在源 S-CMEP 是否有输入定位错误。S-CMEP 出口点可以利用这一信息来抑制在段的入口处由于 OTUCn 帧相位变化而导致的误码统计。

表 3-11   OTUCn SM STAT 的编码

SM 第 3 个字节 678 位	表示的状态
000	预留未来国际标准使用
001	使用,没有 IAE
010	使用,有 IAE
011	预留未来国际标准使用
100	预留未来国际标准使用
101	预留未来国际标准使用
110	预留未来国际标准使用
111	维护信号:OTUCn-AIS

3. OTN 同步信息通道(OSMC)开销

为了便于同步,G.709 专门定义了一个字节的 OTU 开销作为同步信息传送通道,该通道用来传送 SOTU 接口和 MOTU 接口的 SSM 和 PTP 信息。OSMC 的带宽见表 3-12,OTUk 和 OTUCn 只有一个 OTU OSMC 开销。

表 3-12　OSMC 带宽分布表

OUTk	OSMC 带宽/(kbit·s^{-1})
OTU1	163.361
OTU2	656.203
OTU3	2 635.932
OTU4	6 851.101
OUTCn	6 881.418

注意：MOTUm 接口和 SOTUm 接口没有定义 OTU OSMC。SOTU 接口或 MOTU 接口是否支持 OUT OSMC 是可选择的。按照 G.709 建议第五版以前设计的设备（SOTU 或 MOTU）可以不支持 OUT OSMC。

4. OTU 的其他开销

OTU 二个字节的通用通信通道（General Communication Channel, GCC）0 开销用来支持通用通信通道或 ITU-T G.7714.1 规范的用于 OTU 终端的发现通道，GCC0 位于 OTU 开销的第 1 行第 11、12 列。OTUk 包含一个 OTU GCC0 开销，OTUCn 包含 n 个编号为 $1\sim n$ 的 OTU GCC0 开销。GCC0 ♯1～ ♯n 开销联合提供带宽约为 $n\times 13.768$ Mbit/s 的一个通信通道，如图 3-41 所示。

图 3-41　OTUCn GCC0 传输顺序示意图

3.7　ODU 的开销

ODU 的开销位于第 2～4 行第 1～14 列，共 42 个字节。ODUk 包含一个 ODU 开销，ODUCn 包含 n 个编号为 ♯1～♯n 的 ODU 开销，下面予以介绍。

3.7.1　ODU 的开销概貌

ODU 开销主要由用于端到端的 ODUk 通道监视开销（PM）和 6 级串联连接监视开销（TCM）构成，如图 3-42 所示。ODU 的开销除通道监视（PM）开销、串联连接监视（TCM）开销外，还有路径时延测量开销（PM 和 TCM）、通用通信通道（GCC1、GCC2）开销、自动保护倒换和保护通信通道（APS/PCC）开销、试验开销。

3.7.2　ODU 通道监视开销

ODU 通道监视开销位于 ODUk 帧结构的第 3 行第 10～12 列和第 2 行第 3 列，如图 3-43 所示。另外，还在第 2 行第 3 列定义了 1 个 PM 比特，用于延时测量。

PM 和 PM ♯1 包括下列子域：路径踪迹标识符（TTI）；比特间插奇偶校验码（BIP-8）；

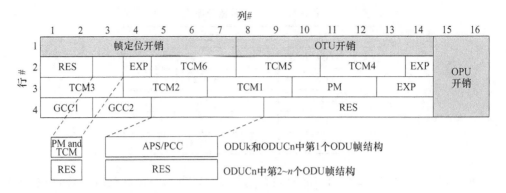

图 3-42　ODU 的开销概貌

后向缺陷指示(BDI);后向误码指示(BEI);状态开销(STAT)。

PM#2～PM#n 包括下列子域:比特间插奇偶校验码(BIP-8);后向误码指示(BEI)。

PM&TCM 包含下列 PM 子域:通道时延测量(DMp)开销。

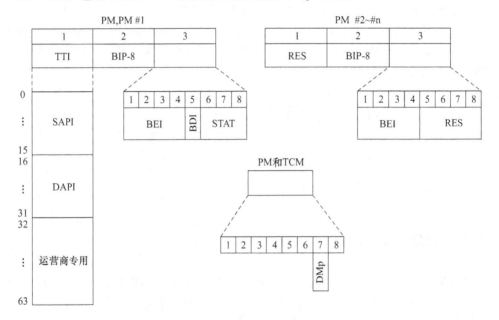

图 3-43　ODU 通道监视开销

1. ODU PM 路径踪迹标识符(TTI)

对于 ODU 通道监视,TTI 用来传送 64 字节的 TTI 复帧信号。这 64 字节的 TTI 信号应该与 ODU 复帧组合在一起传送。由于 ODU 的复帧是从 00H 到 0FFH,共有 256 帧,而 TTI 的复帧数是 64,因此每个 TTI 的复帧在 ODU 的复帧周期中传输 4 次,TTI 信号的字节 0 应该出现在 ODU 复帧位置的 00H、40H、80H、0C0H。

2. ODU PM 比特间插奇偶校验码(BIP-8)

ODU 通道监视提供一个 8 位的比特间插奇偶校验码用于误码检测。每一个 ODU BIP-8 通过对第 i 帧的 ODUk 区域的 OPU(15～3 824 列)进行计算后得到,然后插到第 $i+2$ 帧的 ODU PM BIP-8 开销位置以便传送,如图 3-44 所示。

可以看出,ODU 通道监视对误码的检测和处理方法和 OTU 段监视对误码的检测和处理方法是一样的,但 BIP-8 字节所处的位置是不一样的,ODU 通道监视字节位于帧结构的第 3 行第 11 列。

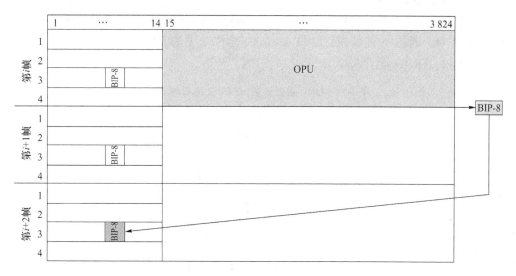

图 3-44 ODU 通道监视 BIP-8 的计算

ODUk 包含一个 ODU PM BIP-8 开销,ODUCn 包含 n 个编号为 ♯1～♯n 的 ODU PM BIP-8 开销。

3. ODU PM 后向缺陷指示(BDI)

一个比特的后向缺陷指示信号用来向上游传送在通道终端宿功能检测到的信号失效状态信息,BDI 为 1 时表示 ODUk 有后向缺陷指示,为 0 时表示没有后向缺陷指示。

4. ODUk PM 后向误码指示(BEI)

一个 4 位的后向误码指示用来向上游方向传送在对应的 ODU 通道监视宿功能处用 BIP-8 编码检测到的比特间插误码块的个数。BEI 有 9 个合法值,即 0～8。剩下来的 7 种可能的值是由一些不相关的条件产生,应该被解释为没有错误。ODU PM BEI 的编码含义见表 3-13。

表 3-13 ODU PM BEI 编码的含义

ODU PM BEI 1234 位	BIP 误码数
0000	0
0001	1
0010	2
0011	3
0100	4
0101	5
0110	6
0111	7
1000	8
1001～1111	0

ODUk 包含一个 ODU PM BEI 开销,ODUCn 包含 n 个编号为 ♯1～♯n 的 ODU PM BEI 开销。

5. ODU PM 状态开销(STAT)

通道监视定义了 3 bit 的状态开销(STAT),用来表示是否存在维护信号和维护信号的种类,见表 3-14。通道-连接监视终端(P-CMEP)置 STAT 为"001"。

ODUk 和 ODUCn 包含一个 ODU PM STAT 开销。

表 3-14　ODU 通道监视 STAT 位编码的含义

PM STAT	含　义
000	预留作未来国际标准使用
001	正常的通道信号
010	预留作未来国际标准使用
011	预留作未来国际标准使用
100	预留作未来国际标准使用
101	维护信号:ODU-LCK
110	ODUk:维护信号,ODUk-OCI ODUCn:预留作未来国际标准使用
111	维护信号:ODUk-AIS

6. ODU PM 时延测量(DMp)开销

ODU 通道监测定义了一个比特的通道时延测量(Path Delay Measurement,DMp)信号,用于确定一次时延测量试验的开始。

DMp 信号包含一个固定值(0 或 1),在双向时延测量开始时,其值反转。在序列…0000011111…中由 0→1 的转换,或者在序列…1111100000…中由 1→0 的转换,代表了通道时延测量的启动点。在下一次时延测量开始之前,DMp 的值将一直保留。

DMp 信号由 DMp 发端 P-CMEP 插入,并发送到远端 P-CMEP。远端 P-CMEP 再向发端 P-CMEP 回送 DMp 信号。发端 P-CMEP 测量从 DMp 信号发生转变到接收到远端回送的 DMp 信号时间内的帧周期数目。接收机应该对接收到的 DMp 信号持续校验,以避免因误码导致的时延测量启动指示,但用于持续校验的额外帧不应包括在时延帧计数之内。回送 P-CMEP 应在约 100μs 内回送收到的每一位 DMp 信号。

通道时延测量可以随时执行,以得到当前双向传输的时延状态;也可以事先设定,获取 15 min 和 24 h 双向传输时延性能状况。

该方法测量的是环回路径时延。在 ODUk 通道发送和接受方向的长度不一致时(比如在采用单向保护倒换的网络),单向时延并不是环回时延一半。

3.7.3　ODU 串联连接监视开销

ODU 的 6 个串联连接监视(TCM)开销位于 ODU 开销的第 2 行第 5～13 列和第 3 行第 1～9 列;还在第 2 行第 3 列定义了 6 个 TCM 比特,用于延时测量。

TCM 支持一个或者更多的下列网络应用中的 ODUk 的连接监视:

- 光的 UNI 到 UNI 的串联连接监视;通过公共传送网监视 ODUk 的连接监视(从公共网络的入口网络终端到出口网络终端);
- 光的 NNI 到 NNI 的串联连接监视;通过运营商的网络来监视 ODUk 的连接(从运营商网络的输入网络终端到输出网络终端);
- 对于线形 1+1、1∶1 和 1∶N ODUk 子网连接保护倒换的子层监视,以确定信号失效和劣化程度;
- 对于 ODUk 共享保护环保护倒换(SRP-1)的子层监视,以便确定信号失效和劣化程度;
- 对通过两个或两个以上的 ODUk 链路连接(通过背靠背的 OTU 路径实现)形成的 ODUk 连接进行子层监视,来提供给发现信息通道。
- 监视一个 ODUk 串联连接,以便在一个倒换的 ODUk 连接中检测信号失效或者信号劣化状况,在网络故障和错误条件下启动自动恢复连接;
- 监视一个 ODUk 串联连接,用于故障定位和服务质量的确认等。

TCM 支持对跨越多个 OTSiA 子网的 ODUCn 连接的分段监视。ODUCn TC-CMEP (Tandem Connection-Connection Monitoring End Point,串联连接-连接监视端点)位于 OTUCn SOTU 和 MOTU 接口端 OTSiA 子网的边上,和/或位于 OTUCn SOTUm 和 MOTUm 接口端 ODUCn 的终结点(比如 ODUk 交叉连接处)。

6 个 TCM 分别称为 TCM1,TCM2,…,TCM6。ODUk 包括一套 ODU TCM1~TCM6 开销实体,ODUCn 包括 n 套编号为 1~n 的 ODU TCM1~TCM6 开销实体(TCMi♯1~TCMi♯n)。

1. TCM 包含的开销

每一个 TCMi 和 TCMi♯1 域包含下列子域(如图 3-45 所示):路径踪迹标识符(TTI); 8 位比特间插奇偶校验(BIP-8);后向缺陷指示(BDI);后向误码指示和后向输入定位误码(BEI/BIAE);指示是否有 TCM 开销/输入定位错误,或者指示维护信号的状态比特(STAT)。

每一个 TCMi♯2~♯n 域包含下列子域(如图 3-45 所示):8 位比特间插奇偶校验(BIP-8);后向误码指示和后向输入定位误码(BEI/BIAE)。

PM&TCM 字段包含以下 TCM 子字段(如图 3-45 所示):串联连接时延测量(DMti, $i=1$~6)。

对于 ODUk 情形,在维护信号(如 ODUk-AIS、ODUk-OCI、ODUk-LCK)出现期间,除 STAT 子域外,TCM 域的其他子域将不定义(图案在全"1""01100110"或者"01010101"之间重复),也不定义 PM&TCM 字段中的内容(其内容在全"1""01100110"或者"01010101"之间重复)。

对于 ODUCn 情形,在维护信号(如 ODUCn -AIS、ODUCn -LCK)出现期间,除 STAT 子域外,TCM 域的其他子域将不定义(图案在全"1"或"01010101"之间重复),也不定义 PM&TCM 字段中的内容(其内容在全"1"或者"01010101"之间重复)。

2. 各级 TCM 之间的关系

TCM 域和 PM&TCM 比特指配用来监视某个 ODUk 连接。一个 ODUk 路径被监视连接的数目可以在 0~6 之间变化,被监视的连接可以嵌套,也可以层叠,或二者兼有。嵌套和层叠的模式是默认的配置。

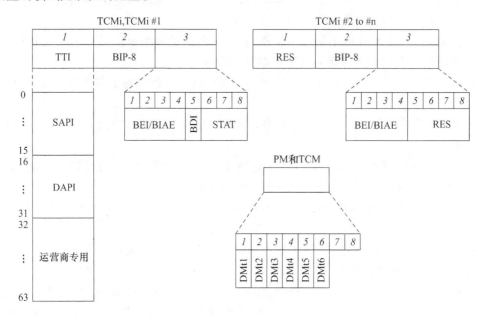

图 3-45　ODU TCMi 开销

重叠模式仅是为了测试需要的额外配置。被监视的重叠模式连接需工作在非介入式监视模式,此时不会产生 ODUk-AIS 与 ODUk-LCK 信号。如果重叠模式连接的一个端点在某 SNC 保护域内,另外一个端点在保护域外,若该端点在工作通道,则 SNC 保护应该强制在工作通道,反之则强制在保护通道。

嵌套和层叠模式的配置如图 3-46 所示,被监视的连接 A1-A2/B1-B2/C1-C2 和 A1-A2/B3-B4 是嵌套关系,而 B1-B2/B3-B4 是层叠关系。

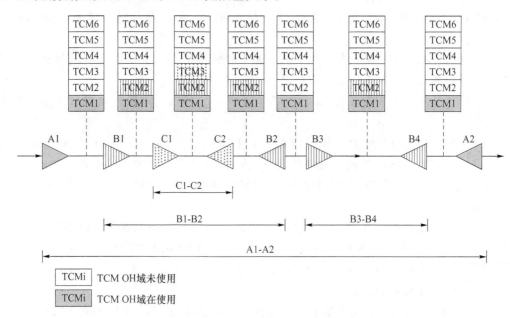

图 3-46　嵌套和层叠的 ODU 监视连接举例

重叠模式(B1-B2 和 C1-C2)如图 3-47 所示。

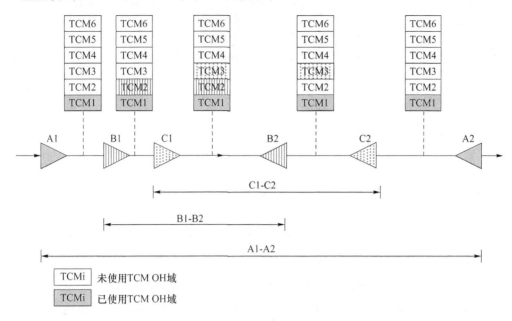

图 3-47　重叠的 ODU 监视连接举例

3. TCM 开销的含义

(1) ODUk TCM 路径踪迹标识符(TTI)

对于每一个串联监视域,分配了一个字节的开销用来传送 64 字节的路径踪迹标识符,ODUk 和 ODUCn 包含一个 ODU TTI 开销。这 64 字节的 TTI 复帧信号需要与 ODU 复帧组合在一起传送,并在每个 ODU 复帧中传送 4 次 TTI。TTI 复帧信号的字节 0 应该出现在 ODUk 复帧的 00H、40H、80H 和 0C0H 的位置。

(2) ODUk TCM 误码检测编码(BIP-8)

对于每一个 TCM 域,定义了一个 8 位间插奇偶校验码(BIP-8),用于 ODUk TCM 误码检测。每一个 ODUk TCM BIP-8 是通过对 ODUk 的第 i 帧的 OPUk 区域(15~3 824 列)进行计算得到,然后把计算结果插到 ODUk 的第 $i+2$ 帧的 ODUk TCM BIP-8 开销位置,如图 3-48 所示。

每一个 TCM 有一个误码检测字节 BIP-8,6 级 TCM 共有 6 个误码检测字节,它们分别位于 ODUk 帧结构的第 3 行第 8 列(TCM1)、第 5 列(TCM2)、第 2 列(TCM3)和第 2 行第 12 列(TCM4)、第 9 列(TCM5)、第 6 列(TCM6)。

ODUk 包含一个 ODU TCMi BIP-8 开销,ODUCn 包含 n 个编号为 $1~n$(BIP-8 ♯1 to BIP-8 ♯n)的 ODU TCMi BIP-8 开销。

(3) ODUk TCM 后向缺陷指示(BDI)

对于每个 TCM,定义了一个比特的后向缺陷指示(BDI)开销,用来向上游方向传送在串联连接监视终端宿功能检测到的信号失效信息。当 BDI 为 1 时,表示有 ODUk 后向缺陷指示,否则为 0。

ODUk 和 ODUCn 包含一个 ODU TCMi BDI 开销。

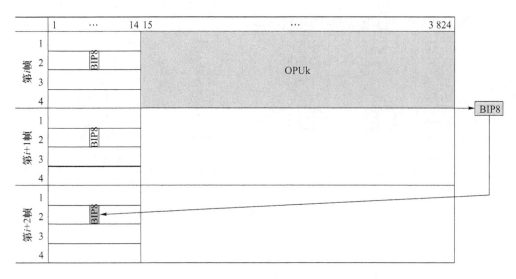

图 3-48　ODU TCM 中 BIP-8 的计算

（4）ODUk TCM 后向误码指示和后向输入定位错误指示（BEI/BIAE）

对于每个 TCM,定义了 4 个比特的后向误码指示和后向输入定位误码指示开销。该开销用来向上游方向传送在对应的 ODUk 串联连接监视宿端用 BIP-8 编码检测到的比特间插误码块的个数。该开销也可以用来向上游方向传送在相应的 ODUk 串联连接监视宿端的输入定位误码（IAE）开销中检测到的 IAE 条件。

在 IAE 条件出现时,BEI/BIAE 置为"1011",且不进行误码计数。否则,误码计数值（0~8）将被插入 BEI/BIAE 中。剩下的 6 种可能取值仅仅是由于一些不相关的条件产生,应该解释为没有误码,并且 BIAE 未被激活。BEI/BIAE 的编码含义见表 3-15。

ODUk 包含一个 ODU TCM BEI/BIAE 开销,ODUCn 包含 n 个编号为 1~n（BEI/BIAE $\sharp 1$ ~ BEI/BIAE $\sharp n$）的 ODU TCMi BEI/BIAE 开销。

表 3-15　ODU TCM BEI/BIAE 编码解释

ODUk TCM BEI/BIAE 1234 位	BIAE	BIP 误码数
0000	未激活	0
0001	未激活	1
0010	未激活	2
0011	未激活	3
0100	未激活	4
0101	未激活	5
0110	未激活	6
0111	未激活	7
1000	未激活	8
1001, 1010	未激活	0
1011	激活	0
1100~1111	未激活	0

（5）ODU TCM 状态比特（STAT）

对于每一个串联连接监视域,定义了 3 个比特的状态（STAT）开销,用来指示维护信号的状态,指示在源串联连接监视终端是否有输入定位误码,或者源串联连接监视终端是否处于激活状态,TCM STAT 的编码见表 3-16。

P-CMEP（通道-连接监视终端）应置 STAT 为"000"。

TC-CMEP（串联连接监视终端）的入口点应置 STAT 为"001",来指示它的对端 TC-CMEP 出口点没有输入定位误码（IAE）;或置 STAT 为"010",来指示输出端有输入定位误码。

TC-CMEP 出口点可以利用该信息来抑制在串联连接入口处 ODUk 帧相位变化引起的误码计数。

表 3-16　ODUk TCM STAT 编码释义

TCMSTAT	含　义
000	源端无串联连接监视
001	源端有串联连接监视,无 IAE
010	源端有串联连接监视,有 IAE
011	预留给未来国际标准用
100	预留给未来国际标准用
101	维护信号:ODUk-LCK
110	ODUk:维护信号,ODUk-OCI ODUCn:预留给未来国际标准用
111	维护信号:ODUk-AIS

4. TCM 开销分配

每一个 TC-CMEP 可从 6 个 TCMi 开销域和 6 个 DMti 域中的一个中插入/提取出其 TCM 开销,特定的 TCMi/DMti 开销域由网络操作者、网络管理系统或者交换控制平面来指派。

在域接口处,可能指派通过该域的最大串联连接监视级数（0～6）,默认值是 3。这些串联连接监视应该从较低的 TCM/DM 开销域用起,如 TCM_1 到 TCM_{MAX},比 TCM_{MAX} 还高级的开销可能被覆盖。

例如,对于 ODUk 租用电路,用户可能已经分配给一个级别 TCM,服务提供商分配一个级别 TCM,每一个网络运营商分配 4 个级别 TCM（与服务提供商有合同）。对于网络运营商转包它的部分 ODUk 连接到其他网络运营商的情形,这 4 个级别 TCM 将要分开,比如把二级分配给转包网络运营商。这将导致下面的 TCM 开销分配,如图 3-49 所示。

- 用户:在两个用户子网之间使用 TCM1/DMt1,在用户自己的子网内可使用 TCM1/DMt1～TCM6/DMt6。
- 服务提供商:在两个 UNI 接口之间使用的 TCM2/DMt2 开销域。
- 网络运营商 No. 1、No. 2、No. 3 与服务提供商有一个合同:TCM3/DMt3、TCM4/DM t4、TCM5/DMt5、TCM6/DMt6。

注意：No.2 网络运营商(转包者)在这个连接中不能使用 TCM5/DMt5 和 TCM6/DMt6 通过 No.4 运营商区域。

- No.4 网络运营商可使用 TCM5/DMt5、TCM6/DMt6。

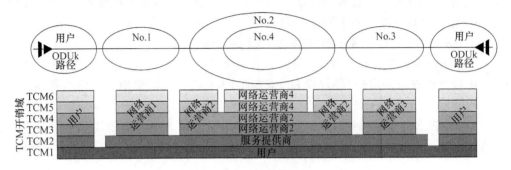

图 3-49　TCM 开销域分配举例

5. ODU TCM 时延的测量(DMti, $i=1\sim6$)

对于 ODUk 串联连接监视,定义 1 bit 的串联连接时延测量(DMti)信号,用于确定一次时延测量的开始。

DMti 信号由一个固定值 (0 或 1)组成,在双向时延测量开始时,其值反转。在序列…0000011111…中由 0→1 的转换,或者在序列…1111100000…中由 1→0 的转换,代表了通道时延测量的启动点。在下一次时延测量开始之前,DMti 的值将一直保留。

DMti 信号由 DMti 发端 TC-CMEP 插入,并发送到远端 TC-CMEP。远端 TC-CMEP 再向发端 TC-CMEP 回送 DMti 信号。发端 TC-CMEP 测量从 DMti 信号发生转变到接收到远端回送的 DMti 信号时间内的帧周期数目。接收机应该对接收到的 DMti 信号持续校验,以避免因误码导致的时延测量启动指示。用于持续校验的额外帧不应包括在时延帧计数之内。回送 TC-CMEP 应在约 $100\mu s$ 内回送收到的每一位 DMti 信号。

3.7.4　ODU 的其他开销

ODU 的开销除前面介绍的 PM 开销和 TCM 开销外,还有 GCC 开销、APS/PCC 开销和 EXP 开销,介绍如下。

1. ODUk 通用通信通道(GCC1、GCC2)开销

在 ODUk 开销中,两个字节的两个通用通信通道域(General Communication Channel, GCC)GCC1 和 GCC2 被分配用来支持任何两个能打开 ODUk 帧结构的网元(即在 3R 再生点)之间的通信。GCC1 位于 ODUk 开销的第 4 行第 1~2 列,GCC2 位于第 4 行第 3~4 列。

ODUk 包含一套 ODU GCC1、GCC2 开销,ODUCn 包含 n 套编号为 1~n(GCC1 ♯1~GCC1 ♯n、GCC2 ♯1~GCC2 ♯n)的 ODU GCC1、GCC2 开销。

GCC1 ♯1~ ♯n 开销联合起来可提供一个带宽约为 $n\times13.768$ Mbit/s 的通信通道,如图 3-50 所示。GCC2 ♯1 ~ ♯n 开销联合起来可提供另外一个带宽约为 $n\times13.768$ Mbit/s 的通信通道。GCC1 ♯1 ~ ♯n 和 GCC2 ♯1 ~ ♯n 开销联合起来可提供一个带宽约为 $n\times27.525$ Mbit/s 的通信通道。

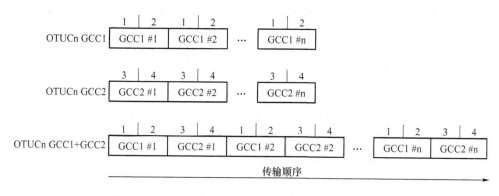

图 3-50　OTUCn GCC1、GCC2 和 GCC1＋2 的传输顺序

2. ODU 自动保护倒换和保护通信通道(APS/PCC)开销

4 字节的自动保护倒换和保护通信通道开销(Automatic Protection Switching and Protection Communication Channel,APS/PCC)位于 ODUk 的第 4 行第 5~8 列,在这个域中可以定义最多 8 级嵌套的 APS/PCC 信号。根据 MFAS 值的不同,一个给定帧的 APS/PCC 字节可以根据 MFAS 的不同指配给不同的连接监视级使用,见表 3-17。

表 3-17　复帧与 APS/PCC 信道分配的关系

MFAS 678 位	APS/PCC 通道用于连接监视级别	使用 APS/PCC 信道的保护方案[①]
000	ODUk 通道	ODUk SNC/Ne,ODUj CL-SNCG/I,Client SNC/I,ODU SRP-p
001	ODUk TCM1	ODUk SNC/S, ODUk SNC/Ns
010	ODUk TCM2	ODUk SNC/S, ODUk SNC/Ns
011	ODUk TCM3	ODUk SNC/S, ODUk SNC/Ns
100	ODUk TCM4	ODUk SNC/S, ODUk SNC/Ns
101	ODUk TCM5	ODUk SNC/S, ODUk SNC/Ns
110	ODUk TCM6	ODUk SNC/S, ODUk SNC/Ns,ODU SRP-1
111	ODUk 服务层路径[②]	ODUk SNC/I

注①:APS 信道可以用于一个或一个以上的保护方案。在几种保护方案嵌套的情况下,当要建立一个 ODUk 保护时,应不影响同一连接监视级上另一 ODUk 保护的 APS 通道使用。例如,只有当该级别的 APS 通路没有使用时,才能激活保护。

注②:OTUk 或者高阶 ODUk(比如传送 ODU1 的 ODU3)等都是服务层路径的例子。

对于线形保护和环形保护方案,APS/PCC 字节的比特指配和所构成的协议,见本书第 6 章。

3. ODU 实验(EXP)开销

ODU 开销中的四个字节 EXP 留作实验使用,这四个字节位于第 2 行第 4 列和第 14 列、第 3 行第 13~14 列。

ODUk 包含一个 ODU EXP 开销,ODUCn 包含 n 个编号为 1~n(EXP ♯1 ~ EXP ♯n)的 ODU EXP 开销。

EXP 字节的使用不必遵循统一标准。EXP 开销允许设备提供商和/或网络操作者支持需要额外增加 ODUk 开销的应用。没有必要发送 EXP 开销到网络之外,也就是说,实验开销的工作段应限制在设备提供商所构成的实验网中,或者是网络操作者的网络中。

3.8 OPU 的开销

光净荷单元开销(OPUk OH)包括支持客户信号适配的信息。OPUk OH 在 OPUk 组装时加上去,在 OPUk 拆开时终结。OPUk 开销由包括净荷类型(Payload Type,PT)的净荷结构标识(Payload Strcture Identifier,PSI)、与级联相关的开销、与客户信号映射到 OPUk 相关的开销构成,如图 3-51 和图 4-1 所示。和客户信号映射相关的开销是调整控制字节(Justification Control,JC)和负调整机会字节(Negative Justification Opportunity,NJO)。正调整机会字节(Positive Justification Opportunity,PJO)虽然和客户信号的映射有关,但它处于 OPUk 净荷区中。OPUk 的 PSI 和 PT 开销所处的位置如图 3-51 所示。

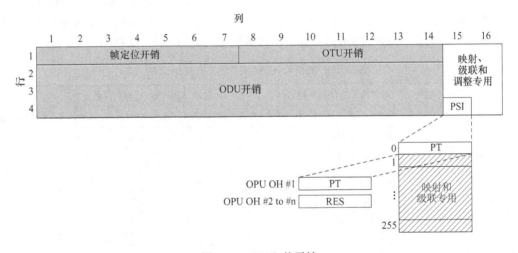

图 3-51　OPUk 的开销

OPUk 包含一个 OPU 开销,OPUCn 包含 n 个编号为 $1\sim n$(OPU OH ♯1 ～ ♯n)的 OPU 开销。

1. OPU 净荷结构标识(PSI)

在 OPU 中,PSI 字节用来传送复帧为 256 的净荷结构标识信号,这 256 个字节的 PSI 信号与 ODU 复帧是一致的,即 PSI[0]应该出现在 ODU 复帧"00000000"位置,PSI[1]应该出现在 ODU 复帧"00000001"位置,等等。PSI[0]包括一字节的净荷类型 PT,PSI[1]至 PSI[255]为映射和级联专用。

PSI 中的第 0 个字节净荷类型用来指示 OPUk 信号的类型,其编码定义见表 3-18。

表 3-18　净荷类型(PT)编码表

二进制编码	十六进制编码[①]	编码含义
00000001	01	实验映射[③]
00000010	02	异步 CBR 映射

续 表

二进制编码	十六进制编码①	编码含义
00000011	03	比特同步 CBR 映射
00000100	04	原表示 ATM 映射,现取消
00000101	05	GFP 映射
00000110	06	原表示虚级联信号,现取消
00000111	07	PCS 码字透明以太网映射: • 1000BASE-X 到 OPU0 映射 • 40GBASE-R 到 OPU3 映射 • 100GBASE-R 到 OPU4 映射
00001000	08	FC-1200 到 ODU2e 映射
00001001	09	GFP 到扩展 OPU2 净荷映射⑤
00001010	0A	STM-1 到 OPU0 映射
00001011	0B	STM-4 到 OPU0 映射
00001100	0C	FC-100 到 OPU0 映射
00001101	0D	FC-200 到 OPU1 映射
00001110	0E	FC-400 映射到 ODUflex
00001111	0F	FC-800 映射到 ODuflex
00010000	10	字节定时的比特流映射
00010001	11	无字节定时的比特流映射
00010010	12	IB SDR 映射到 OPUflex
00010011	13	IBDDR 映射到 OPUflex
00010100	14	IBQDR 映射到 OPUflex
00010101	15	SDI 映射到 OPU0
00010110	16	(1.485/1.001)Gbit/s SDI 映射到 OPU1
00010111	17	1.485Gbit/s SDI 映射到 OPU1
00011000	18	(2.970/1.001) Gbit/s SDI 映射到 OPUflex
00011001	19	2.970 Gbit/s SDI 映射到 OPUflex
00011010	1A	SBCON/ESCON 映射到 OPU0
00011011	1B	DVB_ASI 映射到 OPU0
00011100	1C	FC-1600 映射到 OPUflex
00011101	1D	IMP 映射
00011110	1E	感知 FlexE (部分速率) 映射到 OPUflex
00011111	1F	FC-3200 映射到 OPUflex
00100000	20	仅支持 ODTUjk 的 ODU 复用结构(仅 AMP)
00100001	21	支持 ODTUk.ts 或 ODTUk.ts 和 ODTUjk 的 复用结构(GMP 适用)⑥
00100010	22	支持 ODTUCn.ts 的复用结构(GMP 适用)

二进制编码	十六进制编码①	编码含义
01010101	55	不可用②
01100110	66	不可用②
1000xxxx	80-8F	预留的私用编码④
11111101	FD	NULL 测试信号映射
11111110	FE	PRBS 测试信号映射
11111111	FF	不可用②

注①:剩下的 201 个编码预留作未来国际标准使用,可参考 G.806 附件 A 的程序获得新净荷类型的编码。

注②:这些编码值被禁止使用,因为这些比特图案出现在 ODUk 维护信号中。

注③:"01"值仅仅用于映射编码还没有定义的实验用途,对于该代码的更多信息可见 G.806 附件 A。

注④:这 16 个编码值不必标准化,可参考 G.806 附件 A 获得使用这些编码的更多信息。

注⑤:之前 G.sup43 将此映射建议为净荷类型 87。

注⑥:支持 OPU2 或 OPU3 的 ODTUk.ts 的设备应与仅支持 ODTUjk 的设备后向兼容。支持 ODTUk.ts 的设备发送 PT=21,但当从远端设备收到 PT=20 时,应回复 PT=20,并工作在仅支持 ODTUjk 模式。

2. OPU 客户信号失效指示

为了支持本地管理系统,在 OPUk 开销中新定义一个比特作为客户信号失效(Client Signal Fail,CSF)指示,用于传送映射到低阶 OPUk 的 CBR 和以太网专线客户信号从 OTN 入口到出口的信号失效状态。

OPUk CSF 位于净荷结构指示符 PSI[2] 的第 1 个比特;PSI[2] 的第 2~8 个比特留作将来国际标准使用,全部设置为 0。

当客户信号失效时,CSF 设置为"1",否则为"0"。

注意:按照 G.709 建议第三版之前生产的设备在 OPUk CSF 位产生"0"值,忽略任何其他值。

3. OPU 映射专用开销

在 OPUk 的开销中,有 7 个字节专门用来作映射和级联用。这些字节位于第 1~3 行,第 15~16 列和第 4 行第 16 列。另外,PSI 中的 255 个字节也可用于映射和级联。有关映射和级联开销的使用,详见第 4 章。

3.9　OTN 的维护信号

OTN 定义了下列维护信号。

告警指示信号(Alarm Indication Signal,AIS)是一个用来向下游传送在上游已经检测到缺陷的指示信号。AIS 信号由适配宿功能产生。当路径终端宿功能检测 AIS 信号以后,会压制在上游点检测到的由原始信号传输中断所引起的缺陷或者失效。

前向缺陷指示(Forward Defect Indication,FDI)是一个向下游传送的指示信号,指示在上游已经检测到了缺陷。FDI 信号由适配宿功能产生。当路径终端宿功能检测到 FDI 信号后,会压制在上游点检测到的由原始信号传输中断所引起的缺陷或者失效。

AIS 和 FDI 是相似的信号。当信号为数字信号时,通常使用 AIS 这个术语;当信号处在光域时使用 FDI 这个术语,FDI 作为非随路开销在 OTM 开销信号(OOS)中传送。

断开连接指示(Open Connection Indication,OCI)是一个向下游传送的指示信号,指示上游信号没有与路径终端源连接。OCI 信号由连接功能产生,并通过这个连接功能在它的每一个输出连接点上输出,它并不与它的任何一个输入连接点连接。OCI 信号由路径终端宿功能检测。

锁定(Locked,LCK)是一个向下游传送的指示信号,指示上游的连接处于锁定状态,没有信号通过。

净荷丢失指示(Payload Missing Indication,PMI)是一个向下游传送的指示信号,指示在上游的信号源点,支路时隙没有光信号输入,或者输入光信号里面没有净荷,这表明光支路信号的传输中断了。

PMI 信号由适配源功能产生,在路径终端宿功能处被检测,这样就压制了本应该发生的 LOS 故障信号。

1. OTS 的维护信号

OTS 的维护信号是 OTS 净荷丢失指示(OTS-PMI),它用来指示 OTS 净荷没有光信号。

2. OMS 的维护信号

OMS 维护信号有三个:OMS-FDI-P、OMS-FDI-O 和 OMS-PMI。

OMS 净荷前向缺陷指示(OMS-FDI-P)用于在 OTS 网络层指示 OMS 服务层缺陷。

OMS 开销前向故障指示(OMS-FDI-O)用来指示在通过 OOS 传输 OMS 开销时,由于 OOS 信号失效出现了传输中断。

OMS 净荷丢失指示(OMS-PMI)用来指示所有光通道载波(OCC)中没有光信号。

3. OCh 和 OTSiA 的维护信号

OCh 和 OTSiA 的维护信号有三个:OCh-FDI-P、OCh-FDI-O、OCh-OCI。

(1) OCh and OTSiA 净荷前向缺陷指示(OCh-FDI-P,OTSiA-FDI-P)

OCh 净荷前向缺陷指示(OCh-FDI-P)和 OTSiA-FDI-P 用来指示在 OMS 网络层出现的 OCh 服务层缺陷。

当 OTUk 或 OTUCn 终结时,OCh-FDI-P 和 OTSiA-FDI-P 作为 ODUk-AIS 继续存在。

当 OTUCn 不终结时,OCh-FDI-P 和 OTSiA-FDI-P 作为 OTUCn - AIS 信号继续存在。

(2) OCh and OTSiA 开销前向缺陷指示(OCh-FDI-O,OTSiA-FDI-O)

OCh 开销前向缺陷指示(OCh-FDI-O)和 OTSiA-FDI-O 用来指示当通过 OSC 或 OCC 传输 OCh-OH 时,由于 OSC 或者 OCC 信号失效而出现传输中断,将会产生 OCh-FDI-O 和 OTSiA-FDI-O 指示信号。

(3) OCh 和 OTSiA 断开连接指示(OCh-OCI, OTSiA-OCI)

OCh 断开连接指示(OCh-OCI)/OTSiA-OCI 用来向下游指示传输处理功能:OCh/OTSiA 连接没有绑定或没有通过一个矩阵连接到终端源功能。该信号用来方便下游区分是由于故障的原因还是由于断开连接(由管理命令产生)所造成的光信号丢失。

OCI 在下游的下一个 OCh 或 OTSiA 路径终端设备上检测到。如果连接是故意断开的,则可通过使用告警报告控制方式来屏蔽来自这一路径终端的相关告警报告。

4. OTU 的维护信号

(1) OTUk 告警指示信号

OTUk 告警指示信号(OTUk-AIS)是一个通用 AIS 信号,如图 3-52 所示。由于 OTUk 的容量($4\,080 \times 4 \times 8 = 130\,560$ 比特)不是 PN-11 序列长度($2^{11} - 1 = 2\,047$ 位)的整数倍,因此,PN-11 序列可能跨越 OTUk 帧的边界。

注意:OTUk-AIS 用来支持未来的服务层应用。OTN 设备应该能在 OTUk($k = 1, 2, 3$) SOTU 接口和 OTUk($k = 1, 2$) MOTU 接口检测到这样的信号,但不必产生这样的信号。

图 3-52　OTUk 告警指示信号

(2) OTUCn 告警指示信号

OTUCn-AIS 规范为整个 OTUCn 信号为全"1",但不包含帧定位开销信号,如图 3-53 所示。OTUCn-AIS 可通过监视 OTUCn SM STAT 比特来检测。

注意:OTUCn-AIS 被定义来支持未来 OTUCn 不终结的 3R 再生器应用和 OTUCn 子速率应用,OTN 设备应该能在 SOTUm 和 MOTUm 接口的 OTUCn 信号检测这样的信号。

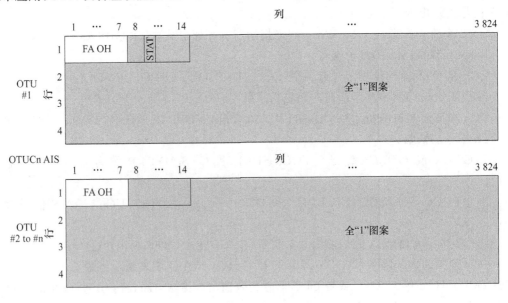

图 3-53　OTUCn 告警指示信号

5. ODU 的维护信号

G.709 定义了三个 ODU 维护信号:ODU-AIS、ODU-OCI、ODU-LCK。

(1) ODU 告警指示信号(ODU-AIS)

发生 ODU-AIS 时,除帧定位开销、OTUk 开销外,整个 ODU 信号都为"1",如图 3-54

所示。

一个 ODUk 包含一个 ODU-AIS,一个 ODUCn 包含 n 个标号为 $1\sim n$ 的 ODU-AIS (ODU AIS #1 ～ #n)。

另外,ODU-AIS 在形成 OTN 接口之前,可以加上一级或多级 ODUk 串联连接开销、GCC1、GCC2、EXP 和/或 APS/PCC 开销。这由 ODU-AIS 插入点和 OTN 接口之间的功能确定。

ODU-AIS 的检测可通过监测 ODU 的 PM 和 TCMi 开销中的 STAT 位来实现。

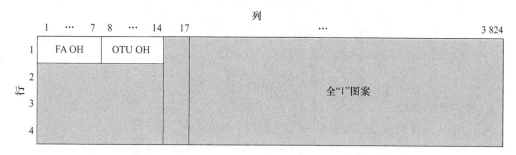

图 3-54　ODU-AIS 信号

(2) ODUk 断开连接指示(ODUk-OCI)

发生 ODUk-OCI 时,除帧定位开销和 OTUk 开销外,整个 ODUk 信号将重复 "01100110"图案,如图 3-55 所示。

注意:重复的"01100110"图案是默认图案,其他的图案也是允许的,只要 PM 和 TCMi 开销中的 STAT 位置为"110"。

另外,在 ODUk-OCI 形成 OTN 接口之前,ODUk-OCI 信号还可以加上一级或多级 ODUk 串联连接开销、GCC1、GCC2、EXP 和/或 APS/PCC 开销。这由 ODUk-OCI 插入点 和 OTN 接口之间的功能确定。

出现 ODUk-OCI 时,可通过监视 PM 和 TCMi 开销域中的 ODUk STAT 位检测得到。

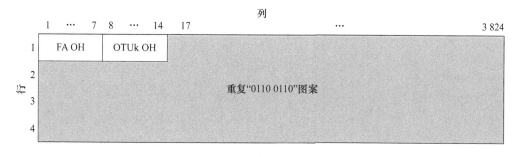

图 3-55　ODUk-OCI 信号

(3) ODU 锁定(ODU-LCK)

发生 ODU-LCK 时,除帧定位开销和 OTUk 开销外,全部的 ODU 信号将重复发送 "01010101"图案,如图 3-56 所示。"01010101"图案是默认图案,其他的图案也是允许的,只要 PM 和 TCMi 开销域中的 STAT 位置为"101"。

另外,在 ODU- LCK 出现在 OTN 接口之前,ODU-LCK 信号还可以加上一级或多级

ODUk 串联连接开销、GCC1、GCC2、EXP 和/或 APS/PCC 开销。这由 ODU-LCK 插入点和 OTN 接口之间的功能确定。

ODU-LCK 可通过监视 PM 和 TCMi 开销域中的 ODU STAT 位检测得到。

图 3-56　ODU-LCK 信号

6. 客户维护信号

对于 CBR 信号来说,通用的 AIS 信号是一个具有 2 047 位、多项式次数为 11(PN-11) 的重复序列,PN-11 序列由产生多项式 $1+x^9+x^{11}$ 定义,其产生电路如图 3-57 所示。

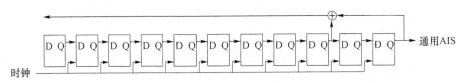

图 3-57　通用的 AIS 产生电路

第4章
客户信号的映射和复用

客户信号如何映射到 OTN 的光接口是 G.709 建议最重要的内容,本章将介绍客户信号的映射方法和过程,介绍 ODUk 时分复用的实现方法和过程。本章还将介绍数据业务的 GFP 封装方法、客户信号的虚级联映射以及虚级联信号的链路容量调整方案。

4.1 普通客户信号到 OPUk 的映射

客户信号到 OPUk 的映射包括以下内容:

(1)使用异步映射规程(Asynchronous Mapping Procedure,AMP)或比特同步映射规程(Bit-synchronous Mapping Procedure,BMP)将 STM-16、STM-64 和 STM-256 恒定比特率客户信号映射到 OPUk。

(2)使用 BMP 将 10G BASE-R 恒定比特率客户信号映射到 OPU2e。

(3)使用 BMP 将经过定时透明编码转换(Timing Transparent Transcoding,TTT)以 50/51 速率压缩的 FC-1200 恒定比特率客户信号映射到 OPU2e。

(4)使用对客户信号透明的 GMP 将 1.238 Gbit/s 及以下的恒定比特率客户信号映射到 OPU0,将 2.488Gbit/s 及以下的恒定比特率客户信号映射到 OPU1。映射之前可能会进行定时透明编码转换(TTT)以压缩信号比特速率,使其与 OPUk 净荷容量匹配。

(5)使用对客户信号透明的 GMP 分别将 2.5、10.0、40.1 或 104.3Gbit/s 恒定比特率客户信号映射到 OPU1、OPU2、OPU3 或 OPU4。映射之前可能会进行定时透明的编码转换(TTT)以压缩信号的比特速率,使其与 OPUk 净荷容量匹配。

(6)使用对客户信号透明的 BMP 将其他恒定比特率客户信号映射到 OPUflex。

(7)将 ATM 信号映射到 OPUk。

(8)使用通用成帧规程(GFP-F)将数据包流(如以太网、MPLS、IP)映射到 OPUk。

(9)将测试信号映射到 OPUk。

(10)使用 AMP 将连续模式下的 GPON 恒定比特率客户信号映射到 OPU1。

(11)使用 AMP 将连续模式下的 XGPON 恒定比特率客户信号映射到 OPU2。

本节将介绍普通客户信号到 OPUk 的映射。

4.1.1　CBR 信号到 OPUk 的映射

固定比特率信号(Constant Bit Rate,CBR)是指比特率固定不变的客户信号,如 SDH 的 STM-16、STM-64、STM-256 信号,其速率分别为 2.5 Gbit/s、10 Gbit/s 和 40 Gbit/s,可以将其表示为 CBR2.5G(或 CBR2G5)、CBR10G 和 CBR40G。

固定比特率信号 2G5、10G 和 40G 可以映射到如图 4-1 所示的 OPUk($k=1,2,3$)帧结构中,其映射方式为比特同步映射和异步映射。当这些 CBR 信号具有最大 ±20ppm 的比特率容差时采用 BMP 映射,当这些 CBR 信号具有最大 ±45ppm 的比特率容差时采用非同步映射。映射 CBR10G3(最大 ±100ppm 的比特速率容差)到 OPUk($k=2e$)采用 BMP 映射。

注意:在非同步映射结构下,OPUk 时钟和客户信号时钟之间能调节的最大比特率容差为 ±65ppm。由于 OPUk 时钟的比特率容差为 ±20ppm,所以客户信号的比特率容差是 ±45ppm。OPU2e 的比特速率容差是 ±100ppm,此调整开销下不支持非同步映射。

这些映射用的 OPUk 开销由净荷结构标识(Payload Structure Identification,PSI)、三个调整控制字节(Justification Control,JC)、一个负调整机会字节(Negative Justification Opportunity,NJO)和三个预留作未来国际标准使用的字节构成。JC 字节由做调整用的 2 个比特和预留做未来国际标准使用的 6 个比特构成。

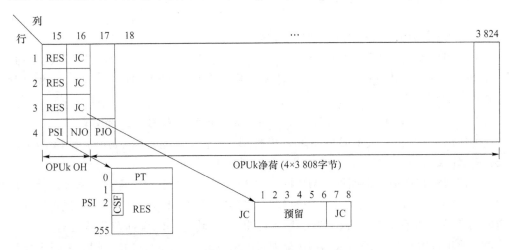

图 4-1　映射 CBR 信号的 OPUk 帧结构

OPUk 净荷区由包括一个正的调整机会字节(Positive Justification Opportunity,PJO)的 $4\times3\,808$ 个字节构成。

调整控制信号(JC)位于第 1~3 行第 16 列,它的第 7 位和第 8 位用来控制两个调整机会字节 NJO 和 PJO。

当需要进行同步映射时,NJO 应为调整字节、PJO 为数据字节,控制信号 JC 为 00。当需要进行异步映射时,使用是正/负/零调整方案:当客户信号速率高于 OPUk 标称值时,应作负的调整,NJO 和 PJO 应为数据字节,控制信号 JC 为 01;当客户信号速率低于 OPUk 标称值时,应做正的调整,NJO 和 PJO 应为调整字节,控制信号 JC 为 11。

异步映射和同步映射分别按照表 4-1 和表 4-2 来产生 JC 控制信号。解映射过程也按照表 4-1 和表 4-2 来解释 JC、NJO、PJO。在解映射过程中应该使用择多判决原则来判断 JC,以决定接收端是否进行调整以及如何进行调整。

接收端采用择多判决原则(三个 JC 中的两个及以上为多数)来判断控制信号 JC 的值,并根据 JC 的值决定是否读取 NJO 和 PJO 中的内容。当 NJO 和 PJO 用作调整字节时,其值为全 0,不管它们什么时候用作调整字节,接收端应该忽略这两个字节中的值。当 NJO 和(或)PJO 用作数据字节时接收端应该读取这些字节中的值。

表 4-1　异步映射过程中产生的 JC、NJO、PJO

JC[78]	NJO	PJO
00	调整字节	数据字节
01	数据字节	数据字节
10	不产生	
11	调整字节	调整字节

表 4-2　比特同步映射过程中产生的 JC、NJO、PJO

JC[78]	NJO	PJO
00	调整字节	数据字节
01	不产生	
10		
11		

为了便于理解,这里要特别解释一下映射和解映射过程中的速率调整和 JC 信号的产生与控制作用。在客户信号映射到 OPUk 中时,若客户信号速率和 OPUk 的速率相同,此为同步映射,同步映射无须作速率调整;若客户信号速率和 OPUk 的速率不同,此为异步映射,异步映射需要做速率调整,使用的是正/负/零调整方案。显然,正/负/零调整方案包含了同步映射。这是在映射过程中完成的。

为了让接收端知道在映射过程中采用的是何种码速调整方案,G.709 建议对三种情况进行了编码,并用 JC 表示,JC 的编码按表 4-1 和表 4-2 产生。接收端在解映射时是否读取 NJO、PJO 中的信息呢?很显然,第一件事就是搞清楚 JC 的值,然后根据 JC 的值按照表 4-1 和表 4-2 来决定是否读取 NJO、PJO 中的信息。

在输入的 CBR2G5、CBR10G 或 CBR40G 等客户信号失效的条件下(比如输入信号丢失),这些失效的输入信号由通用 AIS 信号代替,然后映射到 OPUk 中。

在输入的 10GBASE-R 型 CBR10G3 客户信号失效的条件下(如输入信号丢失),一个 66 字节的比特块流会替代丢失的 10GBASE-R 信号映射到 OPU2e,每个比特块携带两个本地故障序列集。

在输入的 ODUk/OPUk 失效的情况下(如出现 ODUk-AIS、ODUk-LCK、ODUk-OCI 告警),将会产生通用 AIS 图案来代替丢失的 CBR2G5、CBR10G、CBR40G 信号。

在输入的 ODU2e/OPU2e 失效的情况下(如出现 ODU2e-AIS、ODU2e-LCK、ODU2e-OCI),一个 66 字节的比特块流将会替代丢失的 10GBASE-R 信号,每个比特块携带两个本地故障序列集。

异步映射的 OPUk 信号由本地时钟产生,它与 2.5G、10G、40G 等客户信号是独立的。CBR2G5、CBR10G、CBR40G 异步映射到 OPUk 使用的是正/负/零调整方案。

用于比特同步映射的 OPUk 时钟由 CBR2G5、CBR10G、CBR40G 或 CBR10G3 客户信号获得。在输入的客户信号失效的情况下(如输入信号丢失时),OPUk 净荷信号的比特率应该在表 3-5 所规范的范围之内,并且不应该引起频率或者帧相位的不连续。CBR2G5、CBR10G、CBR40G 或者 CBR10G3 客户信号的再同步也不应引入频率或者相位的不连续。

2.5G、10G、40G 或 CBR10G3 信号同步映射到 OPUk 时,没有使用 OPUk 帧中的调整容量:NJO 为调整字节,PJO 为数据字节,JC 固定为 00。

1. CBR2G5(STM-16,CMGPON_D/CMGPON_U2)信号到 OPU1 的映射

以 CBR2G5 信号的 8 个连续位(并非必须是一个字节)为单位所构成的 CBR2G5 信号被映射到 OPU1 的数据字节(D),如图 4-2 所示。对于每一个 OPU1 帧,可以完成一次正或者负调整动作。

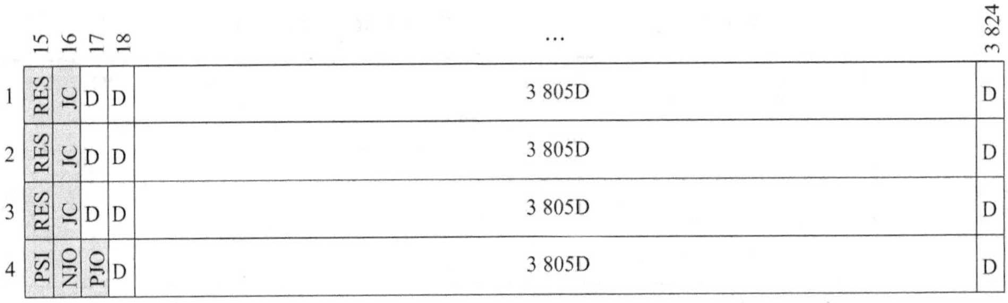

图 4-2　CBR2G5 信号到 OPU1 的映射

2. CBR10G(STM-64,CMXGPON_D/CMXGPON_U2)信号到 OPU2 的映射

以 CBR10G 信号的 8 个连续位(并非必须是一个字节)为单位所构成的 CBR10G 信号被映射到 OPU2 的数据字节(D),64 个固定填充字节(Fixed Stuff,FS)要加到第 1 905～1 920 列,如图 4-3 所示。对于每一个 OPU2 帧,可能完成一次正或者负调整动作。

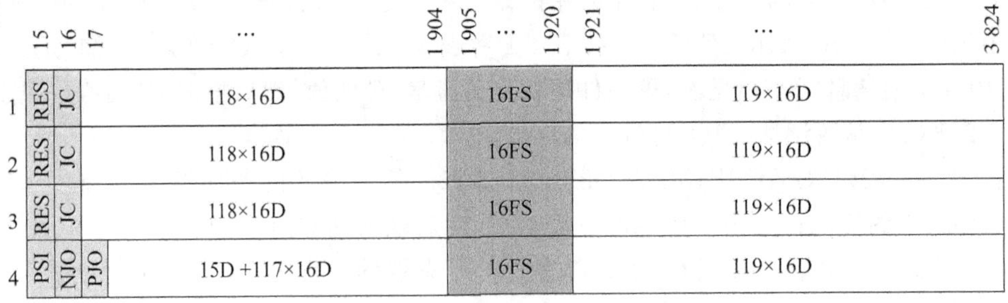

图 4-3　CBR10G 信号到 OPU2 的映射

3. CBR40G(STM-256)信号到 OPU3 的映射

以 40G 信号的 8 个连续位(并非必须是一个字节)为单位所构成的 40G 信号被映射到 OPU3 的数据字节(D),128 个固定填充字节(FS)要加到第 1 265～1 280 列和 2 545～2 560 列,如图 4-4 所示。对于每一个 OPU3 帧,可能完成一次正或者负调整动作。

	15	16	17	...	1264	1265	...	1280	1281	...	2544	2545	...	2560	2561	...	3824
1	RES	RES	JC	78×16D		16FS		79×16D			16FS		79×16D				
2	RES	RES	JC	78×16D		16FS		79×16D			16FS		79×16D				
3	RES	RES	JC	78×16D		16FS		79×16D			16FS		79×16D				
4	PSI	NJO	PJO	15D+77×16D		16FS		79×16D			16FS		79×16D				

图 4-4　CBR40G 信号到 OPU3 的映射

4. CBR10G3(10G BASE-R)信号到 OPU2e 的映射

以 CBR10G3 信号的 8 个连续比特(并非必须是一个字节)为单位所构成的 CBR10G3 信号被映射到 OPU2e 的数据字节(D),如图 4-5 所示。其中,1 905～1 920 列为固定填充(FS)字节。在该映射过程中,NJO 恒为填充字节,PJO 恒为数据字节,JC 固定为 0。

	15	16	17	...	1904	1905	...	1920	1921	...	3824
1	RES	RES	JC	118×16D		16FS			119×16D		
2	RES	RES	JC	118×16D		16FS			119×16D		
3	RES	RES	JC	118×16D		16FS			119×16D		
4	PSI	NJO	PJO	15D +117×16D		16FS			119×16D		

图 4-5　CBR10G3 信号到 OPU2e 的映射

4.1.2　ATM 信元流到 OPUk 的映射

ATM 信元流到 OPUk 的映射如图 4-6 所示。通过复用一组 ATM 虚通道信号的信元,可以产生和 OPUk 净荷区容量一样的固定比特率的 ATM 信元流。速率适配作为信元流产生过程的一部分,可通过插入空闲的信元或者丢弃信元来实现。ATM 信元流被映射到 OPUk 净荷区时,因为 OPUk 的净荷容量(15 232 字节)不是 ATM 信元长度(53 字节)的整数倍,因此一个 ATM 信元可能跨越一个 OPUk 的帧边界。

ATM 信元的信息区(48 字节)在映射到 OPUk 之前应该扰码;相反地,当 OPUk 信号终结时,ATM 信元信息区在通过 ATM 层之前应该解扰。可以使用产生多项式为 $x^{43}+1$ 的自同步扰码器,扰码器只对信元信息区进行扰码,对于 5 字节的信元头,扰码器暂停工作,但保持扰码状态。

在 ODUk 终结以后,从 OPUk 净荷区中取出 ATM 信元流时 ATM 信元必须被恢复。ATM 信元头包括一个头误码控制(HEC)区,它具有实现 ATM 信元定界的功能。HEC 方法利用了被 HEC 保护的信头位(32 位)和信头里面的 HEC 控制位(8 位)之间的相关性,HEC 是用产生多项式为 $g(x)=x^8+x^2+x+1$ 缩短循环码计算得到。

为了改进信元定界性能,从这个多项式得到的余数应该加上固定的图案"01010101"。这种方法类似于传统的帧定位恢复,但定位信号不是固定的,每个信元都不同。

由于 ATM 信元流的映射为同步映射,因此不需作速率调整,也就不需要调整机会字节 NJO 和 PJO。用于 ATM 映射的 OPUk 开销由包括净荷类型和 255 个预留字节的净荷结构标识(PSI)和 7 个预留字节构成。

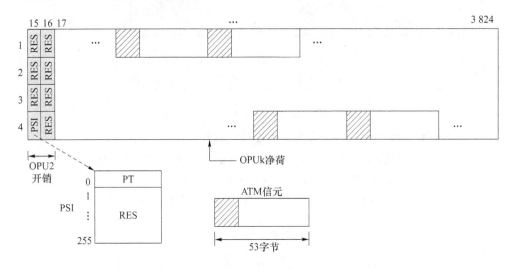

图 4-6　ATM 信元到 OPUk 的映射

4.1.3　GFP 帧到 OPUk 的映射

通用成帧程序(GFP)帧的映射是通过把具有字节结构的 GFP 帧按行放置在 OPUk 净荷区中来完成的,如图 4-7 所示。由于 GFP 帧的长度是可变的(映射并不限定最大帧的长度),GFP 帧可能跨越 OPUk 帧的边界。一个 GFP 帧由一个 4 字节的 GFP 核心帧头(Core Header)和一个 GFP 净荷区(其范围从 4 到 65 535 字节)构成。

由于在 GFP 的封装阶段可插入空闲帧,所以 GFP 帧可以以具有与 OPUk 净荷区相同容量的连续比特流输入。GFP 帧在封装过程中进行扰码。

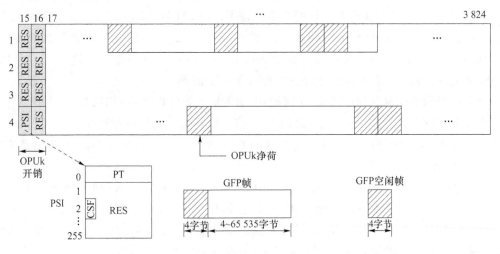

图 4-7　GFP 帧到 OPUk 的映射

需要说明的是:GFP 帧在映射阶段不必进行速率适配或扰码,这一过程在 GFP 封装时就完成了。

用于 GFP 映射的 OPUk 开销由净荷结构标识符（PSI）以及 7 个预留作未来标准使用的字节构成。PSI 包括净荷类型（PT）、客户信号失效（CSF）指示和预留作未来标准使用的 254 字节及 7 个比特。CSF 指示符仅用于以太网专线类型 1 的业务，其他数据客户信号 CSF 比特固定为 0。

为了提高传输效率，GFP 帧也可以映射到扩展的 OPUk 中，如图 4-8 所示。扩展的 OPUk 就是将除 PSI 外的 OPUk 开销区也用来传送信息。

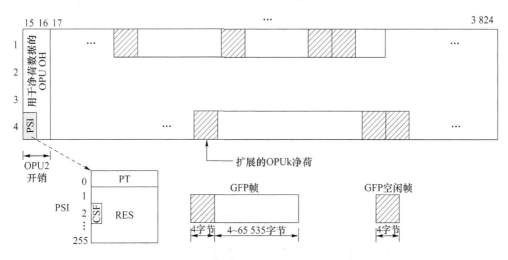

图 4-8　GFP 帧到扩展的 OPUk 的映射

4.1.4　测试信号到 OPUk 的映射

1. 空客户信号到 OPUk 的映射

具有全 0 图案的 OPUk 净荷信号被用作测试使用，如图 4-9 所示，这个信号称为空客户信号。

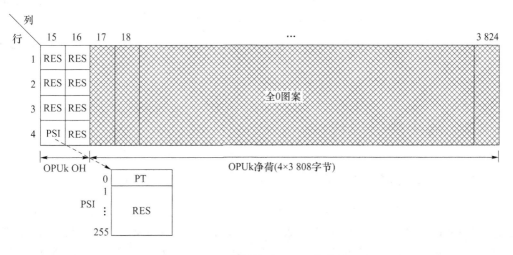

图 4-9　空客户信号到 OPUk 的映射

2. PRBS 测试信号的映射

为了测试目的,一个 2 147 483 647 位的伪随机测试序列($2^{31}-1$)可以映射到 OPUk 净荷中。以 2 147 483 647 位伪随机测试信号的 8 个连续位为单位所构成的 PRBS 测试信号可以映射到 OPUk 的数据字节,如图 4-10 所示。

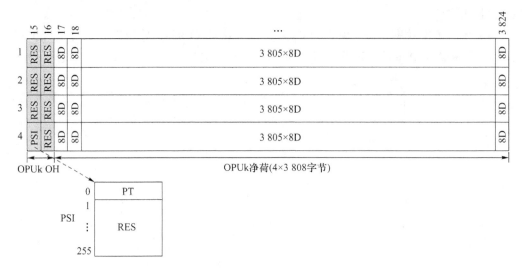

图 4-10　2 147 483 647 位的伪随机测试序列到 OPUk 的映射

4.1.5　非特定客户比特流到 OPUk 的映射

G.709 除对前面所说的特殊客户信号的映射进行规范外,还对非特定客户信号的映射进行了规范。任何经过封装以后、具有 OPUk 净荷速率的连续比特流都能映射到 OPUk 净荷中,如图 4-11 所示。此比特流必须与 OPUk 信号同步,任何调整必须包括在连续比特流产生过程中,在映射到 OPUk 净荷之前必须扰码。

如果输入数据流的字节定时信息可用,那么输入数据流的每一个字节都可以映射到 OPUk 的数据字节中。如果输入数据流的字节定时信息不可用,那么输入数据流的连续 8 位所构成的若干字节也可以映射到 OPUk 的数据字节中。

该映射的 OPUk 开销由净荷结构标识 PSI 和用于特定客户(Client Specific,CS)目的的 7 个字节组成。

4.2　通用映射规程

4.2.1　引入 GMP 映射的目的

OTN 设计之初主要针对以 SDH 为主的客户信号,因此 OTN 最初定义的承载客户信号的容器 OPU 的净荷速率和 STM-N($N=16,64,256$)客户信号速率非常匹配,可以通过简单的异步映射(AMP)方式将 STM-N 信号映射到 OPU,以及将低阶 ODU 映射到高阶 OPU 的支路时隙。

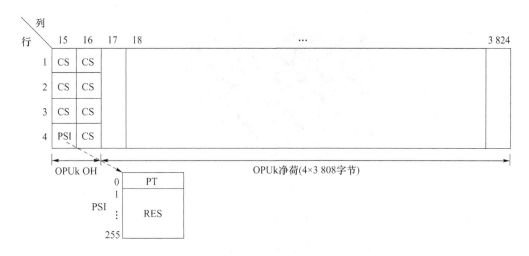

图 4-11　同步固定比特流到 OPUk 的映射

随着新的客户信号的出现以及基于 100 Gbit/s 以太网的 OPU4 的定义,在很多情况下 AMP 映射的调整范围无法覆盖客户信号和服务器信号的速率差异。对于客户信号来说,其服务器指的是 OPU;对于低阶 ODU 来说,其服务器指的是高阶 OPU。

为了解决客户信号和服务器信号的速率适配问题,一种更灵活、更通用、容差更大的映射方法应运而生,该方法被命名为通用映射规程(Generic Mapping Procedure,GMP)。所谓的"通用",是指在所有情况下(如客户信号的最大 ppm 频偏和服务器信号的最小 ppm 频偏),服务器信号速率确定高于客户信号速率。因此,GMP 映射方法可将任何的客户信号速率映射到任何服务器净荷速率。

GMP 并非用于替代 AMP 和 BMP,而是作为一种补充方案,专门用于处理无法通过 AMP 和 BMP 方式映射的客户信号。

需要采用 GMP 方式来进行映射的客户信号可分为两类:一类是非常规的、与 OPU 容器速率偏差较大的 CBR 信号;另一类是速率不确定的包业务。

4.2.2　灵活的光数据单元

2007 年,华为公司首次提出了灵活的光数据单元(ODUflex)的概念,即增加一种大小可调的 ODU 容器,为 IP 业务和将来业务的承载提出了新思路。ODUflex 可提供灵活可变的速率适应机制,使得 OTN 能够高效地承载包括 IP 在内的全业务,并最大限度提高线路带宽利用率。

到目前为止,ITU-T 为 OTN 定义的最小容器是 ODU0,速率约为 1.25 Gbit/s。ODUflex 容器的大小为 1.25 Gbit/s×N,其中 N 为整数,N 可根据客户信号速率的大小灵活选择。

4.2.3　GMP 映射的原理

客户信号在通过 GMP 方式映射到 OTN 的容器中时,选择容器的原则是容器的容量只略大于客户信号的速率,这样容器的利用率就比较高。对容器中未使用的空间则可以填充一些调整字节,如图 4-12 所示,填充字节基于 Sigma/Delta 算法均匀地分插在客户数据中。

图 4-12　基于 Sigma/Delta 算法的 GMP 映射示意图

4.2.4　GMP 处理客户信号的流程

DTN 中 GMP 处理客户信号的流程如图 4-13 所示。对于任何给定的 CBR 客户信号，设在每服务者帧或服务者复帧持续期间，到达的 n（例如，$n=1/8$，1，8）比特块个数为 c_n，因为只有 n 比特数据块的整数个数才能在每一服务者帧或服务者复帧中传送，因此需要使用 c_n 的整数值 $C_n(t)$。

在 OTN 中的异步映射拥有默认的 8 比特定时粒度，该 8 比特定时粒度在 GMP 中通过 c_n 以 $n=8$（c_8）来实现。基于 8 比特定时粒度并不能满足某些 OTN 客户信号的抖动/漂移要求，鉴于此，GMP 通过 c_n 以 $n=1$（c_1）支持基于 1 比特的定时粒度。

CBR 客户到低阶 OPUk 净荷的映射、以及低阶 ODUj 到 ODTUk.ts 净荷的映射基于 $8\times M$ 比特（M 字节）粒度实现。其中，M 是能复用的客户信号或低阶支路的个数。

在上游承载客户信号的映射器处，CBR 客户数据可表示为 M 字节的整数倍字节，加上不足 M 字节的剩余字节。

CBR 客户数据到 OPUk 帧净荷区域的插入、以及低阶 ODUj 数据到 ODTUk.ts 净荷区域的插入由 M 字节（或者 m 比特，$m=8\times M$）数据块实现，表示为 $C_m(t)$，显然 $C_m(t)$ 是整数。剩余的不足 M 字节的数据块表示为 $C_{nD}(t)$，它是辅助的定时相位信息。这样，客户数据的信息就可以用 c_n 表示，或者用 $C_m(t)$ 以及 $C_{nD}(t)$ 表示。

在映射器处，客户信号的处理过程如图 4-13 所示。由客户信号速率可计算出 c_n 及 $C_n(t)$。由 $C_n(t)$ 可计算出 $C_m(t)$，由 c_n 及 $C_m(t)$ 可以计算出 $C_{nD}(t)$。$C_m(t)$ 及 $C_{nD}(t)$ 信息在 OPU 的开销区传送，对应于 $C_m(t)$ 的客户数据插入下一帧的 OPU 净荷区。

在下游的解映射器处，客户信号的取出与上游映射器的处理过程相反。

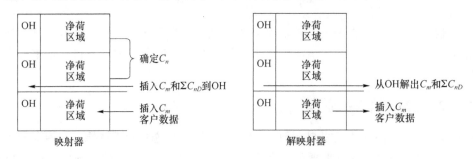

图 4-13　OTN 中 GMP 处理客户信号的流程

4.3 其他 CBR 信号到 OPUk 的映射

本节讨论的其他 CBR 信号指的是比特率最大容差为 $\pm 100 \times 10^{-6}$ 的客户信号。其他 CBR 信号到 OPUk ($k=0$, 1, 2, 3, 4) 的映射采用通用映射规程。

映射其他 CBR 信号的 OPUk 开销由以下四部分内容构成,如图 4-14 所示。

- 净荷结构标识符(PSI);
- 3 个调整控制字节(JC1、JC2、JC3),携带 GMP 的开销 C_m 的值;
- 3 个调整控制字节(JC4、JC5、JC6),携带 GMP 的开销 $\sum C_{nD}$ 的值;
- 为将来国际标准用的 1 个预留字节(RES)。

JC1、JC2、JC3 由 14 个比特的 C_m ($C_1 \sim C_{14}$)、一个单比特的递增指示符(Increase Identifier,II)、一个单比特的递减指示符(Decrease Identifier,DI),以及用于对 JC1～JC3 进行错误校验的 8 比特 CRC-8 域组成。

JC4、JC5、JC6 由 10 个比特的 $\sum C_{nD}$ ($D_1 \sim D_{10}$)、用于对 $D_1 \sim D_{10}$ 进行错误校验的 5 比特 CRC-5 域以及为将来国际标准预留的 9 个比特(RES)组成。$\sum C_{nD}$ 中 n 的值默认为 8,对于特定需求的客户信号,n 值可为 1。

4.3.1 速率小于 1.238 Gbit/s 的 CBR 信号到 OPU0 的映射

速率小于 1.238 Gbit/s 的 CBR 客户信号到 OPU0 的映射如图 4-14 所示。OPU0 的净荷区包括 4×3808 字节,净荷区的字节顺序编号为 1～15 232。

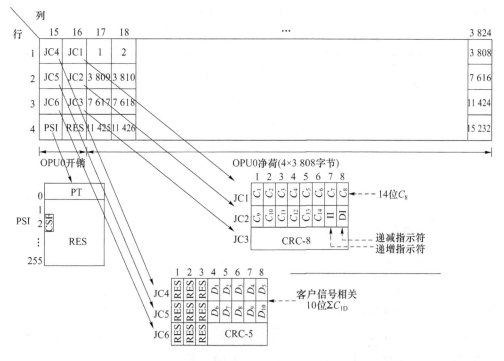

图 4-14 速率小于 1.238 Gbit/s 客户信号映射到 OPU0 的帧结构

在 GMP 数据/填充控制机制下,CBR 客户信号的 8 个连续比特(不一定属于同一字节)为一组映射入 OPU0 的净荷区的单字节。净荷区的每个字节可以是 8 个比特的数据,也可以是值为全 0 的 8 个填充比特。

CBR 信号映射调整控制信号置于第 15 列和第 16 列相应位置。

表 4-3 定义了客户信号及 $m=8$(c_8,C_8)时相应的 GMP 参数 c_m 和 C_m 的最小值、标称值和最大值。

表 4-3   速率小于 1. 238 Gbit/s 客户信号映射到 OPU0 时 C_m($m=8$)值

客户信号	标称比特率/ (kbit · s^{-1})	比特率容差 (×10^{-6})	$C_{8(min)}$ 下限(注)	c_8最小值	c_8标称值	c_8最大值	$C_{8(max)}$ 上限(注)
编码转换后的 1000BASE-X	15/16× 1 250 000	±100	14 405	14 405.582	14 407.311	14 409.040	14 410
STM-1	155 520	±20	1 911	1 911.924	1 912.000	1 912.076	1 913
STM-4	622 080	±20	7 647	7 647.694	7 648.000	7 648.306	7 649
FC-100	1 062 500	±100	13 061	13 061.061	13 062.629	13 064.196	13 065
SBCON/ESCON	200 000	±200	2 458	2 458.307	2 458.848	2 459.389	2 460
DVB-ASI	270 000	±100	3 319	3 319.046	3 319.444	3 319.843	3 320
SDI	270 000	±2.8	3 319	3 319.369	3 319.444	3 319.520	3 320

注:$C_{m(min)}$($m=8$)下限和 $C_{m(max)}$($m=8$)上限值表示客户到 OPU 适配的频偏的组合边界(也即客户最小频率/OPU 最大频率以及客户最大频率/OPU 最小频率)。在稳定状态时,指定客户与 OPU 的适配频偏组合不但不应产生超出该范围的 C_m 值,而且 C_m 值应尽可能缩小范围。在频偏瞬态变化时(如从 AIS 到正常信号),C_m 值有可能超出 $C_{m(min)}$ 到 $C_{m(max)}$ 的范围,而且 GMP 解映射器应能容忍这类偶然事件。

表 4-4 定义了 $n=8$(c_8,C_8)时相应的 GMP 参数 c_n 和 C_n 的值。

表 4-4   速率小于 1. 238 Gbit/s 客户信号映射到 OPU0 时 C_n($n=8$ 或 1)值

客户信号	标称比特率/ (kbit · s^{-1})	比特率容差 (×10^{-6})	$C_{8(min)}$ 下限(注)	c_8最小值	c_8标称值	c_8最大值	$C_{8(max)}$ 上限(注)
编码转换后的 1000BASE-X	15/16× 1 250 000	±100	14 405	14 405.582	14 407.311	14 409.040	14 410
FC-100	1 062 500	±100	13 061	13 061.061	13 062.629	13 064.196	13 065
			$C_{1(min)}$ 下限(注)	c_1最小值	c_1标称值	c_1最大值	$C_{1(max)}$ 上限(注)
STM-1	155 520	±20	15 295	15 295.338	15 296.000	15 296.612	15 297
STM-4	622 080	±20	61 181	61 181.553	61 184.000	61 186.447	61 187
SDI	270 000	±2.8	待研究				

注:$C_{n(min)}$($n=8,1$)下限和 $C_{n(max)}$($n=8,1$)上限值表示客户到 OPU 适配的频偏的组合边界。在稳定状态时,指定客户与 OPU 的适配频偏组合不但不应产生超出该范围的 C_n 值,而且 C_n 值应尽可能缩小范围。在频偏瞬态变化时(如从 AIS 到正常信号),C_n 值有可能超出 $C_{n(min)}$ 到 $C_{n(max)}$ 的范围,而且 GMP 解映射器应能容忍这类偶然事件。

是否支持 1 比特的定时信息(C_1)与客户信号相关。对于 C_m($m=8$),8 比特定时信息已经足够,客户信号不再支持传送 $\sum C_{1D}$,JC4~JC6 的值固定为全 0。

≪ 第 4 章
客户信号的映射和复用

4.3.2 速率为 1.238～2.488 Gbit/s 的 CBR 信号到 OPU1 的映射

速率为 1.238～2.488 Gbit/s 的 CBR 客户信号到 OPU1 的映射如图 4-15 所示。OPU1 的净荷区包括 $4\times3\,808$ 字节,净荷区的 2 字节组编号顺序为 1～7 616。OPU1 净荷字节对应的 GMP 2 个字节（16 个比特）的顺序如图 4-15 所示,OPU1 帧中的第 1 行 2 字节组编号为 1,第 2 个 2 字节组编号为 2,依此类推。

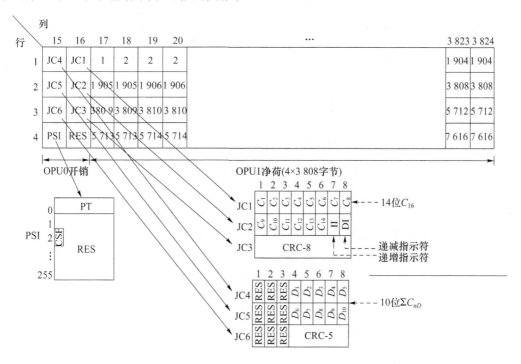

图 4-15　1.238～2.488 Gbit/s 的 CBR 信号映射到 OPU1 的帧结构

在 GMP 数据/填充控制机制下,CBR 客户信号的 16 个连续比特为一组映射入 OPU1 的净荷区的 2 个连续字节。净荷区的每 2 个字节组可以携带 16 个客户比特,也可以是值为全 0 的 16 个填充比特。

表 4-5 定义了客户信号及 $m=16$（c_{16}，C_{16}）时相应的 GMP 参数 c_m 和 C_m 的最小值、标称值和最大值。

表 4-5　速率 1.238～2.488 Gbit/s 的客户信号到 OPU1 时 C_m（$m=16$）值

客户信号	标称比特率/ （kbit·s⁻¹）	比特率容差 （$\times10^{-6}$）	$C_{16(\min)}$ 下限（注）	c_{16} 最小值	c_{16} 标称值	c_{16} 最大值	C_{16}（max） 上限（注）
FC-200	2 125 000	±100	6 503	6 503.206	6 503.987	6 504.767	6 505
1.5G SDI	1 485 000	±10	4 545	4 545.003	4 545.139	4 545.275	4 546
1.5G SDI	1 485 000/1.001	±10	4 540	4 540.462	4 540.598	4 540.735	4 541

注：$C_{m(\min)}$（$m=16$）下限和 $C_{m(\max)}$（$m=16$）上限值表示客户到 OPU 适配的频偏的组合边界。在稳定状态时,指定客户与 OPU 的适配频偏组合不但不应产生超出该范围的 C_m 值,而且 C_m 值应尽可能缩小范围。在频偏瞬态变化时（如从 AIS 到正常信号）,C_m 值有可能超出 $C_{m(\min)}$ 到 $C_{m(\max)}$ 的范围,而且 GMP 解映射器应能容忍这类偶然事件。

表 4-6 定义了 $n=8$（c_8，C_8）或 $n=1$（c_1，C_1）时相应的 GMP 参数 c_n 和 C_n 的值。

➤ 109

表4-6　1.238～2.488 Gbit/s速率的客户信号映射到OPU1时C_n（$n=8$或者1）值

客户信号	标称比特率/ (kbit·s^{-1})	比特率容差 (×10^{-6})	$C_{8(min)}$ 下限(注)	c_8最小值	c_8标称值	c_8最大值	$C_{8(max)}$ 上限(注)
FC-200	2 125 000	±100	13 006	13 006.412	13 007.973	13 009.534	13 010
1.5G SDI	1 485 000	±10	待研究				
1.5G SDI	1 485 000/1.001	±10	待研究				

注：$C_{n(min)}$（$n=8,1$）下限和$C_{n(max)}$（$n=8,1$）上限值表示客户到OPU适配的频偏的组合边界。在稳定状态时，指定客户与OPU的适配频偏组合不但不应产生超出该范围的C_n值，而且C_n值应尽可能缩小范围。在频偏瞬态变化时（如从AIS到正常信号），C_n值有可能超出$C_{n(min)}$到$C_{n(max)}$的范围，而且GMP解映射器应能容忍这类偶然事件。

需要支持OPU1 JC4～JC6开销中的8比特定时信息（$\sum C_{8D}$）。

是否支持OPU1 JC4～JC6开销中的1比特定时信息（$\sum C_{1D}$）与客户信号相关。

4.3.3　速率接近9.995 Gbit/s的CBR信号到OPU2的映射

速率接近9.995 Gbit/s的CBR信号到OPU2的映射如图4-16所示。OPU2的净荷区包括4×3 808个字节，净荷区的8字节组编号顺序为1～1 904。OPU2净荷字节对应的GMP 8个字节（64个比特）的顺序如图4-16所示，OPU2帧中的第1行8字节组编号为1，第2个8字节组编号为2，依此类推。

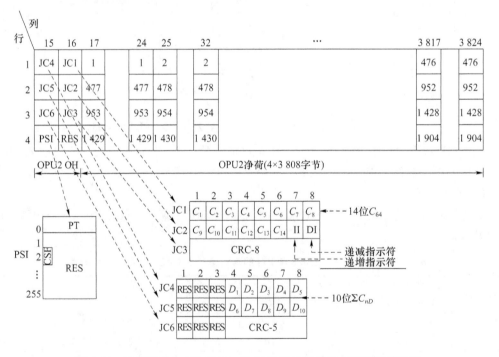

图4-16　速率接近9.995 Gbit/s的CBR信号映射到OPU2的帧结构

在GMP数据/填充控制机制下，CBR信号的64个连续比特为一组映射入OPU2的净荷区的8个连续字节。OPU2净荷区的每8个字节组可以携带64个客户比特，或值为全0的64个填充比特。

需要支持 OPU2 JC4～JC6 开销中的 8 比特定时信息（$\sum C_{8D}$）。

是否支持 OPU2 JC4～JC6 开销中的 1 比特定时信息（$\sum C_{1D}$）与客户信号相关。

4.3.4　速率接近 40.149 Gbit/s 的 CBR 信号到 OPU3 的映射

速率接近 40.149 Gbit/s 的 CBR 客户信号到 OPU3 的映射如图 4-17 所示。OPU3 的净荷区包括 4×3 808 个字节,净荷区的 32 字节组编号顺序为 1～476。OPU3 净荷字节对应的 GMP 32 个字节（256 个比特）的顺序如图 4-17 所示,OPU3 帧中的第 1 行第一个 32 字节组编号为 1,第 2 个 32 字节组编号为 2,依此类推。

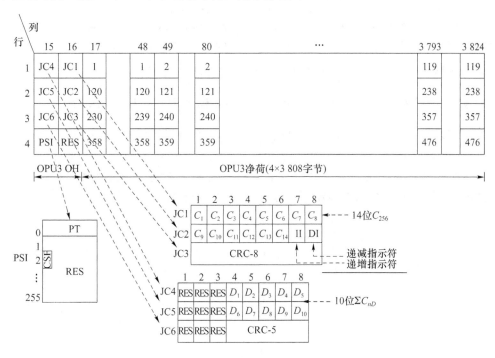

图 4-17　速率接近 40.149 Gbit/s 的 CBR 信号映射到 OPU3 的帧结构

在 GMP 数据/填充控制机制下,客户信号的 256 个连续比特为一组映射入 OPU3 净荷区的 32 个连续字节。OPU3 净荷区的每 32 个字节组可以携带 256 个客户比特,或值为全 0 的 256 个填充比特。

速率接近 40.149 Gbit/s 的 CBR 信号及映射到 OPU3 的 GMP 参数 $C_m(m=256)$ 见表 4-7。

表 4-7　速率接近 40.149 Gbit/s 的 CBR 信号到 OPU3 时 $C_m(m=256)$ 值

客户信号	标称比特率/ (kbit·s⁻¹)	比特率容差 (×10⁻⁶)	$C_{256(min)}$ 下限(注)	c_{256} 最小值	c_{256} 标称值	c_{256} 最大值	$C_{256(max)}$ 上限(注)
编码转换的 40G BASE-R	1 027/1 024× 64/66× 4 1250 000	±100	475	475.548	475.605	475.662	476

注:$C_{m(min)}(m=256)$ 下限和 $C_{m(max)}(m=256)$ 上限值表示客户到 OPU 适配的频偏的组合边界。在稳定状态时,指定客户与 OPU 的适配频偏组合不但不应产生超出该范围的 C_m 值,而且 C_m 值应尽可能缩小范围。在频偏瞬态变化时（如从 AIS 到正常信号）,C_m 值有可能超出 $C_{m(min)}$ 到 $C_{m(max)}$ 的范围,而且 GMP 解映射器应能容忍这类偶然事件。

速率接近 40.149 Gbit/s 的 CBR 信号及映射到 OPU3 时的 GMP 参数 C_n 见表 4-8。

表 4-8　　速率接近 40.149 Gbit/s 的客户信号映射到 OPU3 时 $C_n(n=8)$ 值

客户信号	标称比特率/ (kbit·s⁻¹)	比特率容差 (×10⁻⁶)	$C_{8(min)}$ 下限(注)	c_8 最小值	c_8 标称值	c_8 最大值	$C_{8(max)}$ 上限(注)
编码转换的 40G BASE-R	1 027/1 024× 64/66× 41 250 000	±100	15 217	15 217.529	15 219.355	15 221.181	15 222

注：$C_{n(min)}(n=8)$ 下限和 $C_{n(max)}(n=8)$ 上限值表示客户到 OPU 适配的频偏的组合边界。在稳定状态时，指定客户与 OPU 的适配频偏组合不但不应产生超出该范围的 C_n 值，而且 C_n 值应尽可能缩小范围。在频偏瞬态变化时（如从 AIS 到正常信号），C_n 值有可能超出 $C_{n(min)}$ 到 $C_{n(max)}$ 的范围，而且 GMP 解映射器应能容忍这类偶然事件。

需要支持 OPU3 JC4～JC6 开销中的 8 比特定时信息（ΣC_{8D}）。

4.3.5　速率接近 104.134 Gbit/s 的 CBR 信号到 OPU4 的映射

速率接近 104.134 Gbit/s 的 CBR 客户信号到 OPU4 的映射如图 4-18 所示。OPU4 的净荷区包括用于客户数据的 4×3 800 个字节和用于固定填充的 4×8 字节。净荷区的 80 字节组编号顺序为 1～190。OPU4 净荷字节对应的 GMP 80 个字节（640 个比特）的顺序如图 4-18 所示，OPU4 帧中的第 1 行第一个 80 字节组编号为 1，第 2 个 80 字节组编号为 2，依此类推。

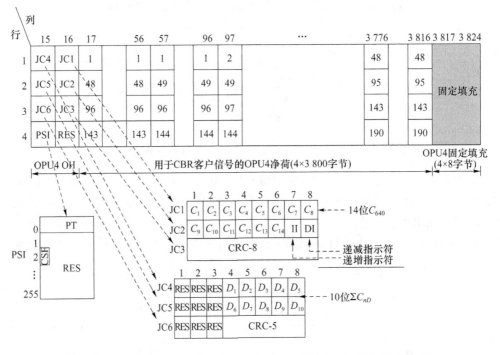

图 4-18　速率接近 104.134 Gbit/s 的 CBR 信号映射到 OPU4 的帧结构

在 GMP 数据/填充控制机制下，客户信号的 640 个连续比特为一组映射入 OPU4 净荷区的 80 个连续字节。OPU4 净荷区的每 80 个字节组可以携带 640 个客户比特，或值为全 0 的 640 个填充比特。

速率接近 104.134 Gbit/s 的 CBR 信号及映射到 OPU4 的 GMP 参数 C_m($m=640$)见表 4-9。

表 4-9　速率接近 104.134 Gbit/s 的 CBR 信号到 OPU4 时 C_m($m=640$)值

客户信号	标称比特率/ (kbit·s^{-1})	比特率容差 (×10^{-6})	$C_{640(min)}$ 下限(注)	C_{640}最小值	C_{640}标称值	C_{640}最大值	$C_{640(max)}$ 上限(注)
100G BASE-R	103 125 000	±100	188	188.131	188.154	188.177	189

注：$C_{m(min)}$($m=640$)下限和 $C_{m(max)}$($m=640$)上限值表示客户到 OPU 适配的频偏的组合边界。在稳定状态时，指定客户与 OPU 的适配频偏组合不但不应产生超出该范围的 C_m 值，而且 C_m 值应尽可能缩小范围。在频偏瞬态变化时（如从 AIS 到正常信号），C_m 值有可能超出 $C_{m(min)}$ 到 $C_{m(max)}$ 的范围，而且 GMP 解映射器应能容忍这类偶然事件。

速率接近 104.134 Gbit/s 的 CBR 信号及映射到 OPU4 时的 GMP 参数 C_n 见表 4-10。

表 4-10　速率接近 104.134 Gbit/s 的客户信号映射到 OPU4 时 C_n($n=8$)值

客户信号	标称比特率/ (kbit·s^{-1})	比特率容差 (×10^{-6})	$C_{8(min)}$ 下限(注)	c_8最小值	c_8标称值	c_8最大值	$C_{8(max)}$ 上限(注)
100G BASE-R	103 125 000	±100	15 050	15 050.518	15 052.324	15 054.131	15 055

注：$C_{n(min)}$($n=8$)下限和 $C_{n(max)}$($n=8$)上限值表示客户到 OPU 适配的频偏的组合边界。在稳定状态时，指定客户与 OPU 的适配频偏组合不但不应产生超出该范围的 C_n 值，而且 C_n 值应尽可能缩小范围。在频偏瞬态变化时（如从 AIS 到正常信号），C_n 值有可能超出 $C_{n(min)}$ 到 $C_{n(max)}$ 的范围，而且 GMP 解映射器应能容忍这类偶然事件。

需要支持 OPU4 JC4～JC6 开销中的 8 比特定时信息($\sum C_{8D}$)。

4.4　FC-1200 信号到 OPU2e 的映射

FC-1200 的线路标称速率是 10 518 750 kbit/s±100×10^{-6}，高于 OPU2e 的标称速率，应压缩到合适速率再映射到 OPU2e，如图 4-19 所示。

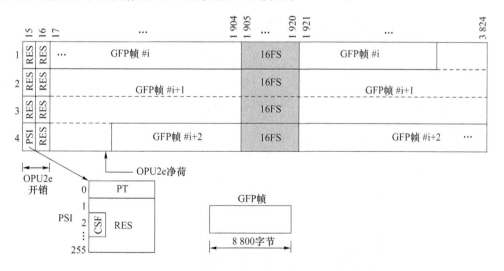

图 4-19　编码转换后的 FC-1200 到 OPU2e 的映射

1. 64B/66B 编码到 513B 码块的转换

FC-1200 采用的是 64B/66B 传输编码,为了降低传送信号的比特率,可通过编码转换以码字和定时透明映射的方式将 64B/66B 编码适配到 513B 码块,如图 4-20 所示。具体做

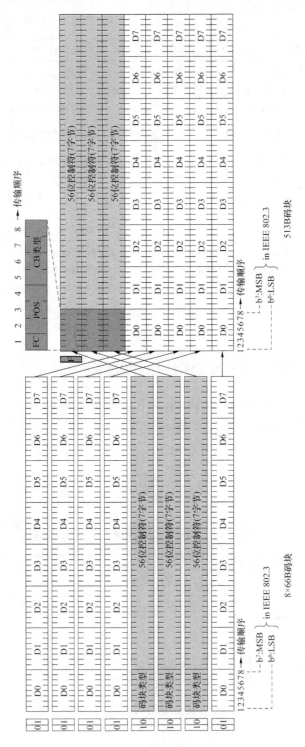

图 4-20　FC-1200 的 64B/66B 到 513B 码块的转换示意图

法是将 64B/66B 的同步头去掉,剩下 64B(即 8 个字节);再将 8 个 64B 的客户信息按照纯数据信息置于下层,控制信息置于上层的原则构成 512B(8 行×8 列)的信息结构;在 512B 的基础上加上一个控制标记比特 F,就构成了 513B 的码块结构。

如果 513B 结构至少包含一个 66B 控制块,则标记比特 F 为 1,如果 513B 结构包含所有 8 个 66B 数据块,则 F 为 0。

2. 513B 码块到 GFP 帧的封装

封装 FC-1200 的 GFP 帧长度为 8 800 字节,呈 2 200 行 4 列的字节块状结构,如图 4-21 所示。GFP 帧的第一行包括 GFP 核心头,第二行包括 GFP 的有效载荷头,随后的四行 16 个字节预留为将来国际标准使用。接下来是放置 FC-1200 的净荷区,净荷区分为 17 个超块,编号为♯1 到♯17。最后一行为 GFP 载荷校验码区,GFP 净荷区的所有字节块使用自同步扰码器 X43+1 进行扰码。

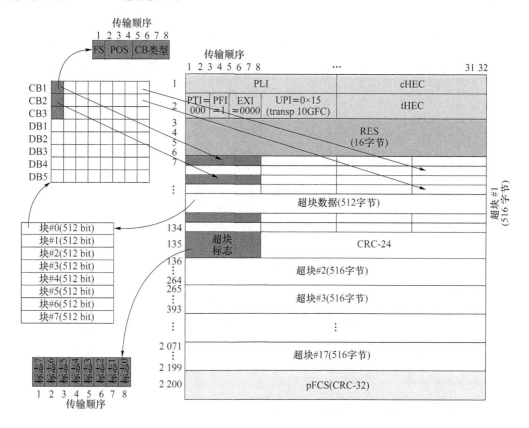

图 4-21 513B 码块到 GFP 的封装示意图

每个超块为 129 行 4 列的字节块,共 516 个字节。其中,前 128 行为超块数据区,第 129 行为超块标记区和超块校验码区。一个超块可承载 8 个 513B 块,其中 8 个 512B 块按顺序置于超块数据区,8 个控制标记比特置于超块标记区。

3. GFP 帧到 OPU2e 的映射

封装好的 GFP 帧可直接按字节顺序映射到 OPU2e 的净荷区,如图 4-19 所示。

4.5 速率大于 2. 488 Gbit/s 的 CBR 信号到 OPUflex 的映射

速率大于 2.488 Gbit/s 的 CBR 客户信号(最大 $\pm 100 \times 10^{-6}$ 比特速率容差)映射到 OPUflex 采用比特同步映射规程(BMP),如图 4-22 所示。恒定比特率的客户信号映射到 OPUflex 的比特同步映射不产生任何调整控制信号。

用于比特同步映射的 OPUflex 时钟信号来源于客户信号。到达的客户信号的再同步 也不应引入频率或相位不连续性。

OPUflex 映射开销包括净荷结构标识(PSI)、3 个调整控制 (JC)字节、1 个负调整机会 (NJO)字节(携带调整字节)、3 个预留为将来国际标准使用的字节构成。其中,JC 的第 7、8 位固定为 00,第 1~6 位预留为未来国际标准使用。

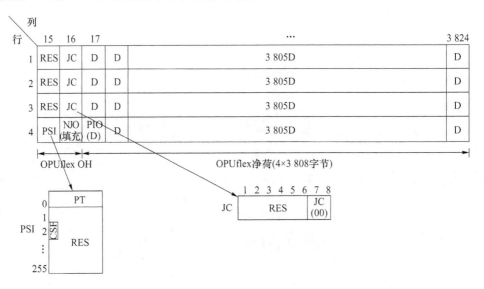

图 4-22 速率大于 2.488Gbit/s 的 CBR 信号到 OPUflex 的映射

OPUflex 净荷区为 4×3 808 字节。在 BMP 的控制机制下,客户信号的 8 个连续比特 (不一定属于同一字节)为一组映射入 OPUflex 净荷的数据(D)字节。

4.6 低阶 ODU 到高阶 ODU 的复用

前面介绍了 ODUk 的时分复用路线,本节介绍低阶 ODU 复用到高阶 ODU 的具体实 现方法。本节包括以下两种复用方式:

(1)采用客户/ 服务者指定的 AMP 方式,实现 ODU0 到高阶 OPU1、ODU1 到高阶 OPU2、ODU1 和 ODU2 到高阶 OPU3 的复用;

(2)采用客户信号无关的 GMP 方式,实现其他 ODUj 到高阶 OPUk 的映射。

ODUj 到高阶 OPUk 的复用基于如下两个步骤进行：

① 采用 AMP 或 GMP，实现 ODUj 到光通道数据支路单元（Optical Channel Data Tributary Unit，ODTU）的异步映射；

② ODTU 到一个或多个高阶 OPUk 支路时隙的字节同步映射。

4.6.1　OPUk 的支路时隙

1. OPUk 支路时隙的定义

OPUk 可分为许多支路时隙（Tributary Slot，TS），这些支路时隙在 OPUk 中间插复用。一个支路时隙包括一部分 OPUk 开销区和一部分 OPUk 净荷区，ODUj 帧的字节被直接映射到对应的 ODTU 中，ODTU 的调整开销字节直接映射到 OPUk 支路时隙的开销区。

支路时隙有两种类型：一种是基于近似 2.5 Gbit/s 带宽的支路时隙，OPUk 划分为 n 个支路时隙，编号为 $1 \sim n$；另一种是基于近似 1.25 Gbit/s 带宽的支路时隙，OPUk 划分为 $2n$ 个支路时隙，编号为 $1 \sim 2n$。

支持 1.25 Gbit/s 支路时隙的高阶 OPU2 和高阶 OPU3 接口端口应该也支持 2.5 Gbit/s 时隙模式，以便于与仅支持 2.5 Gbit/s 时隙模式的接口端口互通。当以 2.5G 支路模式工作时，1.25G 支路时隙 "i" 和 "$i+n$" 作为一个 2.5G 支路时隙工作。其中，$i=1 \sim n$，$n=4$（OPU2）或 16（OPU3）。

2. OPU1 支路时隙的分配

OPU1 分为两个 1.25 Gbit/s 支路时隙，依次编号为 $1 \sim 2$，OPU1 支路时隙的分配如图 4-23 所示。

OPU1 的一个支路时隙占据 OPU1 净荷区的 $\dfrac{1}{2}$，是一个 8（2×4）行 1 904 列的结构，同时包括支路时隙开销（TSOH）。两个 OPU1 支路时隙字节间插复用进 OPU1 的净荷区域，2 个 OPU1 的 TSOH 按照帧间插复用进 OPU1 的开销区域。

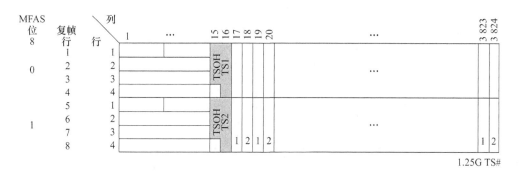

图 4-23　OPU1 的支路时隙分配图

OPU1 支路时隙的支路时隙开销（TSOH）位于 OPU1 帧的第 15～16 列和第 1～3 行交叉处。1.25 Gbit/s 支路时隙的 TSOH 每两帧可用一次，基于 2 帧的复帧结构用于表示 TSOH 的分配。该复帧结构锁定于 MFAS 字节的第 8 比特位，如图 4-23 和表 4-11 所示。

表 4-11　OPU1 支路时隙的开销分配

MFAS　位 8	TSOH 1.25G TS
0	1
1	2

3. OPU2 支路时隙的分配

一个 OPU2 可分为 4 个 2.5 Gbit/s 支路时隙,依次编号为 1～4,或者分为 8 个 1.25 Gbit/s 支路时隙,依次编号为 1～8。OPU2 支路时隙的分配如图 4-24 所示。

OPU2 2.5 Gbit/s 支路时隙占据 OPU2 净荷区的 $\frac{1}{4}$,是一个 16(4×4)行 952 列的结构,同时包括支路时隙开销(TSOH)。4 个 OPU2 支路时隙字节间插复用进 OPU2 的净荷区域,4 个 OPU2 的 TSOH 按照帧间插复用进 OPU2 的开销区域。

OPU2 1.25 Gbit/s 支路时隙占据 OPU2 净荷区的 $\frac{1}{8}$,是一个 32(8×4)行 476 列的结构,同时包括支路时隙开销(TSOH)。8 个 OPU2 支路时隙字节间插复用进 OPU2 的净荷区域,8 个 OPU2 的 TSOH 按照帧间插复用进 OPU2 的开销区域。

OPU2 2.5 Gbit/s 支路时隙"i"(i=1, 2, 3, 4)由两个 OPU2 1.25 Gbit/s 支路时隙"i"和"i+4"构成,如图 4-24 所示。

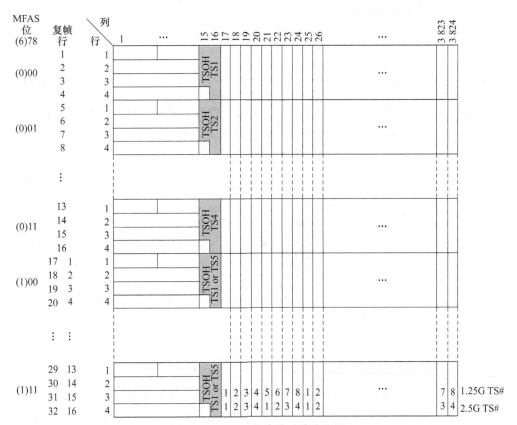

图 4-24　OPU2 的支路时隙分配图

2.5 Gbit/s 支路时隙的 TSOH 每 4 帧可用一次,基于 4 帧的复帧结构用于表示 TSOH 的分配,该复帧结构锁定于 MFAS 字节的第 7 和第 8 比特位。

1.25 Gbit/s 支路时隙的 TSOH 每 8 帧可用一次,基于 8 帧的复帧结构用于表示 TSOH 的分配。该复帧结构锁定于 MFAS 字节的第 6、第 7 和第 8 比特位,如图 4-24 和表 4-12 所示。

表 4-12 OPU2 支路时隙开销分配表

(a)

MFAS 比特 78	TSOH 2.5 Gbit/s TS
0 0	1
0 1	2
1 0	3
1 1	4

(b)

MFAS 比特 6 7 8	TSOH 1.25 Gbit/s TS
0 0 0	1
0 0 1	2
0 1 0	3
0 1 1	4
1 0 0	5
1 0 1	6
1 1 0	7
1 1 1	8

4. OPU3 的支路时隙分配

一个 OPU3 分为 16 个 2.5 Gbit/s 支路时隙,依次编号为 1~16,或者分为 32 个 1.25 Gbit/s 支路时隙,依次编号为 1~32。OPU3 支路时隙的分配如图 4-25 所示。

OPU3 2.5 Gbit/s 支路时隙占据 OPU3 净荷区的 $\frac{1}{16}$,是一个 64(16×4)行 238 列的结构,同时包括支路时隙开销(TSOH)。16 个 OPU3 支路时隙字节间插复用进 OPU3 的净荷区域,16 个 OPU3 的 TSOH 按照帧间插复用进 OPU3 的开销区域。

OPU3 1.25 Gbit/s 支路时隙占据 OPU3 净荷区的 $\frac{1}{32}$,是一个 128(32×4)行 119 列的结构,同时包括支路时隙开销(TSOH)。32 个 OPU3 支路时隙字节间插复用进 OPU3 的净荷区域,32 个 OPU3 的 TSOH 按照帧间插复用进 OPU3 的开销区域。

OPU3 2.5 Gbit/s 支路时隙 "i"($i=1~16$)由两个 OPU3 1.25Gbit/s 支路时隙 "i" 和 "$i+16$" 构成,如图 4-25 所示。

2.5 Gbit/s 支路时隙的 TSOH 每 16 帧可用一次,基于 16 帧的复帧结构用于表示 TSOH 的分配,该复帧结构锁定于 MFAS 字节的第 5~8 比特位。

1.25 Gbit/s 支路时隙的 TSOH 每 32 帧可用一次,基于 32 帧的复帧结构用于表示 TSOH 的分配。该复帧结构锁定于 MFAS 字节的第 4~8 比特位,如图 4-25 和表 4-13 所示。

5. OPU4 的支路时隙分配

一个 OPU4 分为 80 个 1.25 Gbit/s 支路时隙,依次编号为 1~80,位于第 17~3 816 列。OPU4 支路时隙的分配如图 4-26 所示。

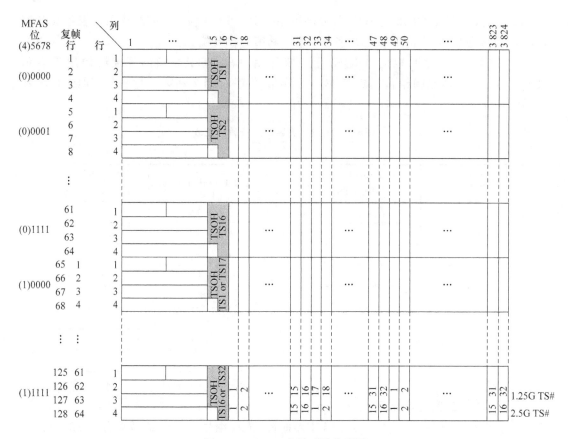

图 4-25　OPU3 支路时隙分配图

表 4-13　OPU3 支路时隙调整开销分配表

MFAS 位	TSOH	MFAS 位	TSOH	MFAS 位	TSOH
5 6 7 8	2.5G TS	4 5 6 7 8	1.25G TS	4 5 6 7 8	1.25G TS
0 0 0 0	1	0 0 0 0 0	1	1 0 0 0 0	17
0 0 0 1	2	0 0 0 0 1	2	1 0 0 0 1	18
0 0 1 0	3	0 0 0 1 0	3	1 0 0 1 0	19
0 0 1 1	4	0 0 0 1 1	4	1 0 0 1 1	20
0 1 0 0	5	0 0 1 0 0	5	1 0 1 0 0	21
0 1 0 1	6	0 0 1 0 1	6	1 0 1 0 1	22
0 1 1 0	7	0 0 1 1 0	7	1 0 1 1 0	23
0 1 1 1	8	0 0 1 1 1	8	1 0 1 1 1	24
1 0 0 0	9	0 1 0 0 0	9	1 1 0 0 0	25
1 0 0 1	10	0 1 0 0 1	10	1 1 0 0 1	26
1 0 1 0	11	0 1 0 1 0	11	1 1 0 1 0	27
1 0 1 1	12	0 1 0 1 1	12	1 1 0 1 1	28
1 1 0 0	13	0 1 1 0 0	13	1 1 1 0 0	29
1 1 0 1	14	0 1 1 0 1	14	1 1 1 0 1	30
1 1 1 0	15	0 1 1 1 0	15	1 1 1 1 0	31
1 1 1 1	16	0 1 1 1 1	16	1 1 1 1 1	32

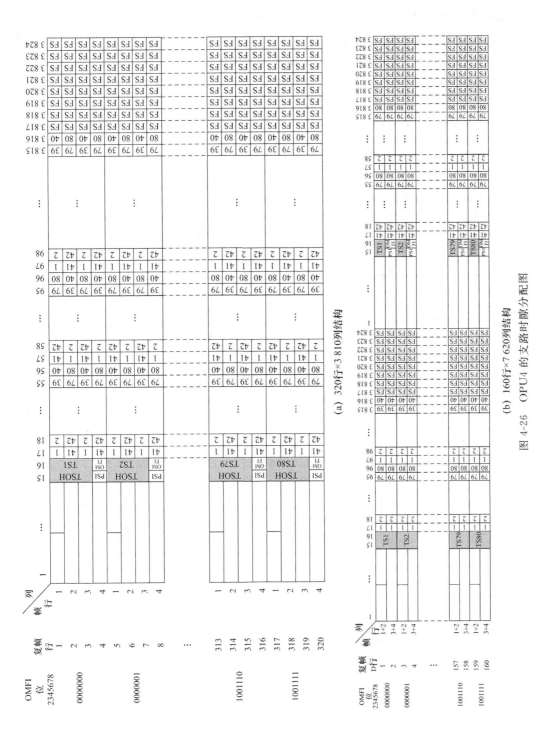

图 4-26 OPU4 的支路时隙分配图

OPU4 的帧结构可表示为图 4-26(a)所示的 320 行 3 810 列的结构,也可表示为图 4-26 (b)所示的 160 行 7 620 列的结构,其中第 3 817～3 824 列为固定填充。

OPU4 的支路时隙占据 1.247% 的 OPU4 净荷区,是一个 160(80×4/2)行 95 列的结构,同时包括支路时隙开销。80 个 OPU4 支路时隙字节间插复用进 OPU4 的净荷区域,80 个 OPU4 的 TSOH 按照帧间插复用进 OPU4 的开销区域。

OPU4 的支路时隙开销每 80 帧可用一次,基于 80 帧的复帧结构用于表示 TSOH 的分配。该复帧结构锁定于 OPU 复帧指示字节(OPU Multi-Frame Identifier,OMFI)的第 2～8 比特位,见表 4-14。

表 4-14　OPU4 支路时隙调整开销分配表

OMFI 位 2 3 4 5 6 7 8	TSOH 1.25G TS	OMFI 位 2 3 4 5 6 7 8	TSOH 1.25G TS	OMFI 位 2 3 4 5 6 7 8	TSOH 1.25G TS	OMFI 位 2 3 4 5 6 7 8	TSOH 1.25G TS
0 0 0 0 0 0 0	1	0 0 1 0 1 0 0	21	0 1 0 1 0 0 0	41	0 1 1 1 1 0 0	61
0 0 0 0 0 0 1	2	0 0 1 0 1 0 1	22	0 1 0 1 0 0 1	42	0 1 1 1 1 0 1	62
0 0 0 0 0 1 0	3	0 0 1 0 1 1 0	23	0 1 0 1 0 1 0	43	0 1 1 1 1 1 0	63
0 0 0 0 0 1 1	4	0 0 1 0 1 1 1	24	0 1 0 1 0 1 1	44	0 1 1 1 1 1 1	64
0 0 0 0 1 0 0	5	0 0 1 1 0 0 0	25	0 1 0 1 1 0 0	45	1 0 0 0 0 0 0	65
0 0 0 0 1 0 1	6	0 0 1 1 0 0 1	26	0 1 0 1 1 0 1	46	1 0 0 0 0 0 1	66
0 0 0 0 1 1 0	7	0 0 1 1 0 1 0	27	0 1 0 1 1 1 0	47	1 0 0 0 0 1 0	67
0 0 0 0 1 1 1	8	0 0 1 1 0 1 1	28	0 1 0 1 1 1 1	48	1 0 0 0 0 1 1	68
0 0 0 1 0 0 0	9	0 0 1 1 1 0 0	29	0 1 1 0 0 0 0	49	1 0 0 0 1 0 0	69
0 0 0 1 0 0 1	10	0 0 1 1 1 0 1	30	0 1 1 0 0 0 1	50	1 0 0 0 1 0 1	70
0 0 0 1 0 1 0	11	0 0 1 1 1 1 0	31	0 1 1 0 0 1 0	51	1 0 0 0 1 1 0	71
0 0 0 1 0 1 1	12	0 0 1 1 1 1 1	32	0 1 1 0 0 1 1	52	1 0 0 0 1 1 1	72
0 0 0 1 1 0 0	13	0 1 0 0 0 0 0	33	0 1 1 0 1 0 0	53	1 0 0 1 0 0 0	73
0 0 0 1 1 0 1	14	0 1 0 0 0 0 1	34	0 1 1 0 1 0 1	54	1 0 0 1 0 0 1	74
0 0 0 1 1 1 0	15	0 1 0 0 0 1 0	35	0 1 1 0 1 1 0	55	1 0 0 1 0 1 0	75
0 0 0 1 1 1 1	16	0 1 0 0 0 1 1	36	0 1 1 0 1 1 1	56	1 0 0 1 0 1 1	76
0 0 1 0 0 0 0	17	0 1 0 0 1 0 0	37	0 1 1 1 0 0 0	57	1 0 0 1 1 0 0	77
0 0 1 0 0 0 1	18	0 1 0 0 1 0 1	38	0 1 1 1 0 0 1	58	1 0 0 1 1 0 1	78
0 0 1 0 0 1 0	19	0 1 0 0 1 1 0	39	0 1 1 1 0 1 0	59	1 0 0 1 1 1 0	79
0 0 1 0 0 1 1	20	0 1 0 0 1 1 1	40	0 1 1 1 0 1 1	60	1 0 0 1 1 1 1	80

4.6.2　ODTU 的定义

光通道数据支路单元(ODTU)承载着调整后的 ODU 信号。ODTU 分为 ODTUjk 和 ODTUk.ts 两种类型。

1. ODTUjk

光通道数据单元 jk(ODTUjk)是专门用于将 ODUj 时分复用到 ODUk 的信息结构,采用 AMP 方式进行映射。其结构由 ODTUjk 净荷区和 ODTUjk 开销区组成,如图 4-27 所示。其中"ts"表示 ODUj 装载到 ODTUjk 所需要占用的时隙个数。如要将 ODU2 装载到 ODTU23,就需要占用 4 个时隙,因此"ts"就为 4。

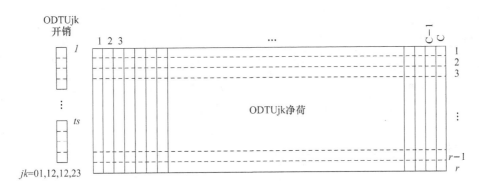

图 4-27 ODTUjk 的帧结构

ODTUjk 净荷区为 r 行 c 列，r 和 c 的参数见表 4-15 和表 4-16。

表 4-15 对于 2.5 Gbit/s 支路时隙的 ODTUjk 特征参数

2.5G TS	c	r	ts	ODTUjk 净荷字节	ODTUjk 开销字节
ODTU12	952	16	1	15 232	1×4
ODTU13	238	64	1	15 232	1×4
ODTU23	952	64	4	60 928	4×4

表 4-16 对于 1.25 Gbit/s 支路时隙的 ODTUjk 特征参数

1.25G TS	c	r	ts	ODTUjk 净荷字节	ODTUjk 开销字节
ODTU01	1 904	8	1	15 232	1×4
ODTU12	952	32	2	30 464	2×4
ODTU13	238	128	2	30 464	2×4
ODTU23	952	128	8	121 856	8×4

ODTUjk 开销区域提供 4×"ts"字节，其中 1×"ts"字节可传送净荷。ODTUjk 在高阶 OPUk 的"ts"个 1.25 Gbit/s 或 2.5 Gbit/s 支路时隙中承载。

ODTUjk 的开销位置依赖于 ODTUjk 复用进 OPUk 时 OPUk 所使用的支路时隙。ODTUjk 开销的 ts 个实例可能无法均匀分布。

2. ODTUk. ts

光通道数据支路单元 k. ts（ODTUk. ts）是低阶 ODU 通过 GMP 方式映射到高阶 OPUk 时的信息结构，ODTUk. ts 的带宽约为 1.25 Gbit/s 的"ts"倍。其中 k 是高阶 OPU 的阶数，"ts"是低阶 ODU 装载在高阶 OPUk 时需要占用的时隙数。

低阶 ODU 可以是 ODU0、ODU1、ODU2、ODU2e、ODU3、ODUflex。当 k 为 2 时，"ts"可以取 1～8；当 k 为 3 时，"ts"可以取 1～32；当 k 为 4 时，"ts"可以取 1～80。

ODTUk. ts 由 ODTUk. ts 净荷区和 ODTUk. ts 开销区组成，如图 4-28 所示。

ODTUk. ts 净荷区为 r 行 $j×ts$ 列，有关参数见表 4-17；ODTUk. ts 开销区提供 6 个字节。ODTUk. ts 在高阶 OPUk 的"ts"个 1.25 Gbit/s 支路时隙中承载。

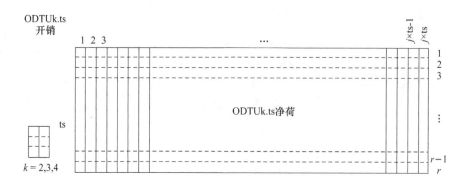

图 4-28　ODTUk.ts 的帧结构

表 4-17　ODTUk.ts 的特征参数

支路时隙	j	r	ts	ODTUk.ts 净荷字节	ODTUk.ts 开销字节
ODTU2.ts	476	32	1～8	15 232×ts	1×6
ODTU3.ts	119	128	1～32	15 232×ts	1×6
ODTU4.ts	95	160	1～80	15 200×ts	1×6

4.6.3　ODTUjk 到 OPUk 的复用

ODTUjk 到 OPUk 的复用包括 ODTU01、ODTU12、ODTU13、ODTU23 四种信息结构的复用。这些复用信号的 OPUk 开销包括净荷类型（PT）、复用结构标识（MSI）、OPU4 复帧指示（k=4）和 OPUk 支路时隙开销，其中 OPUk 支路时隙开销承载 ODTU 开销并依赖于 ODTU 类型，一个或多个字节预留为未来国际标准化。

上面四种 ODTUjk 信息结构映射到 OPUk 的过程如下。

1. ODTU12 到单个 OPU2 支路时隙的映射

复用 ODTU12 到 OPU2 可以通过映射 ODTU12 信号到 OPU2 的 4 个 2.5 Gbit/s 支路时隙中的任意一个来实现；或者映射到 OPU2 的 8 个 1.25 Gbit/s 支路时隙中的任意两个来实现，即 OPU2 的 TSa 和 TSb，其中 $1 \leqslant a < b \leqslant 8$。

ODTU12 净荷信号的每个字节映射到 OPU2 的 2.5 Gbit/s TS #i（$i=1, 2, 3, 4$）净荷区中的一个字节，如图 4-29（a）所示；ODTU12 的每个开销字节映射到 OPU2 的 2.5 Gbit/s TS #i 第 16 列的 TSOH 一个字节。

ODTU12 净荷信号的每个字节也可以映射到 OPU2 的 2 个 1.25Gbit/s 时隙 #A、B（$A, B=1, 2, \cdots, 8$）中任何一个净荷区的一个字节里，如图 4-29（b）所示；ODTU12 的每个开销字节映射到 OPU2 的 1.25 Gbit/s 时隙时隙 #a、b 第 16 列的 TSOH 一个字节。

2. ODTU13 到单个 OPU3 支路时隙的映射

复用 ODTU13 到 OPU3 可以通过映射 ODTU13 信号到 OPU3 的 16 个 2.5 Gbit/s 支路时隙中的任意一个来实现；或者映射到 OPU3 的 32 个 1.25 Gbit/s 支路时隙中的任意两个来实现，即 OPU3 的 TSa 和 TSb，其中 $1 \leqslant a < b \leqslant 32$。

ODTU13 净荷信号的每个字节映射到 OPU3 的 2.5 Gbit/s TS #i（$i=1, 2, \cdots, 16$）净荷区中的一个字节，如图 4-30（a）所示；ODTU13 的每个开销字节映射到 OPU3 的 2.5 Gbit/s TS #i 第 16 列的 TSOH 一个字节。

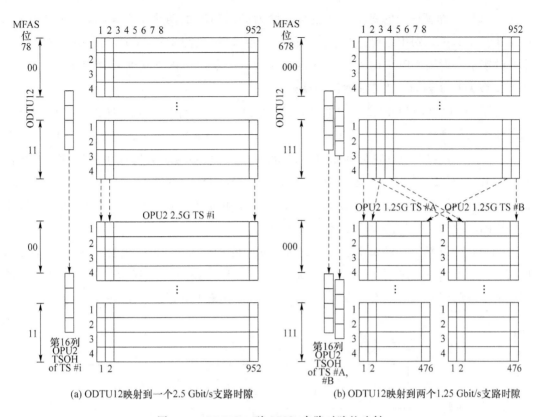

(a) ODTU12映射到一个2.5 Gbit/s支路时隙　　(b) ODTU12映射到两个1.25 Gbit/s支路时隙

图 4-29　ODTU12 到 OPU2 支路时隙的映射

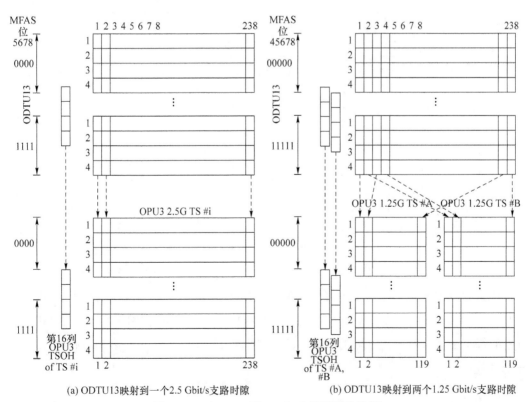

(a) ODTU13映射到一个2.5 Gbit/s支路时隙　　(b) ODTU13映射到两个1.25 Gbit/s支路时隙

图 4-30　ODTU13 到 OPU3 支路时隙的映射

ODTU13 净荷信号的每个字节也可以映射到 OPU3 的两个 1.25 Gbit/s 时隙♯A、B（A，$B=1$，2，…，32)中任何一个净荷区的一个字节里,如图 4-30(b)所示。ODTU13 的每个开销字节映射到 OPU3 的 1.25 Gbit/s 时隙♯a、b 第 16 列的 TSOH 一个字节。

3. ODTU23 到 OPU3 支路时隙的映射

复用 ODTU23 到 OPU3 可以通过映射 ODTU23 信号到 OPU3 的 16 个 2.5 Gbit/s 支路时隙中的任意 4 个来实现,即 OPU3 2.5 Gbit/s 支路时隙 TSa、TSb、TSc 和 TSd,其中 $1 \leqslant a < b < c < d \leqslant 16$;或者映射到 OPU3 的 32 个 1.25 Gbit/s 支路时隙中的任意 8 个来实现,即 OPU3 的 1.25 Gbit/s 支路时隙 TSa、TSb、TSc、TSd、TSe、TSf、TSg 和 TSh。其中, $1 \leqslant a < b < c < d < e < f < g < h \leqslant 32$, a、b、c、d、e、f、g 和 h 不一定要按顺序排列,为了提高带宽资源的利用率,它们的数值可以是任意选择的。

ODTU23 净荷信号的每个字节映射到 OPU3 的 4 个 2.5 Gbit/s 时隙♯A、B、C、D（A，B，C，$D=1$，2，…，16)中任意一个净荷区的一个字节,如图 4-31 所示。ODTU23 开销的每个字节映射到 OPU3 的 2.5 Gbit/s 时隙♯a、b、c、d 第 16 列的 TSOH 的一个字节。

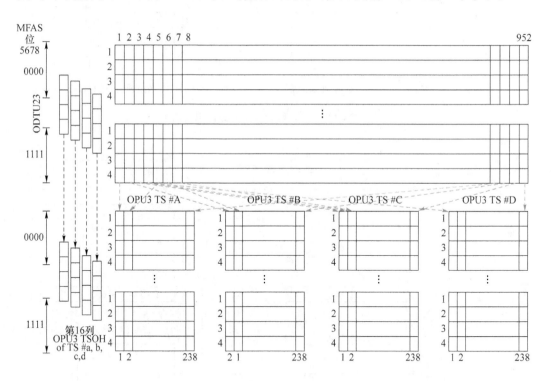

图 4-31　ODTU23 到 OPU3 的 4 个 2.5 Gbit/s 支路时隙的映射

ODTU23 信号的一个字节也可以映射到 OPU3 的 8 个 1.25 Gbit/s TS♯A、B、C、D、E、F、G、H（$A \sim H=1$，2，…，32)中任意一个净荷区的一个字节,如图 4-32 所示。ODTU23 开销的每个字节映射到 OPU3 的 1.25Gbit/s TS♯a、b、c、d、e、f、g、h 第 16 列的 TSOH 的一个字节。

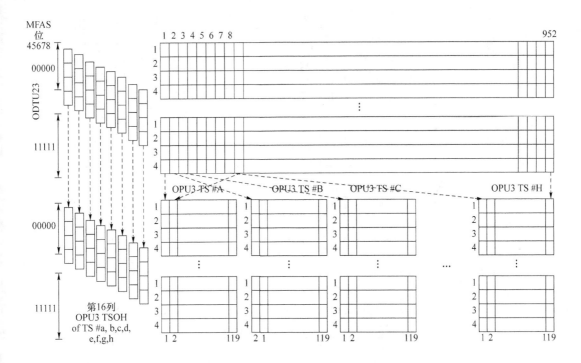

图 4-32　ODTU23 到 OPU3 的 8 个 1.25 Gbit/s 支路时隙的映射

4. ODTU01 到单个 OPU1 的 1.25 Gbit/s 支路时隙的映射

复用 ODTU01 信号到 OPU1 可以通过映射 ODTU01 信号到 OPU1 的两个 1.25 Gbit/s 支路时隙中的任意一个来实现。

ODTU01 净荷信号的每个字节映射到一个 OPU 1 的 1.25 Gbit/s TS $\sharp$ i $(i=1,2)$ 中的一个字节，如图 4-33 所示。ODTU01 TSOH 的每个字节映射到 OPU1 的 1.25 Gbit/s TS $\sharp$ i 第 16 列的 TSOH 字节。

4.6.4　ODTUk.ts 到 OPUk 的复用

ODTUk.ts 到 OPUk 的复用包括 ODTU2.ts、ODTU3.ts、ODTU4.ts 三种信息结构的复用。上面三种 ODTUk.ts 信息结构映射到 OPUk 的过程如下。

1. ODTU2.ts 到 OPU2 的 1.25 Gbit/s 支路时隙的映射

ODTU2.ts 净荷信号的每个字节映射到 OPU2 1.25Gbit/s TS $\sharp$ i $(i=1,\cdots,ts)$ 净荷区中的一个字节，如图 4-34 所示。ODTU2.ts 开销的每个字节映射到分配给 ODTU2.ts 的最后一个 OPU2 1.25 Gbit/s 时隙第 15、16 列和第 1~3 行交叉的 TSOH 字节。

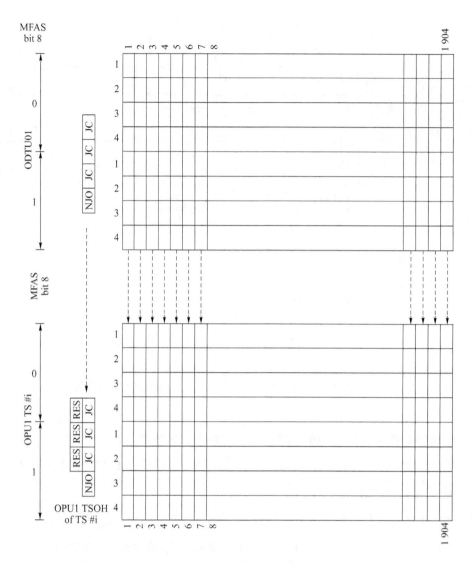

图 4-33　ODTU01 到 OPU1 的 1 个 1.25 Gbit/s 支路时隙的映射

2. ODTU3.ts 到 OPU3 的 1.25 Gbit/s 支路时隙的映射

ODTU3.ts 净荷信号的每个字节映射到 OPU3 1.25 Gbit/s TS #i（$i=1,\cdots,$ts）净荷区中的一个字节，如图 4-35 所示。ODTU3.ts 开销的每个字节映射到分配给 ODTU3.ts 的最后一个 OPU3 1.25 Gbit/s 时隙第 15、16 列和第 1～3 行交叉的 TSOH 字节。

3. ODTU4.ts 到 OPU4 的 1.25 Gbit/s 支路时隙的映射

ODTU4.ts 净荷信号的每个字节映射到 OPU4 1.25 Gbit/s TS #i（$i=1,\cdots,$ts）净荷区中的一个字节，如图 4-36 所示。ODTU4.ts 开销的每个字节映射到分配给 ODTU4.ts 的最后一个 OPU4 1.25 Gbit/s 时隙第 15 列、第 16 列和第 1～3 行交叉的 TSOH 字节。

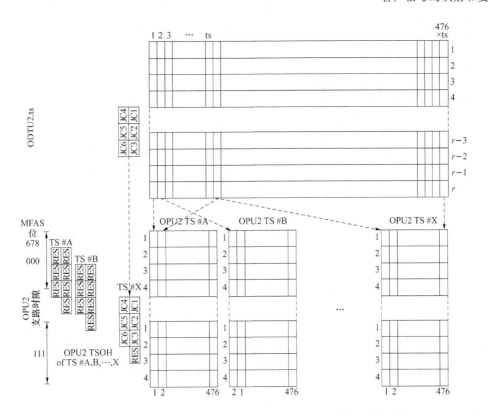

图 4-34　ODTU2.ts 到"ts"个 OPU2 1.25 Gbit/s 支路时隙的映射

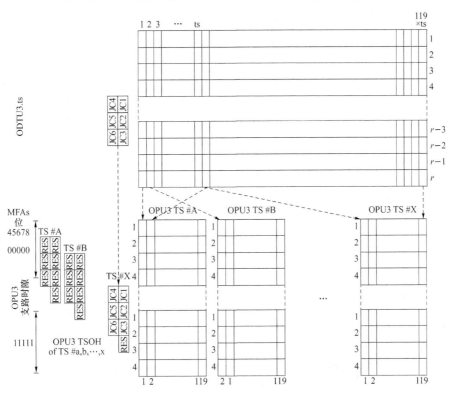

图 4-35　ODTU3.ts 到"ts"个 OPU3 1.25 Gbit/s 支路时隙的映射

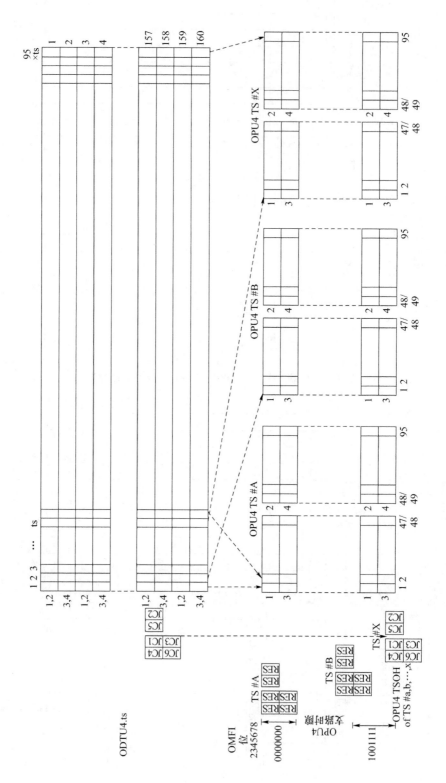

图 4-36 ODTU4.ts 到"ts"个 OPU4 1.25 Gbit/s 支路时隙的映射

4.6.5　OPUk 的复用开销

低阶 ODU(ODUj)要想复用到高阶 OPU(OPUk)有两种方式：一种是 ODUj 通过 AMP 映射到 ODTUjk 中，OPUk 指定填充和调整机会定义；另一种是 ODUj 通过 GMP 映射到 ODTUk.ts 中，OPUk 独立填充和确定调整机会。

OPUk 的复用开销位于第 15 列、第 16 列，其中第 4 行第 15 列是 PSI(Payload Structure Identifier，净荷结构标识)开销。PSI 是一个 256 字节的复帧结构，如图 4-37 所示，它定义了 PT(Payload Type，净荷类型)和 MSI(Multiplex Structure Identifier，复用结构标识)两个字节。

OPUk 的其他开销定义与映射方式有关。当采用 AMP 方式时，定义了 3 个 JC 字节和一个 NJO 字节组成，两个正的调整机会字节 PJO1、PJO2 位于 OPUk 净荷区内，如图 4-37 所示。

当采用 GMP 方式时，定义了两组 3 字节调整控制开销(即 JC1～JC3 和 JC4～JC6)和 OMFI(OPU Multi-Frame Identifier，OPU 复帧指示)开销，如图 4-39 所示。

1. 与 ODTUjk(PT＝20)关联的 OPUk 复用开销

ODTUjk 开销承载 AMP 调整开销，其由第 1～4 行 16 列中的调整控制 (JC)和负调整机会(NJO)构成，如图 4-37 所示。另外，两倍或 n 倍的正调整开销字节 (PJO1、PJO2)位于 ODTUjk 净荷区。

当支路时隙为 2.5Gbit/s 时，PT 取值 20H，PJO1 和 PJO2 位置与复帧、ODUj 和 OPUk 支路时隙相关，图 4-37 所示。

2. 与 ODTUjk(PT＝21)关联的 OPUk 复用开销

当 ODTUjk 支路时隙为 1.25 Gbit/s 时，PT 取值 21H，PJO1 和 PJO2 位置与复帧、ODUj 和 OPUk 支路时隙相关，如图 4-38 所示。其他开销的定义不变。

3. 与 ODTUk.ts 关联的 OPUk 复用开销

ODTUk.ts 开销承载着 GMP 调整开销，该调整开销由 3 字节的承载 14 比特 GMP Cm 信息的调整控制 JC1～ JC3 开销、承载与客户/低阶 ODU 有关的 10 比特 GMP C8D 信息的 3 字节调整控制开销 JC4～JC6 组成，如图 4-39 所示。

4. OPUk 复用结构标识(MSI)

OPUk ($k＝1，2，3，4$)的复用结构标识符(Multiplex Structure Identifier，MSI)开销的作用是指示 OPUk 中每个支路时隙装载的是什么信号，并对 OPUk 所装载的信号(主要是 ODU)进行编码，MSI 的具体位置如图 4-37～图 4-39 所示。

(1) OPU2 的 MSI——净荷类型 20

当净荷类型为 20 时，OPU2 的支路时隙速率为 OPU2 2.5 Gbit/s。对于 OPU2 的 4 个支路时隙，用 4 个 PSI 字节(PSI[2]～PSI[5])进行描述，如图 4-37 所示。每个支路时隙占用一个字节，该字节用于说明对应支路时隙的 ODTU 内容。如 PSI[2]用于描述第 OPU2 一个时隙所承载的信息，PSI[3]用于描述 OPU2 第二个时隙所承载的信息。

OPU2-MSI 的编码如图 4-40 所示。比特 1 和比特 2 表示 ODTU 的类型，对于 OPU2 来说，该结构只能是 ODTU12，编码为 00；比特 3 至比特 8 表示在该 时隙中传送的 ODU1 的端口编号，支路时隙的端口指派是固定的，端口编号与支路时隙编号相同。

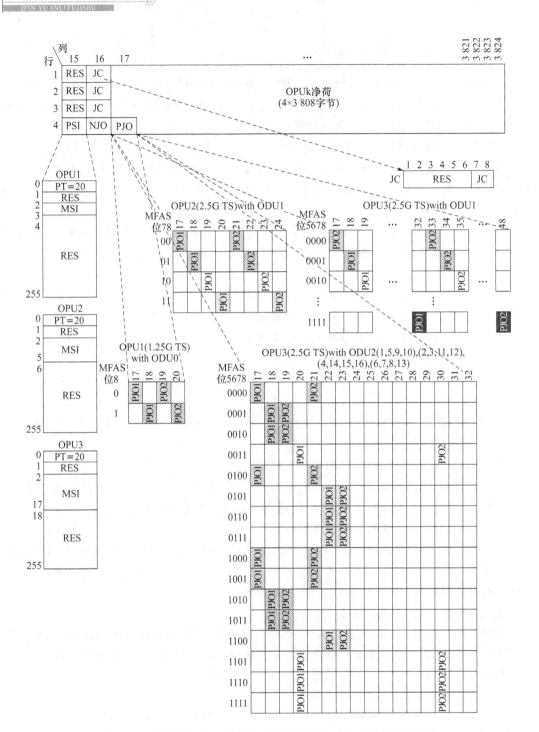

图 4-37 OPUk(k=1、2、3)仅与 ODTUjk(PT=20)关联的复用开销

（2）OPU3 的 MSI——净荷类型 20

当净荷类型为 20 时,OPU3 分为 16 个支路时隙,这 16 个支路时隙用 16 个 PSI 字节(PSI[2]～PSI[17])进行描述,如图 4-37 所示。每个支路时隙占用一个字节,该字节用于说明对应支路时隙的 ODTU 内容。

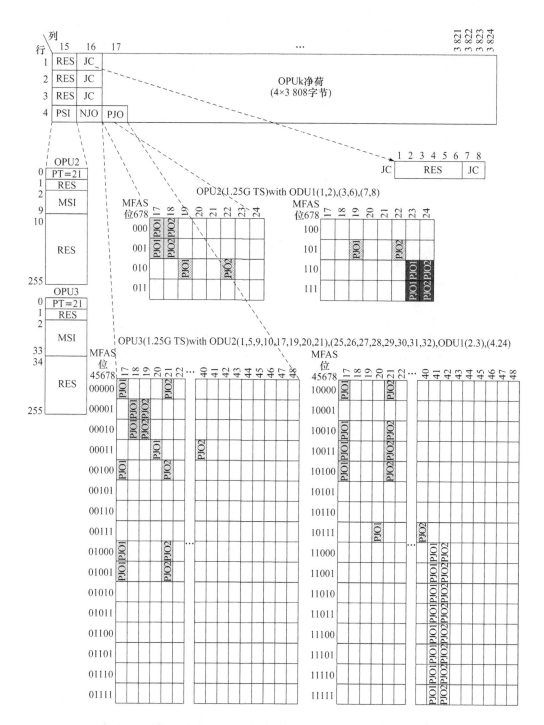

图 4-38　OPUk($k=2$、3)仅与 ODTUjk(PT＝21)关联的复用开销

OPU3-MSI 中每个 PSI 与支路时隙的对应关系如图 4-41(a)所示。PSI 的编码如图 4-41(b)所示,比特 1 和比特 2 表示 ODTU 的类型,默认的 ODTU 类型是 ODTU13,表示支路时隙承载 ODTU13,或没有指派为承载 ODTU。

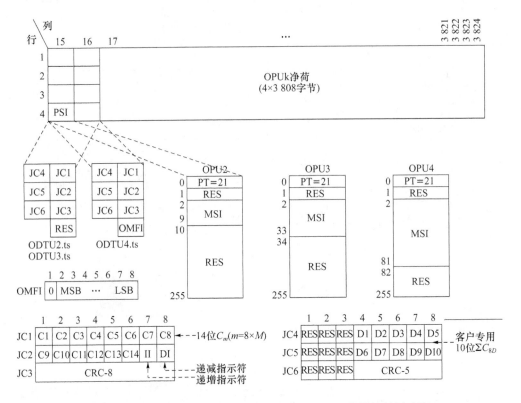

图 4-39　OPUk($k=2$、3、4)与 ODTUk.ts(PT=21)关联的复用开销

	1	2	3	4	5	6	7	8	
PSI[2]	00				00 0000				TS1
PSI[3]	00				00 0001				TS2
PSI[4]	00				00 0010				TS3
PSI[5]	00				00 0011				TS4

图 4-40　OPU2-MSI 编码——净荷类型 20

比特 3 至比特 8 表征在该时隙中传送的 ODTU13/23 的端口编号。对于 ODTU23,灵活指派支路端口到支路时隙是可能的,但对于 ODTU 13 而言,该指派是固定的,也即支路端口编号和支路时隙编号一致。ODTU23 的支路端口编号为 1~4。

(3) OPU1 的 MSI——净荷类型 20

当净荷类型为 20 时,OPU1 分为两个 1.25 Gbit/s 支路时隙,这两个支路时隙用两个 PSI 字节(PSI[2]~PSI[3])进行描述,如图 4-37 所示。

OPU1-MSI 的编码如图 4-42 所示。比特 1 和比特 2 表示 ODTU 的类型,对于 OPU1 来说,该结构只能是 ODTU01,编码为 11;比特 3 至比特 8 表征支路端口号,说明在该 1.25 Gbit/s TS 传送的 ODTU01 端口编号。支路端口编号到支路时隙编号的指派是固定的,也即支路端口编号与支路时隙编号一致。

(4) OPU4 的 MSI——净荷类型 21

当净荷类型为 21 时,OPU4 分为 80 个速率为 1.25Gbit/s 的支路时隙。这 80 个支路时隙用 80 个 PSI 字节(PSI[2]~PSI[81])进行描述,如图 4-39 和图 4-43(a)所示。

	1	2	3	4	5	6	7	8	
PSI[2]	ODTU类型		支路端口#						TS1
PSI[3]	ODTU类型		支路端口#						TS2
PSI[4]	ODTU类型		支路端口#						TS3
PSI[5]	ODTU类型		支路端口#						TS4
PSI[6]	ODTU类型		支路端口#						TS5
PSI[7]	ODTU类型		支路端口#						TS6
PSI[8]	ODTU类型		支路端口#						TS7
PSI[9]	ODTU类型		支路端口#						TS8
PSI[10]	ODTU类型		支路端口#						TS9
PSI[11]	ODTU类型		支路端口#						TS10
PSI[12]	ODTU类型		支路端口#						TS11
PSI[13]	ODTU类型		支路端口#						TS12
PSI[14]	ODTU类型		支路端口#						TS13
PSI[15]	ODTU类型		支路端口#						TS14
PSI[16]	ODTU类型		支路端口#						TS15
PSI[17]	ODTU类型		支路端口#						TS16

(a) PSI与支路时隙的对应关系

	1	2	3	4	5	6	7	8	
PSI[1+i]	ODTU类型		支路端口#						TS #i

00：ODTU13　　　　00 0000：支路端口1

01：ODTU23　　　　00 0001：支路端口2

10：预留　　　　　00 0010：支路端口3

11：预留　　　　　00 0011：支路端口4

⋮

00 1111：支路端口16

(b) PSI的编码

图 4-41　OPU3-MSI 编码——净荷类型 20

	1	2	3	4	5	6	7	8	1.25G TS
PSI[2]	11		00 0000						TS1
PSI[3]	11		00 0001						TS2

图 4-42　OPU1-MSI 编码——净荷类型 20

　　OPU4-MSI 的编码如图 4-43 所示。PSI 的编码如图 4-43(b)所示,PSI 的比特 1 表征该支路时隙是否已分配;比特 2~8 用于表征支路端口号,说明在该 TS 传送的 ODTU4.ts 端口编号。对于采用两个或多个支路时隙承载的 ODTU4.ts,支路端口到支路时隙的灵活指派是可能的。ODTU4.ts 支路端口编号依次为 1~80。当占用比特为 0 时（支路时隙未分配）,该值设置为全 00。

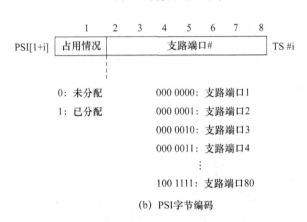

(a) MSI复帧中的PSI字节

(b) PSI字节编码

图 4-43　OPU4-MSI 编码——净荷类型 21

（5）OPU2 的 MSI——净荷类型 21

当净荷类型为 21 时，OPU2 分为 8 个速率为 1.25Gbit/s 的支路时隙。这 8 个支路时隙用 8 个 PSI 字节（PSI[2]～PSI[9]）进行描述，如图 4-39 和图 4-44(a)所示。

OPU2-MSI 的编码如图 4-44 所示。PSI 的编码如图 4-44(b)所示，比特 1 和 2 表征 ODTU 的类型，用以说明 OPU2 的 TS 是否承载 ODTU12 或 ODTU2.ts。默认的 ODTU 类型为 11（未分配）。

比特 3～8 用于表征支路端口号，说明在该 TS 传送的 ODTU 端口编号。支路端口到支路时隙的灵活指派是可能的，ODTU12 支路端口编号依次为 1～4，ODTU2.ts 支路端口编号依次为 1～8。当 ODTU 类型比特为 11 时（支路时隙未分配），该值设置为全 0。

（6）OPU3 的 MSI——净荷类型 21

当净荷类型为 21 时，OPU3 分为 32 个速率为 1.25Gbit/s 的支路时隙。这 32 个支路时隙用 32 个 PSI 字节（PSI[2]～PSI[33]）进行描述，如图 4-39 和图 4-45(a)所示。

OPU3-MSI 的编码如图 4-45 所示。PSI 的编码如图 4-45(b)所示，比特 1 和比特 2 表征 ODTU 的类型，用以说明 OPU2 1.25Gbit/s TS 是否承载 ODTU13、ODTU23 或 ODTU3.ts。默认的 ODTU 类型为 11（未分配），表示支路时隙没有分配以承载 ODTU。

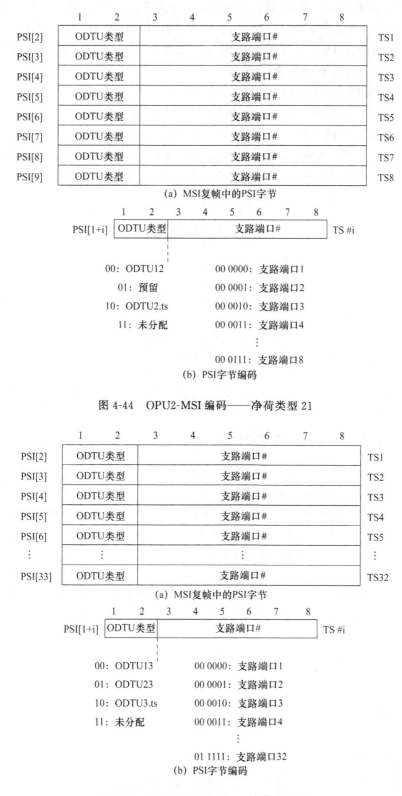

(a) MSI复帧中的PSI字节

00：ODTU12   00 0000：支路端口1

01：预留   00 0001：支路端口2

10：ODTU2.ts   00 0010：支路端口3

11：未分配   00 0011：支路端口4

00 0111：支路端口8

(b) PSI字节编码

图 4-44   OPU2-MSI 编码——净荷类型 21

(a) MSI复帧中的PSI字节

00：ODTU13   00 0000：支路端口1

01：ODTU23   00 0001：支路端口2

10：ODTU3.ts   00 0010：支路端口3

11：未分配   00 0011：支路端口4

01 1111：支路端口32

(b) PSI字节编码

图 4-45   OPU3-MSI 编码——净荷类型 21

比特 3~8 用于表征支路端口号,说明在该 TS 传送的 ODTU 端口编号。支路端口到支路时隙的灵活指派是可能的,ODTU13 支路端口编号依次为 1~16,ODTU23 支路端口编号依次为 1~4,ODTU2.ts 支路端口编号依次为 1~32。当 ODTU 类型比特为 11 时(支路时隙未分配),该值设置为全 0。

5. OPU4 复帧指示开销(OMFI)

OPU4 分为 80 个支路时隙,每个支路时隙需在 80 帧中传输完毕,这 80 帧称为复帧。为了区分目前帧是 80 帧中的哪一帧,OPU4 引入一个复帧指示(OMFI)开销。OMFI 在 OPU4 开销的第 4 行第 16 列,如图 4-39 所示。OMFI 字节的编码如图 4-46 所示,OMFI 字节的第 2~8 比特值将依次随着 OPU4 帧的增加而增加,从 0 至 79 循环变化。

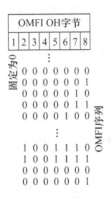

图 4-46　OPU4 的复帧指示(OMFI)开销

4.6.6　ODUj 到 ODTUjk 的映射

ODUj 信号(最大 ±20 ppm 的比特率容差)到 ODTUjk((j, k) = {(0, 1), (1, 2), (1, 3), (2, 3)})的映射采用异步方式实现。

OPUk 和 ODUj 之间能调节的最大比特率容差为 −130~+65 ppm(ODU0 映射到 OPU1)、−113~+83ppm(ODU1 映射到 OPU2)、−96~+101ppm(ODU1 映射到 OPU3)、−95~+101ppm(ODU2 映射到 OPU3)。

ODUj 信号通过加入帧定位开销和全 0 图案的 OTUj 开销被扩展了,如图 4-47 所示。OPUk 信号是通过与 ODUj 客户信号无关的本地时钟产生的。扩展了的 ODUj 信号通过 −1/0/+1/+2 的正/负/零调整方案被适配到本地产生的 ODUk 时钟。

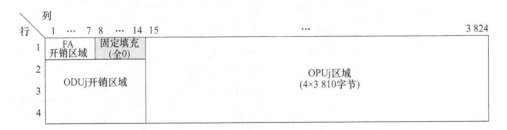

图 4-47　扩展了的 ODUj 帧结构

ODUj 的一个字节映射到 ODTUjk 的一个字节。在异步映射的过程中,将会按照表 4-18 产生 JC、NJO、PJO1、PJO2;在解映射时,接收端按照择多判决原则确定 JC 的值,并按表 4-18 解释 JC,做出是否调整和如何调整的决定。当 NJO、PJO1、PJO2 用作调整字节时,其值为全 0,接收时忽略这些值。

表 4-18　JC、NJO、PJO1、PJO2 的产生和解释

JC[7,8]	NJO	PJO1	PJO2	解释
00	调整字节	数据字节	数据字节	不调整（0）
01	数据字节	数据字节	数据字节	负调整（−1）
10	调整字节	调整字节	调整字节	2 个字节的正调整（+2）
11	调整字节	调整字节	数据字节	1 个字节的正调整（+1）

在输入的 ODUj 信号失效时(如出现 OTUj-LOF 时),失效的输入信号应该包含 ODUj-AIS 信号,该 ODUj-AIS 信号将映射到 ODTUjk。

对于从某一具有 ODUj 连接功能的结构输出 ODUj 的情况,输入信号将包含(当断开矩阵连接时)ODUj-OCI 信号,该 ODUj-OCI 信号将映射到 ODTUjk。

需要说明的是:并不是所有设备都实现了真实的连接功能(交叉结构),支路接口端口的有无代表了矩阵连接的有无。如果该单元确实不存在(例如没有安装),相关的 ODTUjk 信号将承载 ODUj-OCI 信号。如果该单元实际存在只是临时进行修复,则相关的 ODTUjk 信号将承载 ODUj-AIS 信号。

OPUk 和 ODTUjk($k=1,2,3$)是通过与 ODUj 信号无关的本地时钟产生的。ODUj($j=0,1,2$)信号通过一个 $-1/0/+1/+2$ 的正/负/零调整方案被映射到 ODTUjk($k=1,2,3$)中。

从 ODTUjk 中提取 ODUj 的解映射过程,是在 JC 的控制下从 OPUk 中提取扩展 ODUj 的过程。

在 ODUj 信号作为 OTUj 信号输出时,被提取的扩展 ODUj 的帧定位信号将被恢复,以便容许 ODUj 到 OTUj 的帧同步映射。

在输入的 ODUj/OPUj 失效的情况下(如出现 ODUk-AIS、ODUk-LCK、ODUk-OCI 时),将会产生 ODUj-AIS,来代替丢失的 ODUj 信号。

1. ODU1 到 ODTU12 的映射

ODTU12 的帧结构如图 4-48 和图 4-49 所示,它是一个 4 行×952 列的复帧结构。对于 2.5G TS,复帧数为 4;对于 1.25G TS,复帧数为 8。由复帧定位信号(MFAS)的第 6~8 位可以确定当前 ODTU12 帧处于复帧中的哪一帧。

ODU1 通过 2.5G TS 到 ODTU12 的映射如图 4-48 所示,ODU1 的一个字节映射到 ODTU12 的一个信息字节。每一个 ODTU12 复帧(即每 4 个 OPU2 帧)可以进行一次正的或负的调整。图 4-48 给出了映射到 OPU2 TS1 的情形。

ODU1 通过 1.25G TS 到 ODTU12 的映射如图 4-49 所示,ODU1 的一个字节映射到 ODTU12 的一个信息字节。每一个 ODTU12 复帧(即每 8 个 OPU2 帧)可以进行一次正的或负的调整。图 4-49 给出了映射到 OPU2 TS1 和 OPU2 TS4 的情形。

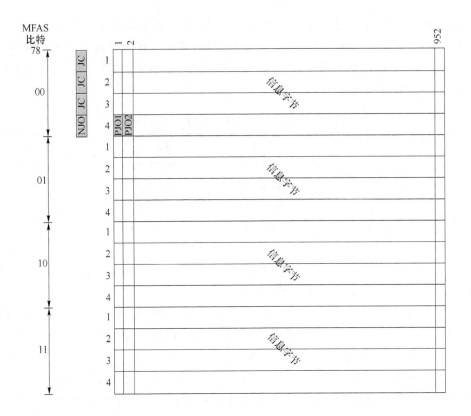

图 4-48　ODU1 通过 2.5G TS 到 ODTU12 的映射（映射到 TS1 的情形）

2. ODU1 到 ODTU13 的映射

ODTU13 的帧结构如图 4-50 和图 4-51 所示，它是一个 4 行×238 列的复帧结构。对于 2.5G TS，复帧数为 16；对于 1.25G TS，复帧数为 32。由复帧定位信号（MFAS）的第 4～8 位可以确定当前 ODTU13 帧处于复帧中的哪一帧。

ODU1 通过 2.5G TS 到 ODTU13 的映射如图 4-50 所示，ODTU13 的第 119 列为固定填充字节，其内容为 0。ODU1 的一个字节映射到 ODTU13 的一个信息字节。

每一个 ODTU13 复帧（即每 16 个 OPU3 帧）可以进行一次正的或负的调整。具体在哪一帧进行调整，与 ODTU13 映射到哪一个 OPU3 2.5 Gbit/s TS JOH 有关，图 4-50 给出了映射到 OPU3 TS3 的情形。能进行调整的 ODTU13 帧与映射该帧的 OPU3 支路时隙的调整开销是相对应的，即一个调整帧需加一组 JOH TSi。

ODU1 通过 1.25G TS 到 ODTU13 的映射如图 4-51 所示，ODU1 的一个字节映射到 ODTU12 的一个信息字节。每一个 ODTU12 复帧（即每 32 个 OPU3 帧）可以进行两次正的或负的调整。图 4-51 给出了映射到 OPU3 TS2 和 TS25 的情形。

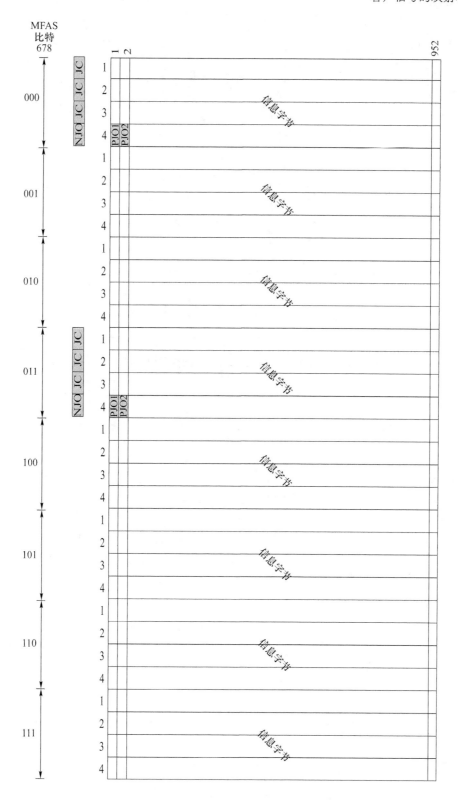

图 4-49　ODU1 通过 1.25G TS 到 ODTU12 的映射（映射到 TS1 和 TS4 的情形）

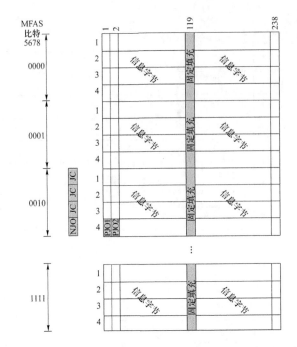

图 4-50　ODU1 通过 2.5G TS 到 ODTU13 的映射(映射到 TS3 的情形)

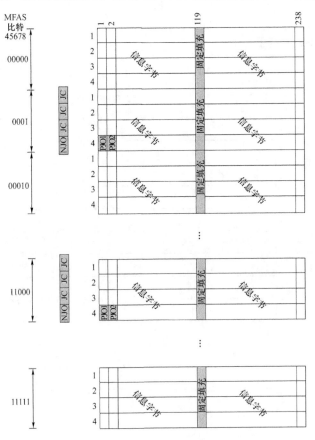

图 4-51　ODU1 通过 1.25G TS 到 ODTU13 的映射(映射到 TS2 和 TS25 的情形)

3. ODU2 到 ODTU23 的映射

ODTU23 的帧结构如图 4-52 所示,它是一个 4 行×952 列的复帧结构。对于 2.5G TS,复帧数为 16;对于 1.25G TS,复帧数为 32。由复帧定位信号(MFAS)的第 4~8 位可以确定当前 ODTU23 帧处于复帧中的哪一帧。

ODU2 信号映射到 OPU3 时,占用的是 OPU3 的 4 个 2.5G TS 或者 8 个 1.25G TS。

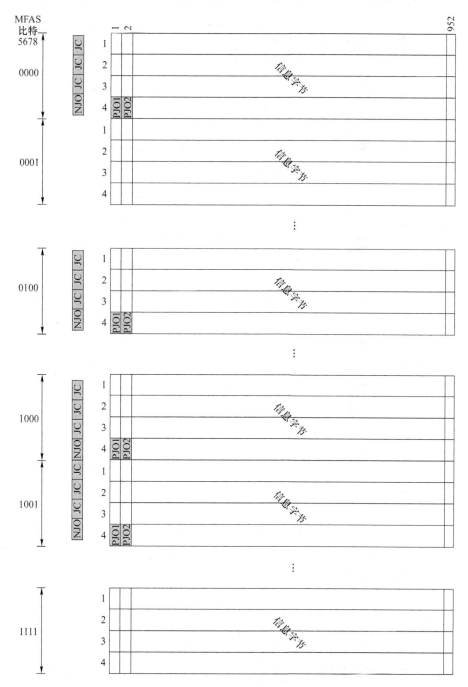

图 4-52　ODU2 通过 2.5G TS 到 ODTU23 的映射(映射到时隙 1、5、9、10 的情形)

ODU2 通过 2.5G TS 到 ODTU23 的映射如图 4-52 所示，ODU2 的一个字节映射到 ODTU23 的一个信息字节。每一个 ODTU23 复帧（即 16 个 OPU3 帧）可能作四次正的或负的调整。能进行调整的四个 ODTU23 帧与映射这些帧的 OPU3 的支路时隙的调整开销 JOH TSi 是相对应的，即四个调整帧需加四列 JOH TSi。图 4-52 给出了映射到 OPU3 的 TS1、TS5、TS9、TS10 的情形。

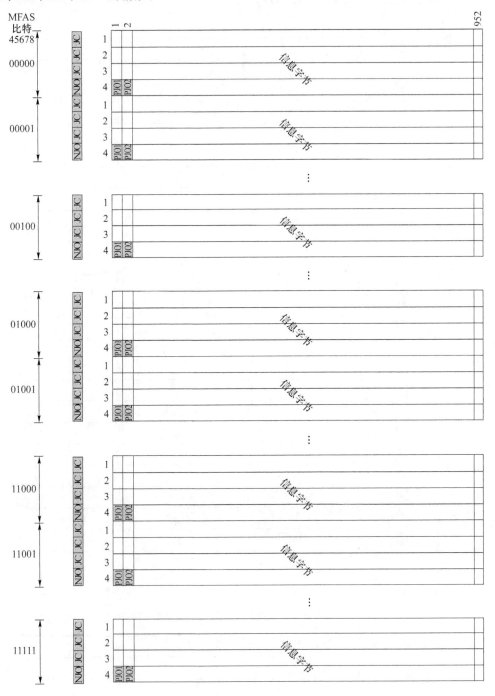

图 4-53　ODU2 通过 1.25G TS 到 ODTU23 的映射（映射到时隙 1、2、5、9、10、25、26、32 的情形）

ODU2 通过 1.25G TS 到 ODTU23 的映射如图 4-53 所示,ODU2 的一个字节映射到 ODTU23 的一个信息字节。每一个 ODTU23 复帧(即 16 个 OPU3 帧)可能作 8 次正的或负的调整。具体在哪一帧进行调整与 ODTU23 映射入的 OPU3 1.25 Gbit/s TS 的 JOH 有关。图 4-53 给出了映射到 OPU3 的 TS1、TS2、TS5、TS9、TS10、TS25、TS26 和 TS32 的情形。

4. ODU0 到 ODTU01 的映射

ODU0 的字节映射入 ODTU01 的信息字节,如图 4-54 所示。每两个 OPU1 帧,可以进行 1 次正的或者负的调整。具体在哪一帧进行调整与 ODTU01 映射入的 OPU1 TS 的 JOH 有关。图 4-54 给出了映射到 OPU1 TS1 的情形。其中,PJO2 字段一直承载信息字节。

图 4-54　ODU0 通过 1.25G TS 到 OPU1 的映射(映射到 TS1 的情形)

4.6.7　ODUj 到 ODTUk.ts 的映射

ODUj ($j=0$,1,2,2e,3,flex)信号(比特容差为±100ppm)到 ODTUk.ts ($k=2$,3,4;ts$=M$)的映射基于通用映射规程实现。

OPUk 以及 ODTUk.ts ($k=2$,3,4)信号由本地时钟生成,与 ODUj 客户信号无关。扩展的 ODUj 信号通过通用映射规程适配到本地生成的 OPUk/ODTUk.ts 时钟。

ODUj 占用支路时隙的个数用 M 表示,因此 ODTUk.ts=ODTUk.M。

一组"M"个连续的扩展 ODUj 字节映射到一组"M"个连续 ODTUk.M 字节。

对于 ODUj ($j=0$,1,2,2e,3,flex)信号,通用映射规程将基于每 ODTUk.M 复帧生成 $C_m(t)$ 和 $C_{nD}(t)$ 信息,并将该信息在 ODTUk.ts 调整控制开销 JC1~JC3 和 JC4~JC6 中进行编码。解映射时从 JC1~JC3 和 JC4~JC6 中解码 $C_m(t)$ 和 $C_{nD}(t)$ 信息。

1. ODUj 到 ODTU2.M 的映射

在 GMP 数据/填充机制的控制下,M 个连续的扩展 ODUj($j=0$、flex)字节映射到 M 个连续的 ODTU2.M 净荷区。ODTU2.M 净荷区中的每组 M 个字节要么承载 M 个 ODU 字节,要么承载 M 个填充字节。填充字节固定为全 0。

ODTU2.M 净荷区中 M 字节组的编号从 1~15 232。

图 4-55 中说明的是 GMP M 字节 (m 比特)块的 ODTU2.M 净荷字节编号。在 ODTU2.M 复帧的第 1 行,第一个 M 字节标识为 1,第二个 M 字节标识为 2,依此类推。

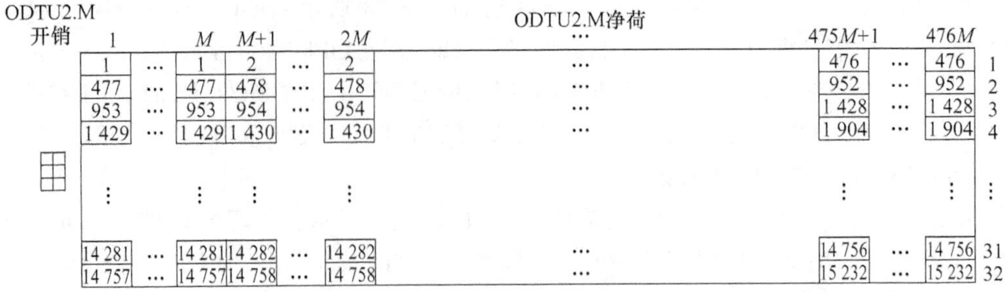

图 4-55　ODTU2. M GMP 字节编号

表 4-19 说明了 ODUj 映射到 ODTU2. M 的 C_m 和 $C_n(n＝8)$ 的取值情况。

表 4-19　ODUj 映射到 ODTU2. M 的 C_m 和 $C_n(n＝8)$

ODUj 信号	M	$m=8\times M$	$C_m(\min)$ 下限(注)	c_m 最小值	c_m 标称值	c_m 最大值	$C_m(\min)$ 上限(注)
ODU0	1	8	15 167	15 167.393	15 168.000	15 168.607	15 169
ODUflex(GFP)，$n=1,\cdots,8$	n	$8\times n$	ODUflex(GFP)速率相关				
ODUflex(CBR)	ODUflex(CBR)相关						

ODUj 信号	M	$m=8\times M$	$C_8(\min)$ 下限(注)	c_8 最小值	c_8 标称值	c_8 最大值	$C_8(\min)$ 上限(注)
ODU0	1	8	15 167	15 167.393	15 168.000	15 168.607	15 169
ODUflex(GFP)，$n=1,\cdots,8$	n	$8\times n$	ODUflex(GFP)速率相关				
ODUflex(CBR)	ODUflex(CBR)相关						

2. ODUj 到 ODTU3. M 的映射

在 GMP 数据/填充机制的控制下，M 个连续的扩展 ODUj（$j=0$，2e，flex）字节映射到 M 个连续的 ODTU3. M 净荷区。ODTU3. M 净荷区中的每组 M 个字节要么承载 M 个 ODU 字节，要么承载 M 个填充字节。填充字节固定为全 0。

ODTU3. M 净荷区中 M 字节组的编号从 1～15 232，如图 4-56 所示。

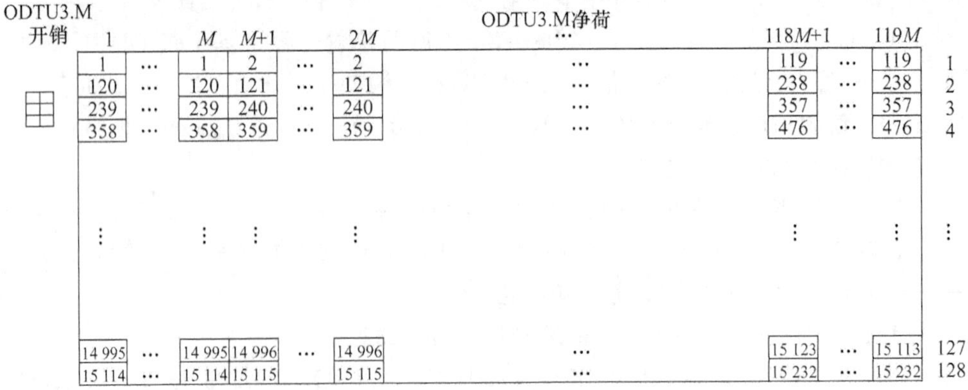

图 4-56　ODTU3. M GMP 字节编号

表 4-20 说明了 ODUj 映射到 ODTU3.M 的 C_m 和 C_n（$n＝8$）的取值情况。

表 4-20　ODUj 映射到 ODTU3.M 的 C_m 和 C_n（$n＝8$）

ODUj 信号	M	$m＝8×M$	最小值 $C_{m,min}$	最小值 c_m	标称值 c_m	最大值 c_m	最大值 $C_{m,max}$
ODU0	1	8	15 103	15 103.396	15 104.000	15 104.604	15 105
ODU2e	9	72	14 026	14 026.026	14 027.709	14 029.392	14 030
ODUflex(GFP),$n＝1,\cdots,32$	n	$8×n$	与 ODUflex(GFP)速率有关				
ODUflex(CBR)			与 ODUflex(CBR)有关				
-ODUflex(IB SDR)	3	24	10 200	10 200.928	10 202.152	10 203.376	10 204
-ODUflex(IB DDR)	5	40	12 241	12 241.113	12 242.582	12 244.051	12 245
-ODUflex(FC-400)	4	32	13 006	13 006.183	13 007.744	13 009.305	13 010
-ODUflex(FC-800)	7	56	14 864	14 864.209	14 865.993	14 867.777	14 868
ODUj 信号	M	$m＝8×M$	最小值 $C_{8,min}$	最小值 c_8	标称值 c_8	最大值 c_8	最大值 $C_{8,max}$
ODU0	1	8	15 103	15 103.396	15 104.000	15 104.604	15 105
ODU2e	9	72	126 234	126 234.232	126 249.381	126 264.532	126 265
ODUflex(GFP),$n＝1,\cdots,32$	n	$8×n$	与 ODUflex(GFP)速率有关				
ODUflex(CBR)			与 ODUflex(CBR)有关				
-ODUflex(IB SDR)	3	24	30 602	30 602.783	30 606.456	30 610.128	30 611
-ODUflex(IB DDR)	5	40	61 205	61 205.566	61 212.911	61 220.257	61 221
-ODUflex(FC-400)	4	32	52 024	52 024.731	52 030.974	52 037.218	52 038
-ODUflex(FC-800)	7	56	104 049	104 049.462	104 061.949	104 074.437	104 075

3. ODUj 到 ODTU4.M 的映射

在 GMP 数据/填充机制的控制下，M 个连续的扩展 ODUj（$j＝0,1,2,2e,3,$ flex）字节映射到 M 个连续的 ODTU4.M 净荷区。ODTU4.M 净荷区中的每组 M 个字节要么承载 M 个 ODU 字节，要么承载 M 个填充字节。填充字节固定为全 0。

ODTU4.M 净荷区中 M 字节组的编号为 1～15 200，如图 4-57 所示。

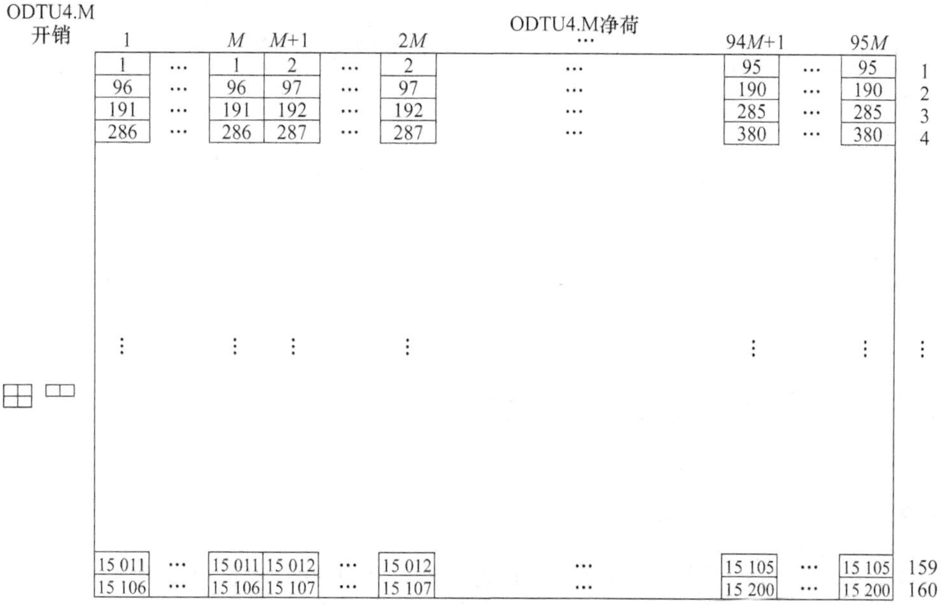

图 4-57　ODTU4.M GMP 字节编号

表 4-21 说明了 ODUj 映射到 ODTU4. M 的 C_m 和 $C_n(n=8)$ 的取值情况。

表 4-21　ODUj 映射到 ODTU4. M 的 C_m 和 $C_n(n=8)$

ODUj 信号	M	$m=8\times M$	最小值 $C_{m,min}$	最小值 c_m	标称值 c_m	最大值 c_m	最大值 $C_{m,max}$
ODU0	1	8	14 527	14 527.419	14 528.000	14 528.581	14 529
ODU1	2	16	14 588	14 588.458	14 589.042	14 589.626	14 590
ODU2	8	64	14 650	14 650.013	14 650.599	14 651.185	14 652
ODU2e	8	64	15 177	15 177.527	15 179.348	15 181.170	15 182
ODU3	31	248	15 186	15 186.673	15 187.280	15 187.888	15 188
ODUflex(GFP),n=1,…,80	n	$8\times n$	与 ODUflex(GFP)速率有关				
ODUflex(CBR)	与 ODUflex(CBR)有关						
-ODUflex(IB SDR)	2	16	14 655	14 655.763	14 657.522	14 659.281	14 660
-ODUflex(IB DDR)	4	32	14 655	14 655.763	14 657.522	14 659.281	14 660
-ODUflex(IB QDR)	8	64	14 655	14 655.763	14 657.522	14 659.281	14 660
-ODUflex(FC-400)	4	32	12 457	12 457.399	12 458.894	12 460.389	12 461
-ODUflex(FC-800)	7	56	14 237	14 237.027	14 238.736	14 240.444	14 241
ODUj 信号	M	$m=8\times M$	最小值 $C_{8,min}$	最小值 c_8	标称值 c_8	最大值 c_8	最大值 $C_{8,max}$
ODU0	1	8	14 527	14 527.419	14 528.000	14 528.581	14 529
ODU1	2	16	29 176	29 176.917	29 178.084	29 179.251	29 180
ODU2	8	64	117 200	117 200.105	117 204.793	117 209.482	117 210
ODU2e	8	64	121 420	121 420.214	121 434.786	121 449.359	121 450
ODU3	31	248	470 786	470 786.863	470 805.695	470 824.528	470 825
ODUflex(GFP),n=1,…,80	n	$8\times n$	与 ODUflex(GFP)速率有关				
ODUflex(CBR)	与 ODUflex(CBR)有关						
-ODUflex(IB SDR)	2	16	29 311	29 311.526	29 315.044	29 318.562	29 319
-ODUflex(IB DDR)	4	32	58 623	58 623.052	58 630.088	58 637.124	58 638
-ODUflex(IB QDR)	8	64	117 246	117 246.105	117 260.176	117 274.247	117 275
-ODUflex(FC-400)	4	32	49 829	49 829.595	49 835.575	49 841.555	49 842
-ODUflex(FC-800)	7	56	99 659	99 659.189	99 671.149	99 683.110	99 684

4.7　客户信号的虚级联映射

4.7.1　虚级联的概念

随着宽带接入技术的普及,数据业务在通信网络中所占的比重越来越大。当数据业务的速率大于 OTN 网络容器的速率时,可再增加几个相同的容器来装数据,即采用级联(Concatenation)的方法。根据这几个容器在 OTN 网中传输时是捆绑在一起传输还是单独一个一个地传输,我们可以将级联分为相邻级联和虚级联(Virtual Concatenation)。如果这几个容器是捆绑在一起传输,则这种级联称为相邻级联;如果这几个容器是一个一个地传输,则这种级联称为虚级联,这几个容器合起来称为虚级联组(Virtual Concatenation Group,VCG)。很显然,由于相邻级联的几个容器是捆绑在一起的,因此要求传输路径上所有的设备都要支持相邻级联的功能;如果是虚级联,就没有这个要求,但虚级联也有虚级联的问题,那就是虚级联的容器可以通过不同的路径来传输,这样就会导致容器到达终点的时间不一样,这个问题可以用复帧指示器(MFI)和序列指示器(SQ)的方法来解决。为了标识同一个虚级联组中的不同的成员,虚级联技术在 SDH 帧的通道开销中定义了复帧指示器和序列指示器。有了这些标识,虚级联组中的各个成员就可以通过不同的路径到达接收端,接收端通过这两个指示器可以将经过不同路径,有着不同时延的成员正确地组合在一起。

基于 G.872 和 G.709 的光传送网(OTN)是当前的主力传送网,所有的客户信号都要在 OTN 中传输,OTN 采用的是数字包封技术。数字包封中装载客户信号的是 OTN 光接口中的光净荷单元(OPUk),标准的 OPUk 净荷为 4 行 3 808 列,能装载 15 232 个字节。如果客户信号的帧结构字节数大于标准 OPUk 的字节数,则需要和 SDH 一样引入级联技术,将客户信号装到几个 OPUk 中,这就是数字包封技术中的级联,数字包封技术只引入了虚级联的概念。

2003 年 1 月通过的 ITU-T G.709 建议第二版对 OTN 的虚级联做了规范,2012 年 2 月通过的 G.709 建议第四版又做了修订。本节将介绍虚级联所用的容器以及如何将客户信号映射到虚级联容器等内容。

4.7.2 虚级联容器及其开销

OTN 中的级联是通过 OPUk 信号的虚级联实现的。

1. 虚级联容器

如果将客户信号用 X 个 OPUk 来装载,则其所用的虚级联容器用 OPUk-Xv 来表示。OPUk-Xv($k=1,2,3;X=1,\cdots,256$)的帧结构如图 4-58 所示,它是一个具有 4 行 3 810X 列的字节块状帧结构。OPUk-Xv 由 OPUk-Xv 开销区和 OPUk-Xv 净荷区构成。

第 14X+1～16X 列为 OPUk-Xv 开销专用区,第 16X+1～3 824X 为 OPUk-Xv 净荷专用区。图中未画出的 1～14X 列为帧定位开销区(FA OH)、光传送单元开销区(OTUk OH)和光通道数据单元开销区(ODUk OH)。

OPUk-Xv 提供一个具有 X 倍于 OPUk 净荷区容量的相连净荷区(OPUk-X-PLD),其容量为 $238X/(239-k)\times4^{k-1}\times2.5$ Gbit/s±20 ppm。

OPUk-X-PLD 被映射到 X 个 OPUk 中,每一个 OPUk 在一个 ODUk 中传输,X 个 ODUk 就形成了 ODUk-Xv。ODUk-Xv 中的每一个 ODUk 在网络中单独传送。由于不同的 ODUk 通过网络传输时有不同的时延,因此在终结时 ODUk(进而在 OPUk)之间有时延差。这种时延差必须进行补偿,并且这些单个的 OPUk 必须重新定位,以组成相连的净荷区。

2. 和虚级联映射相关的开销

OPUk-Xv 的开销由 3 个部分构成:第 1 部分是 X 个包含净荷类型的净荷结构标识(PSI)字节;第 2 部分是 X 套虚级联开销(VCOH),它用于虚级联专用序列和复帧指示;第 3 部分是与客户信号映射相关的开销,如调整控制和机会比特,如图 4-59 所示。对于 OPUk-Xv

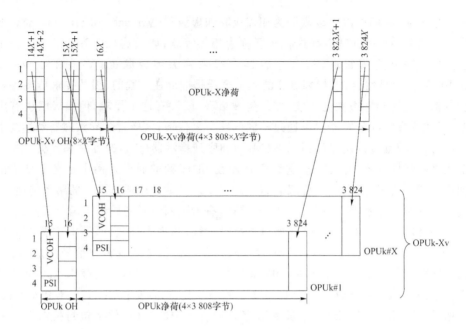

图 4-58 OPUk-Xv 的结构

的每一个 OPUk 来说,都有一个 PSI、一套 VCOH 以及和虚级联信号相关的映射专用开销。
每一套 VCOH 开销由 VCOH1、VCOH2、VCOH3 共 3 个字节构成。

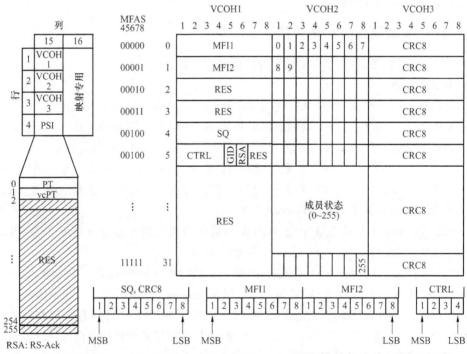

注:PT 为净荷类型;vcPT 为虚级联净荷类型标识;RES 为预留字节;MFAS 为复帧定位;
MFI1、MFI2 为复帧指示器;SQ 为序列指示器;CTRL 为控制字;GID 为组识别;RSA 为反
向序列响应。

图 4-59 OPUk-Xv 虚容器开销

OPUk-Xv 开销中的 PSI 和位于第 16 列的映射专用开销主要与客户信号的虚级联映射有关,将在本节予以介绍,而虚级联开销 VCOH1、VCOH2、VCOH3 主要和虚容器的链路容量调整方案有关,将在下一节予以介绍。

在 OPUk-Xv 的每一个 OPUk 中,定义了一个 PSI 字节,它位于第 4 行第 15 列,用于传送一个具有 256 字节的净荷结构标识信号。对于一个 OPUk-Xv 的每一个 OPUk 来说,PSI 内容是相同的。其中,PSI[1] 为虚级联净荷类型标识(vcPT),用来表示虚级联容器中所装载的信号是何种类型,其编码见表 4-22。

表 4-22 虚级联容器净荷类型(vcPT)编码表

二进制编码	十六进制编码[①]	编码含义
0 0 0 0 0 0 0 1	01H	实验映射[③]
0 0 0 0 0 0 1 0	02H	CBR 异步映射
0 0 0 0 0 0 1 1	03H	CBR 比特同步映射
0 0 0 0 0 1 0 0	04H	ATM 映射
0 0 0 0 0 1 0 1	05H	GFP 映射
0 0 0 1 0 0 0 0	10H	具有字节定时信号的比特流映射
0 0 0 1 0 0 0 1	11H	无字节定时信号的比特流映射
0 1 0 1 0 1 0 1	55H	禁用[②]
0 1 1 0 0 1 1 0	66H	禁用[②]
1 0 0 0××××	80H-8FH	预留的私用编码[④]
1 1 1 1 1 1 0 1	0FDH	空试验信号的映射
1 1 1 1 1 1 1 0	0FEH	PRBS 试验信号的映射
1 1 1 1 1 1 1 1	0FFH	禁用[②]

注①:剩下的 228 个编码预留作未来国际标准使用,可参考 G.806 附件 A 的程序获得新净荷类型的编码。

注②:这些编码值被禁止使用,因为这些比特图案出现在 ODUk 维护信号中。

注③:"01"值仅仅用于映射编码还没有定义的试验活动,可参考 G.806 附件 A 获得使用这一编码的更多信息。

注④:这 16 个编码值与标准值不一致,可参考 G.806 附件 A 获得使用这些编码的更多信息。

OPUk 中还有 3X 个 JC 和 X 个 NJO 字节用于映射专用,它们位于第 15X+1 到 16X 列,其作用是虚级联映射时作速率调整。

4.7.3 客户信号的虚级联映射

虚级联容器的主要客户信号为 10Gbit/s 和 40Gbit/s 的 SDH、ATM 和 GFP 帧等信号。10Gbit/s 的 SDH 信号可以映射到 OPU1-4v 中,40Gbit/s 的 SDH 信号可以映射到 OPU1-16v 和 OPU2-4v 中,ATM 和 GFP 可以映射到任意的 OPUk-Xv 中,下面分别予以介绍。

1. 固定比特率(CBR)信号到 OPUk-4v 的映射

CBR 信号(STM-64、STM-256)可以按照异步和比特同步两种方式映射到 OPUk-4v 中。OPUk-4v 的帧结构如图 4-60 所示。

按照这种映射方案,OPUk-4v 和客户信号时钟之间能调节的最大比特率容差为 ±65 ppm。由于 OPUk-4v 时钟的比特率容差为 ±20 ppm,所以客户信号的比特率容差是 ±45 ppm。

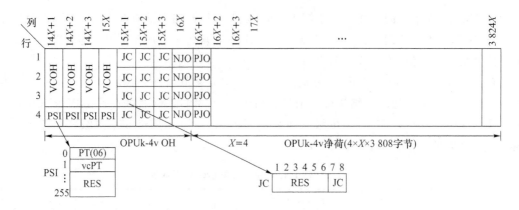

图 4-60　OPUk-4v 的帧结构

这些映射的 OPUk 开销除 PSI 和 VCOH 外,每行还有 3 个调整控制字节(JC)和一个负调整机会字节(NJO)。JC 字节由两个调整比特和预留的 6 个比特构成。

OPUk-4v 净荷区由 $4×4×3\ 808$ 个字节构成。调整控制信号(JC)位于每一行的 $15X+1(61)$、$15X+2(62)$、$15X+3(63)$ 列,其中第 7 位和第 8 位用来控制该行的两个调整机会字节 NJO 和 PJO(分别位于第 64 列和第 65 列)。每行包括 1 个正的调整机会字节(PJO)、1 个 NJO 字节和 3 个 JC 字节。由于 OPUk-4v 净荷区的容量是 OPUk 的 4 倍,因此 10 Gbit/s 信号可装入 OPU1-4v 中,40 Gbit/s 的信号可装入 OPU2-4v 中。在装入的过程中,每一行都可以作一个字节的正/负码速调整;在 OPUk-4v 帧中,可作 4 次共 4 个字节的正/负码速调整。

异步映射和比特同步映射过程分别按照表 4-1 和表 4-2 来产生 JC、NJO、PJO 字节。在解映射过程中,应该根据择多判决的原则来读取 JC,以决定是否处理 NJO 和 PJO 中的内容。当 NJO 和 PJO 用作调整字节时,其值为全"0"。不管它们什么时候用作调整字节,接收端应该忽略这两个字节的值。

在输入的 CBR 客户信号处于失效期间(如输入信号丢失),失效信号应该由通用的告警指示信号(AIS)代替,然后映射到 OPUk-4v 中;在输入的 ODUk/OPUk-4v 失效的情况下,比如出现 ODUk-AIS、ODUk-LCK、ODUk-OCI 告警的情况下,将会产生通用 AIS 图案来代替丢失的 CBR 信号。

对于异步映射,OPUk-4v 信号由本地时钟产生,它与 CBR 客户信号无关。CBR 信号映射到 OPUk-4v 时采用正/负/零调整方案。

对于比特同步映射,OPUk-4v 时钟来源于 CBR 客户信号。当输入的客户信号失效时,比如输入信号丢失时,OPUk-4v 净荷信号的比特率应该在限定的范围之内,并且不能引起频率和帧相位的不连续。当 CBR 客户信号恢复正常,也不应引起频率或者帧相位的不连续。

CBR 信号在比特同步映射到 OPUk-4v 中时,没有使用 OPUk-4v 帧的调整能力:4 个 NJO 都为调整字节,4 个 PJO 都为数据字节,JC 固定为 00。

(1) CBR10G 信号到 OPU1-4v 的映射

以 CBR10G 信号的 8 个连续位(并非必须是一个字节)为单位所构成的 10G 信号被映射到 OPU1-4v 的数据字节(D),如图 4-61 所示。对于每一个 OPU1-4v 行,可以执行一次正的或者负的调整动作;对于一个 OPU1-4v 帧,可以执行 4 次正的或者负的调整动作。

	$14X+1$	$14X+2$	$14X+3$	$15X$	$15X+1$	$15X+2$	$15X+3$	$16X$	$16X+1$	$16X+2$	$16X+3$	$17X$	$X=4$	$3\,824X$
1	VCOH	VCOH	VCOH	VCOH	JC	JC	JC	NJONJONJO	PJOPJOPJO				$4\times3\,808D-1$	
2	VCOH	VCOH	VCOH	VCOH	JC	JC	JC	NJONJONJO	PJOPJOPJO				$4\times3\,808D-1$	
3	PSI	PSI	PSI	PSI	JC	JC	JC	NJONJONJO	PJOPJOPJO				$4\times3\,808D-1$	
4	PSI	PSI	PSI	PSI	JC	JC	JC	NJONJONJO	PJOPJOPJO				$4\times3\,808D-1$	

图 4-61　CBR10G 信号到 OPU1-4v 的映射

(2) CBR40G 信号到 OPU2-4v 的映射

以 CBR40G 信号的 8 个连续位为单位所构成的 40G 信号被映射到 OPU2-4v 的数据字节(D),如图 4-62 所示。4×64 个固定填充字节(FS)要加到第 $1\,904X+1$ 列至 $1\,920X$ 列。对于每一个 OPU2-4v 行,可以执行一次正的或者负的调整动作;对于一个 OPU2-4v 帧,可完成 4 次正的或者负的调整动作。

	$14X+1$	$14X+2$	$14X+3$	$15X$	$15X+1$	$15X+2$	$15X+3$	$16X$	$16X+1$	$16X+2$	$16X+3$	$17X$	...	$1\,904X$	$1\,904X+1$	$1\,920X$	$1\,920X+1$	...	$3\,824X$
1	VCOH	VCOH	VCOH	VCOH	JC	JC	JC	NJONJONJO	PJOPJOPJO				$4\times118\times16D-1$		4×16FS		$4\times119\times16D$		
2	VCOH	VCOH	VCOH	VCOH	JC	JC	JC	NJONJONJO	PJOPJOPJO				$4\times118\times16D-1$		4×16FS		$4\times119\times16D$		
3	PSI	PSI	PSI	PSI	JC	JC	JC	NJONJONJO	PJOPJOPJO				$4\times118\times16D-1$		4×16FS		$4\times119\times16D$		
4	PSI	PSI	PSI	PSI	JC	JC	JC	NJONJONJO	PJOPJOPJO				$4\times118\times16D-1$		4×16FS		$4\times119\times16D$		

图 4-62　CBR40G 信号到 OPU2-4v 的映射

2. CBR 信号到 OPUk-16v 的映射

CBR 信号(如 STM-256)可以按照异步和比特同步两种方式映射到 OPUk-16v。OPUk-16v 的帧结构在 OPUk-4v 帧结构的基础上进行了修改,如图 4-63 所示。修改后的 OPUk-16v 帧结构有一部分开销(JC、NJO、PJO)分布在整个帧净荷区中,如 $15X+5\sim16X$ 列在 OPUk-16v 的净荷区内。

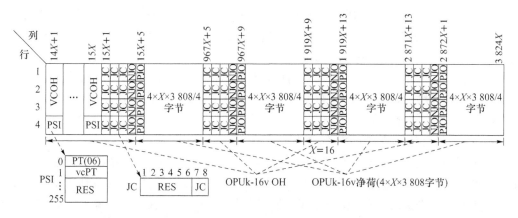

图 4-63　映射 CBR40G 信号的 OPUk-16v 帧结构

按照这种映射方案,OPUk-16v 和客户信号时钟之间能调节的最大比特率容差为 ±65ppm。由于 OPUk-16v 时钟的比特率容差为 ±20ppm,所以客户信号的比特率容差是 ±45ppm。

提供给这种映射的 OPUk-16v 开销由 16 个包括净荷类型(PT)和虚级联净荷类型(vcPT)的净荷结构标识(PSI)、16 套虚级联开销 VCOH、每行 12 个调整控制字节(JC)和 4 套正/负调整机会字节构成。

OPUk-16v 净荷区由 4 块区域构成,每块区域为 4 行 15 232 列,与 OPUk-4v 的净荷区大小相同。其映射原理也与 OPUk-4v 的映射原理相同。以 CBR40G 信号的 8 个连续位(并非必须是一个字节)为单位所构成的 CBR40G 信号被映射到 OPU1-16v 的数据字节(D),对于每一个 OPU1-16v 行,最多能完成 4 次正的或者负的调整动作;对于一个 OPU1-16v 帧,最多能完成 16 次正的或者负的调整动作。

CBR 信号到 OPUk-16v 的异步映射和比特同步映射过程分别按照表 4-1 和表 4-2 来产生 JC、NJO、PJO 字节,解映射过程按照表 4-1 和表 4-2 来解释 JC、NJO、PJO。在解映射过程中应该根据择多判决的原则来读取 JC,以决定是否处理 NJO 和 PJO 中的内容。

当 NJO 和 PJO 用作调整字节时,其值为全 0。不管它们什么时候用作调整字节,接收端应该忽略这两个字节中的值。

在输入的 CBR 客户信号失效时(比如输入信号丢失),这些失效的输入信号应该由通用的 AIS 告警信号代替,然后映射到 OPUk-16v 中。在输入的 ODUk/OPUk-16v 失效时,比如出现 ODUk-AIS、ODUk-LCK、ODUk-OCI 告警的情况下,将会产生通用 AIS 图案来代替丢失的 CBR 信号。

异步映射的 OPUk-16v 由本地时钟产生,它与 CBR 客户信号无关。CBR 信号映射到 OPUk-16v 中使用的是正/负/零调整方案。

用于比特同步映射的 OPUk-16v 时钟来源于 CBR 客户信号。在输入的客户信号失效时,比如输入信号丢失时,OPUk-16v 净荷信号的比特率应该在规定的范围之内,并且不引起频率和帧相位的不连续。当对 CBR 客户信号恢复时,也不应该引起频率或者帧相位的不连续。

3. GFP 帧到 OPUk-Xv 的映射

GFP 帧由 GFP 帧头和 GFP 净荷区构成。由于 GFP 帧的长度是可变的,GFP 帧可能跨越 OPUk 帧的边界。GFP 帧的映射是通过把 GFP 帧字节结构与 OPUk-Xv 净荷的字节结构对齐放置来完成的,如图 4-64 所示。

由于在 GFP 的封装阶段可插入空闲帧,所以 GFP 帧可以具有与 OPUk 净荷区相同容量的连续比特流输入,因此在映射阶段不必进行速率适配。又由于 GFP 帧在封装时就进行了扰码,所以在映射阶段也不必扰码。

4. ATM 信元流到 OPUk-Xv 的映射

通过复用一组 ATM 虚通道信号的信元,可以产生和 OPUk-Xv 净荷区容量一样的固定比特率 ATM 信元流。速率适配作为信元流产生过程的一部分,可通过插入空闲的信元或者是丢弃信元来实现。ATM 信元流被映射到具有和 ATM 信元字节结构一样的 OPUk 净荷区,如图 4-65 所示,ATM 信元边界与 OPUk-Xv 净荷的字节边界是对齐的。因为 OPUk-Xv 的净荷容量($X\times15\,232$ 字节)不是 ATM 信元长度(53 字节)的整数倍,因此一个

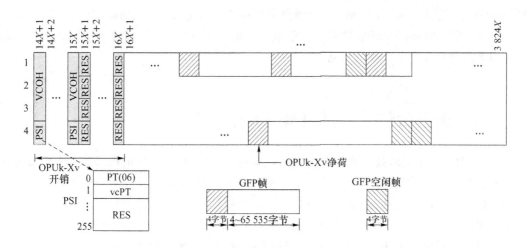

图 4-64　GFP 帧到 OPUk-Xv 的映射

ATM 信元可能跨越一个 OPUk-Xv 的帧边界。

ATM 信元的信息区(48 字节)在映射到 OPUk-Xv 之前应该扰码。相反地,当 OPUk-Xv 信号终结时,ATM 信元信息区在通过 ATM 层之前应该解扰。使用产生多项式为 $X^{43}+1$ 的自同步扰码器,扰码器只对信元信息区进行扰码,对于 5 字节的信元头,扰码器暂停工作,但保持扰码状态。在启动时发送的第一个信元信号可能不太好,因为接收端的解扰码器还没有与发送端的扰码器同步。

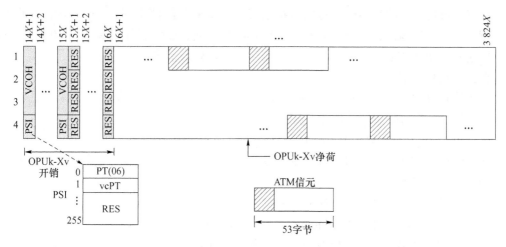

图 4-65　ATM 信元到 OPUk-Xv 的映射

在 ODUk 终结以后,从 OPUk-Xv 净荷区中取出 ATM 信元流时,ATM 信元必须被恢复。ATM 信元头包括一个信头差错控制(HEC)区,它可以采用与帧定位类似的方式来实现 ATM 信元定界功能。这种 HEC 方法利用了被 HEC 保护的信头位(32 位)和信头里面的 HEC(8 位)控制位之间的相关性。HEC 是用产生多项式为 $g(x)=x^8+x^2+x+1$ 缩短循环码计算得到。

为了改进信元的性能,从这个多项式中得到的余数应该加上固定的图案 01010101。

用于 ATM 映射的 OPUk-Xv 开销由 X 个包括净荷类型和虚容器净荷类型的净荷结构

标识(PSI)、X 套 VCOH 开销和 $4X$ 个预留字节构成。用于 ATM 映射的 OPUk-Xv 净荷由 $4X \times 3\,808$ 字节构成,ATM 的映射从位于第一行第 $16X+1$ 列的字节开始,按照从左到右、从上到下的顺序存放 ATM 信元流。

4.8 虚级联信号的链路容量调整方案

OTN 引入了虚级联技术来解决大容量数据的传输问题,但单纯的虚级联技术所使用虚容器的数目是固定的,这势必会造成传输效率的降低。因此,我们希望网络提供的传输容量要随着数据带宽的变化动态地改变。ITU-T G.7042/Y.1305 建议"虚级联信号的链路容量调整方案(Link Capacity Adjustment Scheme,LCAS)"就是针对这一要求提出来的,该建议定义了链路容量调整采用虚级联技术来增加或减少 OTN 网络中的容量。

本节主要介绍 OTN 中虚级联信号的链路容量调整原理、LCAS 的控制帧、LCAS 协议以及 LCAS 的几个关键操作。

4.8.1 LCAS 控制开销

OTN 的 OPUk-Xv 由 X 个 OPUk 组成,每个 OPUk 有一套用于虚级联 LCAS 的开销,由 VCOH1、VCOH2、VCOH3 共 3 个字节构成,位于第 1～3 行第 15 列。而每一套 LCAS 开销由 32 个复帧组成(编号为 0～31),如图 4-23 所示。

LCAS 通过控制帧来实现发送端与接收端的容量变化的同步,每个控制帧描述了在下一控制帧内的链路状态。变化信息事先发出,以保证接收机尽快可以倒换到新的配置状态。控制帧包括从源到宿和从宿到源两个方向用于特定功能的信息。

前向方向信息有:

- 复帧指示器(Multiframe Indicator,MFI);
- 序列号指示器(Sequence Indicator,SQ);
- 控制字(Control Word Sent from Source to Sink,CTRL);
- 组识别比特(Group Identification,GID)。

后向方向信息有:

- 成员状态区域(Member Status,MST);
- 序列重排确认比特(Re-sequence Acknowledge,RS-Ack)。

MST 与 RS-Ack 在 VCG 所有成员的控制字中都是相同的。

在两个方向都有的信息有:

- 循环冗余校验(Cyclic Redundancy Check,CRC);
- 未采用字节,设置为 0。

为了保持一致的定时关系,假设 LCAS 控制帧在接收端进行不同的时延补偿后再处理。

下面逐一介绍控制信息域内的信息内容。

1. 复帧指示器(MFI1、MFI2)

为了解决帧定位问题,在 OTN 虚级联中引入了一个两级复帧,通过接收端的重装来覆盖虚级联组内成员信号之间的时延差,并对这些时延差进行补偿。

第 1 级复帧采用帧定位开销区中的 MFAS 字节作为 8 位复帧指示器,MFAS 随 ODUk 的逐帧增加,从 0～255 计数。第 2 级复帧采用 VCOH 中的 MFI1 和 MFI2 字节,它们形成了一个 16 位的复帧计数器。其中,MFI1 为高位计数器,MFI2 为低位计数器。MFI1 位于 VCOH1[0],MFI2 位于 VCOH1[1]。第 2 级复帧计数器的范围是 0～65 535,在第 1 级的每一个复帧的开始计数。

将第 1 级复帧计数器和第 2 级复帧计数器联合起来构成的复帧长度为 $256 \times 65\ 536 = 16\ 777\ 216$ 帧。在 OPUk-Xv 的开始,其所有 OPUk 的复帧序列都是一样。接收端对 OPUk 的重新定位必须能补偿至少 125 μs 的时延差。

2. 序列指示器(SQ)

序列指示器 SQ 用来识别 OPUk-Xv 中 OPUk 的顺序,接收端将按照这个顺序把单个 OPUk 重新组合成 OPUk-X-PLD。8 位的序列号 SQ 在 VCOH1[4]中传输。

OPUk-Xv 中的每一个 OPUk 有一个范围从 0～$(X-1)$ 的唯一固定的序列数。当 OPUk 传送 OPUk-Xv 的第 1 个时隙时,序列数为 0,当传送第 2 个时隙时,序列数为 1,当传送第 X 时隙时,序列数为$(X-1)$。

对于需要固定带宽的应用场合来说,序列数是固定分配的,一般不可配置。这允许 OPUk-Xv 的结构要么在不使用踪迹标识的情况下被检查,要么通过一系列具有路径终端功能的 ODUk 信号来传送。

需要注意的是:SQ 不能用于发送控制域为 IDLE 的成员。从 VCG 中移除的成员序列号应该被指配一个比现在最大的序列号(控制域中包含帧结束标识 EOS)还大的值。

3. 控制字(CTRL)

OPUk-Xv 链路容量调整方案(LCAS)控制字用来传递虚级联组源端和宿端之间每一成员(member)的状态信息,并实现宿端与源端信息的同步。CTRL 主要有两个作用:一是可以表示当前成员的状态,比如最后一个成员的控制字为"EOS"(End of Sequence),空闲的成员控制字为"IDLE";二是控制字还通过"ADD"和"DNU"(Do Not Use)表明当前成员需要加入或者不可用。控制字的编码和含义见表 4-23。

表 4-23　控制字(CTRL)的编码和含义

值	命　令	解　释
0000	FIXED	使用固定带宽(即不支持 LCAS)
0001	ADD	将当前成员增加到虚级联组中
0010	NORM	正常传输
0011	EOS	虚级联组中的最后一个成员,正常传输
0101	IDLE	不是虚级联组成员或者将从该组删除
1111	DNU	不使用被宿报告为 FAIL 状态的成员

在虚级联组(VCG)的发起端,所有成员的 CTRL 都发送"IDLE",直到它们加入 VCG 中(此时,CTRL 发送"ADD")。

4. 成员状态域(MST)

OPUk-Xv LCAS 成员状态域报告了同一虚级联组中所有成员从宿端到源端的状态信

息,每个 OPUk 用一位来报告其从宿端到端源的状态。从 VCOH2[0]到 VCOH2[31]共 $8 \times 32 = 256$ 位,分别用来表示 256 个成员的状态,即正常或失效。0 表示正常,1 表示失效。VCOH2[0]到 VCOH2[31]的位置如图 4-58 所示。VCG 中成员号码可以为分配区域的任意一个,也可以改变。因为每一 LCAS 开销子帧只包含 8 个表示传输成员状态的位,因此该信息分散在 32 个 LCAS 开销子帧中。虚级联组中的数量在指定范围内是任意的,并可改变。每个成员通过 LCAS 开销中的序列数来辨认。对每个成员,宿端用从源端收到的序列号当作成员状态域的序号,作为对源端的响应。同样,源端收到的 MST 值总是直接对应于被分配的 SQ 值。对于非 LCAS 模式,接收机期望固定数目的成员。为了让接收机确定 VCG 中的数目,最大序列的成员通过置控制字为"EOS"来指示,所有其他成员的控制字是"NORM"或"DNU"。

在 VCG 宿端初始化时,所有成员都要报告 MST 为"FAIL"(失效)。当收到的控制字为"ADD"(在该成员被添加后可能为"NORM"或者"EOS")时,MST 转为"OK"(成功)。所有未用的 MST 和控制字为"IDLE"(空闲)的成员都应设为"FAIL"。

所有 256 个成员的状态在 $1\,567\,\mu s(k=1)$、$390\,\mu s(k=2)$、$97\,\mu s(k=3)$ 内可以传送完毕。

5. 组识别(GID)

组识别用于收端验证所有到达的虚容器是否来自同一虚级联组。GID 还为接收机提供验证信息,以确认所有到达通道都是来自一发送机。组识别的内容是伪随机的,但接收机不要求与输入流同步,采用的伪随机序列为 $2^{15}-1$;但组内所有成员在 MFI 复帧中 GID 比特都是相同的,因此 GID 可以用于组识别。

注意:组识别位在控制域发送"IDLE"时是无效的。

6. 序列重排确认比特(RS-Ack)

序列重排确认比特是一种从宿端到源端的指示,说明接收端检测到了序号的增加或减小,VCOH1[5]的第 6 位用于 RS-Ack。如果在宿端检测到了虚级联组组员顺序编号的任何改变,通过切换 RS-Ack 比特(原来为"1"就变为"0",原来为"0"就变为"1"),并将 RS-Ack 的值报告给源端。只有所有 VCG 成员状态被评估且序列发生变化后,RS-Ack 比特才会切换。RS-Ack 的切换将确认上一复帧的 MST,源端采用该切换信息作为源端发起的变化已被接受和完成,并开始接收新的 MST 信息。

7. OPUk-Xv LCAS 循环冗余校验(CRC)

为了简化虚级联开销变化的确认,正确地接收虚级联 LCAS 开销,G.709 定义了 8 位循环冗余校验码,用于保护相应开销。当相应开销被接收后,就执行循环冗余码校验。如果校验失败,就丢掉该数据;如果通过校验,该数据立即生效。在图 4-23 中,复帧 VCOH3 即为 CRC-8 校验码放置区,它负责对相应子帧的 VCOH1 和 VCOH2 进行校验,将计算结果置于 VCOH3 中。计算所用 CRC-8 的生成多项式为 x^8+x^2+x+1。

4.8.2　链路容量调整原理

LACS 能在 OTN 虚级联的源和宿适配功能之间提供无损伤地增加或减少虚级联组 (VCG)容量的控制机制,以满足应用的带宽需求。此外,当 VCG 中的一条链路失效时,它同时提供删除该链路的功能。如果虚级联组 OPUk-Xv 中的某一个 OPUk 出现失效,系统可以自动减少容量;网络修复完成后,则自动增加容量。这种调整适用于虚级联组中的每一个成员。

LCAS 假设网元每个端到端通路容量的发起、增加或减少、建立或删除都是网管系统的责任。也就是说,LCAS 不能自动发起业务容量请求,只有当网管系统下发指令时,网元才能无损伤建立。

LCAS 的几个关键操作是增加成员、减少成员、删除成员以及 LCAS 与非 LCAS 的互连,介绍如下。

1. 增加成员

当加入一个成员时,它应被分配一个比原来最大序列号还大 1 的序列号。当多个成员加入时,它们必须拥有唯一的序列号以使得在需求时有唯一的 MST 响应。收到 ADD 命令后,响应 MST 为"OK"的第一个成员应该被指定下一个最高序列号,并将 CTRL 编码为"EOS",同时将目前序列号最高的成员的 CTRL 编码变为"NORM"。

值得注意的是:当 CTRL 为"ADD"时,源端一直发出增加新成员的 CTRL 信息,即 CTRL 为"ADD",一直到收到 MST 为"OK"为止。

在多个成员加入,并且同时从多个成员收到 MST 为"OK"时,可以任意分配序列号,只要它们是在当前最高序列号之后即可。当前最高序列号成员的 CTRL 编码应由"EOS"变为"NORM",同时最新的新成员的 CTRL 编码应变为"EOS"。而以前最高序列号的成员和其他新增加的成员的 CTRL 字都应设置为"NORM"。

增加新成员的最后一步是在 CTRL 中发送"NORM"或"EOS"。包含新成员净荷数据的第一个容器帧将是在包含新成员 NORM/EOS 信息开销最后 1 个比特(也就是 CRC 比特)容器帧之后的那一帧,也就是从 MFAS 编号为 6 的那一帧开始。

2. 减少成员(临时移出)

当在宿端检测到 VCG 中发出"NORM"或"EOS"的一个成员失效时,例如 aTSF、aTSD 和 dLOM 的信息,宿端通过该成员后向传输的 MST 发送"FAIL"状态信息,源端将把相应控制 CTRL 从"NORM"正常状态改变为"DNU"不可用状态,或者从"EOS"状态改变为"DNU"状态,而前一个成员的 CTRL 将发出"EOS"信息。

当宿端检测到导致临时移出的失效状态被清除后,宿端会在 MST 中发"OK"信息。源端将把相应的控制字从"DNU"改变为"NORM",或者从"DNU"改变为"EOS"状态,而前一个成员将在 CTRL 中发出"NORM"信息。

成员临时移出的最后一步是去除该成员承载的净荷。该成员最后一个包含净荷数据的容器帧将是包含成员第一个 DNU 控制字的 LCAS 开销最后一个比特的容器帧,以后的容器帧在净荷区域全部为 0,宿端一旦收到 DNU 控制字,该成员承载的净荷将不被用来重新组成 VCG 信号。

3. 删除成员

当成员被删除时,其他成员序列号和相对应的成员状态号码将重新编号。如果被删除的成员包括该 VCG 中的最高序列号,序列号第二的成员将改变其控制字为"EOS",被删除的成员的控制字设置为"IDLE"。如果被删除的成员并不是最高序列号,序列号在被删除的号码和最高数值之间的成员将全部被更新。

成员的删除是通过将该成员的虚级联开销控制字置为"IDLE"来实现的。最后一个包含净荷数据的容器帧就是包含控制字为"IDLE"的 LCAS 开销最后一个比特的容器帧。

4. LCAS 与非 LCAS 的互连

LCAS 发送机可以与非 LCAS 接收机协调工作,LCAS 发送机将设置 MFI、SQ 字节。接收机可以忽略这些比特以及 LCAS 的其他开销信息。从宿端到源端的成员状态 MST 设置为"OK"。

LACS 接收机与非 LCAS 发送机相连时,LCAS 接收机当然期望 CTRL 字不是"0000"(FIXED),且收到正确的 CRC 校验码。但非 LCAS 发送机只能发送固定带宽信号,其CTRL 只能发送"0000",CRC 区域也发 0。因此当 LCAS 接收机与非 LCAS 发送机互连互通,且收到 LCAS 和 CRC 均为"0000"时,LCAS 接收机将忽略所有除 MFI、SQ 外的信息。

随着数据业务比重越来越大,运营者要求在提供带宽上有更大的灵活性,以适应用户和业务的需求,并提高网络利用率。LCAS 定义了一种动态调整传送网中虚级联信号带宽的方法。另外,当某些链路出现失效或修复时,通过 LCAS 协议,可以将某些失效资源移出或重新恢复,这种传输资源的减少/增加将不会影响 VCG 承载的业务,也不会对其造成损伤。

必须指出,LCAS 对网络资源的配置是在网管系统的控制下进行的,与 G.807 建议提出的由用户自动发起对网络资源进行自动配置的 ASON 还是有很大区别的。

4.8.3 LCAS 协议

前面我们介绍了 LCAS 的工作原理,接下来要介绍 LCAS 协议以及虚级联成员源端和宿端状态机的控制原理。

1. LCAS 协议

LCAS 的操作是单方向的。这意味着,为了双向加入或移去成员,程序不得不在相反的方向重复运行。值得注意的是,这些作用是彼此独立的,因此无须同步。此方案允许在管理系统的控制下增加和减少带宽。另外,LCAS 会自动将失效的成员暂时从组内移去。在失效的情况得到修复后,LCAS 会将成员加回组内。一般来说,当虚级联组承载服务时,会经常碰上由于路径层失效而导致成员移除,但失效成员得到修复后的自动增加是很少碰上的。

(1)源端状态机

对每个成员,在源端有一个状态机,它将处在以下五种状态之一:

IDLE:成员不允许加入虚级联组。

NORM:成员允许加入虚级联组,并有到宿端通畅的路径。

DNU:成员允许加入虚级联组,但到宿端的路径失效。

ADD:成员处于被加入虚级联组的过程中。

REMOVE:成员处于从虚级联组消除的过程中。

(2)宿端状态机

对每个成员,在宿端有一个状态机,它将处在以下三种状态之一:

IDLE:成员不允许加入虚级联组。

OK:此成员到来的信号并没有经历失效条件(如 aTSF、aTSD、dLOM),或收到且确认增加此成员的请求。

FAIL:此成员到来的信号经历了一些失效条件或收到且确认要移出此成员的一个请求。

对所有的源端和宿端功能来说,这些状态机同时运行。

2. 源端状态机的控制原理

(1)有关符号描述

源端状态机的控制机理如图 4-66 所示,以下的五种控制消息将会被从源端发到宿端:

F_{IDLE}:指示某容器目前不是虚级联组的成员,且没有 ADD 请求。

F_{ADD}:请求将成员加入组内。

F_{DNU}:请求将成员从组内消除。

F_{EOS}:指示此成员在虚级联组内有最高序列号。

F_{NORM}:指示此成员是虚级联组的正常部分,并没有最高序列号。

图 4-66 中有关符号的含义如下:

C_{EOS} 和 C_{NORM} 是从成员(i)到序列的前一个成员($i-1$)的信息(仅在源端),用于指示由成员($i-1$)发送的控制字应该按请求的那样改变。

R_{FAIL} 和 R_{OK} 是从宿端送至源端的有关所有成员的宿端状态的消息。所有宿端状态信息置于每一个成员的控制包里回送到源端。例如,源端能从成员♯1 中读取信息,要是信息不能用,也可从成员♯2 中获取同样的信息,其他成员也是一样。要是没有回送带宽可用,源端会使用最后接收的有效状态。

M_{ADD} 和 M_{REMOVE} 是来自管理系统的消息,用于加入或移出一个成员,移出操作只影响一个特定的成员。常在虚级联组的末端加入一个新的成员,这个新成员有一个新的、最大的序列号。

R_{RS-ACK} 是一个比特,用于确认在重新排序的宿端检测到的信息,或虚级联组成员数的改变。这种确认信号用于同步源端和宿端,并消除网络延时的影响。由于在加入或移出请求时间出现的重新排序,接收的成员状态在一段时间内不能使用,这段时间由传输延时和帧延时决定。

为了避免源端和宿端之间可能出现的序列号和相应接收的远端状态之间错位,虚级联组中的成员序号仅能由管理命令改变。

(2)源端状态机状态转换原理

源端虚级联成员状态机有五种状态,这些状态之间可以在一定条件下转换,从而实现对链路的控制,如图 4-66 所示。

在起始状态,成员 i 向宿端发 F_{IDLE} 控制命令,并处于"IDLE"状态。如果收到网管要求加入 VCG 的 M_{ADD} 命令后,被添加成员的序列号应该设置大于发送 F_{EOS} 成员的序列号,并向宿端发出增加新成员的 F_{ADD} 信号,同时处于"ADD"状态。

如果源端收到宿端反馈来的 R_{OK} 信息后,将会给该成员分配一个大于 EOS 成员的序列号,并发送 F_{EOS} 信息。同时向成员($i-1$)发送 C_{NORM} 信息,成员($i-1$)进入"NORM"状态。

当成员 i 的源端机处于"NORM"状态时,如果收到来自于宿端的 R_{OK} 信息或者源端的 C_{NORM} 或 C_{EOS} 信息,则成员 i 仍将处于 NORM 状态;如果收到了 R_{FAIL} 信息,且是最后一个成员,那么它将向成员($i-1$)发送 C_{EOS} 信息,并向宿端发不可用信息 F_{DNU},从而进入不可用状态。

成员 i 进入不可用状态后,如果收到 C_{EOS} 和 C_{NORM} 信息,他将向成员($i-1$)转发同样的信息。如果收到宿端的 R_{OK} 信息,且是最后一个成员,则成员 i 的源端向其宿端发 F_{EOS} 信息,并向成员($i-1$)发 C_{NORM} 信息,从而进入"NORM"状态。

如果成员 i 进入不可用状态后,收到网管的 M_{REMOVE} 命令,且是最后一个成员,则成员 i

的源端向成员$(i-1)$的源端发C_{EOS}信息；如果成员i不是最后一个成员，则要对i以后的成员重新排序。如果发送F_{EOS}成员的SQ值为n，则被删除成员$x\,(0\leqslant x<n)$的SQ值应置为一个大于或等于n的值，而编号为$x+1$，…，n的成员SQ值将被重新编为x，…，$n-1$。

接着成员i向宿端发F_{IDLE}信息，从而进入"REMOVE"状态。进入REMOVE状态后，如果收到宿端R_{FAIL}信息，成员i将进入"IDLE"状态。

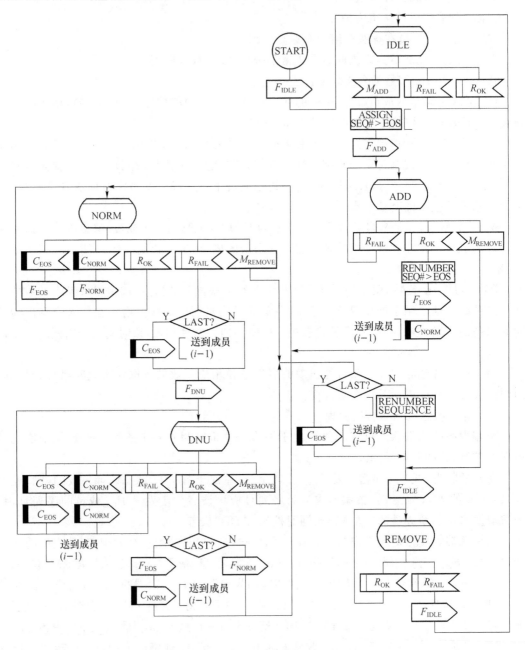

图 4-66　源端状态机状态转换原理图

3. 宿端状态机的控制原理

宿端虚级联成员状态机有三种状态，这些状态之间是可以在一定条件下转换的，如

图 4-67 所示。

　　成员 i 的宿端开始时向源端发出 R_{FAIL} 信息,并处于 IDLE 状态。如果收到网管的 M_{ADD} 命令,则进入 FAIL 状态,如果没有收到 TSF(路径信号失效)和 F_{IDLE} 信息,则向源端发出 R_{OK} 状态信息,并进入"OK"状态。

　　进入 OK 状态后,如果收到 TSF(路径信号失效)和 F_{IDLE} 信息,宿端要向源端发送 R_{FAIL} 信息,从而进入"FAIL"状态。此时若收到网管下达的 M_{REMOVE} 命令,则重新回到 IDLE 状态。

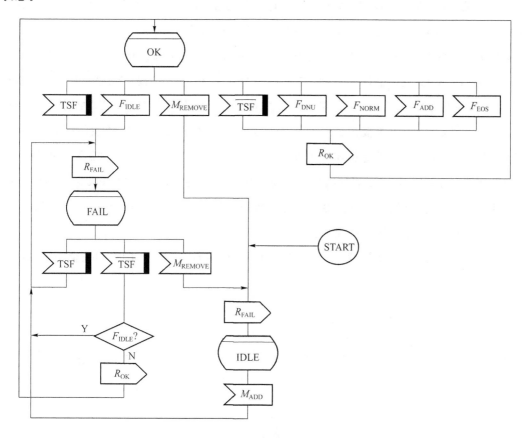

图 4-67　宿端状态机状态转换原理图

　　LCAS 技术的出现使网络的带宽配置更加灵活,可以在不中断业务的情况下动态地调整传输带宽。这种特性使传输网络变得越来越智能化。当虚级联组中部分成员失效时,它能够剔除这些出错的成员,同时保证正常的成员仍然顺利地传输。失效的成员被修复后,能够自动地恢复虚级联组的带宽。

4.8.4　LCAS 命令的时序分析

　　ITU-T 目前已经定义的链路容量调整方案的命令主要有三条,它们是增加虚级联组带宽的 ADD 命令、减少虚级联组带宽的 REMOVE 命令、由故障引起的减少虚级联组带宽的 DNU 命令,下面分别对这些命令执行的过程和时序进行分析。

1. ADD 命令

当需要增加虚级联组带宽时,要使用 ADD 命令。假设虚级联组中有 n 个成员,其编号从 0 到 $n-1$,最后一个成员的序列号为 $n-1$,如果要在虚级联组的最后一个成员后增加两位成员 a 和 $a+1$,则需执行增加虚级联组带宽的 ADD 命令,增加新成员命令的执行过程如图 4-68 所示。从图中可以看出,ADD 命令的执行过程分为 12 个时序(每一行为一个时序),设标有"注 2"的行为时序 1,依次为时序 2、…、时序 12。

在 ADD 命令执行之前,最后一个成员(序列号为 $n-1$)的 CTRL 为"EOS",两个新成员的 CTRL 为"IDLE"。在时序 1,网络管理系统(Network Management System,NMS)向成员 a 和 $a+1$ 的源端和宿端的链路容量调整控制器(Link Capacity Adjustment Scheme Controller,LCASC)发出 ADD 命令。在时序 2,成员 a 和 $a+1$ 的源端分别将 CTRL 填充为"ADD",并发送给相应的宿端。在时序 3,成员 $a+1$ 先进行连通性检查,如果通道畅通,则在时序 4 向 $a+1$ 的源端报告 $a+1$ 的宿端已经准备就绪。在时序 5,源端将成员 $n-1$ 的 CTRL 变为"NORM",并发送给相应的宿端;将成员 $a+1$ 的 CTRL 变为"EOS",并发送给相应的宿端。在时序 6,完成序列编号的改变。在时序 7,通过序列重排确认比特(RS-Ack)的切换告诉源端,由源端发出的命令和变化已被宿端接受和完成。也就是说,在宿端有关增加新成员 $a+1$ 的准备工作已经完成。

时序 8~12 描述的是增加新成员 a 的过程,与增加新成员 $a+1$ 的过程完全相同。

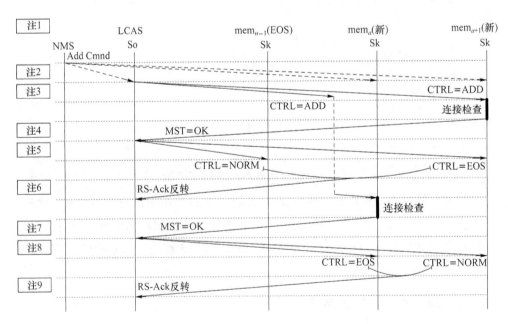

图 4-68　增加多个成员的 ADD 命令的执行过程

在有关时序,成员 $n-1$ 和新增两位成员的控制信息和状态见表 4-24。

表 4-24　在不同时序成员 n 和新增成员的控制信息和状态

标注号	解　释	成员 $n-1$			成员 a（新增加）			成员 $a+1$（新增加）		
		CTRL	SQ	MST	CTRL	SQ	MST	CTRL	SQ	MST
1	初始条件	EOS	$n-1$	OK	IDLE	FF	FAIL	IDLE	FF	FAIL
2	网络管理系统 NMS 向源和宿链路容量调整方案控制器(LCASC)发 ADD 命令	EOS	$n-1$	OK	IDLE	FF	FAIL	IDLE	FF	FAIL
3	成员 a 的端端控制字发送"ADD"和序列号 n，$a+1$ 的源端控制字发送"ADD"和序列号 $n+1$	EOS	$n-1$	OK	ADD	n	FAIL	ADD	$n+1$	FAIL
4	$a+1$ 的宿端向源端发出"OK"状态	EOS	$n-1$	OK	ADD	n	FAIL	ADD	$n+1$	OK
5	成员 n 的源端发控制字"NORM"，$a+1$ 的源端发控制字"EOS"和序列号 n	NORM	$n-1$	OK	ADD	$n+1$	FAIL	EOS	n	OK
6	序列号的变化引起 RS-ACK 改变	NORM	$n-1$	OK	ADD	$n+1$	FAIL	EOS	n	OK
7	成员 a 的宿端向源端发出"OK"状态	NORM	$n-1$	OK	ADD	$n+1$	OK	EOS	n	OK
8	成员 a 的源端发控制字"EOS"，$a+1$ 的源端控制字发送"NORM"	NORM	$n-1$	OK	EOS	$n+1$	OK	NORM	n	OK
9	序列号的变化引起 RS-ACK 改变	NORM	$n-1$	OK	EOS	$n+1$	OK	NORM	n	OK

　　以上执行 ADD 命令的过程是假设新成员 $a+1$ 先于新成员 a 准备好的情况。在实际中,谁先准备好可以是任意的。先准备好的新成员应该分配给它序列号 n,下一个准备好的新成员应该分配给它序列号 $n+1$,依此类推。不管由于任何原因,在规定的时间内,将要增加的新成员的状态没有达到"OK",则链路容量调整控制器将报告该成员为失效状态。

2. REMOVE 命令

　　当需要减少虚级联组带宽时,要使用 REMOVE 命令。我们分两种情况讨论:删除多个成员但不包括该组中的最后一个成员和删除最后一个成员。

　　(1) 删除多个成员但不包括该组中的最后一个成员

　　假设在虚级联组 n 为 6 的情况下,要删除成员 4 和成员 5,删除成员命令的执行过程如图 4-69 所示。

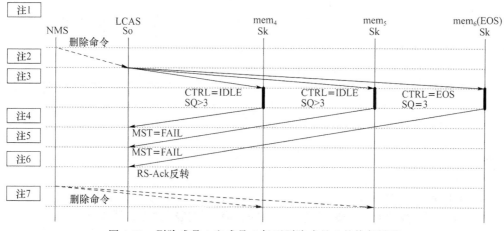

图 4-69　删除成员 4 和成员 5 但不删除成员 6 的执行过程

成员 4、5、6 在有关时序的控制信息和状态见表 4-25。

表 4-25　成员 4、5、6 在不同时序的控制信息和状态

标注号	解　释	成员 4			成员 5			成员 6		
		CTRL	SQ	MST	CTRL	SQ	MST	CTRL	SQ	MST
1	初始条件	NORM	3	OK	NORM	4	OK	EOS	5	OK
2	NMS 向源端链路容量调整方案控制器发出减小带宽的命令	NORM	3	OK	NORM	4	OK	EOS	5	OK
3	成员 4 和成员 5 的源端控制字发送"IDLE"和大于 3 的序列号,成员 6 的源端控制字发送"EOS",序列号 SQ=3	IDLE	>3	OK	IDLE	>3	OK	EOS	3	OK
4	成员 4 的宿端在 MST 中向源发出"FAIL"	IDLE	>3	FAIL	IDLE	>3	OK	EOS	3	OK
5	成员 5 的宿端在 MST 中向源发出"FAIL"	IDLE	>3	FAIL	IDLE	>3	FAIL	EOS	3	OK
6	序列号的变化引起 RS-Ack 改变	IDLE	>3	FAIL	IDLE	>3	FAIL	EOS	3	OK
7	网络管理系统(NMS)向宿端链路容量调整方案控制器发出减小带宽的命令	IDLE	>3	FAIL	IDLE	>3	FAIL	EOS	3	OK

从图 4-69 可以看出,当要删除某些成员时,源端链路容量调整控制器(LCASC)将所有要删除成员的 CTRL 置为"IDLE",但虚级联组中其他成员的控制字并不改变。

上面的例子描述的是在源端链路容量调整控制器控制下,删除两个同时接到 IDLE 命令的成员的情况。在宿端,一旦收到 IDLE 命令,就应该立刻停止使用被删除的成员进行重组。然而,宿端并不是同时响应。但这对宿端没有什么影响,因为这些 IDLE 命令具有相同的 MFI 值,从宿端到源端的响应只是简单的确认:在宿端,这个成员不再使用。

在 REMOVE 命令执行过程中,序列号调整的一般规则是这样的:

① 所有将要被删除的成员的序列号将要重新被分配,它们的序列号应该大于控制字为"EOS"的成员的序列号。例如,序列号的最大值(SQ=FF)。

② 所有剩下的成员也要重新分配序列号,而且序列号必须是连续的(从 SQ=0 开始),见表 4-26。

表 4-26　删除成员后序列号重新分配举例

	VC	A	B	C	D	E	F	G
删除前	SQ	0	1	2	3	4	5	6
				U	U			U
删除后	SQ	0	1	>3	>3	2	3	>3

(2) 删除最后一个成员

删除虚级联组中最后一个成员的 REMOVE 命令的执行过程如图 4-70 所示。

成员 n 和 $n-1$ 在有关时序的控制信息和状态见表 4-27。

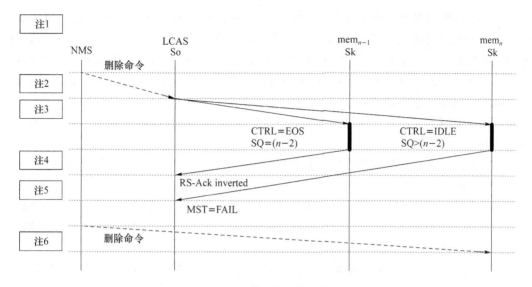

图 4-70　删除最后一个成员的执行过程

表 4-27　成员 n 和 $n-1$ 在不同时序的控制信息和状态

标注号	解　释	成员 $n-1$			成员 n		
		CTRL	SQ	MST	CTRL	SQ	MST
1	初始条件	NORM	$n-2$	OK	EOS	$n-1$	OK
2	网络管理系统向源端链路容量调整方案控制器发出 DECREASE 命令	NORM	$n-2$	OK	EOS	$n-1$	OK
3	被删除成员的源端控制字发送"IDLE",序列号 SQ> $n-2$；序列号为 $n-2$ 的源端控制字发送"EOS"	EOS	$n-2$	OK	IDLE	$>(n-2)$	OK
4	序列号的变化引起 RS-Ack 改变	EOS	$n-2$	OK	IDLE	$>(n-2)$	FAIL
5	被删除成员的宿端在 MST 中向源端发出"FAIL"信息	EOS	$n-2$	OK	IDLE	$>(n-2)$	FAIL
6	网络管理系统向宿端链路容量调整方案控制器发出 DECREASE 命令	EOS	$n-2$	OK	IDLE	$>(n-2)$	FAIL

3. DNU 命令

由于故障而导致的虚级联组带宽减少,要使用 DNU 命令。我们分两种情况讨论:最后一个成员出现故障和非最后一个成员出现故障。

(1) 由最后一个成员出现故障而导致的成员删除和恢复

因最后一个成员出现故障,将导致虚级联组带宽的减少,要使用 DNU 命令来删除该成员,删除该成员的过程如图 4-71 所示。从图中可以看出,DNU 命令的执行过程分为 5 个时序(每一行为一个时序),设标有"注 2"的行为时序 1,依次为时序 2、…、时序 5。

在时序 0,成员 n 的宿端检测到故障。在时序 1,成员 n 的宿端向源端报告其状态为"FAIL"。在时序 2,成员 n 的源端向网管系统报告该成员失效,同时成员 n 的 CTRL 填充为"DNU",并发送给宿端;并向成员 $n-1$ 的宿端发送 CTRL＝EOS。在时序 1 和时序 2 期间,一旦检测到错误,宿端就立即只使用处于"NORM"状态和"EOS"状态的成员来重组级联组,在此时间内(从宿端到源端的传输时间＋源端的反应时间＋从源端到宿端的传输时间),重组的数据可能是错误的,因为重组的数据发送到所有的成员中。在时序 3,源端已停止向出故障的成员发送数据(因为这些成员通过置 MST 为"FAIL"向源端报告了其故障,然后把这个失效的成员设置成"DNU"状态),仅向剩下来状态为"NORM"和"EOS"的成员发送数据。从宿端接收到 CTRL 为"DNU"到再收到 CTRL 为"NORM"这段时间内,虚级联组的带宽降低了。宿端的 LCASC 并不知道什么时候重建数据的完整性,因为这是在数据层中处理的。

如果在时序 3 已经检测到失效的通道已经修复,则在时序 4 要向源端报告 MST 为"OK"。成员 n 故障的出现和修复会使带宽和包含 EOS 的成员发生变化,但是这种短暂的变化并不会触发 RS-Ack 变化。在时序 5,成员 n 的源端一方面报告网管系统故障已经清除,另一方面将成员 $n-1$ 的 CTRL 变为"NORM",将成员 n 的 CTRL 变为"EOS",并发送给相应的宿端。这样出故障的成员就又恢复到了虚级联组中,宿端将使用这些成员的净荷来重装数据。

说明:如果失效的通道在错误清除之前,有计划地被删除,宿端就不可能看到失效成员控制包的变化。结果,这种有计划地减少虚级联组成员的方法将不会使 RS-Ack 状态发生变化,虚级联组的带宽不受影响。

成员 n 和 $n-1$ 的控制信息和状态变化见表 4-28。

表 4-28　图 4-70 中成员 n 和 $n-1$ 的控制信息和状态

标注号	解　释	成员 $n-1$			成员 n（序列末端）		
		CTRL	SQ	MST	CTRL	SQ	MST
1	初始条件	NORM	$n-2$	OK	EOS	$n-1$	OK
2	故障成员的宿端向源端发送 MST＝FAIL	NORM	$n-2$	OK	EOS	$n-1$	FAIL
3	故障成员的源端发送 DNU;比故障成员的编号少 1 的成员的源端向宿端发送 EOS	EOS	$n-2$	OK	DNU	$n-1$	FAIL
4	一旦检测到错误,宿端就立即使用仅处于"NORM"状态和"EOS"状态的成员来重组级联组	EOS	$n-2$	OK	DNU	$n-1$	FAIL
5	源端已停止向出故障的成员发送数据,仅向状态为"NORM"和"EOS"的成员发数据	EOS	$n-2$	OK	DNU	$n-1$	FAIL
6	网络故障清除后,向源端发送 MST＝OK	EOS	$n-2$	OK	DNU	$n-1$	OK
7	CTRL 从 DNU 状态转到 NORM 状态	NORM	$n-2$	OK	EOS	$n-1$	OK

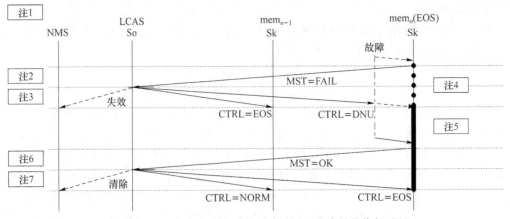

图 4-71　由于网络故障而导致删除最后一个成员的执行过程

（2）由非最后一个成员出现故障而导致的成员删除和恢复

由非最后一个成员出现故障而导致的成员删除和恢复过程如图 4-72 所示,图中成员
2～5的控制信息和状态见表 4-29。

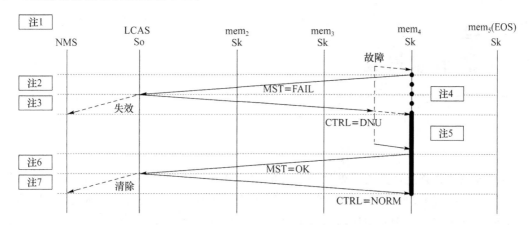

图 4-72　由于网络故障而导致删除非最后一个成员的执行过程

表 4-29　图 4-72 中有关成员的控制信息和状态

标注号	解　释	成员 2			成员 3			成员 4			成员 5（序列末端）		
		CTRL	SQ	MST	CTRL	SQ	MST	CTRL	SQ	MST	CTRL	SQ	MST
1	初始条件	NORM	1	OK	NORM	2	OK	NORM	3	OK	EOS	4	OK
2	失效成员的宿端向源端发送 MST＝FAIL	NORM	1	OK	NORM	2	OK	NORM	3	FAIL	EOS	4	OK
3	失效成员的源端发送 CTRL＝DNU	NORM	1	OK	NORM	2	OK	DNU	3	FAIL	EOS	4	OK
4	成员 4 的故障通过源端报告给 NMS,向宿端发送 CTRL＝DNU	NORM	1	OK	NORM	2	OK	DNU	3	FAIL	EOS	4	OK
5	网络修复	NORM	1	OK	NORM	2	OK	DNU	3	FAIL	EOS	4	OK
6	网络故障清除,向源端发送 MST ＝ OK	NORM	1	OK	NORM	2	OK	DNU	3	OK	EOS	4	OK
7	CTRL 从 DNU 状态转到 NORM 状态	NORM	1	OK	NORM	2	OK	NORM	3	OK	EOS	4	OK

第 5 章
OTN 的节点设备

OTN 网络的首要任务是要处理 WDM 的波长信号,因此光分插复用(OADM)设备和光交叉连接(OXC)设备是光传送网的主要节点设备。其中,OXC 是最典型的光传送网的网元设备,是构成格形骨干光传送网的必需设备,OADM 可以认为是 OXC 在功能和结构上的简化。

随着第五代移动通信网络的建设,5G 网络对延时要求大大提高,要求延时最高不超过 4 ms,最低仅为 1 ms,延时远远低于 4G 网络的 20 ms。这对作为承载网的 OTN 提出了极高的要求。OTN 在骨干传送网需要建设 Mesh 网来满足 5G 网络的要求,这就需要用到 OADM 设备,在枢纽节点甚至需要用到 OXC 设备。

同时,随着网络扁平化的要求,OTN 网络还需要处理电信号,完成原来由 SDH 设备和 PTN 设备承担的在电域调度业务的任务。

时代呼唤既能处理光信号又能处理电信号、既能处理大颗粒信号又能处理小颗粒信号的"超级能人",这个"超级能人"就落在了分组增强型光传送网设备——POTN 设备的头上。

本章将介绍 POTN 设备总体框架、POTN 的电层交换技术、OADM 和 OXC 的功能与结构以及 POTN 设备的组网应用。

5.1　POTN 设备的总体构架及主要功能

分组增强型光传送网设备是指具有 ODUk 交叉、分组交换、VC 交叉和 OCh 交叉等处理能力,可实现对 TDM 和分组等业务统一传送的设备。

5.1.1　POTN 设备系统构架

分组增强型光传送网设备由传送平面模块、控制平面模块、管理平面模块和 DCN(Data Communication Network,数据通信网)模块组成,管理平面通过管理总线与控制平面、传送平面和 DCN 相连,控制平面通过控制总线与传送平面和 DCN 相连。分组增强型光传送网设备系统架构如图 5-1 所示。

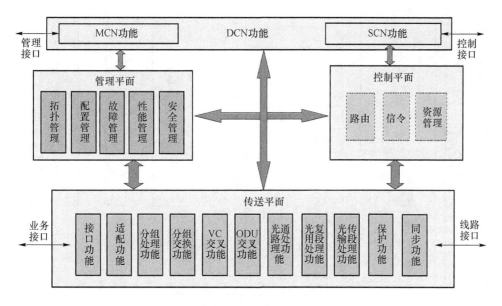

图 5-1　POTN 设备系统构架图

从图 5-1 可以看出,POTN 设备的管理平面在常规的配置管理、故障管理、性能管理、安全管理的基础上增加了拓扑管理,POTN 设备的控制平面在常规的路由功能、信令功能的基础上增加了资源管理,这非常有助于 OTN 网络向 SDON 方向演进。POTN 设备的传送平面在传统的 ODUk 交叉的基础上,还增加了 VC 交叉功能和分组交换功能。

如何在 POTN 设备中同时实现 ODUk 交叉、VC 交叉和分组交换功能,有板卡式交叉和集中交叉两种方案。

5.1.2　板卡式 POTN 设备逻辑功能模型

所谓板卡式 POTN 设备,就是原 ODUk 交叉单元不变,新增加的 VC 交叉功能和分组交换功能在相应的单板上实现,然后再适配成 ODUk,并参与原 ODUk 交叉单元的交叉。所以,板卡式 POTN 设备的交叉方式实质就是分布式交叉。图 5-2 是板卡式 POTN 设备逻辑功能模型图。

板卡式 POTN 设备有比较成熟的解决方案,但系统设计较为复杂,容量分配不灵活。

POTN 设备可根据需要配置为电交叉、光电混合交叉等不同的形态。波长级别的业务可以直接通过 OCh 交叉调度;需要支持多业务的电层统一调度时,可根据不同业务调度需求选择不同的业务处理流程。业务处理流程包括:

流程一,业务经过 ODUk 接口适配处理模块封装映射后,直接通过 ODUk 交叉调度模块调度。

流程二,直通模式,业务先经过 VC 交叉或分组交换,再经过 ODUk 接口适配处理模块封装映射,最后跨过 ODUk 交叉盘,直接通过线路接口处理模块处理。

流程三,业务先经过分组交换或 VC 交叉模块调度,再经过 ODUk 接口适配处理模块封装后,最后通过大容量 ODUk 核心交叉调度模块统一调度。

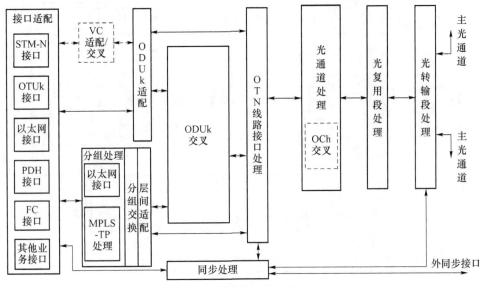

注：图中虚线表示可选功能。

图 5-2 板卡式 POTN 设备逻辑功能模型图

5.1.3 集中交叉式 POTN 设备逻辑功能模型

所谓集中交叉式 POTN 设备，就是将 ODUk 交叉、VC 交叉和分组交换功能集中在一个交叉盘或交换矩阵上实现，集中交叉也叫统一交叉或统一交换，图 5-3 是集中交叉式 POTN 设备逻辑功能模型图。

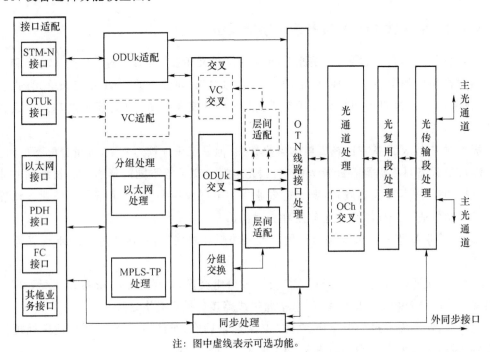

注：图中虚线表示可选功能。

图 5-3 集中交叉式 POTN 设备逻辑功能模型图

集中交叉式 POTN 设备系统设计较为简洁,交叉容量大。波长级别的业务调度和多业务的电层统一调度方案与板卡式 POTN 设备相同。

5.1.4　POTN 设备的主要功能

POTN 设备应具有以下的主要功能。

1. 接口功能

POTN 设备提供 SDH、以太网、OTN、FC、CPRI、PDH 等多种业务接口。

2. ODUk 适配功能

接口适配功能支持速率为 STM-1/4/16/64/256 的 SDH 业务,OTU1/2/2e(可选)/3/4 的 OTN 业务,GE/10GE 及 40GE/100GE 以太网业务,以及 FC-100/200/400/800/1200、FICON、CPRI 选项 1/2/3/4/5/6(可选)等客户业务接入,经过 ODUk 适配功能模块封装、映射、复用处理后产生 ODUk ($k=0$, 1, 2, 2e, flex, 3, 3e1(可选), 3e2, 4)通道信号。

3. OTUk 线路接口处理功能

OTN 的线路接口处理功能包括 ODUk 的时分复用、ODUk 映射到 OTUk 功能。

对于来自 VC 交叉功能模块的业务,可通过 VC/ODU 层间适配功能模块完成 VC 通道到 ODUk 通道的适配,再进行 OTUk 线路接口处理。

对于来自分组交换功能模块的业务,可通过分组/ODU 层间适配功能模块完成分组业务到 ODUk 通道的适配,再进行 OTUk 线路接口处理。

4. 分组处理功能

分组处理模块包括以太网处理模块或/和 MPLS-TP 处理模块,提供业务适配、QoS、OAM 等功能:

(1) 业务适配功能完成以太网、TDM 等业务的接入、映射封装(如 PWE3 封装)处理。

(2) QoS 功能支持流分类、流量监管、拥塞管理、队列调度、流量整形等功能。

(3) OAM 功能支持检测并定位网络故障,对网络丢包率、时延、抖动等性能进行监控、检测和测量,实现故障告警、告警抑制和故障定位功能。

分组处理模块还支持以太网业务的 C-VLAN、S-VLAN 的透传、交换、添加、剥离处理。

5. 分组交换功能

分组交换模块提供分组业务报文的无阻塞转发功能,包括以太网交换或 MPLS-TP 交换。

6. VC 交叉调度功能

VC 交叉调度功能模块支持 VC 通道交叉处理能力,并支持高阶通道 VC4 级别的虚级联或连续级联功能。

7. ODUk 交叉调度功能

ODUk 调度功能应支持 ODUk ($k=0$, 1, 2, 2e, flex, 3, 3e1(可选), 3e2, 4)交叉连接,可根据网络层次要求选择单个或多个具体调度颗粒;支持单向、双向、环回和广播交叉连接方式。

8. OCh 交叉调度功能

OCh 交叉调度功能模块提供 OCh 波长调度能力。通过 FOADM(Fixed Optical Add-Drop Multiplexer,固定光分插复用器)器件实现固定 OCh 调度功能,通过 ROADM

（Reconfigurable Optical Add-Drop Multiplexer，可重构的光分插复用器）器件实现动态OCh调度功能。

OCh调度功能应支持光通道波长信号的分插复用功能；支持光通道波长信号环内调度能力，支持OCh通道上下和穿通（Drop and continue）；支持光通道波长信号跨环调度能力；支持通过系统交叉连接配置，实现波长业务的组播和广播功能。

9. 光复用段和传输段处理功能

光复用段（OMS）是在接入点之间通过光复用段路径提供光通道传送的层网络，系统中体现为光波长复用/解复用子系统。在OTN节点通过传统的波分复用器件提供光复用段路径的物理载体。

光传输段（OTS）是在接入点之间通过光传输段路径提供光复用段传送的层网络。在OTN节点通过传统的WDM设备中的光放大器件提供光传输段路径的物理载体。

10. 层间适配功能

POTN设备的层间适配功能包括VC/ODUk适配功能和分组/ODUk适配功能。

VC/ODUk适配功能完成VC通道与ODUk通道的层间适配。首先将VC通道映射复用到STM-N帧，再映射复用到ODUk通道。

分组/ODUk适配功能完成以太网/MPLS-TP信号与ODUk通道的层间适配。对于以太网业务，首先完成分组业务处理（QoS，OAM等），然后再将以太网帧封装映射到ODUk通道中。对于MPLS-TP信号有两种适配方式：

方式一，首先完成分组业务处理（QoS，OAM等），再将MPLS-TP信号封装到以太网帧中，然后再将以太网帧封装映射到ODUk通道中。

方式二，首先完成分组业务处理（QoS，OAM等），再将MPLS-TP信号通过GFP-F封装映射到ODUk通道中。

5.2 POTN的电层交换技术

前面提到，POTN设备在电层同时实现ODUk交叉、VC交叉和分组交换功能可以采用板卡式和集中交叉式两种设备形态，而集中交叉/交换方式可以更灵活地统一承载ODUk、VC和分组业务，是POTN设备的主流实现方式。

5.2.1 集中交换的原理

POTN设备实现集中交换有两种实现方案：空分交换和统一信元交换。

1. 空分交换的原理

空分交换就是采用空分开关矩阵实现任意业务从输入到输出的交换，是最传统的交换技术。该技术存在的问题是每个端口只能是一种类型、大小固定的业务，这限制了交换容量的大小，无法实现大容量、多粒度的交换，空分交换的实现如图5-4所示。

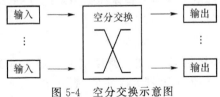

图5-4 空分交换示意图

2. 统一信元交换的原理

信元交换的概念最早出现在异步传输模式(ATM)网络中,是一种面向连接的快速分组交换技术。ATM 中,连接以建立虚电路的方式进行,采用固定长度的信元作为数据传送的基本单位,每个信元长度为 53 个字节,其中包括 48 个字节的信元数据内容和 5 个字节的信元头。由于信元长度固定,对信元的识别只需要硬件对信元头中的虚电路标示进行识别,缩短了处理时间,简化了 ATM 交换机的功能。信元交换结合了传统电路交换方式的低延迟性和分组报文交换的灵活性。

统一交换是指在同一个交换矩阵上实现不同类型、不同颗粒大小业务的任意交换。如果把业务切割成长度统一的信元后再进行交换,就称为统一信元交换。

统一信元交换实现的原理如图 5-5 所示。无论什么类型的业务,都采用统一的交换矩阵,只是在进入交换矩阵的入口时,将该业务适配到统一大小和格式的信元中;在交换完后的出口,再将该输出信号适配回原有信号格式。

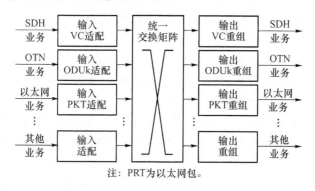

注: PRT 为以太网包。

图 5-5 统一信元交换示意图

如对于 SDH 业务,通常是 VC4 交换,在输入端口将 VC4 适配到统一大小和格式的信元中,在输出端口将该输出信号重组还原为原有 VC4 信号;对于 OTUk($k=0$、1、2)业务,通常是 ODUk 交换,在输入端口将 ODUk 适配到统一大小和格式的信元中,在输出端口将该输出信号重组还原为原有 ODUk 信号。

5.2.2 实现统一信元交换的关键技术

实现多业务的统一信元交换需要解决很多技术问题,下面介绍两项比较关键的技术。

1. 大容量信元交换技术

采用信元交换实现 IP 包交换的示意图如图 5-6 所示。在每一个输入端口都有一个 ISM(Input Segmentation Module,输入切割模块),其功能是将变长的 IP 包切割成定长的信元,或者将短于信元长度的 IP 包加上填充字节封装到信元中去。然后信元被缓存到输入端口的 VOQ(Virtual Output Queue,虚拟输出信元队列)中,特殊的调度算法将信元从 VOQ 中挑选出来再交换到相应的输出端口,ORM(Output Reassembly Module,输出端口的重组模块)将同一个包的信元重新组合成原来的包或者将填充字节取出恢复成原来的包。由于到达同一个输出端口的信元可能来自不同的路径,相互间存在一定的时延,在输出端口重组原来的信号时,需要解决信元的重新排序问题。

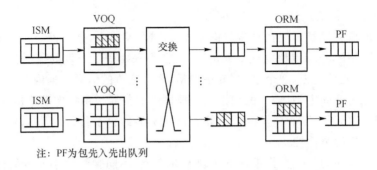

注：PF为包先入先出队列

图 5-6　采用信元交换实现 IP 包交换的示意图

信元交换采用异步时分多路复用技术,采用排队机制实现不同信元到不同目的地的交换。在实现对不同类型业务进行统一交换时,需要考虑采用差异化的流量管理技术,如对语音和图像等 TDM 业务实时性要求很高,当采用 ODUk 技术传输时,必须赋予较高的优先权。因此信元交换中,信元的调度策略和机制至关重要。

2. SAR 技术

顾名思义,切割与重组(Segmentation and Reassembly,SAR)技术就是将 ODUk 和分组信号进行统一长度的信元切片,并在交换完成后将其重新组装为原有格式的信号。SAR技术是将不同格式的业务信元化的关键技术。

对于 OTN 信号,在接入交换矩阵前,将 ODUk 信号切割成交换矩阵要求的固定长度的信元码流,在经过交换矩阵进行交换后,将该信元码流重新组装,还原为原来的 ODUk信号。

图 5-7 所示为采用信元交换实现 OTN 信号交换的功能框图,它包括输入 SAR 和输出SAR 两个主要功能模块。输入 SAR 完成对输入 ODUk 数据流的切割,即将 ODUk 信号切割成固定长度的信元;输出 SAR 完成对交换后包化的 ODUk 信元的重装,即将其还原成原来的 ODUk 信号。

需要注意的是,切割和重装都是基于同一个基准时钟进行的,因此输入 SAR 模块和输出 SAR 模块必须提供同一个参考时钟和同步脉冲,必须来自同一个定时参考源,并且在相位上是相互锁定的。

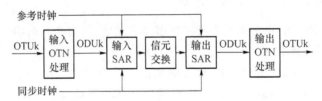

图 5-7　采用信元交换实现 OTN 信号交换的功能框图

SAR 技术的一个主要难题是必须在组装时无损地恢复 ODUk 的时钟和相位,这包括在切割和组装时采用一套正确的包长判决算法和协议。

OIF(Optical Internetworking Forum,光互联网论坛)于 2011 年 11 月发布的标准《OTN Over Packet Fabric Protocol (OFP) Implementation Agreement》,对 SAR 的功能、实现协议、信元格式进行了规定,并规定了输入噪声、输出滤波等参数,规范了信元长度判决

算法和协议,以保证在重组信号时能无损地恢复 TDM 业务的时钟和相位。要想更多地了解 SAR 技术的细节,可参考该协议。

5.2.3 统一信元交换设备的实现

统一交换设备是指采用同一个交换平面,实现不同类型、不同颗粒大小业务任意交换的新型光传输设备。下面介绍统一交换设备的实现方案。

图 5-8 所示为统一交换设备的功能框图,设备中主要有两种类型的单板:业务接口板和交换板。业务接口板实现业务的处理,根据处理业务类型的不同,有 SDH 业务接口板、OTN 业务接口板和以太网业务处理板等,也可以有其他业务,如处理 FC(光纤通道)业务的处理板等。交换板完成信元交换,采用多块交换板可以提高交换容量,并实现交换板的冗余保护。

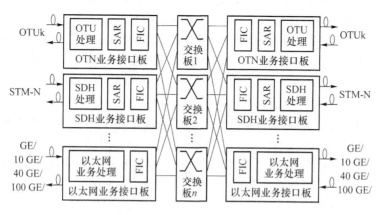

图 5-8　统一交换设备的功能实现框图

业务接口板主要包括三部分功能:业务处理、SAR 和 FIC(交换矩阵接口电路)。业务处理部分完成要求信号的对外接口、业务成帧/解帧、信号监视和处理、信号复用/解复用等,各业务接口板完成相应业务的处理。例如,OTU4 业务板卡的业务处理部分完成 OTU4 的光接口、OTU4 的成帧和开销处理,以及 ODU4 等信号的处理,低阶 ODUk($k=0,1,2,3,$ flex)到 ODU4 的复用/解复用等。

FIC 是数据进入交换板的背板接口处理单元,它将送往交换板的数据按照交换单元的要求打上源地址和目标地址、信号是单播还是组播、信号交换优先级等标记,以便交换单元按标记进行信元交换处理。在 FIC 单元中,对于以太网数据需要将其封装成一个个独立的信元,并添加相应的源地址和目的地址;对于 OTN 数据,由于在 SAR 单元已经将 ODUk 数据切割成了一个个信元,所以只需要按照交换单元的要求打上源地址和目标地址、信号是单播还是组播、信号交换优先级等标记。这里的源地址是指本业务接口板的地址,目标地址是指要交换到的单板的地址。

5.3　OADM 的功能与结构

OADM 是光传送网以及未来全光网的关键网元之一,下面对其功能和结构予以介绍。

5.3.1 OADM 的功能及其性能要求

1. OADM 实现的功能

光分插复用器作为光传送网的关键网元,其功能是从干线传输光路中有选择地下路(Drop)通往本地的光信号,同时上路(Add)本地用户发往非本地节点用户的光信号,而不影响其他波长信道的传输,也就是说 OADM 在光域内实现了传统的 SDH 设备中的电分插复用器在时域中的分插功能。相比较而言,它更具有透明性,可以处理任何格式和速率的信号,这一点比电的 ADM 更优越,使整个光纤通信网络的灵活性大大提高。

OADM 根据所上下的波长是否灵活(即固定或可变)可分为固定波长的 OADM 和动态可配置的 OADM。如果选择某个或某些固定的波长通道进行分插复用,则称为固定波长OADM,如果分插复用的波长通道是可配置的,则称为可配置 OADM。动态可配置的OADM 可以实现有选择的波长信号上下,或全部波长业务的上下。采用 OADM 组网可以方便灵活地实现波长的上下话路,使网络具备动态重构和自愈功能;它使信息业务从用户方便地进入网络,也可将业务分到用户,从而达到交互式通信;它能提高网络的可靠性,降低节点成本,提高网络运行效率;此外,引入 OADM 将更有利于实现性能监测和网络管理,OADM 是组建全光网的关键设备。

从功能角度来看,无论是作为骨干网节点、本地交换局节点还是用户业务接入节点,OADM 都必须提供以下主要功能:

- 可以有选择地按需上/下波长;每一次上/下路波长都不影响直通波长。这一点保证了在不需要再生的情况下尽可能多地使用级联 OADM。
- 实现业务的保护。
- 具有波长转换功能以实现开放式结构,使网络具有波长兼容和业务透明性,能实现多业务接入。在上/下波长时,可在承载本地业务的非标准波长与 DWDM 标准波长之间进行灵活转换。
- 具有功率均衡能力。必须具有有效控制直通波长和本地上/下路波长功率的能力以补偿链路损耗。
- 具有对波长进行管理的开销处理能力,可以在远端或本地进行控制,实现端到端业务的指配和管理。
- 要满足一般的光通信对传输光信号的常规要求(例如,最小信噪比、功率一致性和光损耗要小等),这样才能尽量少地使用放大器以提高网络性价比。

2. OADM 的性能要求

OADM 的性能要求主要有:

(1) OADM 的端口数量(即支持的链路数)、每端口可容纳的波长数量和可以上下路的波长数量,这些参数反映出 OADM 节点的容量。

(2) OADM 应能够根据网管的指令,灵活地对上下路的通道进行动态配置。根据此功能,可以把 OADM 分成两大类:固定上下路的 OADM 和可动态重构的 OADM。前者只能上下一个或几个固定的波长,后者则可以根据网管的指令,对上下路的波长和数量进行动态控制。

(3) OADM 节点应具有模块性,包括链路模块性和波长模块性,以便于将来的升级和扩容。模块性是指当业务量比较小时,OADM 只需很低的成本就能提供充分的连接性;而当业务量增加时,在不改动现有连接的情况下就可实现节点吞吐量的扩容。如果除增加新模块外,不需改动现有 OADM 结构就能增加节点的输入/输出链路数,则称这种结构具有链路模块性。这种节点可以很方便地通过增加节点的链路数来进行网络扩容。如果除增加新模块外,不需改动现有 OADM 结构就能增加每条链路中复用的波长数,则称这种结构具有波长模块性。这样就可以很方便地通过增加每条链路复用的波长数来进行网络扩容。

模块性能直接关系到节点的扩展性,关系到 OADM 节点是否可以平滑升级,通过增加端口数量,或增加光纤中复用的波长数量而扩展到较大的规模,满足光网络发展的需要。未来的光网络应有良好的扩展性,因此节点的模块性是衡量 OADM 升级能力的一个重要标准。

(4) 是否具有指配功能。指配是指上下路的波长通道可以灵活地选接端口,可以将任意的下(上)路波长指配到某下(上)路端口,使网络的灵活性更好。

(5) 环回功能。环回功能主要用于网络故障的诊断,环回包括近端环回和远端环回。近端环回指在本地节点进行环回,用来诊断本地节点是否出现故障。远端环回指从本地到远端节点、再回到本地的环回,它可用于诊断线路和节点是否出现故障。这里环回的概念与SDH 中的环回的概念意义相同。

(6) 网元管理能力和支持的保护倒换类型。OADM 应该具有良好的网元管理能力,支持OSC 通道。应支持基于 G.873.1 的线性保护和基于 G.873.2 的环形保护倒换。另外,保护倒换时间也是重要指标,网络运行出现故障时,环形网应能在 50ms 之内恢复所承载的业务。

(7) 节点的损耗和串扰。串扰是影响 WDM 光传送网的传输性能的重要因素,在OADM 结构中,我们不仅要考虑 OADM 引入的串扰及消除的措施,而且在下路信号中也应考虑到如何消除由其他的网络节点引入的串扰。

(8) 性价比。良好的性能和低廉的成本是我们永远追求的目标,也是 OADM 能否广泛应用的重要因素。

5.3.2 OADM 节点的结构

OADM 节点设备一般都采用模块化的设计思想,其基本结构如图 5-9 所示。主要组成部分包括波分复用/解复用模块、光开关阵列、功率控制单元、光放大单元、上下路模块等,这些模块都可以根据需要进行增减,充分保证节点的可持续性发展。

OADM 节点的基本工作过程为:首先提取监控信道信息,然后对输入的复用信号进行分波,再利用光开关按需要进行波长的上下路以及其他配置,使各个波长均可透明地在OADM 设备中直通或分插复用,然后各信号经过功率控制模块进行功率均衡,最后经过复用器和光放大后,再加入监控信号输出,其中监控信号与网络管理单元进行信息交换完成对设备的监控和配置;此外,节点前后还配有保护倒换模块以实现自愈。

实现 OADM 功能的结构有很多方案,归纳起来主要有以下几种基本形式:
- 基于解复用器+波长交换单元+复用器的 OADM;
- 基于阵列波导光栅(AWG)的 OADM;
- 基于光纤光栅和光环形器的 OADM;
- 基于声光可调谐滤波器(AOTF)的 OADM。

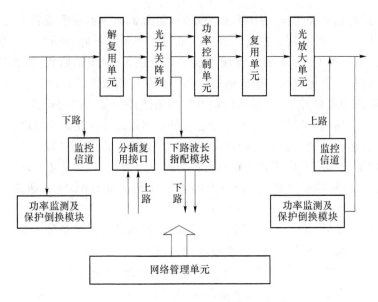

图 5-9   OADM 节点设备的模块化结构

OADM 具体的实施方案可能有所不同,但一般都是几种基本方案的演化形式。

1. 基于解复用器＋波长交换单元＋复用器的 OADM

这种 OADM 的基本原理如图 5-10 所示。WDM 输入光信号首先由解复用器把各个波

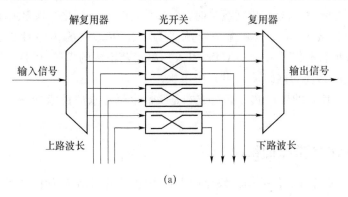

(a)

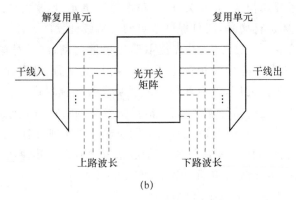

(b)

图 5-10   基于解复用器、光开关和复用器的 OADM 结构

长分开,然后经过光开关动态选择上下路波长,最后由复用器复用到同一链路中输出。这种方案的优点在于结构简单,可动态重构,上下路的控制比较方便,是当前应用较多的一种结构。图 5-10(b)采用大开关矩阵代替图 5-10(a)中多个 2×2 光开关,具有端口的指配功能,可以根据需要,将任意的下路波长指配到任意下路端口。图 5-10 中的两种结构都支持单向上下路功能,增加同样的另一方向的模块便可支持双向上下路功能。

2. 基于阵列波导光栅的 OADM

根据阵列波导光栅(Arrayed Waveguide Grating,AWG)的波长路由原理,可以构成各种新颖的 OADM 结构,图 5-11 给出两种简单而实用的结构。结构图 5-11(a)是适合静态路由的 OADM 结构,上下固定波长。多波长信号从 AWG 左端第一端口输入,经过 AWG 解复用,需要下路的波长在输出端直接到下路端口,不需要下路的波长环回到 AWG 对应的输入端,和上路波长一起经 AWG 合路,从 AWG 右端的第一端口输出,完成分插复用功能。图 5-11(b)增加了与复用波长数相应数量的 2×2 光开关,适合动态路由,可以任意选择一个或几个波长上下路。这种结构的最大优点在于 AWG 既实现了波分解复用的功能,又实现了波分复用的功能,使结构紧凑,成本下降。提高 AWG 的隔离度、降低串扰是这种结构应解决的问题。

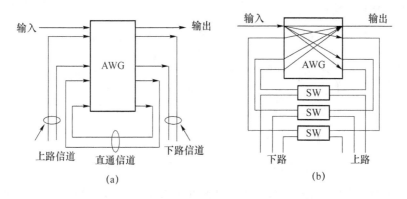

图 5-11　基于 AWG 的固定和动态重构 OADM

图 5-12 是由阵列波导光栅(AWG)和光滤波器及光环形器组成的一种新颖的双向 OADM,其最大的优点是具有双向传输和上下路的功能,适用于双向自愈环形网。

此结构充分利用了 AWG 的路由功能和双向复用/解复用功能,以及光环形器的单向传输性能。在光环行器中,光只能沿一个方向传输,从端口 1 输入的信号沿顺(或逆)时针方向传输,到端口 2 输出,而端口 2 入的信号,也只能沿同一方向传输,到下端口输出。如图 5-12 所示,从西到东的多波长信号输入到光环形器,在环行器中沿顺时针方向传输,到端口 2 输出,进入 AWG 的端口 4。在 AWG 中多波长信号被解复用,单波长信号从右边的输出端口 1、2、3 输出。然后,需要在本地下路的信道直接下路,直通的信道环回(图 5-12 中 AWG 右边的端口 1 环回到端口 5,端口 3 环回到端口 7),与上路信道(端口 6)一起被 AWG 沿相反方向复用,从左边的端口 8 输出,经过光带通滤波器(OBPF1)和环行器后进入输出光纤。从东到西向的传输和分插复用过程与前面基本相同。

该结构紧凑,用一个 AWG(既作为复用器和解复用器,又作为波长路由器),支持双向分插复用功能。但波长数很多时,会对 AWG 的端口数、损耗和串扰性能提出很高的要求。

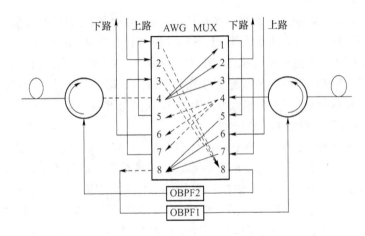

图 5-12   基于 AWG 和光环形器的 OADM

3. 基于光纤光栅和光环形器的 OADM

这种类型的 OADM 由于结构简单,价格便宜而受到人们的关注,并提出了各种各样的结构。图 5-13 是一种简单的结构,由光环行器、光纤布拉格光栅(Fiber Bragg Grating, FBG)和 $1 \times N$ 光开关构成。

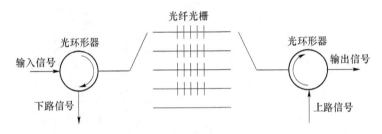

图 5-13   基于 FBG 和光环形器的 OADM

在图 5-13 的方案中,输入的 WDM 信号经开关选路,送入某 FBG。每个 FBG 对准波分复用的一个波长,被 FBG 反射的波长经环形器下跌到本地,其他的信号波长通过 FBG,经环形器跟本地节点的上路信号波长合波后输出。若节点不需要上下路信号,两个光开关置于最下端,信号直通过去。这个方案同样可以根据开关状态和 FBG 来任意选择上下话路的波长,但只能选择一个波长下路。为了更具有灵活性,人们提出了一些改进方案,如将图 5-13 中原来的单波长 FBG 变为多个波长的 FBG 链,链中可以含有一个或多个不同波长的 FBG。 N 个 FBG 的串联可以实现 N 个光通道的全部上下路。为了实现无阻塞动态重构的功能, $1 \times K$ 的开关规模应为 $K = 2n$。其中, n 为 WDM 信号中波长通道的数目。

图 5-13 是多个 FBG 并联构成的 OADM 结构,图 5-14 给出一种多个 FBG 串联构成的 OADM 结构,可同时下路多个波长。这种结构通过微调光纤光栅的折射率来达到调谐区反射波长的目的,这样串联 m 个光纤光栅,就可实现上下任意数目的波长的能力。

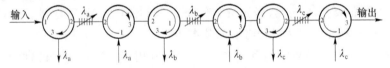

图 5-14   多个 FBG 串联构成的 OADM 结构

图 5-15 是基于 FBG 及 MZI 型的 OADM 结构,输入的 WDM 信号经 2×2 耦合器进入 MZI 干涉仪的两臂,由于干涉仪两臂上都刻有反射特定波长的 FBG,故 WDM 信号的特定波长将被 FBG 反射,从而使这特定波长的信号再次从 MZI 两臂反射回耦合器,在 2×2 的输入耦合器中发生干涉,在输入端口发生相消干涉,在另一端口发生相长干涉,这样就实现了该波长的下路;同理,在输出耦合器得到上路的目的。以此结构为基础,美国的 Louay Eldada 等人提出了多通道集成的思想,它由连续的四个 FBG 及 MZI 型 OADM 串联而成,它可以一次分插复用四个波长,可以高度集成。其缺点是它只能上下路固定的波长,而且必须是四个波长同时上下路。

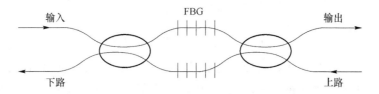

图 5-15　基于 FBG 及 MZI 型的 OADM 结构

基于 FBG 串联和并联结构,可以演变出多种多样的 OADM 结构,图 5-16 就是其中一例。这种结构可以下路两路固定波长、一路可选波长。当光信号输入到第一个光环行器 OC1 的 1 端口,在 OC1 中传输到 2 端口输出,需要下路的波长被 FBG 串反射回来,直通的波长从 OC4 的 4 端口输出。被 FBG 串反射回来的信号从 OC1 的 2 端口进入 OC1,再从 3 端口输出。其中波长 λ_a 被 FBGa 反射回来,从 OC1 的 4 端口下路,同样的波长从 OC2 的 1 端口上路,与透射波长和在一起。类似的过程实现 λ_c 的下路和 λ_b 的可选下路。

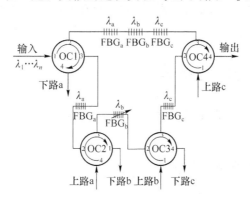

图 5-16　可实现固定波长和可选波长上下路的 OADM 结构

4. 基于声光可调谐滤波器(AOTF)的 OADM

基于 AOTF 的 OADM 如图 5-17 所示,输入的 WDM 信号进入 AOTF 后,经偏振分束器(PBS)分成 TM 模和 TE 模进入声波波段选频 f 控制的模式转换单元(一般为 LiNbO₃ 晶体),选频 f 针对不同的下路波长进行调谐。如需下路 λ_1,选频 f 调到一个相应的频率,当 WDM 信号经过模式转换单元时,波长 λ_1 的 TE 模和 TM 模发生转换,TE 模变为 TM 模,或 TM 模变为 TE 模,经下一个 PBS 后从下路端口输出到本地,其他的波长和上路波长经模式转换单元后没有发生模式变换,从而从输出端口输出。目前基于 AOTF 的 OADM 的相应速度可以达到 μs 量级,在 1 550 nm 波段可调谐选路的带宽最大可达到 25nm,相邻波长的隔离度可达到35dB/0.8nm以上。AOTF是现在研究的热点之一,它本身具有良好的特性,包括宽的调谐带宽、高的调谐速度以及高的隔离度等,但是它有偏振敏感性问题。

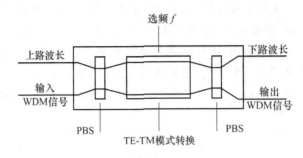

图 5-17　基于 AOTF 的 OADM

综合上述各种 OADM 的结构和实现方式,基于多层介质膜的复用/解复用器加开关单元的 OADM 是最成熟也是最完善的一种 OADM 结构,但无论是从性能上还是从成本上来讲,它都不是最优的选择。就目前的发展趋势而言,基于 AWG 和基于 MZI、FBG 的 OADM 将是 OADM 的发展方向,AWG 和 FBG 不仅对 OADM,而且对未来的 OXC 都有重要的作用。对于 OADM 或 OXC 而言,我们总是研究动态重构无阻塞的结构,但对实际的网络应用,它们往往是静态的或半动态的工作方式,即一旦给定 OADM 或 OXC 一个确定的状态,则往往会在很长的一段时间内保持不变。因此静态的结构或半动态的结构在未来的网络中会有很大的应用。对 AWG 而言,它本身就是一个静态的 OADM。对 FBG 而言,也是既可实现 OADM,也可实现 OXC,而且可以做成全光纤结构。它们不仅都具有潜在的高性能,而且也具有潜在的低成本,同时结构简单,因此还具有潜在的高寿命。

5.4　OXC 的功能与结构

OXC 是未来全光网以及光传送网发展到一定程度后的关键网元,下面对其功能和结构予以介绍。

5.4.1　OXC 的功能及其性能要求

1. OXC 实现的功能

OXC 节点是光传送网的关键节点,性能优良的 OXC 不仅能够满足光网络现有的需求,也能够使光网络方便、高效地升级和扩展。

OXC 依据它所具有的功能可以出现在光网络的许多位置,如网络的边缘和网络的内部等,它们应用在不同的位置时,功能会有所差异。本节只是从总体上论述 OXC 节点可能具有的功能,实际使用中可根据需求选择其中的部分功能。

（1）路由和交叉连接功能

通常的光交叉连接节点完成波长级的寻路和交叉连接功能,将来自不同链路的同波长或不同波长信号进行交叉连接,在此基础上可以实现波长指配、波长交换和网络重构。

随着光网络的发展,实现多粒度的交叉连接的需求日渐迫切。目前的发展趋势是 OXC

向多粒度、多层次交叉连接的方向发展,实现光纤级、波带级、波长级的交叉连接,以便更有效地进行带宽管理。波带级的交叉连接是将光纤中复用的波长进行分组,形成多个波带,以波带为单位进行交叉连接。光纤级的交叉连接就是将一根光纤中的业务量作为整体一起进行交换,类似于光纤自动配线架。同其他两种形式的交叉连接结合使用,光纤级的交叉连接可以减小交叉连接矩阵的规模,并用于光纤的保护倒换。

（2）连接和带宽管理

连接和带宽管理是光交叉连接节点的一个基本功能。光交叉连接节点可以响应各种形式的带宽请求,寻找合适的波长通道,为到来的业务量建立连接。对于未来的光网络,光交叉连接节点应能根据连接请求的动态变化,实时地进行带宽管理,实施流量工程。

（3）指配功能

指配功能可分为波长指配和端口指配。波长指配是根据需要为进入光交叉连接节点的光通道指配合适的波长,建立波长通道连接或者虚波长通道连接。端口指配主要对上下路端口而言,将某一下路的波长指配到任意的下路端口,或将某一上路波长指配到任意的输出链路。

（4）上下路功能

一般光交叉连接节点都处于干线的交汇点或网络的汇聚点,会有相当的业务需要上下路。在未来的光网络中,信令和路由信息要使用控制通道来传送,这些控制通道可以用专门的波长来实现,它们在节点处必须上下路,才能完成对本地节点的控制和信息的交互。因此 OXC 节点需要提供本地上下路的功能,支持一定数量波长的上下路。

（5）保护和恢复功能

OXC 节点不仅要提供对链路的保护和恢复能力,而且要对节点失效的情况提供相应的保护。

光网络的恢复功能主要是由 OXC 的波长路由功能提供的,通过优化的路由波长分配（RWA）算法来实施。当某一个波长或一条链路发生异常时,OXC 可以为其重新选路,通过迂回路由实现故障的恢复。OXC 节点主要用于格形网中,但也要支持 $1:1$ 或 $1:N$ 光纤的保护倒换及环网的自愈,快速地恢复其承载的业务。

（6）波长变换功能

波长变换是实现虚波长通道和部分虚波长通道所必须具有的功能。客户信息（如 SDH 信号、PDH 信号,甚至模拟视频信号）在光网络中传送时,需要为它选一条路由并分配波长。由于一根光纤中能够复用的波长数有限,且任何两路信号在一根光纤中不能使用相同波长,所以波长资源的分配是光层管理的一项重要内容。根据 OXC 能否提供波长转换功能,光通道可以分为波长通道（Wavelength Path,WP）和虚波长通道（Virtual Wavelength Path,VWP）。波长通道是指 OXC 没有波长转换功能,光通道在不同的波长复用段中必须使用相同波长实现。这样,为了建立一条波长通道,光通道层必须找到一条链路,在构成这条链路的所有波长复用段中,存在一个共同的空闲波长。如果找不到这样一条链路,该传送请求失败。虚波长通道是指利用 OXC 的波长转换功能,使光通道在不同的波长复用段可以占用不同的波长,从而可以有效地利用各波长复用段的空闲波长来建立传送请求,提高波长的利用率。建立虚波长通道时,光通道层只需找到一条链路,其中每个波长复用段都有空闲波长即可。波长通道方式要求光通道层在选路和分配波长时必须采用集中控制方式,因为只有在掌握了整个网络所有波长复用段的波长占用情况后,才可能为一个新传送请求选一条合适的路由。在虚波长通道运作方式下,确定通道的传送链路后,各波长复用段的波长可以逐个分配,因此可以进行分布式控制,从而大大降低光通道层选路的复杂化。

由于波长交换器的成本昂贵,并且已有文献论述完全波长交换对网络性能的改善与部分波长变换没有明显的差别,因此在光交叉连接节点上采用一定数量的、可以多信道共享的波长交换器,有选择地只对需要的信道进行波长交换是一种较好的解决方案。如果采用的是 OEO 型的波长交换器,还可以对那些质量较差的信号进行再生,而让那些质量好的信号直通过去,从而对网络的控制、管理、维护等提供方便。

(7) 组播、广播功能

某些光交叉连接节点应该能够支持有限广播或组播连接功能,即将从任意输入端口来的波长广播到其他所有的输出链路或波长信道上去,或发送到任意一组输出端口上去。特许情况下,应能同时支持任意数量的组播连接。光交叉连接节点在组播连接的情况下必须保持严格无阻塞。

组播连接主要用在当业务需要从某一个区域同时传输到许多其他区域的时候(例如,奥运会实时转播等)。

(8) 波长汇聚功能

波长汇聚是指在光交叉节点上将不同速率或者相同速率的、去往相同方向的低速波长信号进行汇聚,形成一个更高速率的波长信号在网络中进一步传输。这种方法可以减小网络中使用的波长数目,更好地利用已经建立的光纤基础设施。波长汇聚功能主要用在光网络边缘节点中使用。

波长汇聚有不同的实现方式,可以在电域上实现,也可以在光域上实现。图 5-18 给出了一种实现方式,通过光时域的复用/解复用实现波长汇聚和解汇聚。

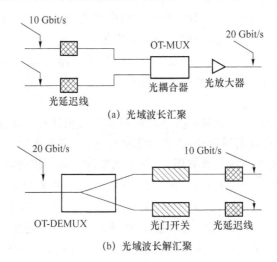

(a) 光域波长汇聚

(b) 光域波长解汇聚

图 5-18　光时分复用/解复用实现波长的汇聚/解汇聚

(9) 网元管理功能

光交叉连接节点必须具有较完善的性能管理、故障管理、配置管理等功能,具有对进、出节点的每个波长进行监控的能力。在波长发生异常的情况下,能以一定的方式进行告警。

另外还需要有完善的通信和控制接口,用于传递信令和进行网元管理单元和网络管理单元之间的通信等。

2. OXC 的主要性能要求

为了满足光交叉在不同的网络区域的需要,OXC 必须能够提供一个最小的特性集。OXC 主要的性能描述如下。

(1)容量和交叉能力

由于 OXC 对输入信号的格式和速率是透明的,所以 OXC 的端口数是衡量 OXC 交换能力的重要标志。不同网络对 OXC 交换能力的要求不同。在城域网或局域网中,OXC 的端口数不需要太多,而在骨干网上,随着目前数据业务的急剧增长,OXC 的端口数量要达到上千的要求。2001 年 OFC 会议上,Lucent 公司报导已实现 1 296×1 296 个端口以 MEMS 实现的 OXC 设备,每个端口上输入 40×40 Gbit/s=1.6 Tbit/s 的 WDM 信号,总的交叉能力达到 2.07Pbit/s。

(2)模块性

考虑到通信业务量的增长和建设 OXC 的成本,OXC 结构应该具有模块性(包括波长模块性和链路模块性),以便于将来的升级和扩容,就像现在的 SDH 设备和 DWDM 设备一样。

模块性能直接关系到节点的扩展性,关系到 OXC 节点是否可以平滑地升级,通过增加端口数量,或增加光纤中复用的波长数量而扩展到较大的规模,尤其是 OXC 位于网络中关键节点,会经常面临升级的问题,如果 OXC 具有较好的模块性,会给网络升级带来极大的方便。

(3)连接性

连接性包括三种情况:严格无阻塞、可重构无阻塞和有阻塞。

在严格无阻塞的情况下,从一个可以利用的输入端口到任一可用的输出端口的任意连接都可以建立。而不用中断、重新安排现有的连接,不以任何方式影响现有连接的质量。在可重构无阻塞情况下,可以建立从任意输入端口到输出端口的任意波长之间的连接,但是要变更或重构现有的某些连接,对整个结构进行重新配置,这也就影响了已建立连接的信号质量。在有阻塞的情况下,结构本身就是具有一定的阻塞性。在某些情况下,即使对节点进行重新配置,从一个输入端口来的波长也不一定能交换到任一输出端口。

由于每个波长所携带的信息量都比较大,因此节点一般不采用有阻塞的连接结构,最好是采用严格无阻塞的体系结构,有时候为了简化结构、降低成本,也采用可重构无阻塞的结构。

(4)通道特性

是只支持波长通道,还是可以支持虚波长通道也反映出 OXC 的连接能力。客户信息在光网络中传送时,需要为它构造一条路由并分配波长。根据 OXC 能否提供波长转换功能,光通道可以分为波长通道和虚波长通道两种。波长通道是指 OXC 没有波长转换功能,光通道在不同的光纤段中必须使用同一波长,即满足波长连续性条件。这样,为了建立一条波长通道,光网络必须找到一条路由,在这条路由的所有光纤段中,有一个共同的波长是空闲的。如果找不到这样一条路由,就会发生波长阻塞。虚波长通道是指 OXC 具有波长转换功能,光通道在不同的光纤段中可以占用不同的波长,从而提高了波长的利用率,降低了阻塞概率。

波长变换还可以使网络获得波长重用性。光网络中波长资源是有限性,通过波长交换实现在各段链路上波长的重用,一方面可以减小波长的需求量,另一方面也提高了对整个光网络基础设施的利用率。

(5)交叉连接、保护倒换和恢复时间

对于 OXC 节点来说,它处理的信息的颗粒比较大,因此交叉连接、保护和恢复操作都需要尽量提高速度,尽量减少交叉连接矩阵的开关时间,尽量减少故障的检测时间和保护倒换/恢复时间,这样才能尽量减小受影响的业务量。

(6)成本

成本可能将是决定哪种结构或哪种技术占主要地位的关键因素。在光纤通信已经发展到顶峰的今天,市场已经充分成熟,营运商的头脑已经非常冷静,他们决定采用何种技术或哪个厂家的设备的关键因素是投资回报,因此,成本成了他们考虑的第一要素。在节点的输入/输出光通道数一定时,所需的器件越少,则成本越低,越受运营商欢迎。

5.4.2　OXC 的结构

根据 OXC 应用场合的差异,节点需要具有不同的功能,而不同的功能又会拥有不同的结构。未来的光传送网需要支持不同层次、不同粒度信号的交叉连接或交换,而目前主要采用波长级的交叉连接,波长级的交叉连接可以有多种不同的结构。

1. 具有多层次交叉连接功能的 OXC 结构

未来的光传送网含有各种各样的网元设备,需要支持不同层次、不同粒度信号的交叉连接或交换,实现多种选路功能。可能的交换层次包括光纤级、波长组级、波长级,所谓波长组指的是一组波长,如果这一组波长前后相邻就称为波带。

多粒度交叉连接设备需要有统一的控制平面,支持多层次动态环境的操作,协调多层次的连接请求和恢复机制。控制平面可以是分布式控制或者集成在网元(NE)中,也可以是在网元外部通过一个直接的接口进入网元。它同网络中其他系统、用户以及其他网络信息的交换是经过信令信道完成的。控制平面的相应速度通常比管理平面快,但它一般需要一些协议来配合实现。管理平面完成节点的管理、维护和配置功能。

图 5-19 是一种支持三种粒度的 OXC 结构,包括光纤级交叉连接层(FXC)、波长组级交叉连接层(WGXC)、波长级交叉连接层(WXC)。在每一层上信息处理的颗粒不同,从上往下依次变小。

这种 OXC 的分层结构满足了对信息处理的颗粒度的要求,而且可以简化节点的设计,降低复杂度。进入节点的所有光纤链路都连接到 FXC 模块上,对于只需要交换整根光纤中的容量的链路,经交叉连接后直接输出;若需要对光纤中的信号做进一步的处理,经 FXC 寻路到上下路端口进入 WGXC 模块,并在此模块完成以波长组为单位的解复用、交叉连接和复用功能;WXC 模块则可以完成单波长级的解复用、交叉连接、上下路和复用等功能。

2. 波长级交叉连接模块(WXC)

WXC 是当前主要的交叉连接形式,是 OXC 的核心模块。该模块可以有各种不同的构成方式,根据节点中对信号处理方式不同,可以分为基于 O/E/O 方式的光交叉、基于完全透明的光交叉以及带光转发器的透明光交叉等不同的方式;根据是否具有波长交换能力,可

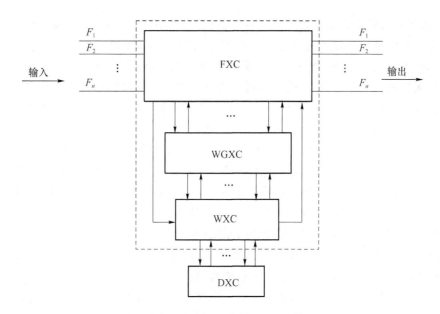

图 5-19　支持三种粒度的 OXC 结构

分为波长选择型(WSXC)和波长互换型(WIXC);根据交换方式的不同,可分为基于空间交换型和基于波长交换型;根据使用的器件的不同,空间光开关矩阵又可以分为机械型、微机电开关(MEMS)型、波导型、液晶型、半导体门型、光纤型等。

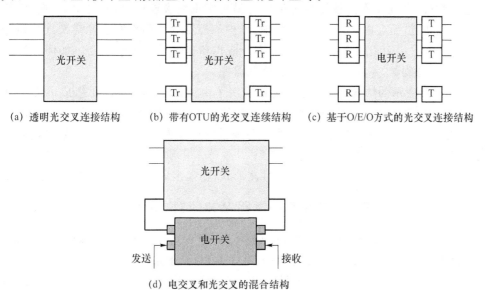

（a）透明光交叉连接结构　　　（b）带有OTU的光交叉连续结构　　　（c）基于O/E/O方式的光交叉连接结构

（d）电交叉和光交叉的混合结构

注：Tr代表光转发器；R、T分别代表接收机和发送机。

图 5-20　WXC 的在型

图 5-20 给出四种不同信号处理方式的 WXC 结构。图 5-20(a)为完全透明型的光交叉连接结构,该结构对于数据速率和格式完全透明,但没有信号质量的监控和信号类型的识别。

图 5-20(b)为带有光转发器(OTU)的光交叉连接矩阵。由于 OTU 的应用,光交叉结

构对数据速率和格式不是完全透明的,但可以具有再生功能,能消除长距离传输中色散和噪声积累;能够对信号质量和通道踪迹进行监控,便于光信号的管理。

图 5-20(c)为基于 O/E/O 方式的光交叉连接结构。即采用电交叉芯片,但对外是光接口,信号输入后先进行光电变换,输出前进行电光变换。电交换结构的成本现在低于光结构的成本,具有灵活的指配、上下话路、完全广播和组播功能,能够对信号质量和通道踪迹进行监控,但丧失了透明性,对于信道速率的升级比较困难。

图 5-20(d)为 O/E/O 光交叉方式和纯光交叉的混合结构。这种结构是一种折中的过渡类型,它只将一小部分必要的波长送到 O/E/O 光交叉结构中进行电的交换,以容易实现广播、信号的 3R 功能、波长交换和信号监测等功能。这样可以减小昂贵的波长交换器和光收发器等的数量,降低了成本,又可以实现必要的功能。

3. 由 O/E/O 光交叉连接矩阵实现的节点结构

由透明光交叉矩阵构成的 WXC 是当前应用的主流,而 O/E/O 光交叉连接矩阵在当今的光网络中应用也较普遍,因此在这里对它进行简要的介绍。

需要强调说明的是,这种 O/E/O 光交叉连接矩阵不同于 SDH 技术中提到的虚容器(VC)交叉连接,O/E/O 光交叉连接矩阵的处理颗粒是波长,目前的速率达到 2.5 Gbit/s 以上。在这种结构中,一般不对从光转变来的电信号再进行电域的解复用等处理,而是直接将一个波长通道中包含的信息作为一个整体进行选路等处理,因此可以看成一个"电"波长的处理器。

这种 O/E/O 光交叉连接矩阵可以很容易地实现交叉连接、信号再生、广播、波长交换和上下路等功能,而且在网络的运营、管理、维护和控制等方面都有全光交叉连接矩阵难以比拟的优势。它们面临的主要问题是对信号格式和速率的处理不透明。如何提高处理速度,增加端口的数量,一直是这种结构面临的难题。

在图 5-21 所示的结构中,光交叉核心采用了由专用的 ASCI 芯片组成电交叉连接矩阵,进入节点的 WDM 复用信号在解复用后首先经接收机转化成电信号,然后对电信号进行选路、分插复用、广播、3R 再生等功能。在经过电交叉连接矩阵后,电信号又由发射机转化成光信号,经复用器复用后进入输出链路。

目前,O/E/O 光交叉连接作为一种过渡形式,在很多场合还是有很好的应用前景的。

5.4.3　基于空间光开关矩阵的透明 WXC 结构举例

透明 WXC 按照光交换模块工作原理的不同,分为基于空间光开关矩阵的 WXC、基于光纤光栅的 WXC 和基于阵列波导光栅的 WXC。WXC 的透明光交换模块可采用两种基本交换机制:空间交换和波长交换。所谓空间交换是指波长从某一根光纤交换到其他光纤,被交换的波长所在的空间发生了变化。实现空间交换的器件有各种类型的光开关矩阵,它们在空间域上完成入端到出端的交叉连接功能。所谓波长交换是指被交换的波长从一个波长变换到另一波长,实现波长域上的交换。另外,光交换模块中还广泛使用了波长选择器(如各种类型的可调谐光滤波器和解复用器),它们从 WDM 信号中选择一个或多个波长的信号通过,而滤掉其他波长信号。这些器件的不同组合可以构成不同结构的 WXC,本小节介绍目前最常用的基于空间交换的 WXC 中的一种——基于空间光开关矩阵和波分复用/解复用器对的 WXC 结构。

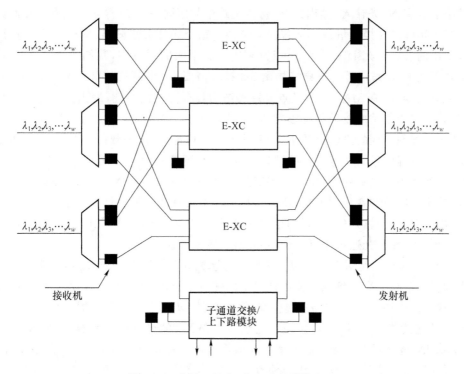

图 5-21　采用 O/E/O 光交叉实现的 OXC

1．基本结构

图 5-22 为两种基于空间光开关矩阵和波分复用/解复用器对的 WXC 结构,它们利用波分解复用器将链路中的 WDM 信号在空间域上分开,然后利用空间光开关矩阵在空间上实现交换。结构图 5-22(a)中无波长变换器,完成交叉连接后各波长信号直接经波分复用器复用到输出链路中,因此它只能支持波长通道。结构图 5-22(b)中每个波长的信号经过波长交换器实现波长交换后,再复用到输出链路中,因此它支持虚波长通道。

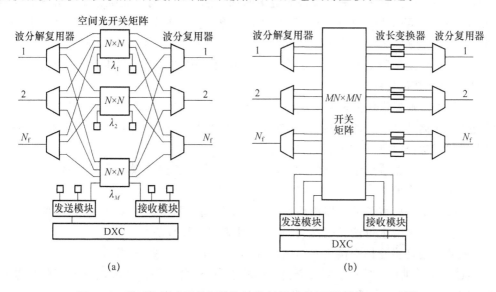

图 5-22　基于空间光开关矩阵和波分复用/解复用器对的 WXC 结构

图中节点有 N_f 条输入/输出链路、每条链路中复用同一组 M 个波长。图 5-22(a)中的空间光开关矩阵的交换容量是 $N \times N (N \geqslant N_f)$。每个光开关矩阵有 $N - N_f$ 个端口用于上下本地使用的波长，与 SDH 设备或 PTN 相连。在下面的讨论中，我们设 $N = N_f + 1$，即每个节点共可上下 M 路信号。这样结构图 5-22(a)需要 N_f 个复用器和解复用器、M 个 $N \times N$ 空间光开关矩阵，有 MN^2 个交叉点。这种结构具有波长模块性，即当网络的业务量比较小时，每条链路中复用的波长数可以比较少，这时 WXC 中的 M 个开关矩阵就不用全部配置上，从而使建网初期的投资比较小；随着业务量的增加，当波长数需要增加时，只需增加相应数量的开关矩阵，就可方便地进行扩容。但是即便最初节点不需要 N_f 条输入/输出链路，为了满足将来容量的要求，每个开关矩阵也必须配置成 $N \times N$，即开关矩阵的大小不能随输入/输出链路数的变化而变化，所以这种结构不具有链路模块性。由于使用的是波分复用/解复用器对，一个输入的光信号只能唯一地被交叉连接到一条输出光通道中，而不能被广播发送到多条输出光通道中，因此它不具有广播发送能力。

在图 5-22(b)中，使用 $MN \times MN$ 绝对无阻塞光开关矩阵和波长交换器，实现任一输入链路中的任一波长可交换到任一输出链路中的任一波长，交叉点数达 $(MN)^2$ 个。除大开关矩阵外，这种结构还需要 N_f 个波分复用和解复用器、MN_f 个波长转换器，成本较高，但具有强大的交叉连接能力，可以支持虚波长通道。在 WXC 的最终设计容量 M 和 N 确定下来后，$MN \times MN$ 这个开关矩阵就定下来了。即使所需业务量比较小，开关矩阵也不能减小，因此它既无波长模块性，也无链路模块性。与结构图 5-22(a)一样，它也不具有广播发送能力。

2. 含有共享波长变换模块的 WXC 结构

在光网络中采用虚波长通道路由的方式会带来许多好处。例如，有利于降低波长路由过程中的波长冲突，增强可管理性、可互操作性等。但实现虚波长路由的关键技术——波长交换器的价格昂贵，对于一个大型节点来说，为每个波长通道都加波长变换器(Wavelength Convertor, VC)，从目前的成本上看是不现实的。研究结果表明：采用共享波长变换模块实现的网络性能可以接近采用完全虚波长通道时的性能。于是有人就提出了部分虚波长通道(Partial Virtual Wavelength Path, PVWP)的概念，它既能降低成本，又能满足需要。同 PVWP 相对应，在光交叉连接节点上采用了数量有限的共享波长变换器模块。

如果波长变换采用 OEO 方式实现，该模块还可以完成数量有限的信道信号再生、广播发送、上下路等其他功能。

共享波长变换器模块并非只对其中几个固定的波长进行处理，而是可以选择任意波长进行变换。根据共享方式的不同，共享波长变换模块大致分为三类：节点共享型、链路共享型和本地共享型，分别如图 5-23(a)、(b)和(c)所示。

节点共享型是指节点中所有的波长都能够寻路到波长交换模块进行处理，只是每一次处理的波长是受限的。

链路共享型是指波长变换器模块只是由一条链路中所有波长共享，这条链路中所有波长都有机会根据需要进行波长交换，只是每次处理的波长数是有限的。

本地共享型是将波长交换功能加到传统 WXC 的上下路模块中。

OXC 是中后期的 OTN 及未来全光网的核心，在传送网中的主要功能是提供以波长为基础的连接功能，提供光通道的波长分插功能，实现动态波长选路，对波长通路进行疏导以

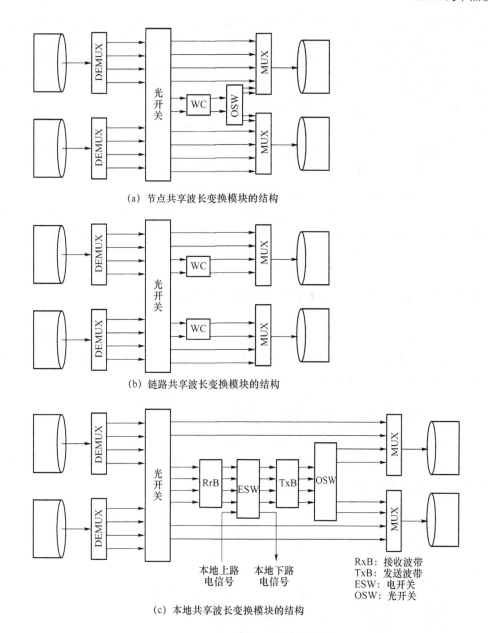

(a) 节点共享波长变换模块的结构

(b) 链路共享波长变换模块的结构

RxB: 接收波带
TxB: 发送波带
ESW: 电开关
OSW: 光开关

本地上路
电信号

本地下路
电信号

(c) 本地共享波长变换模块的结构

图 5-23　共享波长变换器的结构

实现对光纤基础设施的充分利用,实现在波长级、波长组级和光纤级上的保护和恢复。

OXC 的研究工作已进行了多年,但目前仍处于现场试验和小规模商用阶段,只有美国朗讯公司和 Corvis 公司的设备开始了实际应用。主要问题之一是尚未有性能价格比好、容量可扩展、稳定可靠的光交换矩阵。光交换矩阵的核心是光开关,从原理上,光开关有 3 类:电光开关、热光开关以及光机械开关。尽管光机械开关是最成熟的技术,性能优良、设计配置简单、成本较低、对环境要求不高,并已获得广泛的应用,但由于体积庞大、开关速度慢、可靠性不理想、矩阵规模小,因此不适于大规模 OXC 应用。热光开关和电光开关速度较快,可达毫秒和亚毫秒级,结构紧凑,但插入损耗和串音大。从总趋势看,光开关正从光机械开关向热光开关和电光开关方向发展,开关速度也从 100 ms 减少到 5 ms 乃至数百微秒量级,结构变得紧凑,开关矩阵规模得到扩大,但性能还不够理想,矩阵规模仍不够大。微电子机械开关(MEMS)已显示了巨大的发展前景,这是一种将自由空间互连与硅基单片集成技术相结合的新技术,这种机电一体化的开关器件结合了机械光开关和固体波导开关的特点,结构紧凑、集成度高、性能优良、矩阵规模大、便于批量生产,正成为实用化大型 OXC 的主要开关技术之一。美国朗讯公司采用三维 MEMS 矩阵技术实现了 256×256 的全光交叉连接器,称为波长路由器,可节约 25% 的运行费用和 99% 的能耗。加拿大北电公司利用两个相对放置的三维 MEMS 矩阵技术实现了 1 008×1 008 的大型 OXC,容量上和端口上都有重大突破,其总容量比传统电交叉连接器提高了约两个量级。

当然,OXC 除硬件技术问题外,还需要解决一系列的软件技术问题后才能成为智能光节点,真正发挥动态联网作用,关键是选路协议和控制信令以及与业务层的交互和协调等。

5.5 烽火通信公司 POTN 设备介绍

烽火通信公司现在生产的 POTN 设备型号为 FONST 6000 U,其中 FONST 是烽火公司产品品牌,6000 代表第四代光传输产品(即 POTN 产品),U 为第四代光传输产品的改进型。本节将对烽火通信公司 POTN 设备进行简单介绍。

5.5.1 烽火 FONST 6000 U 系列设备介绍

FONST 6000 U 系列设备(以下简称 U 系列)为烽火通信的 100G POTN 设备。该系列设备包括 U60、U40、U30、U20、U10 五种型号,其外观如图 5-24 所示,它们覆盖了从骨干网、城域网核心层到汇聚、接入层的承载需求。

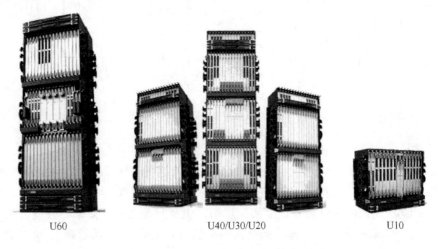

U60   U40/U30/U20   U10

图 5-24 FONST 6000 U 系列设备外观图

表 5-1 中列举了 U 系列各个型号设备的设备结构、业务槽位数和交叉容量。U 系列设备采用归一化设计,所以设备除槽位数、交叉容量不同外,所有业务板卡可以随意配置,全系列通用;U 系列光层子框通用,且与 FONST 3000/4000/5000 兼容。

表 5-1　FONST 6000 U 系列设备主要特征及应用场合

型　号	交叉容量	业务槽位数	设备结构	设备定位
U60	12.8T/25.6T	64	双面三层	国干、省干、城域网核心层
U40	10.4T/20.8T	52	双面双层	城域网核心层
U30	8T /16T	40	单面三层	城域网核心层、汇聚层
U20	5.2T/10.4T	26	单面双层	城域网汇聚层
U10	2.4T/4.8T	12	单面单层	城域网汇聚层、接入层

从表 5-1 可以看出,U60 的交叉容量非常大,为 12.8T/25.6T,适合部署在国家干线、省内干线以及城域网核心层;U40～U10 的交叉容量依次减少,适合分别部署在城域网核心层、汇聚层、接入层。

随着业务的 IP 化以及 OTN 设备向分组化方向的演进,OTN 设备在通信网中的地位从最核心的国家干线、省内干线逐渐向通信网的边沿下沉,减少了通信网设备的品种数量,简化了通信网的结构,实现了网络的扁平化。

5.5.2　FONST 6000 U60 介绍

U60 设备主要由电子框和波道子框组成。

1. U60 的电子框

U60 的电子框结构如图 5-25 所示,它由机盘区、走线区、风扇单元、防尘网、盘纤单元、子框提手、电源线走线槽、连接板、子框上架弯角组成,各部分的功能见表 5-2。

表 5-2　U60 子框中各组成部分的功能

序　号	名　称	主要功能
(1)	机盘区	机盘区是子框的主体部分,用于插放所有机盘,实现设备的各种功能。
(2)	走线区	走线区位于子框机盘区下方,子框每个槽位对应一个走线区的走线孔;光纤、网线等可从对应的走纤孔进入走线区,使设备外观更加整洁美观。
(3)	风扇单元	用于设备散热;每个子框配备 4 个风扇单元。
(4)	防尘网	防尘网位于子框底部,采用金属托架和低密度防尘网。防尘单元采用自锁方式进行固定,可按需求灵活卸载和安装。
(5)	盘纤单元	用于盘绕长度冗余的光纤,位于子框的两侧。
(6)	子框提手	在移动和抬起子框时,用作子框的受力点。
(7)	电源线走线槽	用于子框电源线的布放。
(8)	连接板	用于连接前子框组件和后子框组件。
(9)	子框上架弯角	用于将子框固定在机柜中。

U60 电子框为三层双面子框,即子框分为三层,每一层有若干机盘;子框除正面布置机盘外,反面也布置了机盘,称为双面。

U60 电子框的面板分布如图 5-26 所示,第一排和第三排为业务盘位,第二排为交叉盘、控制盘、电源盘等盘位。U60 共有 89 个槽位,其中业务槽位 64 个,单槽位背板带宽 400 Gbit/s;交叉板盘位 9 个,采用 7＋2 的冗余配置;电源盘 6 个,主控盘 2 块(1＋1 保护),辅助端子板 1 块。

图 5-25　U60 子框外观图

前视图

业务盘1	业务盘2	业务盘3	业务盘4	业务盘5	业务盘6	业务盘7	业务盘8	业务盘9	业务盘10	业务盘11	业务盘12	业务盘13	业务盘14	业务盘15	业务盘16
16	17	18	19	20	21	22	23	24	25	26	27	28	29	30	31

电源盘1	控制盘1	控制盘2	端子板	空	交叉盘6	交叉盘7	交叉盘8	交叉盘9	空	空	电源盘2	电源盘3
00	01	02	03	04	05	06	07	08	09	10	11	12

业务盘17	业务盘18	业务盘19	业务盘20	业务盘21	业务盘22	业务盘23	业务盘24	业务盘25	业务盘26	业务盘27	业务盘28	业务盘29	业务盘30	业务盘31	业务盘32
32	33	34	35	36	37	38	39	40	41	42	43	44	45	46	47

后视图

业务盘48	业务盘47	业务盘46	业务盘45	业务盘44	业务盘43	业务盘42	业务盘41	业务盘40	业务盘39	业务盘38	业务盘37	业务盘36	业务盘35	业务盘34	业务盘33
48	49	50	51	52	53	54	55	56	57	58	59	60	61	62	63

电源盘5	控制盘6	空	空	交叉盘5	交叉盘4	交叉盘3	交叉盘2	交叉盘1	空	空	电源盘4
80	81	82	83	84	85	86	87	88	89	90	91

业务盘64	业务盘63	业务盘62	业务盘61	业务盘60	业务盘59	业务盘58	业务盘57	业务盘56	业务盘55	业务盘54	业务盘53	业务盘52	业务盘51	业务盘50	业务盘49
64	65	66	67	68	69	70	71	72	73	74	75	76	77	78	79

图 5-26　U60 电子框槽位分布示意图

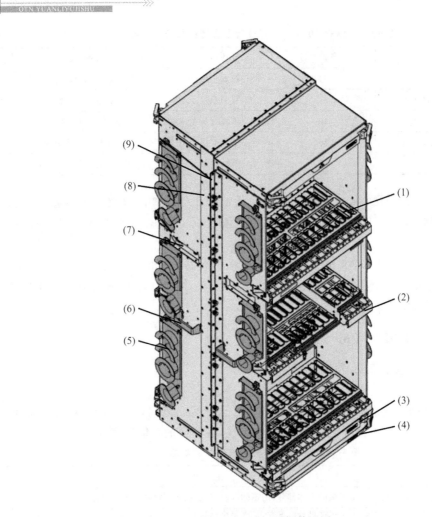

2. U60 的波道子框

U60 光信号的处理在波道子框,波道子框的面板分布如图 5-27 所示。波道子框共有 16 个槽位,电源盘实行 1+1 保护,并支持网元管理盘 EMU1+1 冗余配置。波道子框可以放置光监控信号盘 OSC、放大盘 OA/PA、合分波盘 VMU/ODU、光保护盘 OLP/OMSP/OCP 等光层板卡,也可以配置支线合一的 OTU 板卡,并支持配置波长选择开关 WSS 进行光层调度。U 系列可以支持搭建 80/96×100G 系统。

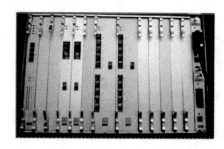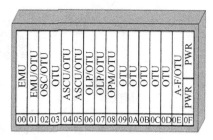

图 5-27   U60 波道子框面板图

3. U60 的业务接入

U60 支持全业务接入,包括 STM-1/4/16/64/256,GE/10GE/40GE/100GE,OTU1/OTU2/OTU3/OTU4、SAN(存储区域网络)和视频等多种业务,同时支持面向未来的业务扩展。支持 E-Line、E-LAN、E-Tree 组网和 MPLS-TP 应用,可实现对分组业务的统计复用,提高带宽利用率。

4. U60 的业务保护

在业务保护方面,U60 可提供完善的网络级保护。光层可使用光通道保护、复用段保护和光线路保护。电层支持基于 OCH、ODUk 的 OTN 保护以及以太网、MPLS-TP 等多种业务保护方式;支持加载控制平面;支持设备级冗余备份(电源、主控单元采用"1+1"保护,交叉单元采用"资源池 $M:N$"保护,多组智能风扇互为备份,并可独立维护)。

5.6   POTN 设备的组网应用

本节将介绍 FONST 6000 U 系列产品在光层波长级和电层子波长级的组网应用。

5.6.1   POTN 设备在光层的组网应用举例

1. 应用场景

某地需要建设一个由 A、B、C 和 D 四个站点构成的环形网络,四个站点采用 POTN 设备的 FOADM(固定波长的 OADM)形态,如图 5-28 所示。E 为东向,W 为西向。

2. 业务需求

根据对未来业务的预测,本例中 A 站点需与 B、C 站点分别开通 8 波 OTU2 业务和 8 波 OTU3 业务,A 站点与 D 站点间、B 站点与 C 站点间均需开通 8 波 OTU3 业务,且要求各波长业务在两个方向上实现 1+1 备份。

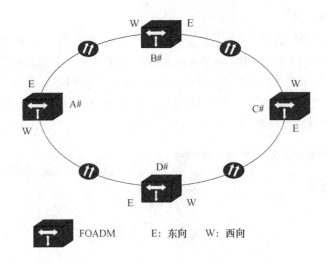

图 5-28 POTN 设备组成环网示意图

根据业务需求,FONST 6000 U 系列使用通道间隔为 100GHz 的 48 波系统,采用 C 波段,本例各站点间的波长分配如图 5-29 所示。

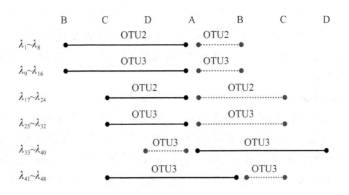

图 5-29 环网各站点间业务需求图

3．各站点业务信号流向

从图 5-29 的环网业务需求图可以分析各站点哪些波长是直通,哪些波长需上下到本地。

（1）A 站点业务信号流向

很显然,A 站点的直通波长是 $\lambda_{41} \sim \lambda_{48}$,其他波长全部要在本站上下。A 站点的主要机盘和业务信号流向如图 5-30 所示。

从西向线路接受的 OTN 光信号经光监控信道合分波盘（OSCAD）取出监控信号后,经前置光功率放大（PA）,送入光分波盘。$\lambda_{41} \sim \lambda_{48}$ 是直通波长,因此不需要下到线路盘;其余波长均需下到线路盘,经交叉盘处理后直接进入支路盘,和西向客户侧设备相连接。

本地客户信号可由东向客户侧设备进入交叉盘进行适配,经交叉盘处理后便进入线路盘进行电域开销处理,处理完后加载到波长上面。合波器对来自线路盘的波长和直通波长进行合波,再进行光功率放大(OA),并加载来自光监控信道盘(OSC)的光监控波长后,发往东向线路方向。

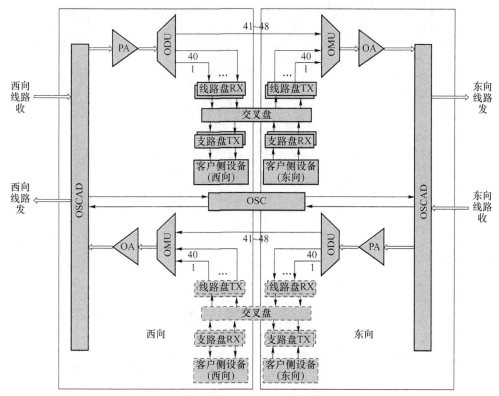

TX—发送; OMU—光合波单元; OA/PA—光放大单元; 1、40、41~48—波长号;
RX—接收; ODU—光分波单元; OSC—光监控信道盘; OSCAD—1510/1550合分波盘

图 5-30　A 站点信号流向图

从东向来的 OTN 光信号的处理过程与从西向来的 OTN 光信号的处理过程相同。

(2) B 站点业务信号流向

B 站点的直通波长是 $\lambda_{17} \sim \lambda_{40}$,其余波长全部要在本站上下。B 站点的主要机盘和业务信号流向如图 5-31 所示。

(3) 其他站点业务信号流向

C 站点、D 站点与 B 站点的信号流向类似,仅上下波的波长及直通的波长有区别。C 站点需上下 17~32 波、41~48 波,需直通 1~16 波、33~40 波;D 站点需上下 33~40 波,需直通 1~32 波、41~48 波。

5.6.2　POTN 设备在电层的组网应用举例

1. 应用场景

某工程项目由 A、B、C、D、E 五个站点构成链形网络,如图 5-32 所示。其中 OTM 为 POTN 设备处理电信号的简化形态,主要处理电信号;FOADM 为 POTN 设备处理光信号的简化形态,主要处理光信号;OLA 为光线路放大器。

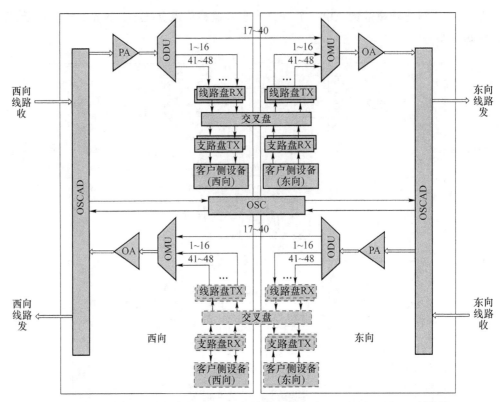

TX—发送；OMU—光合波单元；OA/PA—光放大单元；1~16、17~40、41~48—波长号；
RX—接收；ODU—光分波单元；OSC—光监控信道盘；OSCAD—1510/1550合分波盘

图 5-31　B 站点信号流向图

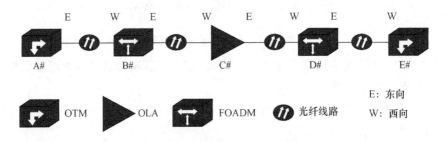

图 5-32　由 POTN 设备组成的链形网络示意图

2. 业务需求

根据业务预测，A 与 B 间开通 320 路 GE 业务，A 与 E 间开通 6 路 OTU3 业务，A 与 E 间开通 8 路 OTU4 业务，B 与 D 间开通 40 路 10GE LAN 业务，B 与 D 间开通 6 路 OTU3 业务，D 与 E 间开通 320 路 GE 业务，如图 5-33 所示。

3. 业务承载与波长安排

(1)A 站和 E 站点电层业务承载和波长分配

- 320 路 GE 业务选择 20 块 16TN1(T 表示支路盘，N 表示多业务，16 为支路盘接入 GE 信号的端口数，1 表示支路盘输出为 2.5G 业务)型支路盘实现 GE 信号的接入，选择 4 块 1LN4(L 代表线路盘，N 表示多业务，1 为线路盘接口数为 1，4 表示 100G

业务)型线路盘来承载 320 路 GE 信号,并加载到速率为 100G 的四个波长上($\lambda_1 \sim \lambda_4$)。

- 6 路 OTU3 业务选择 6 块 1TO3(T 表示支路盘,O 表示为 OTN 业务,1 为支路盘接入 OTN 业务的端口数,3 表示支路盘业务速率为 40G 业务)型支路盘实现 OTN 业务的接入,选择 3 块 1LN4 型线路盘来承载 6 路 OTU3 业务,需占用 3 个 100G 波道 ($\lambda_{12} \sim \lambda_{14}$)。
- 同理,8 路 OTU4 业务选择 8 块 1TN4 和 8 块 1LN4,需占用 8 个 100G 波道($\lambda_{15} \sim \lambda_{22}$)。

(2) B 和 D 站点电层业务承载和波长分配

- 320 路 GE 业务选择 20 块 16TN1 和 4 块 1LN4,需占用 4 个 100G 波道($\lambda_5 \sim \lambda_8$)。
- 40 路 10GE LAN 业务选择 2 块 20TP2(P 表示纯分组业务)和 4 块 1LN4,需占用 4 个 100G 波道($\lambda_5 \sim \lambda_8$)。
- 6 路 OTU3 业务选择 6 块 1TO3 和 3 块 1LN4,需占用 3 个 100G 波道($\lambda_{12} \sim \lambda_{14}$)。

各站点间的波长分配如图 5-33 所示。

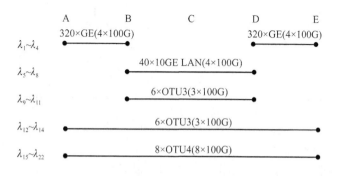

图 5-33　链形网络的业务分布与波长安排

4. A 站点业务信号流向

A 站点对应的信号流向如图 5-34 所示。根据业务需求,A 站点需上、下话来自 B 和 E 站点共 15 个波长业务。图中 UXU 盘为统一交叉盘,ODU48-O 盘为 48 路合波盘,VMU48-O 盘为 48 路分波盘。

来自客户侧设备的 320 路 GE 业务信号经 20 块 16TN1 盘进行光电转换处理生成 320 路 ODU0 信号,送至交叉盘,交叉盘根据网管配置将 320 路 ODU0 信号送至 4 块 1LN4 盘,经 1LN4 盘复用、转化为第 1~4 波长的 100G 信号送入 VMU48-O 盘。

来自客户侧设备的 6 路 OTU3 业务信号经 6 块 1TO3 盘进行光电转换处理生成 6 路 ODU3 信号,送至交叉盘,交叉盘根据网管配置将 6 路 ODU3 信号送至 3 块 1LN4 盘,经 1LN4 盘转化为第 12~14 个波长的 100G 信号送入 VMU48-O 盘。

来自客户侧设备的 8 路 OTU4 业务信号经 8 块 1TN4 盘进行光电转换处理生成 8 路 ODU4 信号,送至交叉盘,交叉盘根据网管配置将 8 路 ODU4 信号送至 8 块 1LN4 盘,经 1LN4 盘转化为 15~22 波长的 100G 信号送入 VMU48-O 盘。

VMU48-O 盘将所有波长信号合波后经 OA 盘放大,再与来自 OSC 盘的监控信号经 OSCAD 盘合波后输出至线路。

接收方向的信号流向为发送方向的逆过程。

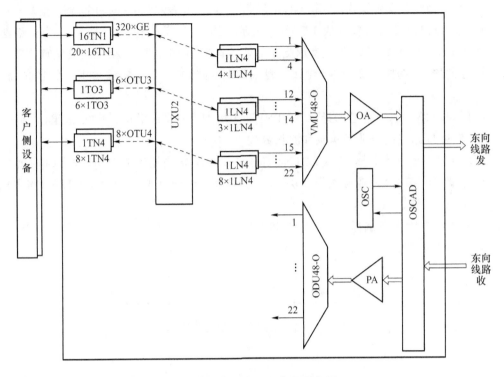

图 5-34　A站点业务信号流向图

5. B站点业务信号流向

B站点对应的业务信号流向如图 5-35 所示。根据业务需求,B站点需上下话来自A站点的 4 个波长业务,B站点需上下话来自D站点的 7 个波长业务;需直通A站点与E站点的 11 个波长业务。

（1）上下话业务流向

来自客户侧设备的 320 路 GE 业务信号经 20 块 16TN1 盘进行光电转换处理生成 320 路 ODU0 信号,送至交叉盘,交叉盘根据网管配置将 320 路 ODU0 信号送至 4 块 1LN4 盘,经1LN4 盘复用、转化为第 1～4 个波长的 100G 信号送入西向 VMU48-O 盘。

来自客户侧设备的 40 路 10GE LAN 业务信号经 2 块 20TP2 盘进行光电转换处理生成 40 路 ODU2 信号,送至交叉盘,交叉盘根据网管配置将 40 路 ODU2 信号送至 4 块 1LN4 盘,经 1LN4 盘转化为第 5～8 波长的 100G 信号送入东向 VMU48-O 盘。

来自客户侧设备的 6 路 OTU3 业务信号经 6 块 1TO3 盘进行光电转换处理生成 6 路 ODU3 信号,送至交叉盘,交叉盘根据网管配置将 6 路 ODU3 信号送至 3 块 1LN4 盘,经 1LN4 盘转化为第 9～11 波长的 100G 信号送入东向 VMU48-O 盘。

接收方向的信号流向为发送方向的逆过程。

（2）直通业务流向

来自西向线路（来自 A 站点）的第 12～22 个波长业务经西向 PA 盘放大送至西向 ODU48-O 盘,通过站内尾纤送至东向 VMU48-O 盘。

东向 VMU48-O 盘将所有波长信号合波后经东向 OA 盘放大,再与来自 OSC 盘的监控信号经东向 OSCAD 盘合波后输出至东向线路。

由东向西的信号流向为由西向东方向的逆过程。

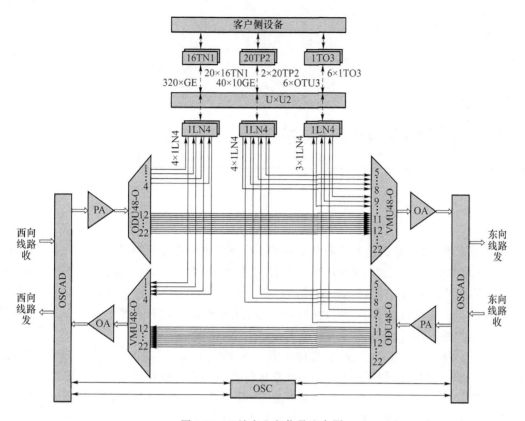

图 5-35　B 站点业务信号流向图

6. C 站点业务信号流向

C 站点对应的信号流向如图 5-36 所示。根据业务需求,C 站点需对线路光功率进行放大,以实现长距离的光中继传输。

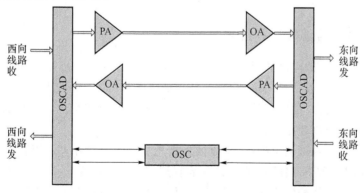

图 5-36　C 站点业务信号流向图

来自西向线路(来自 B 站点)的业务经西向 PA 盘放大、东向 OA 盘放大后送至东向 OSCAD 盘,再与来自 OSC 盘的监控信号经东向 OSCAD 盘合波后输出至东向线路。

由东向西的信号流向为由西向东方向的逆过程。

7. D、E 站点业务信号流向

D 站点的信号流向与 A 站点类似,E 站点的信号流向与 B 站点类似,不再赘述。

第6章
OTN 的网络结构与保护

网络的结构和网络的生存性有很大的关系。网络的生存性反映了网络在发生故障的情况下，仍能维持服务的能力，网络的生存机理、拓扑结构、可用资源、协调机制等对生存性有着显著的影响。就传送网而言，SDH 的生存性作为 SDH 最有特色的部分之一，为奠定 SDH 的基础传送地位立下了汗马功劳，同时其生存性机理也被下一代传送网——光传送网（OTN）兼收并蓄，成为其生存性的重要基石。

ITU-T 制定了 G.873.1 建议（光传送网的线性保护）对 OTN 的线性保护进行了规范，G.873.2 建议（光传送网基于 ODUk 的共享环保护）对 OTN 的环形保护进行了规范。

本章先介绍 OTN 网络保护的基本概念，然后介绍 OTN 线性保护和环形保护的体系结构和 APS 协议，最后介绍 OTN 的光层保护技术和电层保护技术。

6.1　OTN 的网络结构

6.1.1　OTN 的物理拓扑结构

通俗地说，拓扑就是网络的形状。任何通信网络都存在两种拓扑结构，那就是物理拓扑和逻辑拓扑（也称为虚拓扑）。其中物理拓扑表征网络节点的物理结构，从组成上讲，是网络节点与光纤链路的集合；逻辑拓扑表征网络节点间业务的分布情况，它以物理拓扑为基础，但其结构可以不同于物理拓扑。

在波分复用技术发展的早期，点到点的连接是唯一的应用方式。随着节点技术的发展，WDM 组网技术得到了人们的重视。光分插复用器（OADM）以及光交叉连接（OXC）设备的出现使各种物理拓扑的实现成为可能。除简单的点到点的连接方式外，基本的物理拓扑有以下几种，分别如图 6-1 所示。

1. 线形

当所有的网络节点以一种非闭合的链路形式连接在一起时，就构成了线形拓扑。通常这种结构的端节点是波分复用终端，中间节点是光分插复用设备。这种结构的优点是可以灵活上下光载波，但其生存性较差。因为节点或链路的失效将把整个系统割裂成独立的若干部分，而无法实现有效的网络通信。

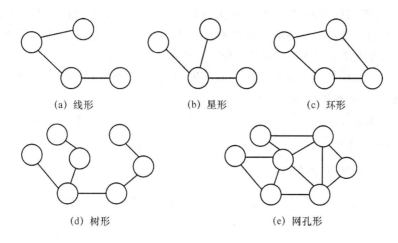

(a) 线形　　　　　(b) 星形　　　　　(c) 环形

(d) 树形　　　　　　　　(e) 网孔形

图 6-1　基本的物理拓扑结构

2. 星形

当所有网络节点中只有一个特殊节点与其他所有节点有物理连接,而其他节点之间都没有物理连接时就构成了所谓的星形结构(也称枢纽结构)。其中,该特殊节点称为中心节点,它通常由具有 OXC 功能的节点承担;而其他节点称为从节点,可以使用波分复用终端设备。

在这种结构中,除中心节点外,其他任何节点之间的通信都要经过中心节点转接,这为网络带宽的综合管理提供了有利的条件。但星形结构一个潜在的危险是中心节点一旦失效,将造成整个通信中断。另外,这种网络要求中心节点有很强的业务处理能力,以疏导各从节点与中心节点以及从节点之间的通信业务。这种结构与下面的树形网络通常用于业务分配网络,如有线电视网。在这两种网络中,除与中心节点外,各节点之间的通信要求比较低。

3. 树形

树形网络是星形拓扑与线形拓扑的结合,也可以看作是星形拓扑的拓展。可以使用分割的概念对树形拓扑进行分析,即把它分割成若干个星形与线形子网络的有机集合,再在子网络分析的基础上进行综合。

4. 环形

如果在线形拓扑中两个端节点也使用光分插复用设备,并用光缆链路连接,便形成了环形拓扑。我们可以注意到,环形拓扑中,任何两个网络节点之间都有长短两条传输方向相反的路由,这就为网络的保护提供了有力的物理基础。环形拓扑的优点是实现简单,生存性强,一旦出现断纤断缆的情况,信号可以沿反方向传输,此所谓"东方不亮西方亮"。因此,环形拓扑获得了最广泛的应用。

由于环形拓扑良好的保护性能,在过去的十年中,SDH 自愈环网的应用获得巨大的成功,WDM 环形网络也引起人们极大的关注,成为首先应用的光网络拓扑形式。

5. 网孔形

在保持连通的情况下,所有网络节点之间至少存在两条不同的物理连接的非环形拓扑即为网状拓扑,也称为格型网。如果所有节点两两之间都有直接的物理连接,则成为理想的网状网。为了实现网络的强连通要求,构成网状拓扑的节点至少应该是 OADM,通常使用 OXC。OXC 的引入使得网络支持光层以网孔形进行组网,提供低成本、智能化的恢复方案。SDH 网络中已经成功地引入基于 DXC 的恢复方案。对于光层而言,引入 OXC 可以灵活可靠地实现网络恢复,可以利用优化的路由波长算法,实施网络的动态重构。当发生故障时,可以通过重选路由实现网络故障的自动恢复。

显然,与其他拓扑相比,网状拓扑的连通性强、可靠性高,但结构复杂,相关的控制和管理也是一种挑战。通常在要求高可靠性的骨干网络中使用。

6.1.2 OTN 的逻辑拓扑结构

逻辑拓扑指的是网络节点之间业务的分布状况,比较常见的有以下几种结构,如图 6-2 所示。

1. 星形

星形逻辑拓扑有单星形和双星形两种,分别如图 6-2(a)和(b)所示。在单星形结构中,只有一个中心节点(M)负责与其他节点(S)沟通。这样,除中心节点外,其他节点之间的所有通信联系都要经过中心节点中转。中心节点的失效将使整个网络陷入瘫痪,因此它的可靠性比较差。为了加强可靠性,可以使用双中心节点配置,如图 6-2(b)所示,M_1 和 M_2 是两个中心节点,$S_1 \sim S_n$ 是从节点。在这种配置中,所有从节点都与两个中心节点有通信联系,同时中心节点之间也有通信联系。这样,即使一个中心节点失效,也不会影响从节点之间的通信,从而提高了网络的可靠性。

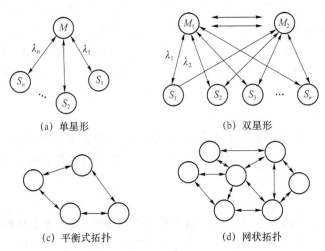

(a) 单星形   (b) 双星形

(c) 平衡式拓扑   (d) 网状拓扑

图 6-2　基本的逻辑拓扑结构

2. 平衡式拓扑

在平衡式拓扑结构中,只有存在物理连接的节点之间才有业务联系,没有物理连接的节点之间的通信将要通过中间节点的中转才能实现,如图 6-2(c)所示。这种逻辑拓扑结构只存在于线形与环形物理拓扑的网络中,其本质上是一种点到点通信方式的背靠背组合形式,因而在很大程度上丧失了全光通信网络的灵活性。通常平衡式拓扑只用于相邻节点间有业务的情况。

3. 网状拓扑

在网状逻辑拓扑中,除可以保证所有网络节点都能建立通信连接外,任选两个网络节点构成一个节点对,则绝大部分节点对都存在直接的通信通道,如图 6-2(d)所示。这种逻辑拓扑有很强的生存能力,但相应的控制和管理相当复杂。

从传送网层次模型上看,物理拓扑位于传输媒质层,逻辑拓扑位于光通道层,利用光通道的概念构成的逻辑拓扑与节点之间的业务分布情况紧密相关,通过软件配置可以比较容易地改变。物理拓扑设计是在保证网络传输能力的前提下,合理选择节点位置和可用部件使建设费用达到最小;逻辑拓扑设计是在物理拓扑基础上,结合节点的业务分布情况,选择光通道构成方案使信息传送性能达到最佳。

6.2　OTN 的保护策略

6.2.1　网络保护的概念与分类

网络生存性是指网络经受各种故障甚至灾难性大故障后仍能维持可接受的业务质量的能力,也就是网络抵御失效的能力,它是网络完整性的一部分。从通信网的物理拓扑结构来看,网络的故障有两类:链路故障和节点故障。对故障的恢复一般采用网络保护和网络恢复两种机制来实现。

所谓网络保护一般是利用节点间预先分配的容量,用硬件冗余的办法来保证网络对故障的恢复。即当一个工作通路发生失效事件时,利用备用设备的倒换动作,使信号通过保护通路仍保持有效。如后面将要述的 1+1 保护、$M:N$ 保护等。保护一般处于本地网元或远端网元的控制之下,无须外部网管系统的介入,因而倒换时间很短,但备用资源无法在网络范围内由大家共享。

网络恢复机制是指网络失效后,在外部网络操作系统的控制下,采用某种算法动态寻找可用资源,并采用重选路由的方法绕过失效部件来恢复业务的方法。网络恢复可大大节省网络资源,同时又能保证所需的网络资源,但具有相对较长的计算时间。恢复机制是一种更高级的故障恢复方法,因此必须要有上层网管的介入。

保护机制由于资源已经预留,故失效恢复时间短,但灵活性不足,无法恢复预期范围以外的业务。恢复机制的灵活性优于保护机制,但恢复时间较长。

网络保护机制分为单向保护方式(uni-directional)和双向保护方式(bi-directional)。单向保护方式是指保护倒换之后的传输方向与被保护业务(单向)的传输方向相同,双向保护方式则在两个方向都进行倒换。最简单的保护机制是 1+1 方式,最复杂的是 $M:N$ 方式。

G.872 提出了三种保护策略:路径保护、子网连接保护和共享环保护。

6.2.2　路径保护

所谓路径保护(Trail Protection)就是当工作路径失效或者性能劣于某一必要的水平

时,工作路径将由保护路径所代替,路径终端可以提供路径状态的信息,而保护路径终端则提供受保护路径状态的信息,这二种信息提供了保护启动的依据。路径保护是一种专用点到点的保护机制,可用在任何一种物理拓扑结构的网络中(网状、环状,或两者的混合)。

1. 1＋1 的单向路径保护

图 6-3 是 G.872 对于 1＋1 的单向路径保护机制结构原理的描述。

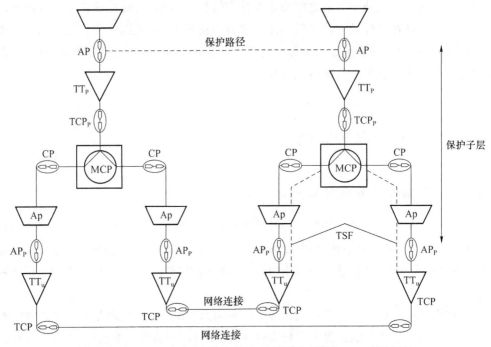

TSF—路径信号失效；TT_P—保护路径终端；TT_u—无保护路径终端；Ap—保护适配；
MC_P—保护矩阵连接；TCP_P—保护TCP；AP_P—保护接入点

图 6-3　1＋1 单向路径保护原理图

图 6-4 是一个 1＋1 单向路径保护机制的例子。

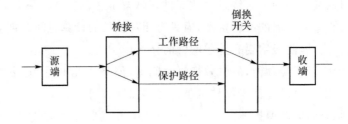

图 6-4　1＋1 单向路径保护示意图

2. 1∶N 的路径保护

在该保护机制中,N 个工作路径由一个共享的保护路径提供保护。一般情况下,该保护路径可以用来传输低优先级的额外业务,额外业务不受保护,被保护路径失效时将自动倒换到保护路径。1∶N 路径保护需要 APS 协议。

图 6-5 是一种 1∶N 路径保护的例子。

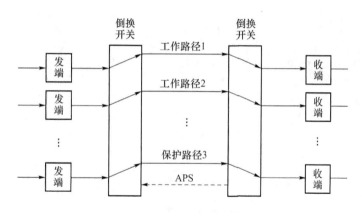

图 6-5 1：N 的路径保护

6.2.3 子网连接保护

1. 子网连接保护的定义与分类

所谓子网连接保护,就是当工作子网连接失效或性能劣于某一必要的水平时,工作子网连接将由保护子网连接所代替。与 SDH 类似,子网连接保护可以看作是失效条件的检出是在服务层网络、子层或其他传送网络,而保护倒换的激活和动作却发生在客户层网络的保护方法。

子网连接保护是一种专用点到点的保护机制,可用在任何一种物理拓扑结构的网络中(网状、环状,或两者的混合),可以对部分或全部网络节点实行保护。

子网连接保护可以应用于层网络内的任何层,被保护的子网连接可以进一步由较低等级的子网连接和链路连接级联而成。通常,子网连接没有固定的监视能力,因而子网保护方案可以进一步用监视子网连接的方法来实现。

基于传输实体(工作和保护实体)缺陷检测的保护倒换将发生在保护域内。这些缺陷如何被检测则是 ITU-T 有关设备建议(如 G.806 和 G.798)的研究内容。为了保护倒换控制器更好地工作,在保护域内的传输实体分为良好状态(OK)、劣化状态(Signal Degrade,SD)、失效状态(Signal Fail,SF)。

根据获得倒换信息的途径不同,子网连接保护可分为以下三种方式:固有监视(Subnetwork Connection Protection with Inherent Monitoring,SNC/I)子网连接保护、非介入监视(Subnetwork Connection Protection with Non Intrusive Monitoring,SNC/N)子网连接保护、子层监视(Subnetwork Connection Protection with Sublayer Monitoring,SNC/S)子网连接保护。

2. 固有监视子网连接保护

固有监视(SNC/I)子网连接保护是利用服务层内置监视开销来实现对服务层连接失效或信号劣化的保护。倒换和诊断过程发生在两个相邻层上,具体过程是服务层通过尾端的路径终端功能或适配功能检测出缺陷,从而提供失效和劣化的信息(倒换判断依据),客户层根据此信息完成倒换动作,如图 6-6 所示。固有监视主要用来对付服务层失效,是一种适于保护光缆切断和节点失效等硬失效的保护手段。

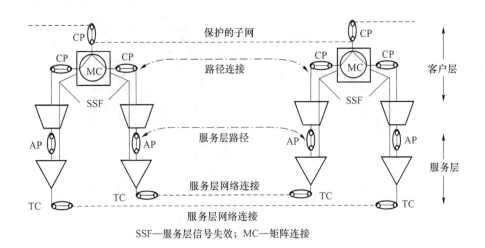

SSF—服务层信号失效；MC—矩阵连接

图 6-6　利用固有监视的 1+1 单向子网连接保护

3. 非介入监视子网连接保护

非介入监视(SNC/N)子网连接保护是利用客户层特征信息"只听"(非介入)监视功能来实现对服务层连接失效、本层连接失效、本层信号劣化的保护倒换。SNC/N 利用非介入监视保护组路径末端的 ODUkP 层及服务层的故障状态触发保护倒换,如图 6-7 所示。

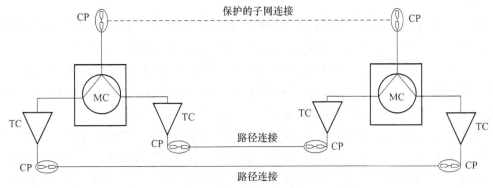

MC—矩阵连接；TC—终端连接；CP—连接点

图 6-7　利用非介入监视的 1+1 单向子网连接保护

客户层特征信息可以是端到端开销或子层开销。如果使用端到端管理开销监测服务层的缺陷条件、连续性/连接缺陷条件以及本层网络的误码劣化条件,就称为端到端的非介入监视(SNC/Ne)。如果使用子层管理开销监测服务层的缺陷条件、连续性/连接缺陷条件以及本层网络的误码劣化条件,就称为非介入子层监视(SNC/Ns)。

4. 子层监视子网连接保护

子层监视(SNC/S)子网连接保护采用分段子层 TCM 功能确定 SF/SD 条件,支持服务层缺陷条件的检测、层网络的连续性/连接缺陷条件以及层网络的误码劣化条件检测,如线性 SNC/S 即由 ODUkT 层 TCM 及服务层的故障触发保护倒换。利用子层监视的 1+1 单向子网连接保护如图 6-8 所示。

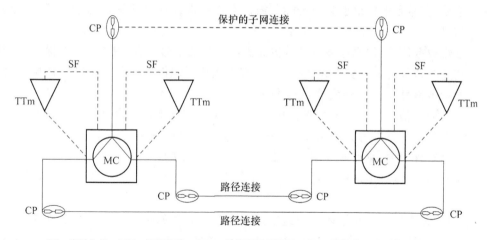

SF—信号失效；MC—矩阵连接；TTm—监视器路径终端；CP—连接点；AP—接入点

图 6-8　利用子层监视的 1+1 单向子网连接保护

6.2.4　共享环保护

共享环保护(Shared Ring Protection)结构的每个通道均由预先设置好的保护路由来实现保护。在正常情况下,保护通道既不用来传输被保护通道的信息,也不用来传输低优先级业务信号。保护通道本身不受保护。共享环保护机制下,保护通道可以被共享。当被保护通道出现故障时,被保护通道将被倒换到反方向传输的保护环中,共享保护环需要 APS协议。

共享环保护可实现 OCh 层和 OMS 层的保护,构成 OCh 共享保护环和 OMS 共享保护环。OCh 共享保护环实现对单个波长进行保护,其他波长的业务不受影响,保护单个光波长(光通道)需要基于 OCh 级失效指示信号。

OMS 共享保护环基于复用段失效指示倒换,把复用段作为整体倒换。OMS 共享保护环对于光纤断裂(OMS 层故障)这样的严重故障的恢复,效率很高;对于单波长故障(OCh层故障)的恢复,OCh 共享环保护是一种很好的选择。

6.3　OTN 线性保护的结构与 APS 协议

G.873.1 建议在光通道数据单元(ODUk)级别为光传送网线性网络定义了不同的保护方案。该建议定义的保护方案有:
- 利用固有监视的 ODUk 子网保护(1+1,1：N);
- 利用非介入监视的 ODUk 子网保护(1+1);
- 利用子层监视的 ODUk 子网保护(1+1,1：N)。

6.3.1　常用术语

下面对线性保护中的几个常用术语介绍如下。

- 信号:信号是保护组承载的实际负载。它包括常规的业务信号,额外业务信号和空信号。
- 常规业务信号:常规业务信号是被保护组保护的信号。在 ODUk 线性保护中,常规的业务信号的编号从 1 到 254。在没有失效或引起倒换的其他原因的情况下,常规的业务信号 m 在工作实体 m 上传输。
- 额外业务信号:在 1∶n 的保护中,当不用保护实体来传送常规的业务信号时,额外业务信号就可以用保护实体来传送。它是一个低优先级的抢占信号。在 1∶n 的 ODUk 保护中,额外业务信号被编号为"255"(0xFF)。
- 空信号:当没有出现桥接时,在保护实体上传送的信号就是空信号。空信号赋值为"0"。
- 实体:通常用实体来描述保护组中连接首端和尾端的传输实体。在线性保护中,有一个保护实体和一个或多个工作实体。保护实体通常编号为"0"。在 1+1 的保护中,工作实体编号为"1"。在 1∶n 的 ODUk 保护中,工作实体可能被赋值为 1~254 中的任何数字。
- 首端:线性保护组的首端是执行桥接功能的终端。当业务在传输的两个方向被保护的情况下,首端功能出现在保护组的两端。

尾端:线性保护组的尾端是执行选收功能的终端。当业务在传输的两个方向被保护的情况下,尾端功能出现在保护组的两端。

- 保护组:保护组是由首端和尾端功能、1~n 个的常规传输信号、任意的额外业务信号、1~n 个工作传输实体和一个保护传输实体组成的集合。
- APS 信道:自动保护倒换(APS)信道用于在线性保护组的两端之间承载信息,以便在 1∶n 保护方式时,协调首端的桥接器和尾端的选择器,在双向保护的情况下在两个方向协调选择器。

保护通信信道:这是一个用来在保护组的首端和尾端之间交换配置信息的控制信道。

6.3.2 线性保护的体系结构

在线性保护体系中,保护倒换发生在一条保护路径或者保护路径的一部分的两个不同端点上。在这些端点之间,有工作实体和保护实体。

对于一个给定的传输方向来说,保护信号的首端能够完成桥接的功能。所谓桥接功能,就是在需要时,它能将常规业务信号同时接入到保护实体中。保护信号的尾端能完成选收的功能,它能够从通常的工作实体或保护实体中选收常规业务信号。在双向传输的情况下,两个传输方向都将得到保护,保护信号的两端通常都会提供桥接和选收功能。

线性保护可能的体系结构有 1+1、1∶n、m∶n 三种形式。

在 1+1 体系结构中,一个单独的保护实体保护一个单独的常规业务信号。首端的桥接是永久桥接,倒换全部发生在尾端。

在 1∶n 的体系结构中,一个单独的保护实体保护一个或更多的常规业务信号。在没有保护倒换请求信号时,首端是不需要桥接的;只有在请求保护倒换时,首端才建立桥接。在 $n>1$ 的情况下,直到在某一个被保护的信号上检测到缺陷,才能知道应该把哪一个常规业务信号桥接到保护实体中。当保护实体没有用来保护任何常规业务信号时,可以用来传送低优先级的额外业务信号。$1:n$ 的体系结构也可用于 $n=1$ 的情况,那就成了 $1:1$ 的结构。$1:1$ 的结构能够承载额外业务,而更简单的 $1+1$ 的结构不能承载额外业务,但也不要求首端操作的保护算法。

在 $m:n$ 的体系结构中,m 个保护实体用来保护 n 个工作实体。

连接线性保护两端的体系结构必需匹配。

1. 单向和双向倒换

在进行双向传输时,可选择单向倒换或双向倒换。对单向倒换来说,两端的选择器是完全独立的。在双向倒换中,需要协调两端,这样的话,即使有单向故障,它们也会有相同的桥接器和选择器设置。双向倒换总是需要一个 APS 和/或 PCC 信道来对两端进行协调。单向倒换能够在相反方向的不同实体上保护两个单向故障。

唯一不需要 APS 和/或 PCC 信道的倒换类型是 $1+1$ 单向倒换。这种倒换在首端永久桥接,并且不需要调节两端选择器的位置;尾端的选择器完全能够根据尾端收到的故障性质和命令进行操作。

$1:n$ 的单向倒换需要一条 APS 信道来协调首端的桥接器和尾端的选择器。

2. 返回倒换和不返回倒换

所谓返回倒换是指在返回操作中,在引起倒换的原因清除后,业务将恢复到工作实体中传输。在清除命令(如强制倒换)的情况下,返回操作会立即执行。在清除故障后,返回操作通常会在等待恢复定时器停止后执行,这是为了避免出现间歇性故障时选择器来回动作。

在不返回操作中,常规业务即使在倒换原因清除后仍然允许保留在保护实体中。不返回操作通常由优先级较低的不返回请求替换先前的倒换请求来完成。

$1+1$ 的保护通常规定为不返回倒换,因为这种保护在任何情况下都是完全专用的。然而,也可能由于一些原因要把这种保护规定为返回倒换。

通常,$1:n$ 的保护是返回倒换。当然,当在保护实体传送额外业务信号时,总是使用返回倒换,因为这样可以恢复额外业务信号。也完全可能以某种方式定义一个协议,允许 $1:n$ 的保护进行不返回操作,但是我们期望业务信号最好能在工作实体修复后返回,而不是等到该组中的其他实体发生故障,需要用到保护实体来承载其他常规业务信号的时候再返回。

总的来说,在保护组的两端,返回/不返回的选择应该是相同的。然而参数的不匹配并不会妨碍协同工作,它只会导致一种特殊情况:一端因清除对端发起的倒换而执行 WTR 命令,而另一端对其倒换执行 DNR 命令。

3. 不匹配规定

对于保护组提供的所有选择来说,都有机会使两端的规定不匹配。这些规定的不匹配都是以下情况的一种:

- 不能进行常规操作时的不匹配。
- 虽然不匹配,一端或两端仍能适应其操作并提供一定程度的协同工作时的不匹配。
- 不阻碍协同工作的不匹配。其中一个例子是返回/不返回的不匹配。

并非所有的不匹配规定都能被 APS 信道中传输的信息传送和检测。对于潜在数量达到 254 个工作实体的 $1:n$ 保护组,有足够有效实体数的组合,能够轻易提供完整可见的所有配置的选择。然而,更需要的是为中等数量的工作实体保护组提供可视化配置,这样即使两端不匹配,两端仍然能适应它们的操作实现协同工作。例如,规定为双向倒换的设备为了实现协同工作,能够退回到单向倒换状态。规定使用 APS 信道的 1+1 倒换设备能够退回到不使用 APS 信道的 1+1 单向倒换操作。使用者可能会被告知规定不匹配,但是设备还是会提供一定级别的保护。

6.3.3 保护组命令

1. 端到端的命令

端到端的命令描述了用于整个保护组的命令。当 APS 信道存在时,这些命令就被发送到连接的远端。在进行双向倒换时,这些命令会影响两端的桥接和选收。

(1) 保护锁定(LO)

当工作信号在保护实体中传输时,保护锁定命令用来锁定这种状态,以防止常规业务信号从保护实体中被倒换出来。此时,保护组将拒绝任何对常规业务信号的命令,有关常规业务信号的 SF 或 SD 状态也将被忽略。因此,保护锁定命令有效地禁用了保护组。如果有额外业务信号在保护传输实体中传输,那么应该丢掉这个信号。但在 1：n 的双向倒换中,常规业务信号的远端桥接要求仍然应该得到满足,以防止协议失效。

因此,常规业务信号必须在保护实体的两端被锁定,从而防止由于任意一端的命令或故障导致常规业务信号从保护实体中被倒换出来。对于不同的常规业务信号,多个这样的命令可以并存。

(2) 强制倒换常规业务信号到保护状态(FS)

当请求的桥接出现后,强制常规业务信号倒换到保护传输实体。

(3) 人工倒换常规业务信号到保护实体(MS)

在工作或保护传输实体没有失效时,强制常规业务信号在经过必需的桥接后倒换到保护传输实体。

(4) 等待恢复常规业务信号 n(WTR)

返回操作时,在清除了工作传输实体的 SF 或 SD 信号后,仍然保持常规业务信号在保护传输实体中传输,直到等待恢复定时器计满为止。如果在任何其他事情或命令出现以前定时器就计满而终止工作,则它的状态就被置为 NR(无请求)。这用来防止间歇性失效时对选择器的频繁操作。

(5) 练习信号(EXER)

练习信号用于 APS 协议的练习,选择这个信号是为了对选择器进行调试。

(6) 不返回常规业务信号(DNR)

在不返回操作中,它用来保持常规业务信号在保护传输实体中传输。

(7) 无请求(NR)

所有的常规业务信号都在它们相应的工作传输实体中传输。保护传送实体承载着空信号或额外业务信号,或 1+1 保护时桥接的常规业务信号。

(8) 清除

清除近端已经激活的保护锁定、强制倒换、人工倒换、WTR 状态、练习命令。

2. 本地命令

本地命令只在保护组的近端使用。甚至当 APS 信道存在时,它们也不给远端发信号。

（1）冻结

冻结就是冻结保护组的状态。在冻结命令被清除之前，保护组是不会接收其他的近端命令的，直到清除冻结命令。当保护组处于冻结状态时，会忽略任何条件的变化和收到的APS 字节。当冻结命令解除时，保护组的状态会根据当时的条件和收到的 APS 字节重新计算。

（2）解除冻结

解除冻结就是在保护实体中清除对常规业务信号的锁定。

6.3.4 线性保护的 APS 协议

1. APS/PCC 信息格式

ODUk 开销定义的 APS/PCC（Automatic Protection Switch/Protection Communication Channel）域的前三个字节承载着 APS 信道。APS/PCC 域的第四个字节被保留。根据OTUk 开销 MFAS 值的不同，一个给定帧的 APS 信道可被指配作不同级别的专用信道，对应关系如表 6-1 所示。

表 6-1　复帧定位信号与不同级别 APS 信道的对应关系

MFAS 比特 6~8	APS/PCC 信道应用到	使用 APS/PCC 信道的保护机制①
000	ODUk 通道	ODUk SNC/N
001	ODUk TCM1	ODUk SNC/S, ODUk SNC/N
010	ODUk TCM2	ODUk SNC/S, ODUk SNC/N
011	ODUk TCM3	ODUk SNC/S, ODUk SNC/N
100	ODUk TCM4	ODUk SNC/S, ODUk SNC/N
101	ODUk TCM5	ODUk SNC/S, ODUk SNC/N
110	ODUk TCM6	ODUk SNC/S, ODUk SNC/N
111	OTUk 服务层路径②	ODUk SNC/I

注①：APS 信道可用于多于一种的保护机制和/或保护机制实例。在嵌套的保护机制的情形下，在相同的连接监视级别，ODUk 保护设置不能影响其他 ODUk 保护所使用的相同级别 APS 信道，只有当该级别的 APS 信道没有使用时，才能激活保护。

注②：OTUk 或者高阶 ODUk（例如一个 ODU3 可以传送一个 ODU1）等都是服务层路径的例子。

四个 APS 字节的含义如图 6-9 所示。

字节1								字节2								字节3								字节4							
1	2	3	4	5	6	7	8	1	2	3	4	5	6	7	8	1	2	3	4	5	6	7	8	1	2	3	4	5	6	7	8
请求/状态				保护类型				请求信息								桥接信号								保留							
				A	B	D	R																								

图 6-9　APS 字节的含义

表 6-2 给出了 APS 信道各字段的编码及含义。

表 6-2　APS 信道各字段的编码及含义

字段		值	含义
请求/状态		1111	保护锁定（LO）
		1110	强制倒换（FS）
		1100	信号失效（SF）
		1010	信号劣化（SD）
		1000	人工倒换（MS）
		0110	等待恢复（WTR）
		0100	练习（EXER）
		0010	反向请求（RR）
		0001	不返回（DNR）
		0000	无请求（NR）
		其他	留用
保护类型	A	0	不适用 APS
		1	适用 APS
	B	0	1+1（永久桥接）
		1	1∶n（非永久桥接）
	D	0	单向倒换
		1	双向倒换
	R	0	非返回式操作
		1	返回式操作
被请求信号		0	空信号
		1～254	正常业务信号
		255	额外业务信号
被桥接信号		0	空信号
		1～254	正常业务信号
		255	额外业务信号

2. APS/PCC 字节的收发和 APS 信道告警

APS/PCC 字节将会被插入 ODUk 的保护信道。

对于前面谈到的 8 级 APS 信道应用的每一级,都应该完成 APS/PCC 接收过程。APS 信息通过四个 APS/PCC 字节的头三个字节来传送,因而只有这三个字节被处理。只有在收端三个连续的帧中收到三个相同的 APS 信息时,APS 信息才会被看作是有效接受。由于 APS 信息的第四个字节是保留字节,因此就不用考虑它的 APS 字节的接收过程。

APS 保护组在下列情况下会产生协议失效:

- 完全不兼容的规定（如表 6-2 中的"B"比特不匹配）;
- 在大于 50 ms 的时间内缺少对桥接请求的响应（如发送"被请求实体"和接收"被桥接实体"不匹配）。

如果收到一个未知的请求或一个无效实体编号的请求,这些请求会被忽略。然后由近端向远端产生无响应告警。

3. 请求类型、请求信号及优先级

OTN 的 APS 字节的请求类型与 SONET 和 SDH 保护倒换所支持的传统标准类型相同。这些请求类型反映了最高优先级的条件、命令或状态。在单向保护倒换中,最高优先级的数值只取决于本端。在双向保护倒换中,只有当本端的请求和来自远端 APS 携带的请求优先级等同或者更高时才显示为倒换请求,否则显示为"NR";当远端请求有最高优先级时,近端将会发出反向请求信号。

有 APS 协议下各请求类型的优先级见表 6-3。

表 6-3　有 APS 协议应用时的请求/状态的优先级

请求/状态	优先级
LO	1(最高)
SF-P	2
FS	3
SF	4
SD	5
MS	6
WTR	7
EXER	8
RR	9
DNR	10
NR	11(最低)

无 APS 协议下各请求类型的优先级分别见表 6-4。

表 6-4　无 APS 协议的请求/状态的优先级

请求/状态	优先级
LO	1(最高)
FS	2
SF	3
SD	4
MS	5
WTR	6
DNR	7
NR	8(最低)

4. 保护类型

有效的保护类型及适用配置如表 6-5 所示。

表 6-5　有效的保护类型及适用配置

保护类型	适用的配置
000x	1+1 单向,不使用 APS 协议
100x	1+1 单向,使用 APS 协议
101x	1+1 双向,使用 APS 协议
110x	1:1 单向,使用 APS 协议
111x	1:1 双向,使用 APS 协议

保护类型的默认值为全"0",它和不使用 APS 协议的 1+1 单向倒换匹配。

要注意的是编码 010x、001x 和 011x 都是无效值,因为 $1:n$ 和双向倒换都需要一个 APS 协议。

如果"B"比特出现失配,选择器会被释放。因为 $1:n$ 和 1+1 不兼容,这会导致失配告警。

如果"B"比特匹配,会出现以下几种情况:

(1) 如果"A"比特失配,期望 APS 的一端将回退到不使用 APS 协议的 1+1 单向倒换机制;

(2) 如果"D"比特失配,配置为双向倒换的一端将回退到单向倒换;

(3) 如果"R"比特失配,一端将在故障消除后进入 WTR 状态,而另外一端进入"DNR"状态,通过交互协调保护业务。

5．桥接器的控制

桥接器指示了桥接在保护通路上的信号。对于 1+1 的保护,它应该始终指示着常规业务信号 1,准确地反映永久桥接。这样,在 1+1 的体系结构中,它允许一相倒换而不是两相或三相倒换。

对于 $1:n$ 的保护,它将指示实际桥接到保护实体上的信号,它要么是空信号(0),额外业务信号(255),要么是常规业务信号,这通常就是远端请求的桥接器。

在 1+1 的体系结构中,常规业务信号永久地被桥接到保护通路,APS 信道的桥接信号域将总是指示编号为"1"的常规业务信号。

在 $1:n$ 体系结构中,桥接器将会被设置到由输入的 APS 信道的请求信号字段指示的位置。一旦桥接器被建立起来,桥接器所连的位置号将在输出的 APS 信道的桥接信号字段中指示出来。

6．选择器的控制

在具有 APS 信道或没有 APS 信道的 1+1 单向体系结构中,选择器完全根据本地请求的最高优先级来设定,这是一个单相倒换。

在 1+1 的双向体系结构中,当输出的请求信号和输入的桥接信号都指示常规业务信号 1 时(在这种体系结构中,输入的桥接信号应该始终指示 1),常规业务信号将从保护实体中选取。这是一个双相倒换,因为直到表示近端启动了一个双向倒换的 APS 字节到达时,远端才进行倒换。

在 1∶n 单向或双向体系结构中,当编码 n 或 255 同时出现在输出的"请求信号"和输入的"桥接信号"字段中时,其对应的常规业务信号或额外业务信号将从保护实体中被选取出来。这通常导致三相倒换。

7. 命令的接收和保持

CLEAR、LoP(Lockout for Protection,保护锁定)、FS、MS 和 EXER 命令是接受还是拒绝,由以下环境决定:前面的命令、保护组中工作实体和保护实体的条件以及(只在双向倒换中)接收的 APS 字节。

只有当近端 LoP、FS、MS 和 EXER 命令起作用或近端出现 WTR 状态时,CLEAR 命令才有效,否则都会被拒绝。这个命令将会删除近端命令或 WTR 状态,允许下一个更低优先级的条件或(双向倒换中的)APS 请求有效。

其他命令除非它们的优先级比前面已经存在的命令、条件或(双向倒换中)APS 请求的优先级高,否则也会被拒绝。如果一个新的命令被接受,任何它前面的更低优先级的命令都会被丢弃。如果一个高优先级的命令覆盖了一个低优先级条件或(双向倒换中)APS 请求,并且在该命令被清除时其他请求还存在,则该请求会被重置有效。

如果一个命令被一个条件或(双向倒换中)APS 请求覆盖,则该命令将会被放弃。

8. 拖延定时器

为了协调多层之间或分级保护域间保护倒换的定时,需要一个拖延定时器。它的目的是允许服务层的保护倒换在客户层的倒换之前有处理故障的机会,或允许上游保护域在下游保护域之前倒换(例如,在双结点互联的配置中允许上游环在下游环之前倒换,以便当发生故障时,倒换发生在同一个环中)。

每个保护组都应该有一个给定的拖延定时器。建议的范围和量值是 0、20ms 和从 100ms 到 10 秒之间以 100ms 为一级的多个等级(精确度为 ±5ms)。

拖延定时器的操作采用 SDH 标准规范的两次提取法。具体地说就是,当一个新的故障或多个严重的故障出现时(新出现 SD 或 SF,或 SD 变成 SF),如果给定的拖延定时器的值不为零,则这个事件不会马上报告给保护倒换,而是启动拖延定时器。当拖延定时器计满时,将检查启动定时器的路径是否还存在故障。如果还存在故障,则它会将该故障报告给保护倒换。当然,这个故障不一定是启动定时器的那一个故障。

拖延定时器是在被保护域的每个传输实体中,而不是在每个保护组中实现的。

9. 练习操作

练习命令是一个用来检测 APS 信道是否正常工作的命令,它的优先级比任何真正的倒换请求都要低。因为只有在双向倒换中才能通过寻找响应得到有意义的测试,所以练习命令只在双向倒换中有效。

练习命令应该发出具有和它替代的 NR 或 DNR 请求一样的请求实体和桥接实体的编号。有效的响应是具有相应的请求实体的编号和桥接实体的编号的 RR(反向请求)。为了使 RR 能够被检测,DNR 的标准响应应该是 DNR 而不是 RR。当练习命令被清除时,如果请求实体的编号是 0 或 255,则练习命令会被 NR 命令代替,如果请求实体的编号是常规业务信号编号 1 到 254,则会被 DNR 命令代替。

6.4 OTN 线性保护 APS 协议的传输

6.4.1 1＋1 单向和双向倒换举例

1. 1＋1 单向倒换

1＋1 的单向倒换可以存在也可以不存在 APS。即使不存在 APS，仍然假设桥接是永久的，这样倒换通过本地请求可以立即被执行。即使存在 APS 字节，它也仅仅作为参考，并不控制保护组的工作。如果存在 APS 字节，设备可以允许对远端状态的查询。

图 6-10 给出了从相反的两个方向重叠地发出 SF 和 SD 请求的情形。需要说明的是，例子展示了不匹配规定：A 端不返回而 B 端返回。

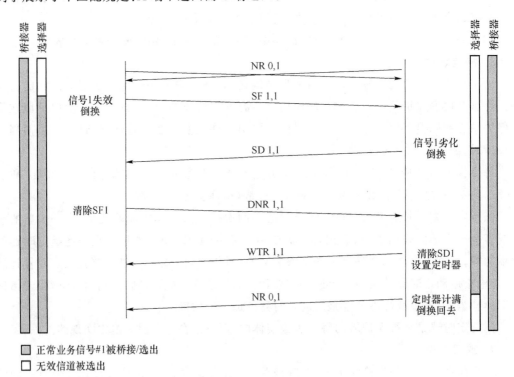

图 6-10　APS 信息在 1＋1 单向倒换中的传输

2. 1＋1 的双向倒换

图 6-11 给出了 1＋1 的双向不返回倒换的情形。因为 APS 字节从开始就指定了永久桥接，所以该倒换是两相而不是三相的倒换。

值得一提的是：从时序上看，DNR 是对收到 RR 后的一个回复，回答 DNR 不会对两端的状态造成影响。

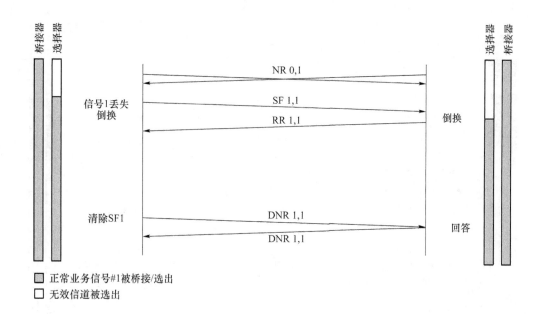

图 6-11　APS 信息在 1＋1 双向倒换中的传输

6.4.2　1∶n 的双向倒换举例

图 6-12 描述的是在带额外业务的 1∶n 双向倒换时 APS 信息的传输过程。它说明的是♯2 工作实体上的 SD 信号所引起的倒换被♯3 工作实体上的 SF 信号所引起的倒换代替的情形。

6.4.3　练习命令操作

练习命令是在双向倒换中,在不对选择器进行操作的情况下,远端对 APS 信道请求作出响应的测试。这个命令的优先级很低,所以它不会与保护组的实际工作相冲突。执行命令只有在当前的请求是 NR 或 DNR 时才有效,因为它的优先级比所有其他请求的优先级都要低。

图 6-13～图 6-16 给出了对练习命令进行操作的例子。在所有情况下,不管是被请求还是被桥接,实体编号都不会因为执行命令而改变。一个成功的响应是收到一个有相同实体编号的"RR"。

注意:对 DNR 作出 DNR 的回答提供了一种测试执行命令是否收到合适的 RR 响应的方法。

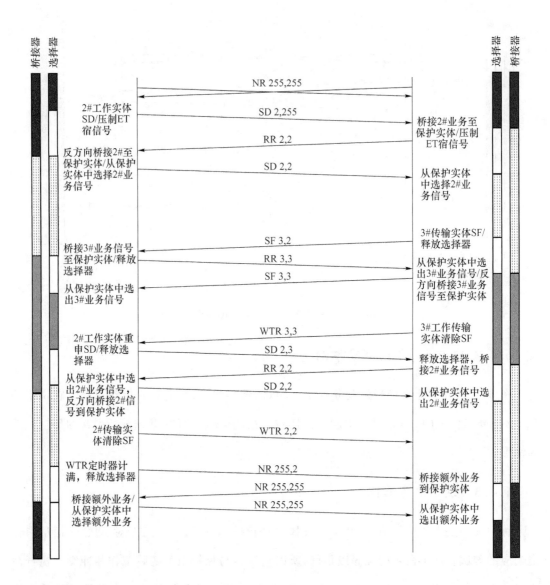

图 6-12　APS 信息在 1∶n 双向倒换中的传输

□　无效信号被选择

■　额外业务信号被桥接/选择

▦　正常业务信号#2被桥接/选择

▨　正常业务信号#3被桥接/选择

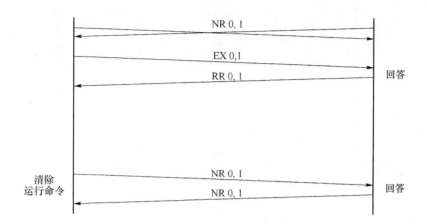

图 6-13　在 1＋1 NR 状态下执行练习命令的情况

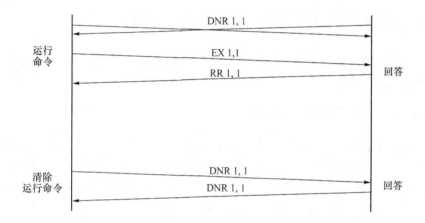

图 6-14　在 1＋1 DNR 状态下执行练习命令的情况

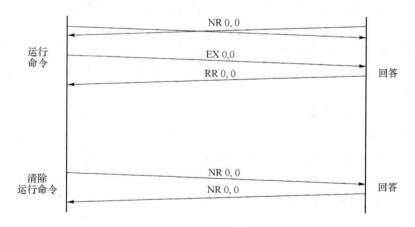

图 6-15　在没有额外业务的 1∶n NR 状态下执行练习命令的情形

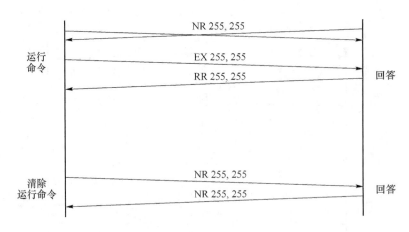

图 6-16　在有额外业务的 1∶n NR 状态下执行练习命令的情形

6.5　OTN 环网保护的 APS 协议与传输

本节主要从 OTN 环形网保护的结构、APS 协议、配置、APS 信令的传输等方面探讨光传送网的环形保护机制。

6.5.1　OTN 环网保护的结构

OTN 的环网保护是基于 ODUk 的共享环网保护,受保护的子网络连接是两个终结连接点之间的完整端到端网络连接。ODUk 环网保护仅支持双向倒换,保护粒度为 ODUk。环网结构中的工作通路和保护通路可在同一根光纤中,也可在不同的光纤中,具体方式可由用户配置指定。ODUk 共享环网保护应支持 SNC/N 监视方式。

OTN 的环网保护目前支持双纤 ODUk 共享环网保护和四纤 ODUk 共享环网保护。

1. 双纤 ODUk 共享环网保护

对单纤单向传输系统来说,双纤 ODUk 共享环网保护的每个跨段需要两根光纤和两个波长。每个波长一半通路规定为工作通路,另一半规定为保护通路,一个波长中的工作通路被绕着环相反方向行进的保护通道所保护,每个波长只用到一组开销,如图 6-17 所示。

双纤 ODUk 共享环网保护发生环倒换时,载送工作通路的时隙被倒换到相反方向载送保护通路的时隙。

2. 四纤 ODUk 共享环网保护

四纤共享环网保护在每个跨段需要 4 根光纤和 4 个波长,如图 6-18 所示,工作通路和保护通路用不同的光纤载送,两个互相反方向传输的 ODUk(高阶 ODU)路径载送工作通路,两个也是互相反方向传输的 ODUk(高阶 ODU)载送保护通路。对工作通路或保护通路来说,ODUk(高阶 ODU)开销是专用的,因为工作和保护通路不在相同的光纤和波长上传送。

四纤 ODUk 共享环网保护既支持环倒换,也支持跨段倒换,但不能同时支持二者。在环中,多个跨段倒换可以共存,因为只有沿一个跨段的保护通路被用于该跨段的保护。利用跨段倒换,某些多个故障情况(指只影响一个跨段工作通路的故障,例如只中断工作通路故障等)可以完全得到保护。

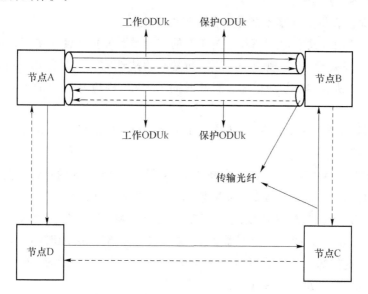

图 6-17　双纤 ODUk 共享环网保护

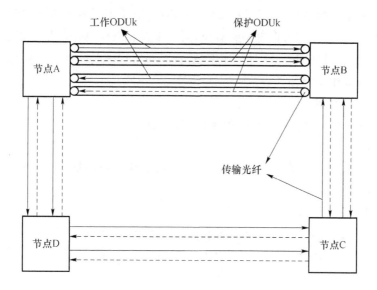

图 6-18　四纤 ODUk 共享环网保护

6.5.2　OTN 环网保护的 APS 协议

1. OTN 的 APS 协议要求

要想实现 OTN 环网保护,必须实现以下要求。

(1) 50 ms 倒换时间的要求应该通过有效措施得到保证:

- 保护环上节点数不超过 16 个;
- 整个保护环长不超过 1 200 km;

- 只针对单一失效,即环上没有另外的失效或倒换发生;
- 没有额外业务信号。

(2) 环上保护容量的共享不能导致误连接的发生。

从 SDH 的复用段共享保护环和 SONET 的双向线路保护环使用基于比特流的 APS 协议来完成倒换的经验看,要实现 50 ms 的倒换是有挑战性的。如果使用另外相对简单的基于比特流的 APS 协议,要达到 50 ms 倒换时间的要求,则应从协议的下述各个层面精心设计:

- 没有额外业务信号,这样环的倒换可以分两步完成,即当请求信息分发到环上时,建立到末端节点的桥接。
- 光波在光纤中传播时,大约每米需 5 个 ns,这样 1 200 km 的环长单向传播需要 6 ms 的时间,而发生双向倒换时,则需要 12 ms 的传播时间。
- SDH/SONET 的 APS 协议规定,只有在连续三帧中收到相同的 K1 字节和 K2 字节才视作有效。以 125 μs 的帧周期计,这需要占用 375 μs 的时间。再考虑一帧的缓冲时间,这样每个节点收发 APS 消息最少需要 0.5 ms 的延时,16 个节点,在双向倒换的情况下,这总共需要 16ms 的收发时间。
- 剩下的 22 ms 时间留给邻近失效的倒换节点完成倒换动作。
- G.709 所采用的 APS 与 SDH/SONET 不同,对于不同等级的 TCM,它使用单一的复帧算法来区分 APS 消息是否有效,对于 2.5 Gbit/s 速率的信号而言,最坏的情况下,协议接收时间只要 392 μs,速率越高的信号,这一时间相对还要缩短(OTN 不同速率等级采用固定帧长,这与 SDH/SONET 不同)。

2. APS 消息的类型

APS 消息有三种类型:状态请求、倒换请求、状态消息。

(1) 状态请求

等待恢复(WTR)是一种一直保持倒换的状态,该状态只能被定时器终结,而不能被任何当前的命令或条件终结。

(2) 倒换请求

倒换请求通常用来表示由于命令(强迫或人工倒换)或缺陷(信号失效或信号劣化),而需要将工作信号切换到保护通道。该请求因为环倒换或段倒换而在远侧或近侧产生。

(3) 状态消息

状态消息又分为信息状态消息、激活状态消息。信息状态消息用于告知远侧节点有关近侧倒换的信息或者相反,这通常是一些无请求信息;激活状态消息被用来指示保护通道的健壮性,这些消息的传送会影响倒换的决定,例如当近侧保护失效时,使用远侧的保护倒换。

3. 用于环形保护的 APS 协议

ODUk 的 APS 开销中的三个字节用于保护倒换,如图 6-19 所示。推荐 TCM6 用于 ODUk 共享环网保护的 APS 协议通道。

只有当连续三帧接收到相同的 APS 字节时,才认为 ODUk 的 APS 字节有效。

APS 字节的各字段值及含义见表 6-6。

字节1		字节2		字节3		字节4	
1 2 3 4 5	6 7 8	1 2 3 4 5 6 7	8	1 2 3 4 5 6 7	8	1 2 3 4 5 6 7 8	
桥接请求	状态	目的节点ID	路径	源节点ID	位置	PCC字节	

图 6-19　ODUk 共享环保护的信令格式

表 6-6　APS 字节的字段值及含义

字　段	请　求	含　义
	11111	LO(跨段)
	11110	SF(保护)
	11101	FS(跨段)
	11100	未使用
	11011	FS(环)
	11010	未使用
	11001	未使用
	11000	SF(跨段)
	10111	未使用
	10110	SF(环)
	10110	SF(环)
	10101	未使用
	10100	SD(保护)
	10011	未使用
	10010	SD(跨段)
	10001	未使用
桥接请求	10000	SD(环)
	01111	MS(跨段)
	01110	未使用
	01101	MS(环)
	01100	未使用
	01011	未使用
	01010	WTR
	01001	EXER
	01000	未使用
	00111	EXER(环)
	00110	未使用
	00101	未使用
	00100	RR(跨段)
	00011	未使用
	00010	RR(环)
	00001	未使用
	00000	NR

字 段	请 求	含 义
状态	1xx	保留
	011	保护通路上的额外业务
	010	已桥接/已倒换
	001	已桥接
	000	空闲
目的节点 ID	—	APS 字节所终至节点的值,目标节点的 ID 总是相邻节点的 ID(默认的 APS 字节除外)
路径	0	短径
	1	长径
源节点 ID	—	发起 APS 字节节点的 ID 值(默认 APS 字节除外)
位置	0	首端节点
	1	末端节点
PCC	—	待研究

6.5.3　OTN 保护环的配置

下面通过一个实例描述 OTN 保护环的配置。

第一步是选择要保护的常规业务信号(如图 6-20 所示的外环实线部分),其主要步骤如下:

- 找到要保护的一组 ODUk;
- 给 ODUk 编号,如图 6-20 中 1~4 号;
- 为了提高信道的利用率,被选择的 ODUk 应该尽量首尾相接成一个环状;
- 空闲的容量也允许存在,如图 6-20 中虚线所示;
- 环上的节点仅仅包括那些要上下常规业务或额外业务的节点。

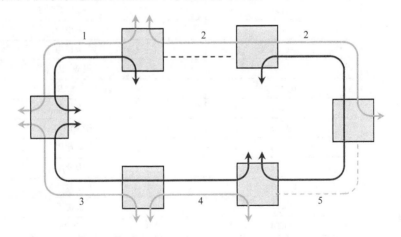

图 6-20　常规业务信号和额外业务信号构成基于 ODUk 的保护环示例

第二步确定环上可以携带的额外业务信号,如图 6-20 所示的内环实线部分;并对额外业务进行监视。

额外业务由低优先级的业务组成,与常规业务信号的逻辑环一样,沿着环上路由中空闲容量传送。尽管这些额外业务信号可以直接通过复用节点,但必须在每一段被监视,如图 6-21 粗箭头所示。

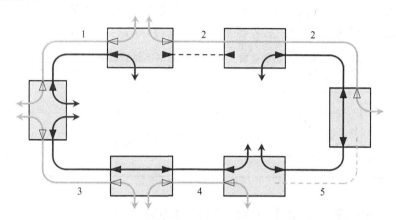

图 6-21　对 ODUk 环进行必要监视的示意图

每一个工作 ODUk 在其上环端点到下环端点处被监视,但用于保护的 ODUk 则必须在每一个节点被监视,即逐段监视,因为保护倒换很可能在某段发生。

既然常规业务信号在保护倒换期间,必须被重新选路到保护通道,最方便的配置选择是对所有的监视器使用同一等级的 TCM。

第三步是设置 APS 控制器。支持 ODUk 环倒换的 APS 控制器应该按图 6-22 的方法设置。每一个节点都有可能发生倒换,从而应在每一个节点处设置 APS 控制器。对于环上使用监视的 TCM 级来说,APS 将被插入或恢复。

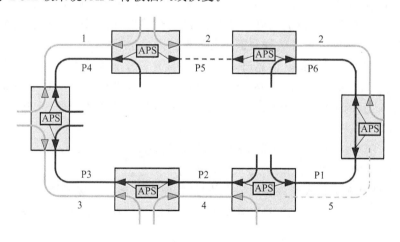

图 6-22　ODUk 环网保护的示意图

APS 控制器除实现图 6-22 中常规业务和额外业务的连接外,每一个节点还必须提供下面的连接:

- 在同一个方向,将分插的常规业务信号桥接到保护信道,或从保护信道中选择出分插的常规业务信号；

- 在相反的方向，将分插的常规业务信号桥接到保护信道，或从保护信道中选择出插分的常规业务信号；
- 通过节点，将其东西向保护通道连接起来；
- 当通道的任何部分被用作其他目的时，抑制下路的额外信号。

在环网保护中，当常规的业务信号路由与保护通道平行时，支持近侧倒换，而远侧倒换中常规业务信号的保护需要环中另外保护通道的支持，如表 6-7 所示。

表 6-7　常规业务信号发生近侧和远侧倒换时所需要的保护资源

工作通道	近侧保护通道	远侧保护通道
1	P4	P5、P6、P1、P2、P3
2	P5、P6	P1、P2、P3、P4
3	P3	P4、P5、P6、P1、P2
4	P2	P3、P4、P5、P6、P1

6.5.4　OTN 环保护倒换中 APS 信令的传输

这里以图 6-22 为例，介绍 OTN 环形网保护中近侧倒换和远侧倒换时 APS 信令传递过程。

1. 近侧倒换时 APS 信令的传递

图 6-23 给出了当在 2 号常规业务信号的西侧检测到一个信号失效时，APS 信号如何完成一个近侧倒换的过程。按照 APS 信令协议，使用一个字节的通道号来表示失效或劣化的信号，其中 0 表示无信号，1～254 表示常规业务信号，255 表示额外业务信号。

（1）不同底纹的长条表示环中各节点在每一个方向上被桥接或被选择的信号，S 表示选择器（Selector），B 表示桥接器（Bridger）。如果在 2 号信道的西侧检测到有信号失效发生时，由于与 2 号信道平行的保护通道工作正常，因此会发生近侧倒换。此时近侧产生的信号失效消息将被送到与常规业务信号通道平行的保护通道上（图 6-23 中的 P5、P6）。

（2）当中间节点 B 收到 SF 消息时，由于它并没有 2 号信号可用的副本，因而只能让 SF 请求继续前传。在转发请求时，只要 P6 的远端需要，这种额外业务信号将一直被保持，但由于中间节点收到的请求是失效的 2 号信道信号而不是额外业务信号，故 B 节点不会选择额外业务信号。

（3）当 P6 的东端节点收到该请求后，它就可以桥接被请求的 2 号信号。只要没有更高优先级的请求，它对 SF 做出的反应是产生反向请求信号。

（4）当中间的节点 B 收到该反向请求信号时，它现在能够从保护通道中选择被请求的 2 号信号并把它桥接到西侧。由于 B 节点不是 2 号信号的业务上下点，它要继续转发该反向请求信号。

（5）当 P5 的西端节点收到该反向请求信号时，该节点即可从保护通道中选择 2 号信道信号，同时把 2 号信号桥接到相反的方向，以满足反向请求（RR）的要求。

（6）中间节点 B 现在可以选择从西向过来的 2 号信号，并把它桥接到东向，以满足从东向过来的请求的要求。

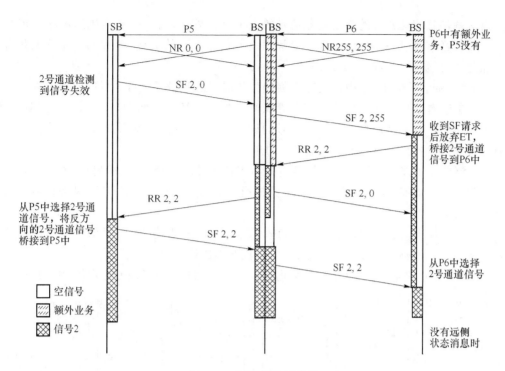

图 6-23　近侧倒换示意图

（7）当 SF 消息中的桥接指示信号到达 P6 的东端时，2 号信号在 P6 终端即可被选择，保护倒换过程结束。

2. 远侧倒换时 APS 信令的传递

当平行于业务信号的保护段的条件劣于要求倒换的常规业务信号时会发生远侧倒换，即当常规业务信号中检测到信号失效时，与之并行的保护段也检测到信号失效。

通常是在保护段有一个失效或信号劣化，该信号必须在能够上下并行常规业务信号的节点处被检测出来，如图 6-24 所示。由于近侧不能实现保护，近侧信号失效保护（SFP）状态消息向并行的常规业务信号的两端发送。

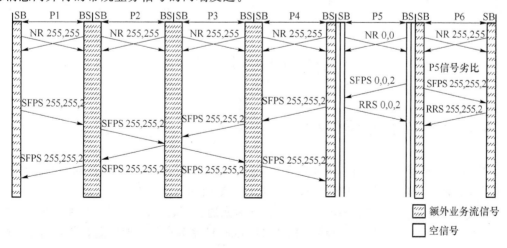

图 6-24　保护失效消息的传送

当这些消息到达并行的常规业务信号的上下节点处时,它们被转换成远侧状态消息并沿着环的长径转发(优先许可)。这使得常规业务信号上下的节点(A 和 C),在近侧状态消息不能到达时,仍然可以收到失效通知。

图 6-25 显示了当在 P5 中也同时检测到失效时,远侧倒换的 APS 消息的传送流程。

(1)在近侧保护失效的情况下,SF 请求消息被送到环的远侧(长径方向)。如前所述,这些中间节点没有被请求桥接的 2 号信号的副本,只能沿环前向发送请求信号,直到到达那些有 2 号信号副本的节点(P1 的西侧,P4 的东侧)。

(2)那些能桥接 2 号信号到保护通道的节点位于环的长径方向(远侧)。当桥接指示成功到达每一个节点时,这些节点就可以从保护通道中选择 2 号信号,以满足从东侧收到的桥接请求的要求。

(3)当桥接请求最终到达请求节点(P4 的东端,P5 的西端)时,2 号信号被从保护通道中选择出来。同时还在相反方向建立桥接,以满足 RR 请求的要求。

(4)每个节点现在反过来从相反的方向选择和桥接 2 号信号,直到完成双向倒换的过程。

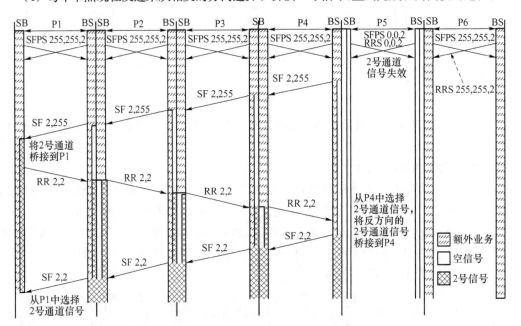

图 6-25　P5 西端检测到信号失效后远侧倒换消息的传送

6.6　OTN 的光层保护

OTN 的光层保护是指通过增加具有分光功能的光保护盘,在光层通过额外的机盘和线路实现保护网络的功能,避免因光纤线路劣化或中断引起的业务中断。

OTN 从结构上分为光层和电层,光层又分为光通道层、光复用段层、光传输段层,这三层可以组成各自的层网络。本节将以 FONST 6000 U 系列产品为例讨论光传输段层、光复用段层、光通道层的网络保护。

OTN 光层保护包括光线路 1+1/1：1 保护、光复用段 1+1 保护、光通道 1+1 波长保护和光通道 1+1 路由波长,下面分别介绍。

6.6.1　光线路 1+1/1：1 保护

对 OTN 的光传输段层进行保护叫光传输段保护,也叫光线路保护(Optical Line Protection,OLP),实际保护的是工作光纤。在具体实现时,是给工作光纤配备一根保护光纤。如果同时将工作光纤上的信号加载到保护光纤上,就叫 1+1 保护;如果是等工作光纤出现问题后,再将工作光纤上的信号倒换到保护光纤上,就叫 1：1 保护。1+1 保护可以称为热保护,是时刻准备着;1：1 保护可以称为冷保护,是需要时再启动,有一个启动过程。

1. 光线路 1+1 保护的工作原理

光线路 1+1 保护的结构如图 6-26 所示,它由本端设备、对端设备和光纤线路组成。在本端设备的发送方向,OLP 盘将来自 OSC 盘的光监控信号和 OA 盘的主信道光信号进行合波,合波信号并发至主用和备用线路光纤上。

在对端设备的接收方向,OLP 盘对来自主用线路和备用线路的信号功率进行判断。正常情况下,OLP 盘接收主用线路信号;当 OLP 盘检测到主用线路出现 ILS 告警(收无光告警)时,则接收备用线路信号。同时从接收信号中分离主信道光信号和光监控信号,将主信道光信号发送至 PA 盘,将光监控信号输出至 OSC 盘。

2. 光线路 1：1 保护的工作原理

光线路 1：1 保护的结构如图 6-26 所示,在本端设备的发送方向,OLP 盘将来自 OSC 盘的光监控信号和 OA 盘的主信道光信号进行合波,并根据 1：1 保护倒换协议,经盘内光开关将合波后信号送给主用线路或备用线路。

在对端设备的接收方向,OLP 盘对来自主用线路和备用线路的信号功率进行判断。正常情况下,OLP 盘接收主用线路信号;当 OLP 盘检测到主用线路出现 ILS 告警(收无光告警)时,则通过 APS 协议将发送与接收切换到备用线路。同时从接收信号中分离主信道光信号和光监控信号,将主信道光信号发送至 PA 盘,将光监控信号输出至 OSC 盘。

3. 光线路保护倒换的触发条件

触发光线路保护进行倒换的条件是 OLP 盘 ILS 告警(收无光告警)。收无光告警门限默认值为 -30 dBm,在实际应用中通常根据 OLP 盘的"正常收光功率 -5dBm"进行设置。

6.6.2　光复用段 1+1 保护

光复用段保护(Optical Multiplex Section Protection,OMSP)就是用一个备用复用段来保护一个工作复用段,光复用段 1+1 保护就是将光复用信号在首端同时加载到工作复用段和保护复用段,在尾端选择接收。

1. 光复用段 1+1 保护的工作原理

光复用段 1+1 保护的结构如图 6-27 所示。由于光复用段的起点是在多波长合波之时算起,光复用段的终点是在多波长分波之时算起,因此图 6-27 本端的复用段形成在光合波单元 OMU 之后,复用段的终结在对端在分合波单元 ODU 之前,这就是 OMSP 机盘处于 OMU 之后 OA 之前以及 PA 之后 ODU 之前的原因。

在业务发送方向,合波信号被 OMSP 盘并发至主用和备用线路光纤上。在业务接收方向,OMSP 盘对主、备用线路 PA 盘的输出信号功率进行判断。正常情况下,OMSP 盘将主用线路 PA 盘的输出信号送至 ODU;若 OMSP 盘检测到主用线路出现 ILS 告警(ILS 告警

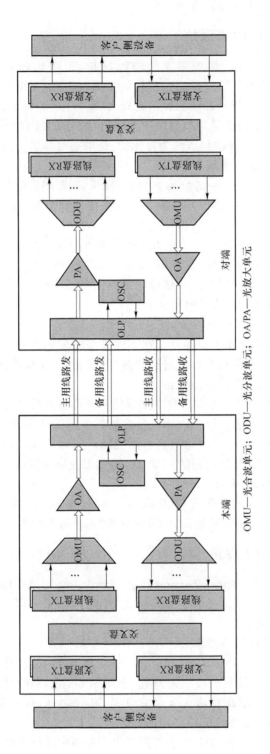

OMU—光合波单元；ODU—光分波单元；OA/PA—光放大单元

图 6-26 光线路 1+1/1 : 1 保护示意图

门限可通过网管设置)且备用线路正常时,OMSP 盘将备用线路 PA 盘的输出信号送至 ODU;当主用通道恢复正常后,根据在网管上预先配置的恢复类型,业务信号可以选择是否恢复到主用通道。

2. 光复用段保护倒换的触发条件

光复用段保护倒换的触发条件是 ILS 告警(ILS 告警门限可通过网管设置),ILS 告警门限默认值为+3dBm,在实际应用中,ILS 门限通常设置成低于该保护盘主/备光接口正常收光功率 5dBm。

光复用段保护是利用收光功率作为倒换判断依据,但当线路中波道数较少时(少于 4 波)时对光功率影响甚大,此时不宜采用该保护方式,宜采用光通道保护。

6.6.3 光通道1+1波长保护

光通道保护(Optical Chanel Protection,OCP)就是用备用的保护光通道保护工作光通道,如果保护光通道的波长和工作光通道的波长不同,那么这种光通道保护就称为光通道波长保护;如果保护光通道的波长和工作光通道的波长相同但路由不同,那么这种光通道保护就称为光通道路由保护。也就是说,光通道1+1波长保护保护的是工作波长,光通道1+1路由保护保护的是工作路由。

光通道路由保护将在 6.6.4 小节讨论。

1. 光通道1+1波长保护的工作原理

光通道1+1保护的结构如图 6-28 所示。光通道1+1保护通过 OCP 盘实现。每块 OCP 盘可实现 2 组光通道1+1保护,2 组保护的实现原理及方法相同,下面以 1 组保护为例介绍光通道1+1波长保护。

光通道1+1波长保护中,OCP 盘位于客户侧设备与支路盘之间,如图 6-28 所示。在本端,利用 OCP 盘的并发功能,将客户信号并发至不同业务盘,即将业务并发至不同的波长通道,避免单业务盘失效引起的业务中断。

在收端,利用 OCP 盘的选收功能,正常情况下从工作支路盘接收信号;如果工作通道出现故障,那么 OCP 盘就从保护通道接收信号,从而实现对光通道的1+1波长保护。

2. 光通道1+1波长保护倒换的触发条件

光通道波长保护倒换的触发条件为 ILS 告警和通道故障告警。

(1) ILS 告警

ILS 告警门限默认值为−25 dBm(ILS 告警门限可通过网管设置)。在实际应用中,ILS 门限通常设置成低于该保护盘主/备光接口正常收光功率 5 dBm。

(2) 通道故障告警

通道故障告警包括 SF(信号失效)和 SD(信号劣化)两类告警:

- SF 告警包括 OTUk 层以及 ODUk T(TCMi)层的告警,如 OTN_LOF、ODUk_AIS、ODUk_OCI、ODUk_LCK、PM_AIS、TCMi_AIS 等。
- SD 告警包括监视 OTUk 层次及 ODUk P/T 层误码得到的告警,如 PM_BIP8_SD、TCMi_BIP8_SD、FEC_D_SD 等。

6.6.4 光通道1+1路由保护

光通道1+1路由保护就是加载工作信号的波长既走主用路由,又走备用路由,当主用路由被切断后可从备用路由接收信号。

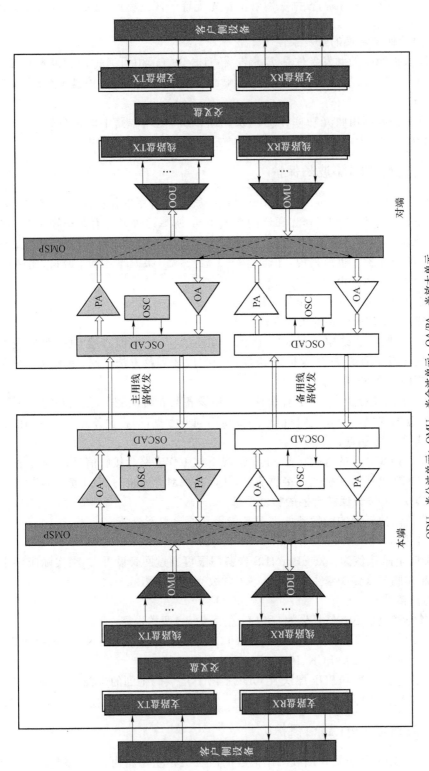

ODU—光分波单元；OMU—光合波单元；OA/PA—光放大单元

图 6-27　光复用段 1+1 保护示意图

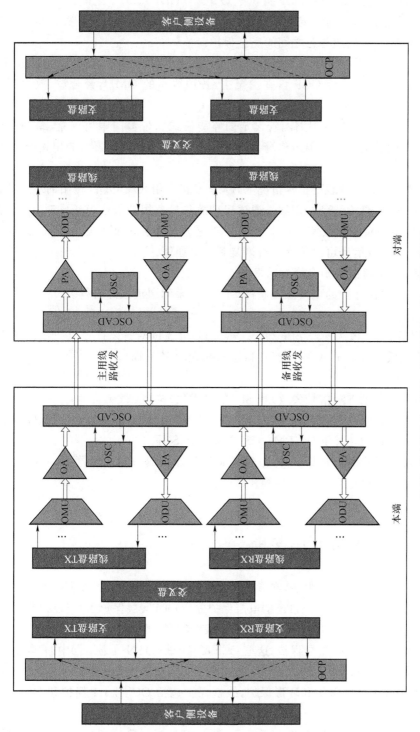

OMU—光合波单元；ODU—光分波单元；OA—光放大单元

图 6-28　光通道 1＋1 波长保护示意图

1. 光通道1＋1路由保护的工作原理

在光通道1＋1路由保护中，OCP盘位于OTU与ODU/OMU之间。利用OCP盘的并发选收功能，将业务盘输出的特定波长信号并发至不同OMU，即将业务并发至不同的光缆路由，实现业务在本、对端业务盘之间的完全保护。

光通道1＋1路由保护的结构如图6-29所示，在业务发送方向，业务首先通过OTU进行波长转换，转换后的信号经OCP盘并发至主、备用线路的OMU，经合波、放大后从不同的光线路传至对端。

在业务接收方向，OCP盘根据网管设定的监测模式和告警门限监测主、备用通道信号质量，判断主、备用通道是否有ILS告警、SF(信号失效)、SD(信号劣化)的相关告警，以判断是否倒换。

本保护具体实现过程如下：正常情况下，OCP盘将主用线路ODU输出的对应波长信号送至业务盘；若OCP盘检测到主用波长通道出现故障且备用波长通道正常时，OCP盘将备用线路ODU输出的对应波长信号送至客户端；当主用通道恢复正常后，根据在网管上预先配置的恢复类型，业务信号可以选择是否恢复到主用通道。

2. 光通道1＋1路由保护倒换的触发条件

光通道1＋1路由保护的倒换触发条件为ILS告警和通道故障告警。

（1）ILS告警

ILS告警门限默认值为－25 dBm(ILS告警门限可通过网管设置)。在实际应用中，ILS门限通常设置成低于该保护盘主/备光接口正常收光功率5dBm。

（2）通道故障告警

通道故障告警包括SF(信号失效)和SD(信号劣化)两类告警：

- SF告警包括OTUk层以及ODUk T(TCMi)层的告警，如OTN_LOF、ODUk_AIS、ODUk_OCI、ODUk_LCK、PM_AIS、TCMi_AIS等。
- SD告警包括监视OTUk层次及ODUk P/T层误码得到的告警，如PM_BIP8_SD、TCMi_BIP8_SD、FEC_D_SD等。

6.7 OTN的OCh层保护

6.6节介绍了OTN的光层保护，本节及6.8节将介绍OTN的电层保护。OTN的电层网络分为ODUk层和OTUk层，对OTN的电层保护分为ODUk层保护和OTUk层保护。

本节将介绍OTUk层的保护，6.8节将介绍ODUk层的保护。

OTUk层保护也称为OCh层保护，这里OCh层指的是OTN光通道层中的"电光通道"。

FONST 6000 U系列产品提供了2个级别的OTN电层网络保护：OCh层、ODUk层。OCh层网络保护分为线性保护和环形保护，线性保护包括OCh 1＋1保护和OCh $m:n$保护，下面分别介绍。

电层每个级别的保护倒换均在支路接口单元、中央控制单元和线路接口单元间完成。为了更有针对性地介绍电层保护，所有电层保护示意图中仅画出了本端发、对端收的单向信号流向，并且图中省略了光通道对应的OMU、ODU、OA以及监控信号的流向。

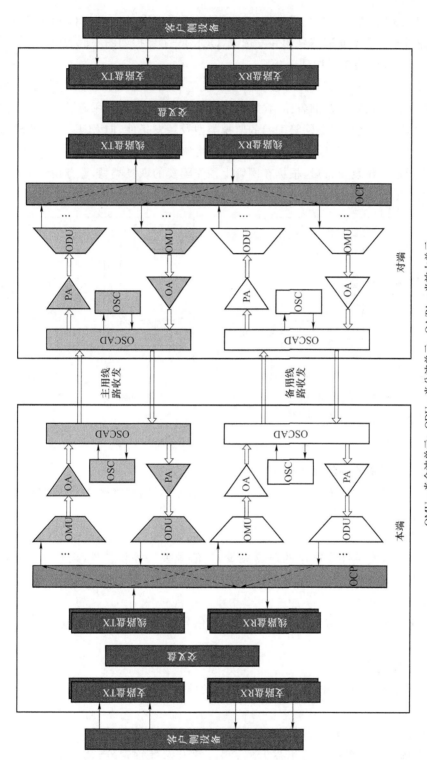

OMU—光合波单元; ODU—光分波单元; OA/PA—光放大单元

图 6-29 光通道 1＋1 路由保护示意图

6.7.1 OCh 1+1 保护

OCh 1+1 保护是基于单个光通道的 1+1 保护,通过 CCU(Central Control Unit,中央控制盘)盘的控制,实现光通道信号的并发选收,OCh 1+1 保护如图 6-30 所示。

1. OCh 1+1 保护的工作原理

来自本端支路盘的多路客户信号经交叉盘并发至主用线路盘和备用线路盘,正常情况下交叉盘选择来自主用线路盘的各路信号交叉至对应支路盘。若主用通道出现故障且备用通道正常时,主用线路盘将根据网管配置的监视类型及触发条件,向 CCU 盘反馈 SF/SD 信息,CCU 盘收到信息后,交叉盘选择将来自备用线路盘的各路信号交叉至对应支路盘,即并发选收。当主用通道恢复正常后,根据在网管上预先配置的恢复类型,业务信号可以选择是否恢复到主用通道。

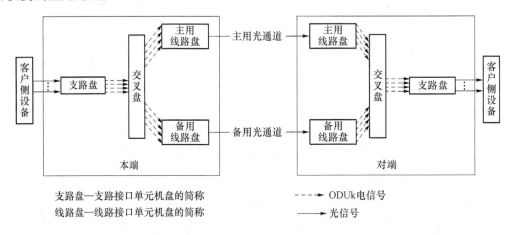

图 6-30 OCh 1+1 保护示意图

2. OCh 1+1 保护倒换的触发条件

OCh 1+1 保护包括 SNCP/I、SNCP/N、SNCP/S、OCh 四种监视子类型,根据监视类型的不同,倒换触发条件有所不同。

(1) SNCP/I 监视

SNCP/I 监视触发条件除通用的单盘失效、光信号丢失等告警外,还包括 SM 段开销告警。

(2) SNCP/S 监视

SNCP/S 监视触发条件除通用的单盘失效、光信号丢失等告警外,还包括 SM、TCM 开销告警。

(3) SNCP/N 监视

SNCP/N 监视触发条件除通用的单盘失效、光信号丢失等告警外,还包括 SM、PM 段开销告警。

(4) OCh 监视

OCh 监视触发条件除通用的单盘失效、光信号丢失等告警外,还包括 SM、PM 开销告警。

6.7.2　OCh m∶n 保护

OCh m∶n 保护是基于光通道的 m∶n 保护，m 是保护通道的数目，n 是工作通道的数目。该保护由 CCU 盘配合 APS 协议完成，属于双端倒换，收端和发端同时进行保护倒换动作，并且每一个通道的倒换与其他通道的倒换独立，倒换时间小于 50 ms。

1. OCh m∶n 保护的工作原理

在此以 OCh 1∶2 为例介绍该保护原理。OCh 1∶2 保护正常情况下的工作情况如图 6-31 所示，来自本端支路盘的多路信号经交叉盘交叉至工作线路盘 1、2，多路信号经线路盘复用进对应的光通道。

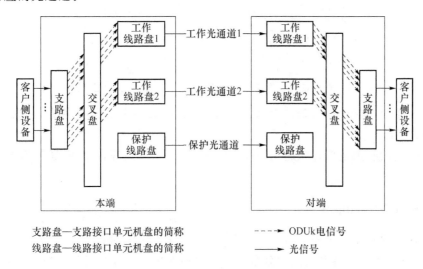

图 6-31　正常下 OCh 1∶2 保护示意图

在对端，工作线路盘 1、2 将对应光通道信号解复用送至交叉盘，再经交叉盘交叉至对应支路盘。此时，保护线路盘与保护光通道无业务传送，即工作通道单发单收。

若工作光通道出现故障，如图 6-32 所示，例如对端工作线路盘 2 检测到倒换触发条件，并根据该保护配置的监视类型，向 CCU 盘反馈 SF/SD 信息。对端设备将向本端回传 APS 信息，本端 CCU 盘根据 APS 协议，控制线路盘执行桥接，交叉盘将原交叉至工作线路盘 2 的信号交叉至保护线路盘。对端 CCU 盘根据 APS 协议，控制线路盘执行倒换，交叉盘将来自保护线路盘的信号交叉至对应支路盘，工作光通道 2 的业务将在保护光通道中传送，即发生故障时，本、对端均需要倒换。当故障解除且原工作光通道 2 稳定工作数分钟（可通过网管灵活配置）后，业务信号将恢复到原工作光通道 2 中。

2. OCh m∶n 保护倒换的触发条件

OCh m∶n 保护包括 SNCP/I、SNCP/N、SNCP/S、OCh 四种监视子类型，根据监视类型的不同，倒换触发条件有所不同。

（1）SNCP/I 监视，触发条件除通用的单盘失效、光信号丢失等告警外，还包括 SM 段开销告警。

（2）SNCP/S 监视，触发条件除通用的单盘失效、光信号丢失等告警外，还包括 SM、TCM 开销告警。

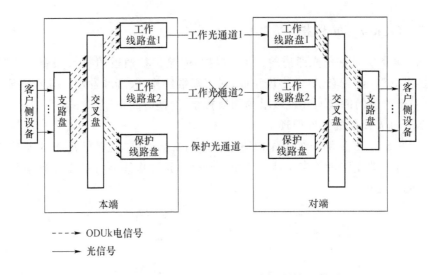

图 6-32　故障状态下 OCh 1∶2 保护倒换示意图

（3）SNCP/N 监视，触发条件除通用的单盘失效、光信号丢失等告警外，还包括 SM、PM 段开销告警。

（4）OCh 监视，触发条件除通用的单盘失效、光信号丢失等告警外，还包括 SM、PM 开销告警。

6.7.3　OCh Ring 保护

OCh Ring 保护是基于光通道的环网保护。该保护类型适用于分布式业务网络，环内仅需两个波长通道用于对各节点间的分布式业务实现保护。在保护通道无额外业务，所有节点处于空闲状态，且光纤长度小于 1 200 km 时，一旦检测到能够触发倒换的事件，保护倒换可在 50 ms 内完成。

1. OCh Ring 保护的工作原理

OCh 保护环由节点 1～6 构成，如图 6-33 所示。从外向内四个环依次定义为环 1、环 2、环 3 和环 4，其中环 1、环 2 的通道对应波长为 λ_1，环 3、环 4 的通道对应波长为 λ_2，图 6-33 中实线为工作通道收发，虚线为保护通道收发。

该保护需在每个站点配置四块线路接口盘，其中两块处理东向的工作和保护通道信号，另外两块处理西向的工作和保护通道信号，东向线路接口盘 1 需处理东向工作通道发送和保护通道接收的信号，如节点 1 的放大图所示。

假设图中节点 1、节点 3 间和节点 5、节点 6 间分别有 1 波业务。正常情况下，节点 1、节点 3 间业务路由为节点 1↔2↔3 间的工作通道；节点 5、节点 6 间的业务路由为节点 5↔6 间的工作通道。

（1）OCh Ring 保护近端倒换

若图 6-33 中仅节点 1↔2 间的工作通道出现故障，则节点 5、节点 6 间的业务不受影响，而节点 1、节点 3 间的业务将受影响。

节点 1、节点 2 检测到故障满足倒换条件，将向节点 3 传送 APS 信息，同时节点 1 和节点 3 将判断节点 1↔2↔3 间的保护通道是否正常，若该通道正常，则节点 1、节点 2、节点 3

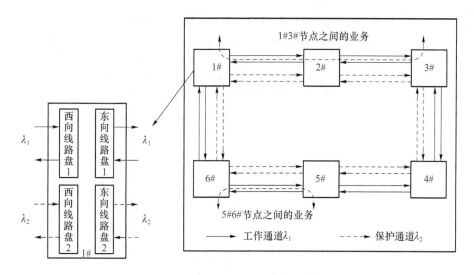

图 6-33　OCh Ring 保护示意图

将执行桥接和倒换,此时节点 1、节点 3 业务路由改为节点 1↔2↔3 间的保护通道,该保护路由与原业务路由同向,近端倒换路由,如图 6-34 所示。

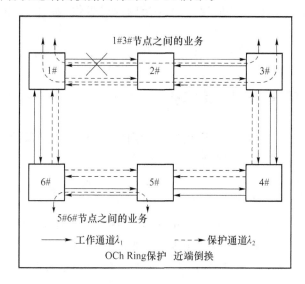

图 6-34　OCh Ring 保护近端倒换示意图

（2）OCh Ring 保护远端倒换

若节点 1↔2 间的工作通道、保护通道均出现故障,同样节点 5、节点 6 间的业务不受影响,而节点 1、节点 3 间业务将受影响,此时节点 1、节点 3 业务将改走远端保护路由,采用节点 1↔6↔5↔4↔3 间的保护通道,如图 6-35 所示。

2. OCh Ring 保护倒换的触发条件

OCh Ring 保护倒换的触发条件是信号失效和信号劣化。

（1）信号失效

SF（信号失效）条件包括线路光信号丢失（LOS）、OTUk 层的 SF 条件和 ODUk 层的 SF 条件,如 OTU_LOF、ODU_AIS、ODU_OCI、ODU_LCK、PM_AIS、TCMi_AIS 告警等。

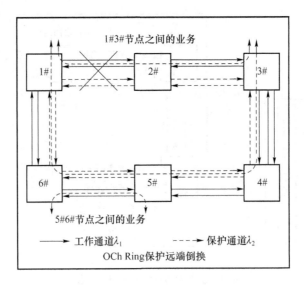

图 6-35　Ch Ring 保护远端倒换示意图

（2）信号劣化

SD（信号劣化）条件包括基于监视 OTUk 层的误码劣化，如 PM_BIP8_SD、TCMi_BIP8_SD、FEC_D_SD 告警等。

6.8　OTN 的 ODUk 层保护

基于 ODUk 层的网络保护也分为线性保护和环形保护，线性保护包括 ODUk 1＋1 保护和 ODUk $m : n$ 保护，下面分别介绍。

6.8.1　ODUk 1＋1 保护

ODUk 1＋1 保护通过电层交叉实现并发选收，保护倒换时间小于 50 ms。

该保护与 OCh 1＋1 保护原理基本相同，区别在于 OCh 1＋1 保护保护的是基于单个光通道，而 ODUk 1＋1 保护是基于光通道中的 ODUk 时隙的保护，后者的保护颗粒比前者小。

1. ODUk 1＋1 保护的工作原理

基于 ODUk 的 1＋1 保护工作原理如图 6-36 所示，在本端，来自本端支路盘的 1 路待保护信号经交叉盘并发、交叉至主、备线路盘，线路盘将待保护信号与其他信号复用并转发至对应光通道。在对端，主用和备用线路盘从对应光通道信号中解复用出待保护信号送至交叉盘。

正常情况下，交叉盘将来自于主用线路盘待保护信号交叉至对应支路盘。若主用通道出现故障，主用线路盘将根据监视类型向 CCU 盘反馈 SF/SD 信息，交叉盘即将来自备用线路盘的信号交叉至对应支路盘，即并发选收。

当主用通道恢复正常，根据在网管上预先配置的恢复类型，业务信号可以选择是否恢复到主用通道。

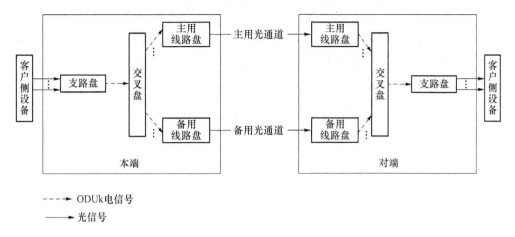

图 6-36　ODUk 1＋1 保护示意图

2. ODUk 1＋1 保护倒换的触发条件

ODUk 1＋1 保护包括 SNCP/I、SNCP/N、SNCP/S 三种监视子类型,根据监视类型的不同,倒换触发条件有所不同。

（1）SNCP/I 监视

触发条件除通用的单盘失效、光信号丢失等告警外,还包括 SM 段开销告警。

（2）SNCP/S 监视

触发条件除通用的单盘失效、光信号丢失等告警外,还包括 SM、TCM 开销告警。

（3）SNCP/N 监视

触发条件除通用的单盘失效、光信号丢失等告警外,还包括 SM、PM 段开销告警。

6.8.2　ODUk $m:n$ 保护

ODUk $m:n$ 保护是通过电层交叉以及 APS 协议来实现,保护倒换时间小于 50 ms,其中 m 是保护 ODUk 的数目,n 是工作 ODUk 的数目。该保护与 OCh $m:n$ 保护原理基本相同,区别在于 OCh $m:n$ 保护是基于单个光通道的保护,而 ODUk $m:n$ 保护是基于光通道中的 ODUk 时隙的保护,后者的保护颗粒比前者小。

1. ODUk $m:n$ 保护的工作原理

这里以 ODUk 1:2 为例介绍该保护原理。假设 2 路待保护信号分别经工作线路盘 1、工作线路盘 2 传至对端。实际应用中,2 路待保护信号也可经同一工作线路盘传至对端。

正常情况下,来自本端支路盘的待保护信号经交叉盘交叉至工作线路盘 1、工作线路盘 2,工作线路盘将待保护信号与其他信号复用并转发至对应光通道,如图 6-37 所示。在对端,工作线路盘 1、工作线路盘 2 从对应光通道信号中解复用出待保护信号送至交叉盘,再经交叉盘交叉至对应支路盘,工作通道实现单发单收。

当工作通道发生故障时,ODUk 1:2 保护倒换情况如图 6-38 所示。例如,对端工作线路盘 2 检测到倒换触发条件,并根据该保护配置的监视类型,向 CCU 盘反馈 SF/SD 信息。

对端设备将向本端回传 APS 信息,本端 CCU 盘根据 APS 协议控制线路盘执行桥接,交叉盘将原交叉至工作线路盘 2 的待保护信号交叉至保护线路盘的指定通道。对端 CCU

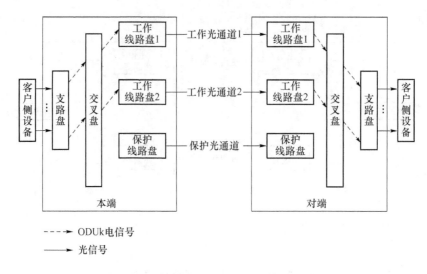

图 6-37 正常情况下 ODUk 1∶2 保护示意图

盘根据 APS 协控制线路盘执行倒换,交叉盘将来自保护线路盘的信号交叉至对应支路盘。

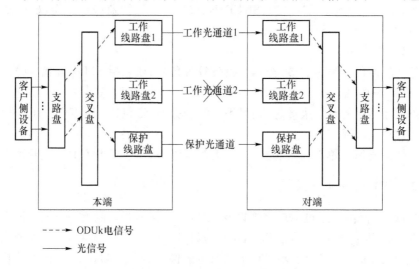

图 6-38 故障状态下 ODUk 1∶2 保护倒换示意图

工作光通道 2 中待保护信号将在保护光通道中传送,即发生故障时,本、对端均需要倒换。当主用通道恢复正常时,根据在网管上预先配置的恢复类型,业务信号可以选择是否恢复到主用通道。

2. ODUk $m∶n$ 保护倒换的触发条件

ODUk $m∶n$ 保护包括 SNCP/I、SNCP/N、SNCP/S 三种监视子类型,根据监视类型的不同,倒换触发条件有所不同。

(1) SNCP/I 监视

触发条件除通用的单盘失效、光信号丢失等告警外,还包括 SM 段开销告警。

(2) SNCP/S 监视

触发条件除通用的单盘失效、光信号丢失等告警外,还包括 SM、TCM 开销告警。

（3）SNCP/N 监视

触发条件除通用的单盘失效、光信号丢失等告警外，还包括 SM、PM 段开销告警。

6.8.3 ODUk Ring 保护

ODUk Ring 保护是基于 ODUk 的环网保护。该保护类型适用于分布式业务网络，在保护通道无额外业务、所有节点处于空闲态且光纤长度小于 1 200 km 时，一旦检测到能够触发倒换的事件，保护倒换可在 50ms 内完成。

ODUk Ring 保护与 OCh Ring 保护原理基本相同，区别在于 OCh Ring 保护是基于单个光通道的保护，而 ODUk Ring 保护是基于光通道中的 ODUk 时隙的保护，后者的保护颗粒比前者小。

1. ODUk Ring 保护的工作原理

ODUk 保护环由节点 1～6 构成，如图 6-39 所示，实线为工作通道收发，虚线为保护通道收发。该保护需在每个站点配置四块线路接口盘，其中两块作为东向工作和保护线路接口盘，另外两块作为西向工作和保护线路接口盘，并在每块线路接口盘中指定一个 ODUk 时隙构成 ODUk 环。

在 ODUk 环中，假设节点 1、节点 2 间和节点 4、节点 6 间分别有 1 路 ODUk 业务。正常情况下，节点 1、节点 2 间业务路由为 1↔2 节点间的工作通道，节点 4、节点 6 间的业务路由为节点 4↔5↔6 间的工作通道。

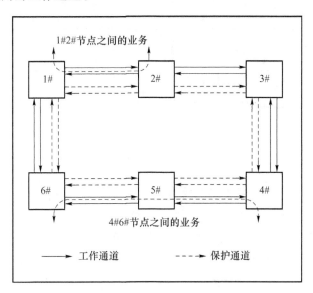

图 6-39　ODUk Ring 保护示意图

（1）ODUk Ring 保护近端倒换

若仅节点 1↔2 间的工作通道出现故障，则节点 4、节点 6 间的业务不受影响，而节点 1、节点 2 间业务将受影响。节点 1、节点 2 检测到故障满足倒换的条件，将互相传送 APS 信息，并执行桥接和倒换，此时节点 1、节点 2 间的业务路由为节点 1↔2 间的保护通道，该保护路由与原业务路由同向，为近端倒换路由，如图 6-40 所示。

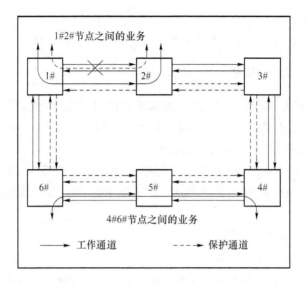

图 6-40　ODUk Ring 保护近端倒换示意图

（2）ODUk Ring 保护远端倒换

若节点 1↔2 间的工作通道、保护通道均出现故障，同样节点 4、节点 6 间的业务不受影响，而节点 1、节点 2 间业务将受影响。此时节点 1、节点 2 业务根据 APS 协议将改走远端保护路由（与原业务路由逆向），采用节点 1↔6↔5↔4↔3↔2 间的保护通道，如图 6-41所示。

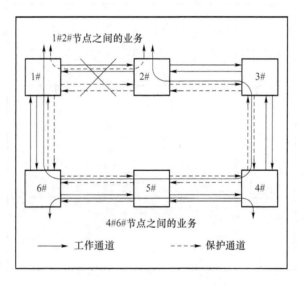

图 6-41　ODUk Ring 保护远端倒换示意图

2. ODUk Ring 保护倒换的触发条件

ODUk Ring 保护的倒换触发条件主要是 ODUk 层的告警，如 RS_LOF、RS_SD、OTU_LOF、ODU_AIS、ODU_OCI、ODU_LCK、PM_BIP8_SD 告警等。

第7章
光传送网的物理层接口

ITU-T G.959.1建议对光传送网的物理层域间接口(Inter-domain Interface,IrDI)进行了规范,该规范对于非OTN域间接口是有效的,而且也允许应用在基于G.709建议的OTN域间接口上。

在非OTN域间接口的情况下,是不需要OTN的管理能力的。光传送网内的域间接口由单向、点到点、单信道和多信道线路系统提供。它们的主要目的是实现两个运营域之间接口的横向兼容。该域间接口规范包括不使用线路放大器的局内、短距离和长距离应用。

为了提供域间接口规范定义的框架结构,G.959.1建议还包括了物理层OTN考虑因素的通常方面,给出了一个通用的定义光网络单元之间的物理层接口参考模型。这个规范是根据各种应用代码组织起来的,而这些应用代码考虑了信道数的多种可能组合、光支路信号类型、跨距、光纤类型和系统配置。参考配置和应用代码构成了规范光联网物理层参数的基础。

然而,在G.959.1建议中,并没有考虑光监控信道的使用。以后的版本和其他新建议将会进一步阐述OTN的这个方面,很可能包括在光子网接口任一侧的光网络单元的配置中,而其配置比点到点结构更为复杂。由于这些应用,可能需要关于点到点结构的规定之外不同的参数。

G.959.1建议假定在光信道中传输的光支路信号是数字信号而不是模拟信号。有关系统启用模拟光支路信号传送的规定,有待进一步研究。

本章将对光接口的概念和命名方法、多信道和单信道域间接口的定义以及域间接口的参数值规范进行介绍。

7.1 域间接口及其命名

7.1.1 域间接口

G.872建议中规定,在点到点配置中,管理域之间进行互连时要求符合标准的互联。

不同管理域之间的互联要求对穿越域间接口的特征信息进行规范,域间接口的规范需满足G 707、G709及其他的相关规范。

所谓域间接口(Inter-Domain Interface,IrDI)是一个代表两个管理域之间边界的物理接口。相对应地有一个域内接口,所谓域内接口(Intra-Domain Interface,IaDI)是一个管理域内的物理接口。

从传送的观点来看,一个光路的连接表征为模拟信号的特征,如由衰减、色散、光纤的非线性、放大的自发辐射等引起的光传输损伤,类似于模拟网络中噪声的积累和其他损伤的积累。

在数字网络中,消除这些损伤的影响可以通过 3R 再生功能,根据工程设计所要求满足的比特差错性能在传输通道中确定 3R 再生的位置。在 OTN 中,同样要求有 3R 再生功能保证 OTN 的比特差错性能。目前 3R 再生是一个光/电/光转换过程。2R 再生,在特殊应用中作为在 IrDI 中 3R 再生的备用方案有待研究。全光 2R/3R 再生有待研究。

域间接口分为单信道域间接口和多信道域间接口。多信道域间接口需要额外的波长复用和解复用设备,也可能需要光放大器,但是在光信道容量相同的情况下,比多个单信道域间接口用到的光纤要少。

G.959.1 建议采用"黑匣子"的描述方法,只规范 IrDI 的光接口,不规范"黑匣子"的内部组成和组成部分之间的连接。对于"黑匣子"的功能要求来说,应具备 3R 功能。

该建议给出了单信道域间接口的规范。这些接口具有下列特性:对应于 NRZ 2.5G、NRZ 10G 和 NRZ 40G 的信道比特率,局内应用、短距离和长距离应用时的跨距以及单向传输。将来还会进一步规范 RZ 40Gbit/s 比特率的单信道域间接口。

该建议还规范了多信道域间接口,这种接口应用于多达 32 个中心频率符合 G694.1 建议的波长信道,通路比特率为 NRZ 2.5G 和 NRZ 10G,局内和短距(40 km)光复用段单跨段,单向传输的点到点配置。

G.959.1 建议还规范了多信道接口,这种接口应用于多达 32 通路,中心频率符合 G 694.1建议,信道比特率为 NRZ 2.5G 和 NRZ 10G,长距(80 km)光复用段单跨段(不使用线路放大器),单向传输和点到点配置。

7.1.2　光网络单元的参考点

图 7-1 给出了 OTN 中光网络单元(Optical Network Element,ONE)的一组通用参考点。

图 7-1 中的参考点定义如下:

- S_S 是在单信道客户网元发射机光连接器后面光纤上的(单信道)参考点;
- R_S 是在单信道客户网元接收机光连接器前面的(单信道)参考点;
- S_{M-S} 是在每个光网络单元支路接口输出光连接器后面的(单信道)参考点(脚标"M-S"表示从多信道的系统到单信道的输出);
- R_{S-M} 是在每个光网络单元支路接口输入光连接器前面光纤上的(单信道)参考点(脚标"S-M"表示单信道输入到多信道系统);
- $MPI-S_M$ 是在光网络单元传输接口输出光连接器后面光纤上的(多信道)参考点;
- $MPI-R_M$ 是在光网络单元传输接口输入光连接器前面光纤上的(多信道)参考点;
- S_M 是在线路多信道光放大器输出光连接器后面的参考点;
- R_M 是在线路多信道光放大器输入光连接器前面光纤上的参考点;

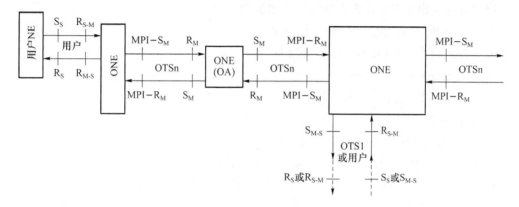

图 7-1　光网络单元的一般参考点

- MPI-S 是一个在光网络单元每一个支路接口输出光连接器后面的（单信道）参考点；
- MPI-R 是一个在光网络单元每一个支路接口输入光连接器前面光纤上的（单信道）参考点。

术语"光网络单元"（ONE,简称光网元）用于说明光传送网中一般网元的通常情形。一般来说,一个 ONE 可能只有多信道接口,或者只有单信道接口,或者有单信道和多信道接口的任意组合。因此,图 7-1 中的光网元并不意味着任何特殊配置。

G.959.1 建议规范的域间接口以及应用于多信道域间接口和单信道域间接口的相关参考点分别如图 7-2 和图 7-3 所示。

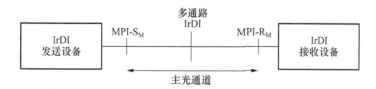

图 7-2　多信道域间接口的参考配置

图 7-3　单信道域间接口的参考配置

7.1.3　域间接口的命名

域间接口的应用代码用来识别一个实际应用中的网络特性、执行特性和结构特性,它由如下 7 个部分构成:

$$PnWx\text{-}ytz$$

其中,第一部分 P 表示 IrDI 存在多种应用代码,在给定的速率等级内,该多种应用代码可以适用于任何光支路信号。例如,对于代码 P1I1-2D2,应当既能支持 STM-64 比特速率的信号,又能支持 OTU2 信号。

第二部分 n 表示应用代码支持的最大信道数。

第三部分 W 表示区段距离和衰耗,例如:

- I 表示局内应用(最多 7dB 区段衰耗);
- S 表示短距应用(11 dB 区段衰耗);
- L 表示长距应用(22 dB 区段衰耗);
- V 表示甚长距应用(33 dB 区段衰耗);
- U 表示超长距应用(44 dB 区段衰耗)。

第四部分 x 表示应用代码允许的最大跨距段数目。

第五部分 y 表示信道支持的光支路信号的最高速率,目前已定义了以下 4 种规格的信号:

- 1 表示 NRZ 2.5G 信号;
- 2 表示 NRZ 10G 信号;
- 3 表示 NRZ 40G 信号;
- 7 表示 RZ 40G 信号;
- 9 表示 NRZ 25G 信号。

ITU-T 关于 y 的编码安排如表 7-1 所示。

表 7-1 应用代码中 y 的编码分配

光支路信号的速率/(Gbit·s^{-1})	NRZ	RZ
1.25	0	—
2.5	1	—
10	2	5
25	9	6
40	3	7
100	4	8

第六部分 t 表示应用代码配置光放大器功率的等级,例如:

- A 表示在源端 ONE 使用 OA 作为光功率放大器,在宿端 ONE 使用 OA 作为前置放大器;
- B 表示只使用功率放大器;
- C 表示只使用前置放大器;
- D 表示不使用放大器。

第七部分 z 表示所使用的光源和光纤种类,其含义如下:

- 1 表示光源的标称波长为 1 310 nm,所用光纤为 G.652 光纤;
- 2 表示光源的标称波长为 1 550 nm,所用光纤为 G.652 光纤;
- 3 表示光源的标称波长为 1 550 nm,所用光纤为 G.653 光纤;
- 5 表示光源的标称波长为 1 550 nm,所用光纤为 G.655 光纤。

现在的 G.959.1 的版本只定义了单跨距的域间接口(即 $x=1$)的物理参数值。

如果应用到一个双向系统,则需在应用代码前面加字母"B"。对于 OTN 的应用,其应用代码如下:

$$BnWx\text{-}ytz$$

对于一些应用代码,在代码的后面通常加上后缀。6 种后缀定义如下:

- F 表示需要传送 G.709 建议规范的 FEC 字节。
- D 表示本应用代码具有自适应色散补偿能力。
- E 表示本应用代码要求接收机具备色散补偿的能力(注:可以是电色散补偿)。
- r 表示减少的目标距离,这些应用代码是色散受限的。借助于其他的技术解决方案,也能达到相同的目标距离,这些方法还有待进一步的研究(如平行接口方式)。
- a 表示本应用代码采用了适于 APD 接收机的发送光功率;
- b 表示本应用代码采用了适于 PIN 接收机的发送光功率。

表 7-2 给出了应用代码为 P1I1-1D1、P16S1-2C5、16S1-2B5 所表示的含义。

表 7-2　应用代码含义举例

应用代码举例	是否多种应用代码	最大信道数	最大区段损耗/dB	最大区段数目	单信道光信号的最大速率	适于 ONE 类型的功率等级	光纤类型
P1I1-1D1	是	1	6	1	NRZ 2.5G	不使用放大器	G.652
P16S1-2C5	是	16	11	1	NRZ 10G	只使用前置放大器	G.655
16S1-2B5	否	16	11	1	NRZ 10G(OTU2)	只使用功率放大器	G.655

7.2　多信道和单信道域间接口

7.2.1　多信道域间接口

多信道域间接口应具有横向兼容性,使不同厂商的设备相互兼容。这些接口依靠特殊的应用代码,使用 G.652、G.653 或 G.655 光纤,可以同时传送多达 32 路光支路信号,光支路信号为 NRZ 2.5G、NRZ 10G 或 NRZ 25G 速率等级。

表 7-3～表 7-5 分别给出了多信道域间接口的分类和应用代码。

表 7-3　多信道域间接口的局内应用分类和应用代码

应　用	局内(I)			
工作波长/nm	1 310(G.694.1 定义的栅隔)	1 550(G.694.1 定义的栅隔)		
光纤类型	G.652	G.652	G.653	G.655
目标距离/km	10	20	2	20
单信道光信号为 NRZ 10G	—	P16I1-2D2 P32I1-2D2	P16I1-2D3	P16I1-2D5 P32I1-2D5
单信道光信号为 NRZ 25G	4I1-9D1F			

表 7-4　多信道域间接口的短距应用分类和应用代码

应　用	短距离(S)		
工作波长/nm	1 550(G.694.1定义的栅隔)		
光纤类型	G.652	G.653	G.655
目标距离/km	40	40	40
单信道光信号为 NRZ 2.5G	P16S1-1D2 P32S1-1D2	—	P16S1-1D5 P32S1-1D5
单信道光信号为 NRZ 10G	P16S1-2B2 P16S1-2C2 P32S1-2B2 P32S1-2C2	P16S1-2C3	P16S1-2B5 P16S1-2C5 P32S1-2B5 P32S1-2C5

表 7-5　多信道域间接口的长距应用分类和应用代码

应　用	局内(L)			
工作波长/nm	1 310(G.694.1定义的栅隔)	1 550(G.694.1定义的栅隔)		
光纤类型	G.652	G.652		G.655
目标距离/km	40	80		80
单信道光信号为 NRZ 2.5G	—	P16L1-1A2		P16L1-1A5
单信道光信号为 NRZ 10G	—	P16L1-2A2		P16L1-2A5
单信道光信号为 NRZ 25G	4L1-9C1F			

1. 使用前置放大器的多信道域间接口

在 OTN 的应用代码中,描述功率等级的第六部分 t 若为 C,则表示该应用场合只使用前置放大器,如图 7-4 所示。

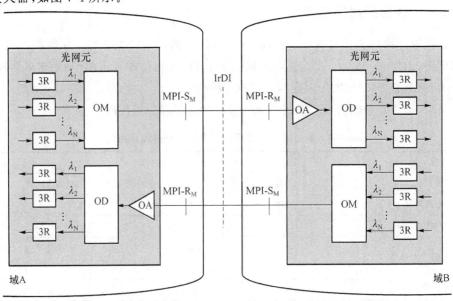

图 7-4　使用前置放大器的多信道域间接口应用

2. 使用功率放大器的多信道域间接口

在 OTN 的应用代码中,描述功率等级的第六部分 t 若为 B,则表示该应用场合只使用功率放大器,如图 7-5 所示。

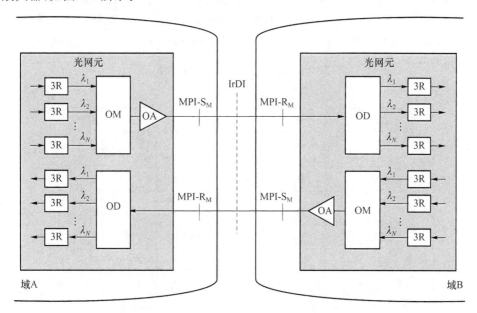

图 7-5　使用功率放大器的多信道域间接口应用

3. 不使用放大器的多信道域间接口

在 OTN 的应用代码中,描述功率等级的第六部分 t 若为 D,则表示该应用场合不使用放大器,如图 7-6 所示。

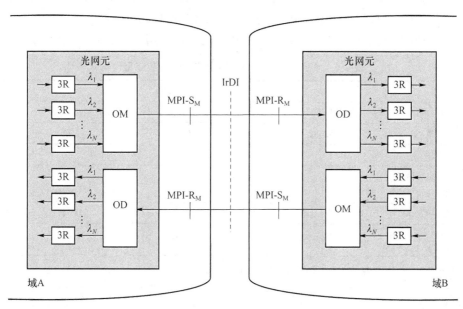

图 7-6　不使用放大器的多信道域间接口应用

7.2.2 单信道域间接口

单信道域间接口的应用分为 5 个距离等级：局内、短距、长距、甚长距、超长距。单信道域间接口如图 7-7 所示。这些接口将具有横向兼容性，使多厂家的设备能够互通，并且能在 G.652、G.653 或 G.655 光纤上承载 NRZ2.5G、NRZ10G 或 NRZ40G 光支路信号。

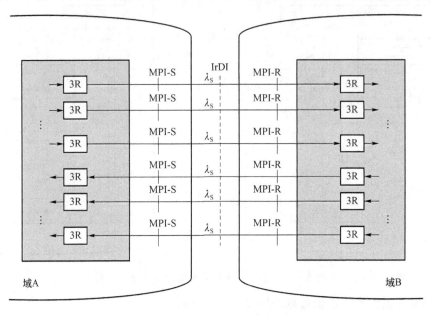

图 7-7 单信道域间接口的应用

单信道域间接口的应用代码不会涵盖所有的距离、单信道速率、标称工作波长和光纤类型，列出的应用代码只是最大限度满足低成本实现各种网络的需求。

表 7-6～表 7-10 分别给出了单信道域间接口的局内应用分类和应用代码。

表 7-6 单信道域间接口的局内应用分类和应用代码

应 用	局内（I）					
工作波长/nm	1 310		1 550			
光纤类型	G.652		G.652		G.653	G.655
支路信号为 NRZ 2.5G	—	P1I1-lD1	—	—	—	—
NRZ 2.5G 的目标传输距离/km	—	2	—	—	—	—
支路信号为 NRZ 10G	P1I1-2Dlr	P1I1-2D1	P1I1-2D2r	P1I1-2D2	P1I1-2D3	P1I1-2D5
NRZ 10G 的目标传输距离/km	0.6	2	2	25	25	25
编码	VSR600-2R1	VSR2000-2R1	VSR2000-2L2	—	—	—
支路信号为 NRZ 40G	—	P1I1-3D1 1 I1-3D1F	—	—	P 1I1-3D3	P 1I1-3D5
NRZ40G 的目标传输距离/km	—	10	—	—	10	5

表 7-7　单信道域间接口的短距应用分类和应用代码

应　用	短距(S)			
工作波长/nm	1 310	1 550		
光纤类型	G.652	G.652	G.653	G.655
支路信号为 NRZ 2.5G	P1S1-lD1	P1S1-1D2	—	—
NRZ 2.5G 的目标传输距离/km	20	40	—	—
支路信号为 NRZ 10G	P1S1-2D1	P1S1-2D2a,b 1S1-2D2bF	P1S1-2D3a,b 1S1-2D3bF	P1S1-2D5a,b 1S1-2D5bF
NRZ 10G 的目标传输距离/km	20	40	40	40
支路信号为 NRZ 40G	P1S1-3D1 1S1-3D1F	P1S1-3C2	P1S1-3C3	P1S1-3C5
NR Z40G 的目标传输距离/km	20	40	40	40

表 7-8　单信道域间接口的长距应用分类和应用代码

应　用	长距(L)			
工作波长/nm	1 310	1 550		
光纤类型	G.652	G.652	G.653	G.655
NRZ 2.5G 级别光支路信号	P1L1-lD1	P1L1-1D2 1L1-1D2F	—	—
NRZ 2.5G 的目标距离/km	40	80	—	—
NRZ 10G 级别光支路信号	P1L1-2D1	P1L1-2D2 1L1-2D2F P1L1-2D2E 1L1-2D2FE	—	—
NRZ 10G 的目标距离/km	40	80	—	—
NRZ 40G 级别光支路信号	P1L1-3C1 1L1-3C1F	P1L1-3A1 1L1-3C2F 1L1-3C2FD	P1L1-3A3 1L1-3C3F 1L1-3C3FD	P1L1-3A5 1L1-3C5F 1L1-3C5FD
NRZ 40G 的目标距离/km	40	80	80	80
RZ 40G 级别光支路信号	—	P1L1-7A2	P1L1-7A3	P1L1-7A5
RZ 40G 的目标距离/km	—	80	80	80

表 7-9　单信道域间接口的甚长距应用分类和应用代码

应　用	甚长距(V)		
工作波长/nm	1 550		
光纤类型	G.652	G.653	G.655
NRZ 10G 级别光支路信号	PIV1-2C2 1V1-2C2F P1V1-2B2E P1V1-2B2FE	—	PIV1-2B5 1V1-2B5F
NRZ 10G 的目标距离/km	120	—	120

表 7-10　单信道域间接口的超长距应用分类和应用代码

应　　用	甚长距(V)		
工作波长/nm	1 550		
光纤类型	G.652	G.653	G.655
NRZ 10G 级别光支路信号	PIU1-1A2 1U1-1B2F	PIU1-1A3 1U1-1B3F	PIU1-1A5 1U1-1B5F
NRZ 10G 的目标距离/km	160	160	160

7.2.3　多信道域间接口与单信道域间接口的互联

前面介绍的通用 OTN 参考点的含义可以在图 7-8 中得到进一步说明。

简单的光网络可以使用背靠背连接的 WDM 解复用和复用设备构成一个简单的 OADM 设备,它们之间就是通过单信道 IaDI 接口互联的,如图 7-8 所示。复用以后的信号就成为多信道信号,如果要从 OADM 设备中下波长到运营域 3 的 ONE 中,就要通过单信道 IrDI 互联。

7.2.4　域间接口的横向兼容

定义域间接口的目的是使两个不同的运营域相连。该运营域可由两个不同的厂商提供的设备组成。这两个运营域也可以属于两个不同的运营商。规范域间接口参数的目的是使短距离和长距离的点到点的线性系统的具有横向兼容性,使多个厂商的设备相互兼容。

局间接口用于两个不同管理域的互联,这些域可能由两个不同设备商的设备构成,也可能属于两个不同的网络运营商。

1. 应用代码相同的域间接口互联

横向(多个设备厂商)兼容性能够使所有的域间接口具有完全相同的应用代码 nWx-ytz。例如,运营域 A 上安装的一个厂商的 P16S1-2B2 接口能够与运营域 B 上安装的另一个厂商的 P16S1-2B2 接口相连。需要注意的是使两个不同运营域的光支路信号的比特率和格式相匹配。

2. 应用代码不同的域间接口互联

不同应用代码的接口互联在联合工程设计中是一个问题,应认真考虑关键参数的匹配,例如 MPI-SM 的输出功率、MPI-RM 的功率等级、最大色散、最小/最大衰耗等。如果没有采取其他措施,如增加衰减器,运营域 A 上的 P16S1-2B2(具有功率放大器)接口就不能与运营域 B 上的 P16S1-2C2(具有前置放大器)接口互联。

在这个例子中,功率放大器的输出功率可以达到 +15 dBm,而衰耗可能为 0 dB。因此,前置放大器型接口的输入功率为 +15 dBm。然而具备前置放大器的接口最大输入不能超过 +5 dBm,因而接收机的输入功率比正常接收高出 +10 dB。同时也必须注意使二者的光支路信号的比特率和格式相匹配。

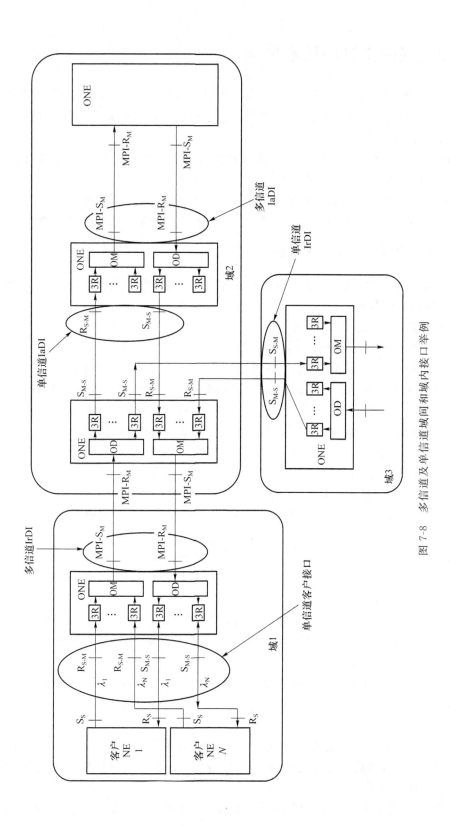

图 7-8　多信道及单信道域间和域内接口举例

7.3 域间接口的技术要求

非 OTN 和 OTN 的域间接口和域内接口都是光接口。为了实现横向兼容,即各光网络单元可以经光路直接相连,以减少不必要的光/电转换、节约网络运行成本,光接口必须标准化,这正是 G.959.1 建议制定的目的。

域间接口的参数可以分为四大类,即反映接口总体信息的基本参数、参考点 S(在多信道域间接口中为 MPI-S_M,在单信道域间接口中为 MPI-S)的发送机光参数、参考点 R(在多信道域间接口中为 MPI-R_M,在单信道域间接口中为 MPI-R)的接收机光参数和 S-R 点(多信道为 MPI-S_M 至 MPI-R_M 或单信道为 MPI-S 至 MPI-R)之间(光通道)的光参数。

7.3.1 域间接口的技术参数

单信道域间接口的技术参数与多信道域间接口的技术参数基本相同,下面主要介绍多信道域间接口的技术参数。

1. 基本参数

(1)系统使用的波长范围

多信道使用的工作波长不受限于 ITU-T G.692 建议中规定的波长范围,甚至可以超出 ITU-T G692 所规定的波长范围(如 1 525～1 625 nm)。另外,也不能排除将来使用 1 285～1 330 nm 范围内的波长。

单信道使用的工作波长范围不必限定在 G.957 或 G.691 的规定之内。

(2)最大信道数

最大信道数是指可以同时出现在接口的最大光信道数。

(3)光支路信号的比特率/线性编码

光支路信号是置于光通道上以便光网络传输的单信道信号。目前已定义的光支路信号有如下几种:

NRZ 码 2.5G 等级光支路信号应用于具有非归零线路编码、标称速率从 622Mbit/s 到 2.67 Gbit/s 的连续数字信号,它包括 G.707 定义的比特率为 STM-16 的信号和 G.709 定义的 OTU1 比特率的信号。

NRZ 码 10G 等级光支路信号应用于具有非归零线路编码、标称速率从 2.4Gbit/s 到 10.71 Gbit/s 的连续数字信号,它包括 G.707 定义的比特率为 STM-64 的信号和 G.709 建议定义的 OTU2 比特率信号。

NRZ 码 40G 等级光支路信号应用于具有非归零线路编码、标称速率从 9.9Gbit/s 到 43.02 Gbit/s 的连续数字信号,它包括 G.707 定义的比特率为 STM-256 的信号和 G.709 定义的 OTU3 比特率信号。

RZ 码 40G 等级光支路信号应用于具有归零线路编码、标称速率从 9.9Gbit/s 到 43.02 Gbit/s 的连续数字信号,它包括 G.707 定义的比特率为 STM-256 的信号和 G.709 定义的 OTU3 比特率信号。

对于 OTN 光支路信号,依据 ITU-T G709 的建议,NRZ 2.5G 包括 OTU1 比特率,

NRZ10G 包括 OTU2 和 OTL3.4 比特率,NRZ 25G 包括 OTL4.4 比特率,NRZ 40G 和 RZ 40G 包括 OTU3 比特率。

（4）最大误码率

相对于光段的误比特率设计目标来说,光段的实际误码率不会比应用代码规范的最大误码率值差。在光通道衰减、色散等极端条件下,实际应用的每个光通道的误码率都要优于这个值。前向纠错技术（Forward Error Corretion,FEC）可以极大地放松对光段误码率的要求,在需要传输 FEC 字节的应用代码情况下（代码有一个为"F"的后缀）,只要采用 FEC 技术后的误比特率满足要求即可。对于不采用 FEC 技术的其他应用代码,误比特率必须满足相关代码的误比特率要求。

（5）光纤类型

单模光纤类型从 G.652、G.653 和 G.655 中选择。

2. MPI-S$_M$ 点的接口

（1）信道最大平均输出功率

MPI-S$_M$ 参考点的每个光通道的平均发射功率就是从 ONE 耦合进光纤的伪随机数据序列的平均功率。该参数是以一个范围（最大值和最小值）的形式给出,以便允许成本优化和在标准工作条件、连接器插针端面磨损、测量公差和器件老化的情况下设备有一个工作范围。所谓信道最大平均输出功率就是最大的信道平均发射功率。

（2）信道最小平均输出功率

所谓信道最小平均输出功率就是最小的信道平均发射功率。

（3）最大平均总输出功率

最大平均输出总功率是 MPI-S$_M$ 点的平均发射光功率的最大值。

（4）中心频率

中心频率是一个标称的单信道频率,通过使用 NRZ 线路编码或者 RZ 线路编码,可将特定光波长信道的数字编码信息调制到这个频率上。

中心频率基于 ITU-T 6694.1 建议的频率栅格。

（5）信道间隔

信道间隔为两个相邻信道之间标称的频率差。

（6）最大频谱偏移

最大频谱偏移是标称中心频率和 MPI-S$_M$ 点距离发送信号标称中心频率最远的 -15 dB 处光谱的最大可接受偏差,如图 7-9 所示。

（7）最小（信道）消光比

假设用来表示光逻辑电平的约定为：有发射光为逻辑"1",无发射光为逻辑"0"。用 A 表示逻辑"1"中心处的平均光功率电平,B 表示逻辑"0"中心处的平均光功率电平,则消光比（Extinction Ratio,EX）定义为：

$$EX = 10 \log_{10}(A/B)$$

该定义可以直接应用于单信道系统,但不能直接用于多信道系统。

在多信道域间接口的情况下,有两种方法可供选择：

- 方法 A,当链路发送端的单信道参考点容易接近时,可以使用方法 A,即将 Sx 参考点的单信道信号发送到"发送机眼图测量装置",如图 7-10 所示,G.957 对这种方法的操作规程进行了描述。

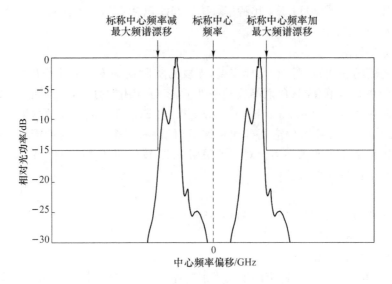

图 7-9　最大频谱偏移示意图

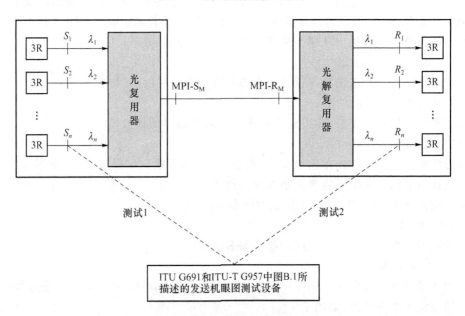

图 7-10　方法 A 的配置

- 方法 B 使用了一个参考光带通滤波器来分离单个的发送信号,接着是一个参考接收机,如图 7-11 所示。有关参考光带通滤波器和参考接收机的特性可参考 G.959.1 附件 B。

(8) NRZ 码光发送信号的眼图

一般的发送机脉冲形状特征包括上升时间、下降时间、脉冲正向和负向过冲以及驰豫振荡等,应当对这些参数加以控制以防止接收机灵敏度的恶化,因此定义了在 MPI-S 点发送机眼图模板。从评估传输信号的角度出发,不仅要考虑眼图的张开,而且要考虑过冲的限制。规范 NRZ 码光发送信号的发射机眼图模板如图 7-12 所示,模板参数列于表 7-11 中,发射机眼图必须避免超过阴影线。

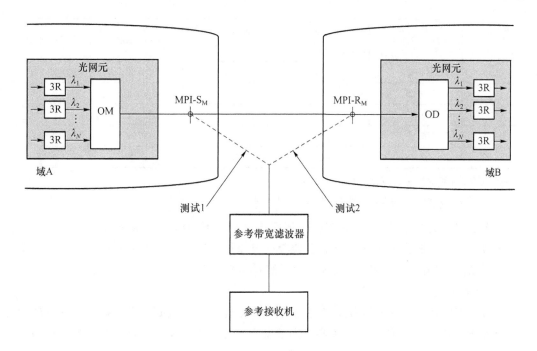

图 7-11　方法 B 的配置

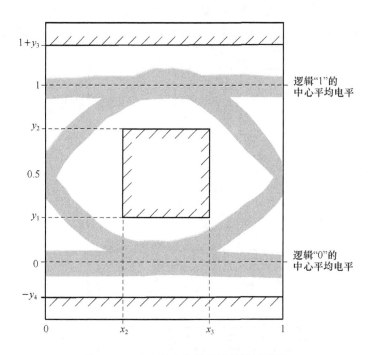

图 7-12　NRZ 码光发送信号的眼图模板

表 7-11 NRZ 码光发送信号的眼图模板参数

参　数	码　型				
	NRZ 2.5G	NRZ 10G 1 310 nm 窗口	NRZ 10G 1 550 nm 窗口	放大的 NRZ 10G	NRZ 40G
$x_3-x_2^{②}$	0.2	0.2	0.2	0.2	0.2
y_1	0.25	0.25	0.25	$\Delta+0.25^{①}$	0.25
y_2	0.75	0.75	0.75	$\Delta+0.75^{①}$	0.75
y_3	0.25	0.4	0.25	0.25	0.25
y_4	0.25	0.25	0.25	0.25	0.25

注①:Δ 是一个可变的量,其变化范围为 $-0.25<\Delta<+0.25$。

注②:矩形眼图模板中 x_2 与 UI=0 纵轴的距离不必和 x_3 与 UI=1 纵轴的距离相等。

以上定义适合单通路系统,在多信道域间接口情况下,有两种方法可供选择:

- 方法 A,当链路发送端的单信道参考点容易接近时,可以使用方法 A,即将 Sx 参考点的单信道信号发送到"发送机眼图测量装置",如图 7-10 所示,G.957 对这种方法的操作规程进行了描述。

- 方法 B,使用了一个参考光带通滤波器来分离单个的发送信号,接着是一个参考接收机,如图 7-11 所示。有关参考光带通滤波器和参考接收机的特性可参考 G.959.1 附件 B。

(9) RZ 码光发送信号的眼图模板

对于 RZ 40G 光支路信号脉冲特性,如脉冲高度变量,在发送机眼图模版的格式中进行了规范。RZ 编码 40G 光发送机的眼图模板如图 7-13 所示,但模板的参数有待研究。

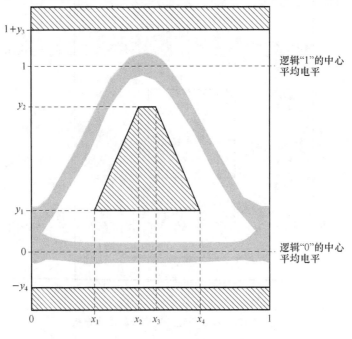

图 7-13 RZ 码 40G 光发送信号的眼图模板

3. MPI-S$_M$ 点到 MPI-R$_M$ 点的光通道(单跨距)

(1) 最大衰耗

最大通道衰耗是当故障系统工作于误码率为 10^{-12} 的寿命终了条件下(或应用代码给定条件下)以及最坏发送信号和色散情况下的 MPI-S$_M$ 和 MPI-R$_M$ 之间最大的通道衰耗。

域间接口目标距离的最大衰耗值是在如下假设条件下得到的:即在 1 530~1 565 nm 波长范围内,已经敷设的光纤损耗(包括接头和光缆富余度)为 0.275 dB/km;在 1 310 nm 处,单信道域间接口的光纤损耗为 0.55 dB/km。

从实际的观点来看,除甚短距离和局内应用外,我们定义在 1 550 nm 窗口跨距为 40 km 时衰耗为 11 dB,在跨距为 80 km 时衰耗为 22 dB;我们还定义在 1 310 nm 窗口跨距为 20 km 时衰耗为 11 dB,跨距为 40 km 时衰耗为 22 dB。

该计算方法还可以用于指定波长其他接口的定义中,计算出跨段距离的理论值。考虑到实际安装过程中的连接器损耗,目标距离还会有所变化。

(2) 最小衰耗

最小通道衰耗是系统工作在最坏发送条件下,为了误码率不低于 10^{-12}(或应用代码给定值)时的通道衰耗。

(3) 最大色度色散

最大色度色散是系统所能容忍的光通道最大色散值,最大色度色散在波长范围内呈线性曲线关系。系统要求的最大色度色散容限一般为目标距离乘以色度色散系数。

G.652 光纤要求的最大色散容限等于 1.05 倍目标距离(除 4I1-9D1F 和 4L1-9C1F 应用代码定义的 1.0 因数外)乘以在 G.652 光纤波长范围内的最大色散系数。G.653 光纤要求的最大色散容限等于 1.05 倍目标距离乘以在 G.653.B 光纤波长范围内最大色散系数的最大绝对值。G.655 光纤要求的在波长范围内最大色散容限等于 1.05 倍目标距离乘以在 G.655.E 光纤波长范围内最大色散系数。

以上是考虑了相应类型的光纤最坏条件的色散值。

实际进行光通道设计时,光通道代价既要考虑由于色度色散所引起的所有确定性影响,又要考虑最大差分群时延所引起的光通道代价,即偏振模色散功率代价。

(4) 最大色度色散偏移

最大色度色散偏移是从 MPI-S 到 MPI-R 光通道色度色散实际值与安装时确定的通道色散值之间的最大容许差值,色度色散偏移在系统需要进行色散补偿(Dispersion Compensation,DC)时才予以考虑。图 7-14 是一个色散补偿的例子,图中,在探测器前面有一个色散补偿模块,有一个可选的光放大器。

在接收机安装时,测量的光通道色散值 D_1 用于设置接收机内色散补偿值的大小。设光通道色散的实际值为 D_P,接收机色散补偿的实际值为 D_C,D_{rmax} 是最大容许残留色散,则要求在安装后的任何时间必须满足如下关系:

$$|D_P + D_C| < D_{rmax} \qquad (7\text{-}1)$$

在没有自适应色散补偿的情况下,NRZ 40G 系统的一个典型 D_{rmax} 值是 30 ps/nm。由于测量精度、温度、维修、老化等因素导致光通道色散的实际值为 D_P,而不是刚刚安装时测量的 D_1,它们之间的差值为 δ_P。同样地,包括设置粒度、温度和老化等因素导致接收机色散补偿的实际值为 D_C,而不是 D_1,它们之间的差值为 δ_C。由式(7-1)可以导出下面的不等式:

$$|\delta_{P}| + |\delta_{C}| < D_{r\,max} \qquad (7\text{-}2)$$

在实际使用中，$D_{r\,max}$ 和 δ_C 应该有一个合理的值，G.959.1 建议仅仅规范了 δ_P 的值。

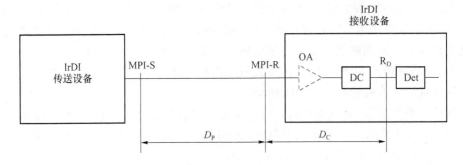

图 7-14　接收机具有色散补偿功能的单信道 IrDI

（5）MPI-S_M 或 MPI-S 点的最小光回波损耗

光回波损耗是正向传输信号光功率与整个光纤回波总功率之比。由于光通道折射率的不连续性，造成了回损，如果不加控制，其分布式效应会对光源或放大器造成影响，或者由于多重反射导致在接收机一侧产生干涉噪声，对系统性能造成损伤。光通道的反射可以通过以下参数的规范加以控制：

- 源参考点（如 MPI-S_M、MPI-S）光缆的最小回波损耗，包括任何连接器造成的回波损耗；
- 源参考点（如 MPI-S_M、MPI-S）和接收参考点（如 MPI-R_M、MPI-R）间的最大离散反射系数。

G.957 的附录 I 描述了反射的测量方法。

（6）MPI-S_M 和 MPI-R_M 之间或 MPI-S 和 MPI-R 之间最大离散反射系数

最大反射系数定义为在参考点的反射光功率与该点的入射光功率的最大比值。

光通道中连接器或其他离散反射点的最大数量应考虑到整个系统对光回损的容许值。如果使用连接器后不能满足规范的最大反射，就应使用反射性能较好的连接器。作为可选方案，应减少连接器的使用数量。总之出于避免由于多重反射所造成的不可接受的损伤，而限制连接器数量，或者使用性能较好的连接器。

在规范中规定了 -27 dB 为源端和接收端之间的最大离散反射系数，目的是减少多重反射效应（如干涉噪声）。选择最大接收反射是为确保包含有多个连接器的系统，即使存在多重反射所造成的损伤，还能够在容忍的范围之内。系统可以采用少量的或高性能的连接器，减少多重反射，从而容忍接收机所产生的高反射。

（7）最大差分群时延

差分群时延（Differential Group Delay，DGD）是光信号在垂直于光纤轴心平面上的两个互相垂直的偏振态在传输的过程中所形成的时间差，由差分群时延引起的色散称为偏振模色散（Polarization Mode Dispersion，PMD）。

对传输距离超过数公里，并假设随机（强）偏振模式耦合，光纤中 DGD 可用麦克斯韦分布的统计模型进行描述。

在 G.959.1 建议中，最大差分群时延定义为系统的最大灵敏度劣化 1dB 时的 DGD 值，但在 4I1-9DlF 应用中定义为最大灵敏度劣化约为 0.5 dB。

由于偏振模色散的统计特性,最大 DGD 和平均 DGD 之间是概率的关系,因此如果我们知道系统所能容忍的最大 DGD,可以根据最大和平均之间存在一定概率的比值推导出等效的平均 DGD。表 7-12 给出了一些比率的例子。

表 7-12 DGD 的平均值与概率

最大值与平均值的比率	超过最大值的概率
3.0	4.2×10^{-5}
3.5	7.7×10^{-7}
4.0	7.4×10^{-9}

4. MPI-R$_M$ 点的接口

（1）最大平均信道输入功率

最大平均信道输入功率是为了获得应用代码规范的 BER,MPI-R$_M$ 点可接受的信道最大平均功率。

（2）最小平均信道输入功率

最小平均信道输入功率是 MPI-R$_M$ 点收到的信道最小平均功率值。它是在不考虑光通道代价的情况下,最小平均信道输出功率减去最大衰减后的值。考虑到最大光通道代价,MPI-R$_M$ 点最小平均信道输入功率应高于接收机灵敏度。

（3）最大平均输入总功率

最大平均输入总功率是 MPI-R$_M$ 点最大可接受的总输入功率。

（4）最大信道功率差

最大信道功率差是平均信道输入功率最大值和最小值在同一时刻、相同的分辨率下的差值,与信道的数量无关。

（5）最大光通道代价

通道代价就是脉冲在通道上传输过程中由于失真而产生的接收灵敏度（或者多信道应用情况下的等效灵敏度）明显下降,如果想得到和没有通道失真一样的效果,那么在发射端就必须提高激光器的输出功率值。相对于激光器原来的输出功率来说,现在多输出的这一部分功率就是由于通道失真必须付出的代价,称为光通道代价。

光通道代价表现为系统的 BER 曲线向高输入功率电平偏移,这对应正通道代价。负通道代价在某些情况下是存在的,但应该较小（负通道代价表明由于通道的失真,不理想的发送机眼图部分地得到了改善）。

理想状态下,BER 曲线只是被平移,但是一般情况下会发生形状变化,而且还可能意味着出现 BER 最差。由于通道代价是接收灵敏度的改变,因此它在 BER 为 10^{-12} 时进行测量。

对于需要 FEC 进行传输的应用代码（如具有后缀 F 的代码）,在进行纠错后（如果启用）两个接收机的灵敏度（通过光通道衰耗后灵敏度和没有衰耗的灵敏度）都需要测量。

对于通道速率为 NRZ 2.5G 和 NRZ 10G 的应用,低色散系统最大通道代价为 1 dB,高色散系统为 2 dB。通道代价与传输目标距离不成比例,避免系统出现高的损伤。

对于通道速率为 NRZ 40G 的应用,最大通道代价为 2 dB,这主要考虑 PMD 所引入的损伤（包括一阶和二阶）。

在未来,可能引入使用色散自适应调节的系统,该技术对发送机信号进行预失真处理。上面所说的通道代价只能定义于未失真信号的两点之间,然而这些点与主通道接口并不一致,甚至可能不能用。这种通道代价有待进一步研究。

基于 PMD 的随机色散代价的平均值已经包括在允许的通道代价中,对于大多数应用编码的发送机/接收机一起需要忍受一个 0.3 比特周期的 DGD,该 DGD 对应于近 1 dB 的最大灵敏度的劣化或者 1 dB 的 PMD 功率代价。对于优化设计的接收机,相应的容忍度为基于 0.1 比特周期、代价为 0.1～0.2 dB 的瞬时 DGD。

应当说明的是:由光放大器引起的信噪比下降不能认为是通道代价。

前面光通道代价的定义可以直接应用于单信道系统。在多信道域间接口情况下,方法 A 和方法 B 都可以使用,详细情况如图 7-10 和图 7-11 所示。

(6) 最小等价灵敏度

最小等价灵敏度是在多信道应用中,为了获得应用代码规范的最大 BER,在 MPI-R_M 点用一个理想的低损耗滤波器将多信道滤波成单信道而测得的最小灵敏度。

即使发送机处于最差状态,也应满足这个要求,包括最差发送眼图、消光比、MPI-S_M 点的回损、连接器的劣化、发送侧串扰、光放大器噪声和测试的容差等。这些还未考虑色散、非线性、光通路反射,将在最大光通道代价的分配过程中分别规范这些效应。

然而,MPI-R_M 点的最小平均信道输入功率必须比最小等价灵敏度高出一个光通道代价值。

(7) 光网元的最大反射系数

从 ONE 反射回光缆设备的反射光由 ONE 允许的最大反射系数规范,这个反射系数在 MPI-R_M、MPI-R 参考点测量得到。

5. 单信道域间接口的技术参数

由于单信道域间接口的技术参数与多信道域间接口的技术参数相同或相似,下面只对前面没有定义的参数给予介绍:

(1) 最大 RMS 宽度

多纵模(Multi-longitudinal Mode,MLM)激光器的最大均方根(Root-Mean-Square,RMS)宽度或光谱分配的标准偏差 σ(nm)必须考虑所有的激光模式。也只有具有 1 310 nm 的 MLM 激光器的系统需要这个规范。

(2) 最大 -20 dB 宽度

单纵模(Single-Longitudinal Mode,SLM)激光器的最大 -20 dB 谱宽是通过中心波长最大峰值功率跌落 -20 dB 时的最大全宽来规范的。

(3) 最小边模抑制比

最小边模抑制比定义为整个发送机光谱中的最大峰值与第二大峰值比的最小值。第二大峰可能位于主峰的边缘或者远离主峰。

(4) 最大平均输出功率

最大平均输出功率定义为 S 参考点处所测得的由发送机发送到光纤的伪随机数据序列的最大平均功率。

(5) 最小平均输出功率

最小平均输出功率定义为 S 参考点处所测得的由发送机发送到光纤的伪随机数据序列的最小平均功率。

（6）最大平均输入功率

最大平均输入功率是为了获得应用代码规范的最大 BER，MPI-R 点可接受的最大平均功率值。

（7）最小灵敏度

最小灵敏度定义为为了获得应用代码规范的最大 BER，在 MPI-R 点接收的最小功率值。

即使发送机处于最差状态，包括最差发送眼图、消光比、MPI-S 点的回损、连接器的劣化、光放大器噪声和测试的容差等，也应满足这个要求。但不包括与色散、抖动或光通道反射有关的功率代价，这些效应分别规范在最大光通道代价中。

然而，接收机的最小平均光功率必须大于最小灵敏度与光通路代价值之和。

7.3.2　多信道域间接口的技术参数值

NRZ 2.5G 等级光支路短距应用的多信道 IrDI 参数如表 7-13 所示。更多的技术参数值，如 NRZ 2.5G 和 NRZ 10G 等级光支路长距应用的多信道 IrDI 参数和 NRZ 25G 等级光支路的多信道 IrDI 参数，请参考 G.959.1 建议。

表 7-13　NRZ 2.5G 等级光支路短距应用的多信道 IrDI 参数值

参数（注）		单　位	P16S1-1D2 P16S1-1D5	P32S1-1D2 P32S1-1D5
基本信息	最大信道数	—	16	32
	光支路信号的比特率/线路编码	—	NRZ 2.5G	NRZ 2.5G
	最大误比特率	—	10^{-12}	10^{-12}
	光纤类型	—	G.652,G.655	G.652,G.655
MPI-S$_M$ 点的接口	信道最大平均输出功率	dBm	−4	−4
	信道最小平均输出功率	dBm	−10	−10
	最大平均总输出功率	dBm	+8	+11
	中心频率	THz	$192.1+0.2m,m=0\sim15$	$192.1+0.1m,m=0\sim31$
	信道间隔	GHz	200	100
	最大频谱偏移	GHz	40	20
	最小信道消光比	dB	8.2	8.2
	眼图	—	NRZ 2.5G	NRZ2.5G
从 MPI-S$_M$点 到 MPI-R$_M$ 点的光 通道 （单跨距）	最大衰减	dB	11	11
	最小衰减	dB	2	2
	波长范围上限最大色度色散	ps/nm	800(G.652),420(G.655)	800(G.652),420(G.655)
	波长范围下限最大色度色散	ps/nm	800(G.652),420(G.655)	800(G.652),420(G.655)
	MPI-S$_M$点的最小光回波损耗	dB	24	24
	MPI-S$_M$ 和 MPI-R$_M$ 之间的最大离散反射	dB	−27	−27
	最大差分群时延	ps	120	30

参数(注)		单 位	P16S1-1D2 P16S1-1D5	P32S1-1D2 P32S1-1D5
MPI-R$_M$ 点接口	信道最大平均输入功率	dBm	−6	−6
	信道最小平均输入功率	dBm	−21	−21
	最大平均总输入功率	dBm	+6	+9
	最大信道功率差	dB	NA	NA
	最大光通道代价	dB	1	1
	最小等价灵敏度	dBm	−22	−22
	光网元最大反射	dB	−27	−27

注:表中的参数值不能应用于使用光放大器的系统或者域内接口。

7.3.3 单信道 NRZ 码域间接口的技术参数值

NRZ 2.5G 等级光支路信号的单信道域间接口物理层参数见表 7-14,其他应用场合的物理层参数可查阅 G.959.1 建议。

表 7-14　NRZ 2.5G 等级光支路信号的单信道域间接口参数值

参 数		单位	P1I1-1D1	P1S1-1D1	P1S1-1D2	P1L1-1D1
基本信息	最大信道数	—	1	1	1	1
	光支路信号的比特率和线路编码	—	NRZ 2.5G	NRZ 2.5G	NRZ 2.5G	NRZ 2.5G
	最大误码率	—	10^{-12}	10^{-12}	10^{-12}	10^{-12}
	光纤类型	—	G.652	G.652	G.652	G.652
MPI-S 接口	工作波长范围	nm	1 266～1 360	1 260～1 360	1 530～1 565	1 280～1 335
	光源类型		MLM	SLM	SLM	SLM
	最大 RMS 宽度(σ)	nm	3.4	NA	NA	NA
	最大−20 dB 宽度	nm	NA	1	<1	1
	最大功率谱密度	mW/ 10 MHz	待研究	待研究	待研究	待研究
	最小的边模抑制比	dB	NA	30	30	30
	最大平均输出功率	dBm	−3	0	0	+3
	最小平均输出功率	dBm	−10	−5	−5	−2
	最小消光比	dB	8.2	8.2	8.2	8.2
	眼图模板	—	NRZ 2.5G	NRZ 2.5G	NRZ 2.5G	NRZ 2.5G
从 MPI-S 到 MPI-R 的光通路	最大衰耗	dB	6	11	11	22
	最小衰耗	dB	0	0	0	12
	波长范围上限最大色度色散	ps/nm	±12	±140	800	NA
	波长范围下限最大色度色散	ps/nm	±12	±140	715	
	MPI-S 点的最小光回波损耗	dB	14	14	14	24
	MPI-S 点和 MPI-R 点之间的最大离散反射	dB	−27	−27	−27	−27
	最大差分群时延	ps	120	120	120	120

	参 数	单位	P1I1-1D1	P1S1-1D1	P1S1-1D2	P1L1-1D1
MPI-R 接口	最大平均输入功率	dBm	−3	0	0	−9
	最小灵敏度	dBm	−17	−17	−17	−25
	最大光通路代价	dB	1	1	1	1
	光网元的最大反射	dB	−14	−14	−14	−27

7.3.4　单信道 RZ 码域间接口的技术参数值

对于低速、短距离的光纤传输系统,非归零码(NRZ)型实现简单,技术成熟,频谱效率较高,信号完整性好,因而广泛应用于目前的商用化长途 DWDM 传输系统中。但是随着传输距离的加长和传输速率的提高,OSNR 容限、色度色散、PMD、光纤非线性效应等这些在低速短距离传输情况下可以忽略的物理效应在此时变得明显,严重阻碍了传输业务的容量和覆盖范围提升。鉴于此,近几年来又开发出多种有别于 NRZ 码的调制格式,主要用于降低 OSNR 容限、增加色散受限距离,克服非线性效应和 PMD 效应等,这些特殊的调制格式统称为码型技术。码型技术已经与 FEC、Raman 放大和色散补偿技术等,构成超长距离DWDM 传输的关键技术。

码型技术一般采用归零光脉冲来承载业务信号,称为归零码(RZ 码)。在 RZ 码脉冲序列中,在每个连"1"的过渡区域振幅是归零的,每个"1"码的振幅具有彼此独立的时间包络,这对于接收端的时钟恢复是非常有利的;而 NRZ 码的连"1"则是连为一体的。因此在相同平均接收功率条件下,RZ 码的眼图张开度更大,误码性能更为优异,一般能提供 3dB 的OSNR 改善。此外,由于 RZ 码的比特图形相关效应较弱,对 SPM 效应也有更好的免疫力,更窄的时域脉冲特性也能减小 DWDM 信道之间的非线性相互作用和 PMD 效应。但是 RZ码的缺点是光谱分布较 NRZ 宽,通道间隔一般限制在 100GHz,也不利于色散管理。实际工作中一般采用两外调制(RZ 幅度和数据调制)来产生 RZ 码比特序列,调制结构较 NRZ复杂。

ITU-T 正在对 40G 的 RZ 码进行研究,并期望采用 RZ 码的 40G 应用系统比采用 NRZ码的 40G 应用系统有更高的 PMD 容忍度。占空比为 33%、50% 和 67% 的 RZ 码的应用特性也正在研究,人们期望占空比为 33% 的 RZ 码对一阶 PMD 的容忍度最高,占空比为 67%的 RZ 码对一阶 PMD 的容忍度最低;然而,对于二阶 PMD 的容忍度,人们期望正好相反,即占空比为 67% 的 RZ 码对二阶 PMD 的容忍度最高,占空比为 33% 的 RZ 码对二阶 PMD的容忍度最低。

对于给定的通道代价,每种占空比的二阶的 PMD 最大容限,取决于在接收机的剩余色散,链路的最大色散偏差和接收机黑匣子的设计。链路设计中的最大色散偏移是关键因素,如果链路提供者和系统制造商之间的联合工程设计考虑了该参数,在应用中就可以不需要可适应色散补偿。

RZ40G 等级光支路信号的单信道域间接口参数值见表 7-15。

表 7-15　RZ 40G 等级光支路信号的单信道域间接口参数值

参　数		单位	P1L1-7A2 P1L1-7A3 P1L1-7A5
基本信息	最大信道数	—	1
	光支路信号的比特率和线路编码	—	RZ 40G
	最大误码率	—	10^{-12}
	光纤类型	—	G.652，G.653，G.655
MPI-S 点接口	中心频率	THz	192.1
	最大频谱偏移	GHz	40
	光源类型	—	SLM
	最大占空比	%	待研究
	最小占空比	%	待研究
	最大功率谱密度	mW/10 MHz	待研究
	最小边模抑制比	dB	35
	最大平均输出功率	dBm	+12
	最小平均输出功率	dBm	+9
	最小消光比	dB	10
	眼图模板	—	RZ 40G
从 MPI-S 点到 MPI-R 点 的光通道	最大衰耗	dB	22
	最小衰耗	dB	11
	波长范围上限最大色度色散	ps/nm	1 600(G.652)， ±240(G.653)[①]，840(G.655)[①]
	波长范围下限最大色度色散	ps/nm	1 600(G.652)， ±240(G.653)[①]，840(G.655)[①]
	最大色度色散偏移	ps/nm	见注[②]
	MPI-S 点的最小光回波损耗	dB	24
	MPI-S 和 MPI-R 之间的最大离散反射	dB	−27
	最大差分群时延	ps	待研究
MPI-R 点接口	最大平均输入功率	dBm	+1
	最小灵敏度	dBm	−16
	最大光通路代价	dB	3[①]
	光网元的最大反射系数	dB	−27

注①：由于链路色散的分布而引起的非线性效应，在使用 G.653 或 G.655 光纤的链路会有较大的通道代价。

注②：线路提供者和系统提供商在这个值上必须是一致的。

第 8 章
超 100 Gbit/s OTN 技术

超 100 Gbit/s OTN 采用了灵活的线路速率 OTUCn($n \times 100$ Gbit/s,$n=1$、2、3 等整数),我们把采用灵活线路速率 OTUCn 的超 100 Gbit/s OTN 称为灵活 OTN(Flex OTN 或 FlexO)。

本章将介绍 Flex OTN 的帧结构,介绍 ODUk 到 OPUCn 的复用、OTUCn 到 n 个 FlexO 实体的映射,介绍 Flex Ethernet 及在 OTN 中的传送方式和映射方法,介绍灵活栅格技术。

8.1 Flex OTN 的接口与帧结构

由于 OTUCn 的速率太高,以现有器件的性能不能承载如此高速的信号,因此需要使用若干绑定的接口来传送 OTUCn 的信息。根据这些接口传送 OTUCn 距离的不同,Flex OTN 分为短距离接口(或短距接口)和长距离接口(或长距接口)。短距接口采用的 FEC 编码是 RS(544,514)编码,长距接口采用的是编码增益更高的楼梯(StairCase,SC)FEC 编码。

8.1.1 Flex OTN 的短距接口

Flex OTN 的短距传输一般是指跨距较短的单跨距(或少跨距)传输。Flex OTN 短距传输接口用 FlexO-x-RS-m 表示,有关符号解释如下。

FlexO 是传输 OTUCn 的信息结构,由净荷和开销构成,如图 8-3 所示。

FlexO-x 是将 FlexO 的 x ($x \geqslant 1$)个 10 比特块进行交织的信息结构,该信息结构将在一组 $m(m=\lceil n/x \rceil)$个实体中传送 OTUCn 信号。这里 x 代表 FlexO-x 接口以 100 Gbit/s 为单位的速率等级,如 100 Gbit/s 用 FlexO-1 表示,200 Gbit/s 用 FlexO-2 表示,400 Gbit/s 用 FlexO-4 表示。

FlexO-x-RS 是由 FlexO-x 加上里德-所罗门(Reed-Solomon)FEC 奇偶校验码构成的信息结构。

FlexO-x-RS-m 表示由 m 个 FlexO-x-RS 接口组成的接口组。

FlexO 短距接口的类型涵盖在应用代码 4I1-9D1F、4L1-9C1F、C4S1-9D1F、4L1-9D1F、C4S1-4D1F、8R1-4D1F、4I1-4D1F、8I1-4D1F 中。

FlexO-x-RS-m 接口组的主要信息包容关系如图 8-1 所示。客户信号映射到 OPUC 净

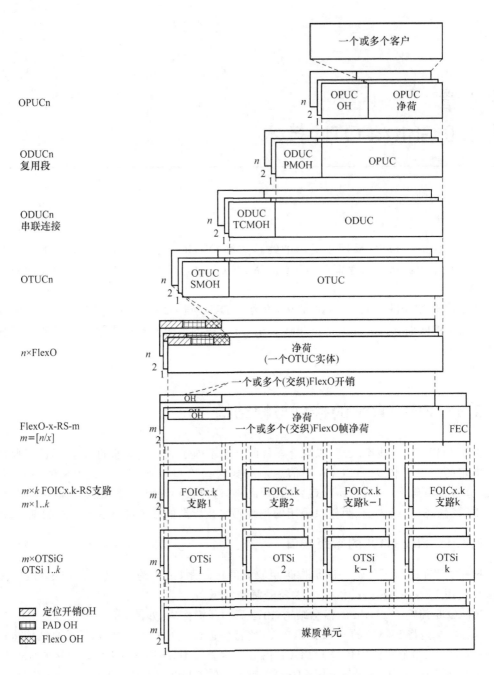

图 8-1　FlexO-x-RS-m 接口组的主要信息包容关系

荷中,加上 OPUC OH,形成 OPUCn(包含 n 个 OPUC);OPUCn 加上 ODUC PMOH(通道监视开销),形成 ODUCn 复用段,再加上 TCM OH,形成 ODUCn 串联连接(包含 n 个 ODUC);ODUCn TC 加上 OTUC 段监视开销(SMOH),形成 OTUCn(包含 n 个 OTUC)。

　　OTUCn 分别映射到 n 个 FlexO 的净荷区,加上 FlexO 的开销即形成 FlexO;将 FlexO 的 x 个 10 比特块进行交织,再加上 FEC 开销即形成 FlexO-x-RS 接口(用 FOIC-RS 表示)。m 个 FlexO-x-RS 接口形成 FlexO-x-RS-m 接口组。每一个 FlexO-x-RS 接口用 k 个通道来

传输,k 个通道用媒质元的 k 个光支路信号(OTSi)承载。

可以看出,OTUCn 用 m 个实体来传输,每个实体由 k 个光支路信号(OTSi)组成的光支路信号组承载。

8.1.2　Flex OTN 的长距接口

Flex OTN 的长距传输是指 Flex OTN 传输较长距离。Flex OTN 长距传输接口用 FlexO-x-SC-m 表示。Flex OTN 的长距接口与短距接口的信息接口基本相同,不同的是采用编码增益更高的楼梯(SC)FEC 编码。

FlexO-x-SC-m 接口组的主要信息包容关系如图 8-2 所示。

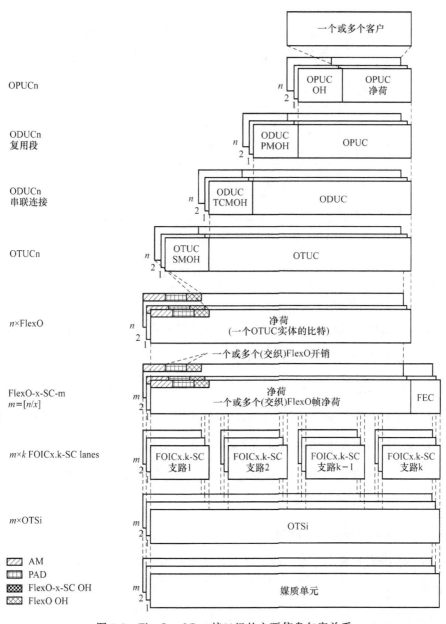

图 8-2　FlexO-x-SC-m 接口组的主要信息包容关系

8.1.3　Flex OTN 的帧结构与比特率

1. Flex OTN 的帧结构

Flex OTN 的帧结构是一个 128 行 5 140 列的比特矩形结构,有 657 920 个比特,如图 8-3 所示。Flex OTN 帧由帧定位标识组域(Alignment Marker,AM)、填充域(PAD)、开销域(OH) 和净荷域组成。AM 域位于第 1 行第 1~480 列,PAD 域位于第 1 行第 481~960 列,OH 域位于第 1 行第 961~1 280 列;剩下的区域是净荷域,有 656 640 bit(128×5 140-1 280＝656 640)。

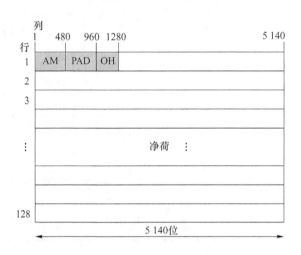

图 8-3　FlexO 的帧结构

2. Flex OTN 的复帧结构

为了填充净荷域,提供放置,专门定义了 8 帧的 FlexO 复帧结构,如图 8-4 所示,该复帧中的子帧通过复帧定位信号(MFAS)的低 3 位来区分。

复帧的 FlexO 帧包括 7 个固定填充位置(Fixed Stuff,FS),每一个填充位置包含 1 280 比特。这些固定填充位置位于前 7 个子帧的第 65 行第 1~1 280 列,第 8 子帧没有固定填充比特。固定填充比特植入全 0,在接收端宿功能处不予检测、处理。

一个 FlexO 复帧总共有 5 263 360 bit(657 920 B)。除固定填充位置外,一个 FlexO 复帧净荷有 5 244 160 bit(655 520 B)。

3. Flex OTN 的比特率和帧周期

Flex OTN 的标称比特率约为 491 384/462 961×99 532 800 kbit/s＝105 643 510.782 kbit/s,比特率容差为±20 ppm。

FlexO 的帧周期约为 6.228 μs,复帧周期约为 49.822 μs。

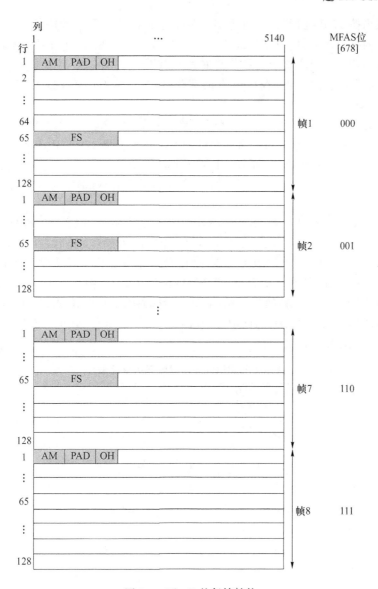

图 8-4　FlexO 的复帧结构

8.2　ODUk 到 ODTUCn 以及 ODTUCn 到 OPUCn 的复用

ODUk 到 OPUCn 的复用分两步,第一步使用通用映射规程(GMP)将 ODUk 异步映射到光数据支路单元(ODTUCn);第二步使用字节同步映射将 ODTUCn 映射到一个或多个 OPUCn 支路时隙。

OPUCn 支持最多 $10n$ 个不同的 ODUk 信号。

8.2.1　OPUCn 支路时隙的定义

OPUCn 由 n 个 OPUC 组成,每个 OPUC 分为 20 个支路时隙(TS),这些支路时隙在

OPUC净荷区内按16 B进行交织,每个支路时隙包括OPUC开销和净荷的一部分。

ODUk帧的字节映射到ODTUCn的净荷区,ODTUCn的字节映射到OPUCn的支路时隙或时隙;ODTUCn的调整开销字节映射到OPUCn开销区。

OPUCn仅有一种带宽约为5 Gbit/s的支路时隙,一个OPUCn分为20n个支路时隙,标号为$1.1 \sim n.20$。

图8-5和图8-6给出了OPUC 5G支路时隙的分配示意图。一个OPUC分为20个5G的支路时隙,位于第$17 \sim 3824$列。支路时隙用TS♯$A.B$表示,其中A表示OPUCn中第A个OPUC,$A=1,\cdots,n$;B表示OPUC中某一个时隙,$B=1,\cdots,20$。

OPUC复帧可以表示为80行3810列格式,如图8-5所示;也可以表示为8行38100列格式,如图8-6所示。

一个OPUC 5G支路时隙占OPUC净荷的5%,它是一个8行119列的16字节块(如图8-6所示),再加上支路时隙开销(TSOH)。20个OPUC 5G支路时隙在OPUC净荷区以16字节为单位进行交织,20个OPUC TSOH在OPUC开销区以帧为单位进行交织。

OPUC支路时隙的支路时隙开销(TSOH)位于OPUC帧的$1 \sim 3$行$15 \sim 16$列,如图8-5所示。OPUC采用20帧的复帧结构,5G支路时隙的TSOH每20帧可使用一次。当前帧是复帧中的哪一帧可由OMFI(OPU Multi-Frame Identifier,OPU复帧标识)字节的第$4 \sim 8$位确定,其对应关系见表8-1。

表 8-1　OPUCn 支路时隙开销分配表

OMFI 位 4 5 6 7 8	TSOH 5G TS
0 0 0 0 0	A.1
0 0 0 0 1	A.2
0 0 0 1 0	A.3
0 0 0 1 1	A.4
0 0 1 0 0	A.5
0 0 1 0 1	A.6
0 0 1 1 0	A.7
0 0 1 1 1	A.8
0 1 0 0 0	A.9
0 1 0 0 1	A.10
0 1 0 1 0	A.11
0 1 0 1 1	A.12
0 1 1 0 0	A.13
0 1 1 0 1	A.14
0 1 1 1 0	A.15
0 1 1 1 1	A.16
1 0 0 0 0	A.17
1 0 0 0 1	A.18
1 0 0 1 0	A.19
1 0 0 1 1	A.20

OMFI 位 45 678	行	15~16	17~32	33~48	49~320	321~336	337~352	353~368	369~3 807	3 808~3 824
00000	1	TSOH TS #A.1	TSA.1	TSA.2	...	TSA.20	TSA.1	TSA.2	...	TSA.18
	2		TSA.19	TSA.20	...	TSA.18	TSA.19	TSA.20	...	TSA.16
	3		TSA.17	TSA.18	...	TSA.16	TSA.17	TSA.18	...	TSA.14
	4	PSI OMFI	TSA.15	TSA.16	...	TSA.14	TSA.15	TSA.16	...	TSA.12
00001	1	TSOH TS #A.2	TSA.13	TSA.14	...	TSA.12	TSA.13	TSA.14	...	TSA.10
	2		TSA.11	TSA.12	...	TSA.10	TSA.11	TSA.12	...	TSA.8
	3		TSA.9	TSA.10	...	TSA.8	TSA.9	TSA.10	...	TSA.6
	4	PSI OMFI	TSA.7	TSA.8	...	TSA.6	TSA.7	TSA.8	...	TSA.4
00010	1	TSOH TS #A.3	TSA.5	TSA.6	...	TSA.4	TSA.5	TSA.6	...	TSA.2
	2		TSA.3	TSA.4	...	TSA.2	TSA.3	TSA.4	...	TSA.20
	3		TSA.1	TSA.2	...	TSA.20	TSA.1	TSA.2	...	TSA.18
	4	PSI OMFI	TSA.19	TSA.20	...	TSA.18	TSA.19	TSA.20	...	TSA.16
⋮					⋮					
10011	1	TSOH TS #A.20	TSA.9	TSA.10	...	TSA.8	TSA.9	TSA.10	...	TSA.6
	2		TSA.7	TSA.8	...	TSA.6	TSA.7	TSA.8	...	TSA.4
	3		TSA.5	TSA.6	...	TSA.4	TSA.5	TSA.6	...	TSA.2
	4	PSI OMFI	TSA.3	TSA.4	...	TSA.2	TSA.3	TSA.4	...	TSA.20

图 8-5　OPUC 支路时隙分配（80 行 3 810 列格式）

复帧行	帧 \ 列	15	16	17~32	33~48	49~320	321~336	337~352	353~368	369~3807	3808~3824
1	1,2,3(前半帧)	TS OH #A.1		TSA.1	TSA.2	…	TSA.20	TSA.1	TSA.2		TSA.18
2	3(后半帧),4,5	TS OH #A.3		TSA.1	TSA.2	…	TSA.20	TSA.1	TSA.2	…	TSA.18
3	6,7,8(前半帧)	TS OH #A.6		TSA.1	TSA.2	…	TSA.20	TSA.1	TSA.2		TSA.18
4	8(后半帧),9,10	TS OH #A.8		TSA.1	TSA.2	…	TSA.20	TSA.1	TSA.2	…	TSA.18
5	11,12,13(前半帧)	TS OH #A.11		TSA.1	TSA.2	…	TSA.20	TSA.1	TSA.2		TSA.18
6	13(后半帧),14,15	TS OH #A.13		TSA.1	TSA.2	…	TSA.20	TSA.1	TSA.2	…	TSA.18
7	16,17,18(前半帧)	TS OH #A.16		TSA.1	TSA.2	…	TSA.20	TSA.1	TSA.2		TSA.18
8	18(后半帧),19,20	TS OH #A.18		TSA.1	TSA.2	…	TSA.20	TSA.1	TSA.2	…	TSA.18

复帧行	帧 \ 列	15	16	17~32	33~48	49~320	321~336	337~352	353~368	369~3807	3808~3824
1	1,2,3(前半帧)	TS OH #A.1		TSA.19	TSA.20	…	TSA.18	TSA.19	TSA.20	…	TSA.16
2	3(后半帧),4,5	PSI	OMFI	TSA.19	TSA.20	…	TSA.18	TSA.19	TSA.20	…	TSA.16
3	6,7,8(前半帧)	TS OH #A.6		TSA.19	TSA.20	…	TSA.18	TSA.19	TSA.20	…	TSA.16
4	8(后半帧),9,10	PSI	OMFI	TSA.19	TSA.20	…	TSA.18	TSA.19	TSA.20	…	TSA.16
5	11,12,13(前半帧)	TS OH #A.11		TSA.19	TSA.20	…	TSA.18	TSA.19	TSA.20	…	TSA.16
6	13(后半帧),14,15	PSI	OMFI	TSA.19	TSA.20	…	TSA.18	TSA.19	TSA.20	…	TSA.16
7	16,17,18(前半帧)	TS OH #A.16		TSA.19	TSA.20	…	TSA.18	TSA.19	TSA.20	…	TSA.16
8	18(后半帧),19,20	PSI	OMFI	TSA.19	TSA.20	…	TSA.18	TSA.19	TSA.20	…	TSA.16

复帧行	帧 \ 列	15	16	17~32	33~48	49~320	321~336	337~352	353~368	369~3807	3808~3824
1	1,2,3(前半帧)	TS OH #A.1		TSA.17	TSA.18	…	TSA.16	TSA.17	TSA.18	…	TSA.14
2	3(后半帧),4,5	TS OH #A.4		TSA.17	TSA.18	…	TSA.16	TSA.17	TSA.18	…	TSA.14
3	6,7,8(前半帧)	TS OH #A.6		TSA.17	TSA.18	…	TSA.16	TSA.17	TSA.18	…	TSA.14
4	8(后半帧),9,10	TS OH #A.9		TSA.17	TSA.18	…	TSA.16	TSA.17	TSA.18	…	TSA.14
5	11,12,13(前半帧)	TS OH #A.11		TSA.17	TSA.18	…	TSA.16	TSA.17	TSA.18	…	TSA.14
6	13(后半帧),14,15	TS OH #A.14		TSA.17	TSA.18	…	TSA.16	TSA.17	TSA.18	…	TSA.14
7	16,17,18(前半帧)	TS OH #A.16		TSA.17	TSA.18	…	TSA.16	TSA.17	TSA.18	…	TSA.14
8	18(后半帧),19,20	TS OH #A.19		TSA.17	TSA.18	…	TSA.16	TSA.17	TSA.18	…	TSA.14

复帧行	帧 \ 列	15	16	17~32	33~48	49~320	321~336	337~352	353~368	369~3807	3808~3824
1	1,2,3(前半帧)	PSI	OMFI	TSA.15	TSA.16	…	TSA.14	TSA.15	TSA.16	…	TSA.12
2	3(后半帧),4,5	TS OH #A.4		TSA.15	TSA.16	…	TSA.14	TSA.15	TSA.16	…	TSA.12
3	6,7,8(前半帧)	PSI	OMFI	TSA.15	TSA.16	…	TSA.14	TSA.15	TSA.16	…	TSA.12
4	8(后半帧),9,10	TS OH #A.9		TSA.15	TSA.16	…	TSA.14	TSA.15	TSA.16	…	TSA.12
5	11,12,13(前半帧)	PSI	OMFI	TSA.15	TSA.16	…	TSA.14	TSA.15	TSA.16	…	TSA.12
6	13(后半帧),14,15	TS OH #A.14		TSA.15	TSA.16	…	TSA.14	TSA.15	TSA.16	…	TSA.12
7	16,17,18(前半帧)	PSI	OMFI	TSA.15	TSA.16	…	TSA.14	TSA.15	TSA.16	…	TSA.12
8	18(后半帧),19,20	TS OH #A.19		TSA.15	TSA.16	…	TSA.14	TSA.15	TSA.16	…	TSA.12

复帧行	帧 \ 列	15	16	17~32	33~48	49~320	321~336	337~352	353~368	369~3807	3808~3824
1	1,2,3(前半帧)	TS OH #A.2		TSA.13	TSA.14	…	TSA.12	TSA.13	TSA.14	…	TSA.10
2	3(后半帧),4,5	TS OH #A.4		TSA.13	TSA.14	…	TSA.12	TSA.13	TSA.14	…	TSA.10
3	6,7,8(前半帧)	TS OH #A.7		TSA.13	TSA.14	…	TSA.12	TSA.13	TSA.14	…	TSA.10
4	8(后半帧),9,10	TS OH #A.9		TSA.13	TSA.14	…	TSA.12	TSA.13	TSA.14	…	TSA.10
5	11,12,13(前半帧)	TS OH #A.12		TSA.13	TSA.14	…	TSA.12	TSA.13	TSA.14	…	TSA.10
6	13(后半帧),14,15	TS OH #A.14		TSA.13	TSA.14	…	TSA.12	TSA.13	TSA.14	…	TSA.10
7	16,17,18(前半帧)	TS OH #A.17		TSA.13	TSA.14	…	TSA.12	TSA.13	TSA.14	…	TSA.10
8	18(后半帧),19,20	TS OH #A.19		TSA.13	TSA.14	…	TSA.12	TSA.13	TSA.14	…	TSA.10

复帧行	帧 \ 列	15	16	17~32	33~48	49~320	321~336	337~352	353~368	369~3807	3808~3824
1	1,2,3(前半帧)	TS OH #A.2		TSA.11	TSA.12	…	TSA.10	TSA.11	TSA.12	…	TSA.8
2	3(后半帧),4,5	PSI	OMFI	TSA.11	TSA.12	…	TSA.10	TSA.11	TSA.12	…	TSA.8
3	6,7,8(前半帧)	TS OH #A.7		TSA.11	TSA.12	…	TSA.10	TSA.11	TSA.12	…	TSA.8
4	8(后半帧),9,10	PSI	OMFI	TSA.11	TSA.12	…	TSA.10	TSA.11	TSA.12	…	TSA.8
5	11,12,13(前半帧)	TS OH #A.12		TSA.11	TSA.12	…	TSA.10	TSA.11	TSA.12	…	TSA.8
6	13(后半帧),14,15	PSI	OMFI	TSA.11	TSA.12	…	TSA.10	TSA.11	TSA.12	…	TSA.8
7	16,17,18(前半帧)	TS OH #A.17		TSA.11	TSA.12	…	TSA.10	TSA.11	TSA.12	…	TSA.8
8	18(后半帧),19,20	PSI	OMFI	TSA.11	TSA.12	…	TSA.10	TSA.11	TSA.12	…	TSA.8

复帧行	帧 \ 列	15	16	17~32	33~48	49~320	321~336	337~352	353~368	369~3807	3808~3824
1	1,2,3(前半帧)	TS OH #A.2		TSA.9	TSA.10	…	TSA.8	TSA.9	TSA.10	…	TSA.6
2	3(后半帧),4,5	TS OH #A.5		TSA.9	TSA.10	…	TSA.8	TSA.9	TSA.10	…	TSA.6
3	6,7,8(前半帧)	TS OH #A.7		TSA.9	TSA.10	…	TSA.8	TSA.9	TSA.10	…	TSA.6
4	8(后半帧),9,10	TS OH #A.10		TSA.9	TSA.10	…	TSA.8	TSA.9	TSA.10	…	TSA.6
5	11,12,13(前半帧)	TS OH #A.12		TSA.9	TSA.10	…	TSA.8	TSA.9	TSA.10	…	TSA.6
6	13(后半帧),14,15	TS OH #A.15		TSA.9	TSA.10	…	TSA.8	TSA.9	TSA.10	…	TSA.6
7	16,17,18(前半帧)	TS OH #A.17		TSA.9	TSA.10	…	TSA.8	TSA.9	TSA.10	…	TSA.6
8	18(后半帧),19,20	TS OH #A.20		TSA.9	TSA.10	…	TSA.8	TSA.9	TSA.10	…	TSA.6

复帧行	帧 \ 列	15	16	17~32	33~48	49~320	321~336	337~352	353~368	369~3807	3808~3824
1	1,2,3(前半帧)	PSI	OMFI	TSA.7	TSA.8	…	TSA.6	TSA.7	TSA.8	…	TSA.4
2	3(后半帧),4,5	TS OH #A.5		TSA.7	TSA.8	…	TSA.6	TSA.7	TSA.8	…	TSA.4
3	6,7,8(前半帧)	PSI	OMFI	TSA.7	TSA.8	…	TSA.6	TSA.7	TSA.8	…	TSA.4
4	8(后半帧),9,10	TS OH #A.10		TSA.7	TSA.8	…	TSA.6	TSA.7	TSA.8	…	TSA.4
5	11,12,13(前半帧)	PSI	OMFI	TSA.7	TSA.8	…	TSA.6	TSA.7	TSA.8	…	TSA.4
6	13(后半帧),14,15	TS OH #A.15		TSA.7	TSA.8	…	TSA.6	TSA.7	TSA.8	…	TSA.4
7	16,17,18(前半帧)	PSI	OMFI	TSA.7	TSA.8	…	TSA.6	TSA.7	TSA.8	…	TSA.4
8	18(后半帧),19,20	TS OH #A.20		TSA.7	TSA.8	…	TSA.6	TSA.7	TSA.8	…	TSA.4

复帧行	帧 \ 列	15	16	17~32	33~48	49~320	321~336	337~352	353~368	369~3807	3808~3824
1	1,2,3(前半帧)	TS OH #A.3		TSA.5	TSA.6	…	TSA.4	TSA.5	TSA.6	…	TSA.2
2	3(后半帧),4,5	TS OH #A.5		TSA.5	TSA.6	…	TSA.4	TSA.5	TSA.6	…	TSA.2
3	6,7,8(前半帧)	TS OH #A.8		TSA.5	TSA.6	…	TSA.4	TSA.5	TSA.6	…	TSA.2
4	8(后半帧),9,10	TS OH #A.10		TSA.5	TSA.6	…	TSA.4	TSA.5	TSA.6	…	TSA.2
5	11,12,13(前半帧)	TS OH #A.13		TSA.5	TSA.6	…	TSA.4	TSA.5	TSA.6	…	TSA.2
6	13(后半帧),14,15	TS OH #A.15		TSA.5	TSA.6	…	TSA.4	TSA.5	TSA.6	…	TSA.2
7	16,17,18(前半帧)	TS OH #A.18		TSA.5	TSA.6	…	TSA.4	TSA.5	TSA.6	…	TSA.2
8	18(后半帧),19,20	TS OH #A.20		TSA.5	TSA.6	…	TSA.4	TSA.5	TSA.6	…	TSA.2

复帧行	帧 \ 列	15	16	17~32	33~48	49~320	321~336	337~352	353~368	369~3807	3808~3824
1	1,2,3(前半帧)	TS OH #A.3		TSA.3	TSA.4	…	TSA.2	TSA.3	TSA.4	…	TSA.20
2	3(后半帧),4,5	PSI	OMFI	TSA.3	TSA.4	…	TSA.2	TSA.3	TSA.4	…	TSA.20
3	6,7,8(前半帧)	TS OH #A.8		TSA.3	TSA.4	…	TSA.2	TSA.3	TSA.4	…	TSA.20
4	8(后半帧),9,10	PSI	OMFI	TSA.3	TSA.4	…	TSA.2	TSA.3	TSA.4	…	TSA.20
5	11,12,13(前半帧)	TS OH #A.13		TSA.3	TSA.4	…	TSA.2	TSA.3	TSA.4	…	TSA.20
6	13(后半帧),14,15	PSI	OMFI	TSA.3	TSA.4	…	TSA.2	TSA.3	TSA.4	…	TSA.20
7	16,17,18(前半帧)	TS OH #A.18		TSA.3	TSA.4	…	TSA.2	TSA.3	TSA.4	…	TSA.20
8	18(后半帧),19,20	PSI	OMFI	TSA.3	TSA.4	…	TSA.2	TSA.3	TSA.4	…	TSA.20

图 8-6　OPUC 支路时隙分配(8 行 38 100 列格式)

图 8-7 给出了在 OPUC 实体中以 16 字节交织时 OPUCn 的 5G 支路时隙分配图,交织处理后清楚地呈现了 OPUCn 支路时隙的顺序。

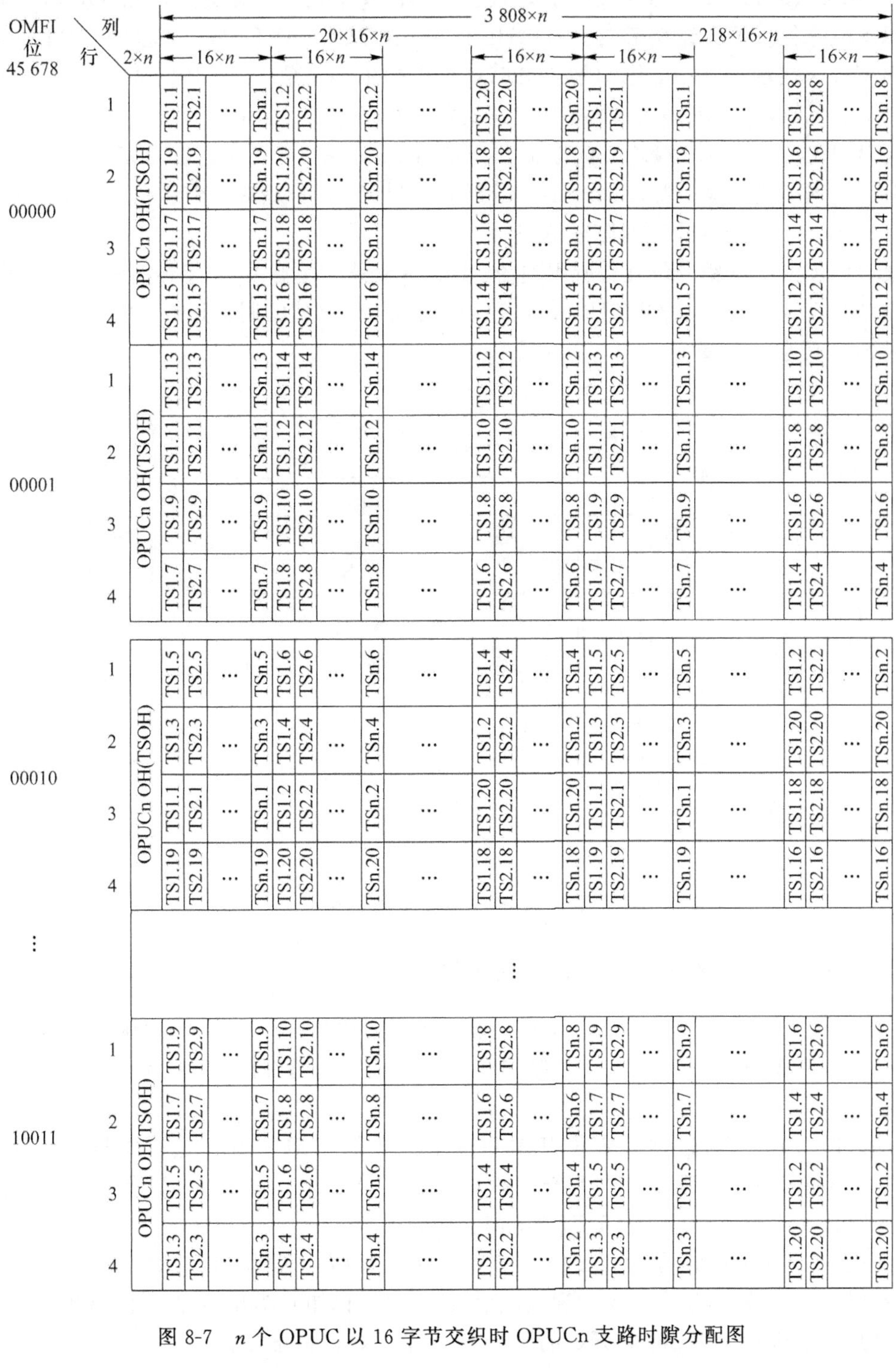

OMFI 位 45 678	行	OPUCn OH(TSOH)	2×n / 16×n	16×n	…	16×n	16×n	…	16×n
00000	1	OPUCn OH(TSOH)	TS1.1 TS2.1 … TSn.1	TS1.2 TS2.2 … TSn.2	…	TS1.20 TS2.20 … TSn.20	TS1.1 TS2.1 … TSn.1	…	TS1.18 TS2.18 … TSn.18
	2		TS1.19 TS2.19 … TSn.19	TS1.20 TS2.20 … TSn.20	…	TS1.18 TS2.18 … TSn.18	TS1.19 TS2.19 … TSn.19	…	TS1.16 TS2.16 … TSn.16
	3		TS1.17 TS2.17 … TSn.17	TS1.18 TS2.18 … TSn.18	…	TS1.16 TS2.16 … TSn.16	TS1.17 TS2.17 … TSn.17	…	TS1.14 TS2.14 … TSn.14
	4		TS1.15 TS2.15 … TSn.15	TS1.16 TS2.16 … TSn.16	…	TS1.14 TS2.14 … TSn.14	TS1.15 TS2.15 … TSn.15	…	TS1.12 TS2.12 … TSn.12
00001	1	OPUCn OH(TSOH)	TS1.13 TS2.13 … TSn.13	TS1.14 TS2.14 … TSn.14	…	TS1.12 TS2.12 … TSn.12	TS1.13 TS2.13 … TSn.13	…	TS1.10 TS2.10 … TSn.10
	2		TS1.11 TS2.11 … TSn.11	TS1.12 TS2.12 … TSn.12	…	TS1.10 TS2.10 … TSn.10	TS1.11 TS2.11 … TSn.11	…	TS1.8 TS2.8 … TSn.8
	3		TS1.9 TS2.9 … TSn.9	TS1.10 TS2.10 … TSn.10	…	TS1.8 TS2.8 … TSn.8	TS1.9 TS2.9 … TSn.9	…	TS1.6 TS2.6 … TSn.6
	4		TS1.7 TS2.7 … TSn.7	TS1.8 TS2.8 … TSn.8	…	TS1.6 TS2.6 … TSn.6	TS1.7 TS2.7 … TSn.7	…	TS1.4 TS2.4 … TSn.4
00010	1	OPUCn OH(TSOH)	TS1.5 TS2.5 … TSn.5	TS1.6 TS2.6 … TSn.6	…	TS1.4 TS2.4 … TSn.4	TS1.5 TS2.5 … TSn.5	…	TS1.2 TS2.2 … TSn.2
	2		TS1.3 TS2.3 … TSn.3	TS1.4 TS2.4 … TSn.4	…	TS1.2 TS2.2 … TSn.2	TS1.3 TS2.3 … TSn.3	…	TS1.20 TS2.20 … TSn.20
	3		TS1.1 TS2.1 … TSn.1	TS1.2 TS2.2 … TSn.2	…	TS1.20 TS2.20 … TSn.20	TS1.1 TS2.1 … TSn.1	…	TS1.18 TS2.18 … TSn.18
	4		TS1.19 TS2.19 … TSn.19	TS1.20 TS2.20 … TSn.20	…	TS1.18 TS2.18 … TSn.18	TS1.19 TS2.19 … TSn.19	…	TS1.16 TS2.16 … TSn.16
⋮					⋮				
10011	1	OPUCn OH(TSOH)	TS1.9 TS2.9 … TSn.9	TS1.10 TS2.10 … TSn.10	…	TS1.8 TS2.8 … TSn.8	TS1.9 TS2.9 … TSn.9	…	TS1.6 TS2.6 … TSn.6
	2		TS1.7 TS2.7 … TSn.7	TS1.8 TS2.8 … TSn.8	…	TS1.6 TS2.6 … TSn.6	TS1.7 TS2.7 … TSn.7	…	TS1.4 TS2.4 … TSn.4
	3		TS1.5 TS2.5 … TSn.5	TS1.6 TS2.6 … TSn.6	…	TS1.4 TS2.4 … TSn.4	TS1.5 TS2.5 … TSn.5	…	TS1.2 TS2.2 … TSn.2
	4		TS1.3 TS2.3 … TSn.3	TS1.4 TS2.4 … TSn.4	…	TS1.2 TS2.2 … TSn.2	TS1.3 TS2.3 … TSn.3	…	TS1.20 TS2.20 … TSn.20

图 8-7 *n* 个 OPUC 以 16 字节交织时 OPUCn 支路时隙分配图

8.2.2 ODTUCn 的定义

ODUk 映射到 OPUCn 中实际上是映射到 OPUCn 的光数据支路单元(ODTUCn)中,ODTUCn 用来承载已经调整好的 ODUk 信号。OPUCn 只有一个类型的 ODTUCn,用 ODTUCn.ts 表示,其中 ts 表示映射 ODUk 所需要的 5G 时隙数,ts 取值从 1~20n。ODUk($k = 0,1,2,2e,3,4,flex$)通过 GMP 方式映射到 ODTUCn.ts 中。

ODTUCn.ts 由 ODTUCn.ts 净荷和开销组成,如图 8-8 所示。ODTUCn.ts 净荷有 8 行 119×ts 列 16 字节块,共 15 232×ts 个字节;ODTUCn.ts 开销有 6 个字节。ODTUCn.ts 通过 OPUCn 的 ts 个 5G 支路时隙来承载。

ODTUCn.ts 开销的位置与所用到的 OPUCn 支路时隙有关,位于最后一个时隙所对应的 OPUCn TSOH 位置。ODTUCn.ts 开销承载着 6 个字节的调整开销 JC1~JC6,GMP 的 C_m 和 ΣC_{8D} 信息就在其中。

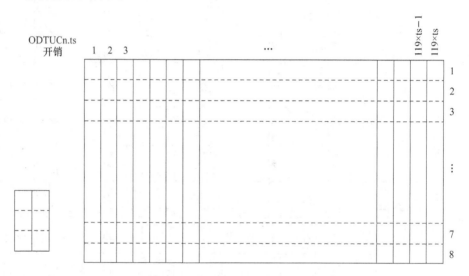

图 8-8 ODTUCn.ts 的帧格式

8.2.3 ODUk 到 ODTUCn.ts 的映射

ODUk($k = 0, 1, 2, 2e, 3, 4, flex$)信号到 ODTUCn.ts (ts=M)的映射是通过通用映射规程来完成的。OPUCn 和 ODTUCn.ts 信号从本地时钟产生,本地时钟与 ODUk 信号无关。

映射前,ODUk 通过加帧定位开销和全零图案的 OTUk 开销进行扩展。扩展后的 ODUk 信号通过 GMP 适配到本地产生的 OPUCn/ODTUCn.ts 时钟,M 是 ODUk 占用的支路时隙数,ODTUCn.ts = ODTUCn.M。

一组 M 个连续扩展的 ODUk 16 字节映射到一组 M 个连续 ODTUCn.M 的 16 字节。

扩展的 ODUk 16 字节的定位通过映射规程实现,比如 ODUk 的第一个 16 开销字节的位置总是位于从 ODTUCn.M 开始的一个 16 字节整数倍信息之后。

ODUk 映射到每个 ODTUCn.M 复帧时通用映射过程将产生 $C_m(t)$ 和 $C_{nD}(t)$ 信息,并将这些信息编码到 ODTUCn.ts 的调整开销 JC1~JC6。解映射过程从接收的 JC1~JC6 中

对 $C_m(t)$ 和 $C_{nD}(t)$ 进行译码。CRC-6 用于防止 JC1～JC3 的 3～8 比特出现误码,CRC-9 和奇校验用于防止 JC1～JC3 的 1～2 比特和 JC4～JC6 的 1～8 比特出现误码。

ODUk 映射到 ODTUCn.M 的具体过程如下。

扩展的 ODUk($k=0$,1,2,2e,3,4,flex)的 M 个连续 16 字节块在 GMP 数据/填充控制机制的控制下映射到 ODTUCn.M 净荷区的 M 个连续 16 字节块。ODTUCn.M 的 M 个 16 字节块要么承载 M 个 ODUk 的 16 字节块,要么承载 M 个填充的 16 字节块,填充的字节置零。

ODTUCn.M 的净荷区共有 952 组 M 个 16 字节块(M 个 16 字节块为一组),编号为 1～952,如图 8-9 所示。在 ODTUCn.M 复帧的第一行,第一组 M 个 16 字节块标示为 1,下一组 M 个 16 字节块标示为 2,依此类推。

		1	M	$M+1$		M				$118*M+1$		$119*M$	
		1	...	1	2	...	2	...		119	...	119	*1*
		120	...	120	121	...	121	...		238	...	238	*2*
JC4	JC1	239	...	239	240	...	240	...		357	...	357	*3*
JC5	JC2	358	...	358	359	...	359	...		476	...	476	*4*
JC6	JC3	477	...	477	478	...	478	...		595	...	595	*5*
		596	...	596	597	...	597	...		714	...	714	*6*
		715	...	715	716	...	716	...		833	...	833	*7*
		834	...	834	835	...	835	...		952	...	952	*8*

图 8-9　ODTUCn.M GMP 16 字节块编号

8.2.4　OPUCn 的复用开销和 ODTU 调整开销

OPUCn 的复用开销由净荷结构标识(PSI)、OPU 复帧标识(OMFI)、ODTU 开销(JC1～JC6)组成,如图 8-10 所示。其中 PSI 是一个 256 字节的复帧结构,第 2～41 共 40 个字节为复用结构标识(MSI);第 0 个字节为净荷类型,5G 支路时隙的净荷类型为 22。

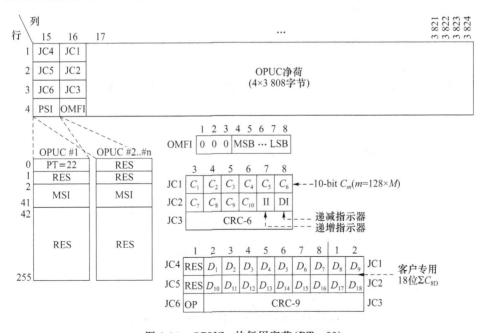

图 8-10　OPUCn 的复用字节(PT＝22)

ODTUCn. ts 开销承载着 18 比特的 GMP 调整开销和 30 比特的 ODUk(k=0,1,2,2e, 3,4,flex)专用调整控制开销,如图 8-10 所示。18 比特的 GMP 调整开销承载着 10 比特的 GMP C_m 信息,30 比特的 ODUk(k=0,1,2,2e,3,4,flex)专用调整控制开销承载着 18 比特的 GMP ΣC_{8D} 信息。

1. OPUCn 复用结构标识(MSI)

复用结构标识是对 OPU 中的复用结构进行编码,位于 PSI 的映射专用区 PSI[2]~PSI[41]。每个 OPUC 的 MSI 有 40 个字节,OPUCn 的 n 个 MSI 有 $40n$ 个字节。对应 OPUCn 的每一个支路时隙,一个支路时隙使用两个字节。

对于 $20n$ 个 OPUCn 5G 支路时隙,使用了 PSI 的 $n\times40$ 字节,命名为 PSI[x. y],其中 $x = 1,\cdots,n$,y=2,$\cdots$,41。

MSI 的编码如图 8-11 所示,图中给出了第 A 个 OPUC 的支路时隙与 MSI 各字节的对应关系。

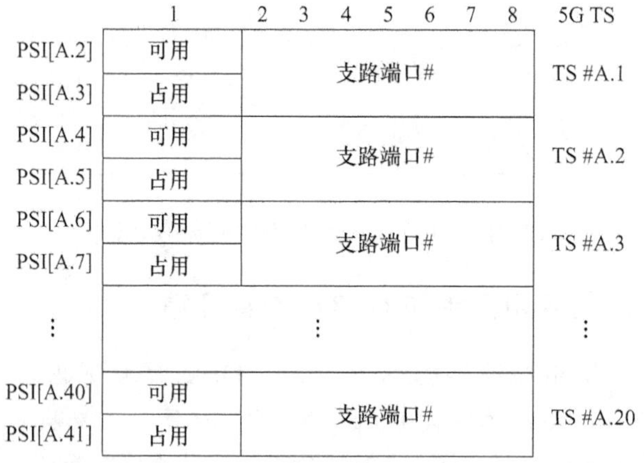

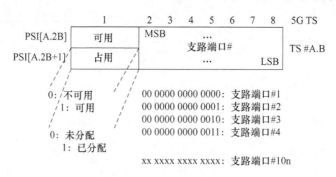

注: A=1,$\cdots$,n

图 8-11　OPUCn 5G TS MSI 编码(PT=22)

每个支路时隙所对应的两个字节的编码如图 8-12 所示。两个字节共 16 比特,第 1 个字节的 8 比特从左至右编号为 1~8,第 2 个字节的 8 比特从左至右编号为 9~16。

注: A=1,$\cdots$,n,B=1,$\cdots$,20

图 8-12　OPUCn 5G TS 对应的两个字节编码

第1比特表示该支路时隙是否可用,"1"表示可用,"0"表示不可用;第9比特表示该支路时隙是否已分配,"1"表示已分配,"0"表示未分配;其余14比特(第2~8比特和第10~16比特)支路时隙的端口号。

2. OPUCn 的复用调整开销

ODUk 到 ODTUCn.ts 的映射使用通用映射程序(GMP)。

用于 GMP 的调整开销(JOH)由两组3字节的调整控制开销组成,即 JC1~JC3 和 JC4~JC6,如图 8-11 所示。

JC1~JC3 的比特3~8共18比特为一组,其中10个比特用于存放 $C_m(C_1 \sim C_{10})$,1个比特用作增加指示器(Increment Indicator,II),1个比特用作减少指示器(Decrement Indicator,DI),剩下6个比特用来存放对前面18比特的 CRC-6 校验结果。

JC1~JC3 的比特1~2和 JC4~JC6 的比特2~8共27比特为第二组,其中18个比特用于存放 $\Sigma C_{nD}(D_1 \sim D_{18})$,9个比特用来存放对前面27比特的 CRC-9 校验结果。

2个预留的比特用于 G.7044 规范的 ODUflex 无损调整控制,1个比特用于 JC4 和 JC5 的比特1进行奇校验。

C_m 中的 m 为 $128 \times 'ts'$('ts'是 ODTUCn.ts 占用的支路时隙数)。

n 代表 GMP C_n 的定时粒度,也出现在 $\Sigma C_n D$ 中,这里 n 为8。

C_m 控制着'16ts'个 ODUk 数据字节到'16ts'个 ODTUCn.ts 净荷字节的分配。

ΣC_{nD} 提供'n'比特定时信息,用于控制 ODUk 信号带来的抖动和漂移性能。

C_n 是每个 OPUCn 复帧客户 n 比特数据的个数,按以下公式计算:

$$C_n(t) = m \times C_m(t) + (\Sigma C_{nD}(t) - \Sigma C_{nD}(t-1))$$

注意:C_{nD} 实际上指示映射器在复帧期间由于少于 $2M$ 字节而不能发送的虚队列的数据量。对于在第't'复帧中 ΣC_{nD} 被损坏的情形,可能在下一复帧't+1'中得到恢复。

3. OPUCn 复帧标识(OMFI)

OMFI 用来表示当前帧是复帧中的那一帧。OMFI 位于 OPUC ♯1 to ♯n 开销的第4行第16列,如图 8-10 所示。OMFI 的编码如图 8-13 所示,OMFI 的比特1~3固定为0;比特4~8用来表示是复帧中的哪一帧,取值范围为 00000~10011,共20个取值。

图 8-13 OPUCn 复帧标识(OMFI)编码

8.2.5 ODTUCn 到 OPUCn 的复用

ODTUCn. ts 到 OPUCn 的复用是通过复用 ODTUCn. ts 信号到 ts 个（$20n$ 个时隙中的）任意 OPUCn 5G 支路时隙：OPUCn TS ♯A1. B1，TS ♯A2. B2，…，TS ♯Ats. Bts。其中，$1 \leqslant n*(B1-1)+A1 < n*(B2-1)+A2 < \cdots < n*(Bts-1)+Ats \leqslant 20n$。

注意：TS ♯A1. B1，TS ♯A2. B2，…，TS ♯Ats. Bts 并非必须是按顺序排列，而是可以任意选择以防止带宽碎片化。OPUCn 时隙顺序的排列如图 8-14 所示。

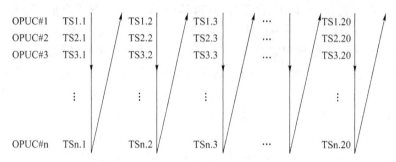

图 8-14　OPUCn 时隙排列时隙示意图

ODTUCn. ts 净荷信号的 16 字节映射到 OPUCn 5G TS ♯Ai. Bi（$i = 1,\cdots, ts$）净荷区，如图 8-15 所示。ODTUCn. ts 的开销字节映射到 TS ♯Ats. Bts 的时隙开销字节，该时隙开销字节在 ODTUCn. ts 对应的最后一个 OPUCn 5G 支路时隙的第 1～3 行第 15～16 列。

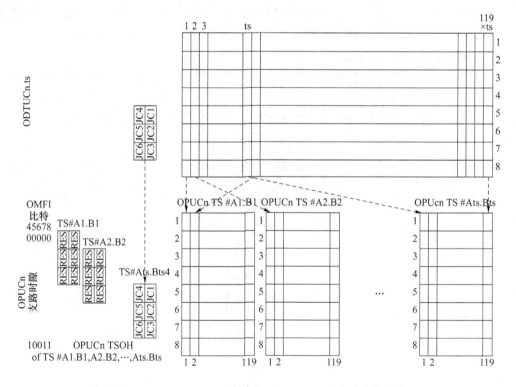

图 8-15　ODTUCn. ts 到 'ts' 个 OPUCn 5G 支路时隙的映射

8.3 OTUCn 到 n 个 FlexO 实体的映射

8.3.1 OTUCn 的分配和 OTUC 的合并

在大多数情况下,OTUCn 的 n 个 OTUC 实体要映射到 m 个 FlexO-x-RS 组成的 FlexO-x-RS-m 接口组。每个 FlexO-x-RS 接口的带宽是 ceiling(n/m) * 100G(ceiling 是一个向上取整函数)。

一个 OTUCn 帧结构包含 n 个同步的 OTUC 帧结构实体,如图 8-16 所示。

FlexO 的源适配通过分裂 OTUCn 帧为 n * OTUC 实体来实现。同理,宿适配通过合并 n * OTUC 实体为 OTUCn 来实现。

一个或多个 OTUC 与 FlexO-x-RS 接口关联,究竟是一个还是多个取决于 FlexO-x-RS 接口速率。帧结构的对齐和校正在 OTUC 实体上完成。

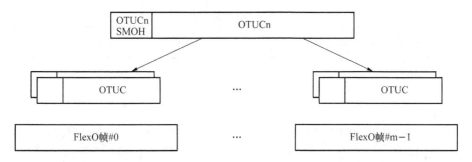

图 8-16 OTUCn 分配到 n 个 FlexO 帧实体的示意图

FlexO 的净荷区分为若干以 128 比特为单元的区块,这些区块从 FlexO 净荷区的开始算起(紧跟 AM 和 OH),如图 8-4 所示。对于 FlexO 复帧中的第 1~7 帧,其净荷区分为 5 120 块(有固定填充),第 8 帧 FlexO 净荷区分为 5 130 块(没有固定填充)。

8.3.2 OTUC 到 FlexO 帧的映射

OTUC 信号的若干组 128 个连续比特(16 字节)采用比特同步映射规程(BMP)映射到 FlexO 帧净荷的 128 比特块。OTUC 帧结构是 128 比特块的整数倍,OTUC 帧结构在 FlexO 帧中是浮动的。

OTUC 信号的连续比特流被插入 FlexO 帧的净荷中,以便按接收时的顺序把这些比特传输到 FlexO-x-RS 接口。

OTUC 和 100G FlexO 实体之间是一对一的关系,每个 FlexO 复帧可容纳(5 140×128× 8−1 280×15)/(239×16×8×4)=42.85 OTUC 帧。这导致每个 FlexO 帧可容纳约 5 个 OTUC 帧,或者 FlexO 帧每 24 行可承载一个新的 OTUC 帧,如图 8-17 所示。

FlexO 每一行净荷区并不能完整地分成 128 比特块。比特块将溢出并跨越行边界,如图 8-17 所示。

FlexO 的 AVAIL 开销用来描述 OTUC 是否映射到 FlexO 净荷区,若 OTUC 映射到

FlexO 净荷区,AVAIL 取"1";若 FlexO 净荷区是空的,则 AVAIL 取"0"。

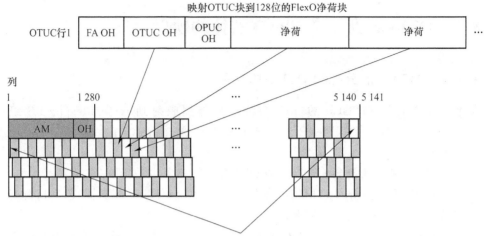

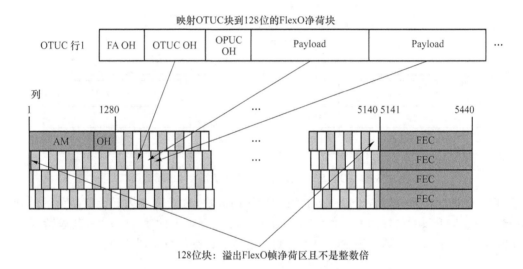

图 8-17　OTUC 到 100G FlexO 帧净荷区的映射

8.4　Flex Ethernet 技术

以太网(Ethernet)最初是一种计算机局域网组网技术,遵循 IEEE 802.3 技术标准。以太网的最大特点是简单、实用、成本低。俗话说"一个便宜三个爱",以太网就是以物美价廉打败了其他技术,如雨后春笋般快速发展起来。

随着 Ethernet 接口技术的广泛应用,自 2000 年代开始,运营商城域网与广域网的 Carrier Ethernet(电信以太网)技术得以发展与完善。Carrier Ethernet 主要针对运营商网络的高可靠、可运行、可维护等需求,从而使 Ethernet 技术具备了 OAM、保护倒换、高性能时钟与 QoS/QoE 保障等电信级功能,广泛应用于城域网、广域网、移动承载网以及专线接入等场景。

经过三十多年的发展，以太网已经无处不在。以太网的速率也得到不断提升：10M、100M、GE、10GE、40GE、100GE，基本是每 10 年速率 10 倍增长的发展趋势。最近几年，Ethernet 新增了 25G-50G-200G-400G-800G 的演进路径。而原有 10M…100G 路径也开始向 100G-400G-800G 方向发展。

近年来，随着云计算、视频以及移动通信等业务的兴起，人们对 IP 网络的诉求从以带宽为主逐渐转移到业务体验、服务质量和组网效率上。为满足上述需求，作为底层连接技术的 Ethernet 在保持既有低成本、高可靠、可运维等优势的基础上，还需要具备以下能力：

- 多粒度速率灵活可变

随着业务与应用场景的多样化，业界希望 Ethernet 接口可提供更加灵活的带宽颗粒度，而不必受制于 IEEE 802.3 标准所确定的 10-25-40-50-100-200-400GE 的阶梯型速率体系。业界甚至出现了 800G、1.6T 等超高速 Ethernet 接口需求，而这些接口标准尚未形成，需要寻求其他接口类解决方案。

- 与光传输能力解耦

Ethernet 接口能力与光传输设备能力发展并不同步。IP 设备通过高速 Ethernet 接口组网时，经常受制于光传输网络能力。如果 Ethernet 接口速率与光传输网络速率解耦（即不需要光传输网络的 DWDM/OTN 链路速率与 UNI 接口的以太网速率保持严格的匹配），就可以最大限度地利用现有光传输网络实现对新型超大带宽 Ethernet 接口的传输和承载。

- IP 与光融合组网

在 Ethernet 与传输能力解耦基础上，通过 Ethernet 与光传输网络之间的简单映射承载，简化网络，提高灵活性（这种场景可应用于大型 IDC 之间跨地域组网，也是 FlexE 技术最初提出的应用场景），并进而实现流量灵活疏导与调度优化。

- 增强面向多业务承载的 QoS 能力

多业务承载条件下用户体验增强，以太网如果能在物理层接口上提供通道化的硬件隔离功能，就可以在物理层保证业务基于不同分片的隔离，进一步与上层网络/应用配合，结合高性能可编程转发以及层次化 QoS（Quality of Service）调度等功能，即可在多业务承载条件下实现增强 QoS 能力。

灵活以太网技术也由此应运而生。

8.4.1 Flex Ethernet 的概念

灵活以太网（Flex Ethernet 或 FlexE）技术是基于高速以太网接口，通过以太网 MAC 层与物理层解耦而实现低成本、高可靠、可动态配置的电信级接口技术。

1. FlexE 的协议层次

FlexE 客户端接口标准由光互联论坛（Optical Internet Forum，OIF）组织制定。普通以太网的物理层分为物理编码子层（Physical Coding Sublayer，PCS）、物理介质连接子层（Physical Medium Attachment，PMA）和物理介质相关子层（Physical Medium Dependent，PMD）三层。

FlexE 是在普通以太网 IEEE 802.3 的 MAC 层和物理层（PHY）或实体编码子层（PCS）之间引入一个中介层（FlexE Shim 层或 FlexE 垫层），用于速率的调节控制，从而实现 MAC 层与 PHY 层的解耦,如图 8-18 所示,这样就实现了客户信号的速率与物理层速率的灵活匹配。

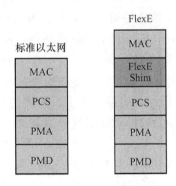

图 8-18　FlexE 与标准以太网的协议比较

2．FlexE 与传送网的关系

根据 2008 年 1 月 OIF FlexE 2.0 的规定,FlexE 的物理层速率可以是 100GE、200GE、400GE,如图 8-19 所示。物理层可以由一个实体构成,也可以由多个实体(形成一组)构成。

FlexE 的客户信号加载到 FlexE 的垫层进行速率调节,形成高速的 FlexE。

FlexE 通过物理层进行传输,这里的物理层可以是绑定的以太网物理层,也可以是光传输网的通道,如图 8-19 所示。

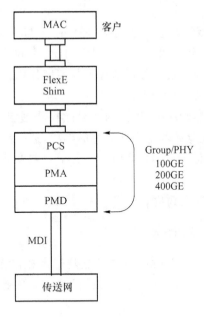

图 8-19　FlexE 与传送网的关系

3．FlexE 的通用结构

灵活以太网基于客户(Client)/组(Group)的架构,如图 8-20 所示,可以支持任意多个不同子接口(FlexE Client)在任意一组物理实体(FlexE Group)上的映射和传输,从而实现捆绑、通道化及子速率等功能。

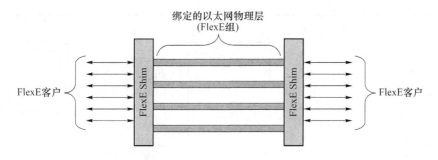

图 8-20　FlexE 的通用结构

FlexE 客户对应于网络的各种用户接口,与现有 IP/Ethernet 网络中的传统业务接口一致。FlexE 客户可根据带宽需求灵活配置,支持各种速率的以太网 MAC 数据流(如 10G、40G、$n * 25G$ 数据流,甚至非标准速率数据流),并通过 64B/66B 的编码的方式将数据流传递至 FlexE 垫层(Shim 层)。

FlexE 垫层作为插入传统以太网 MAC 层与物理层(或 PCS 子层)中间的一个额外逻辑层,通过基于日历(Calendar)的时隙分发机制实现 FlexE 技术的核心架构。Flex Shim 层基于时分复用分发机制,将多个客户接口的数据按照时隙方式调度并分发至多个不同的子通道。以 100GE 管道为例,通过 FlexE 垫层可以将 100GE 管道划分为 20 个 5G 速率的子通道,每个客户侧接口可指定使用某一个或多个子通道,从而实现业务的隔离。

FlexE 组本质上就是 IEEE 802.3 标准定义的各种以太网物理层。只是重新定义了以太网技术,使形成的 FlexE 具有比原来以太网更强大的功能。

8.4.2　FlexE 的主要功能

根据 FlexE 的技术特点,FlexE 的客户可向上层应用提供各种灵活的带宽而不拘泥于物理 PHY 带宽。根据 FlexE 客户与组的映射关系,FlexE 可提供三种主要功能。

1. 捆绑功能

FlexE 可将多个物理实体的带宽捆绑在一起,统一调配使用,支持更高速率,如图 8-21 所示,这样就可以利用现有的资源支持更高速率的客户信号。例如,可将 8 路 100GE 的物理通道捆绑在一起,实现 800G MAC 的传输速率。

FlexE 绑定功能本质上是一种一层的链路聚合(L1 LAG(Link Aggregation))技术。由于其基于精细的 64/66B 块进行捆绑工作,不存在传统 LAG 技术中以逐流或者逐包方式在多条物理链路上分发导致的流量不均衡问题,可以达到 100% 的带宽分配均衡,并且不存在传统 LAG 的带宽浪费(一般业界认为 LAG 会浪费 10%～30% 带宽),因而相对 LAG 技术更具优势。

FlexE 绑定解决方案有赖于 IEEE 802.3 标准的推出,它们之间的相互关系如图 8-22 所示。

2. 通道化功能

FlexE 可将物理实体的带宽分成多个通道,实现业务的隔离承载和网络的分片功能,如图 8-23 所示。在图中,FlexE 将物理实体的带宽分成了 a、b 两个通道,用于承载客户 a 和客户 b。同时,多路低速率 MAC 数据流可共享一路或者多路物理实体的带宽。

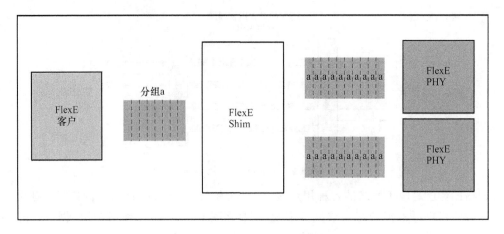

图 8-21　FlexE 的捆绑功能示意图

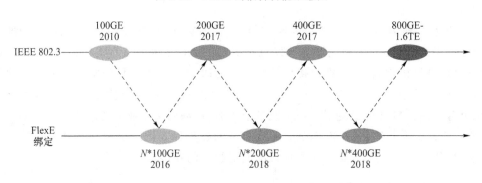

图 8-22　IEEE 802.3 标准周期性与 FlexE 绑定解决方案关系图

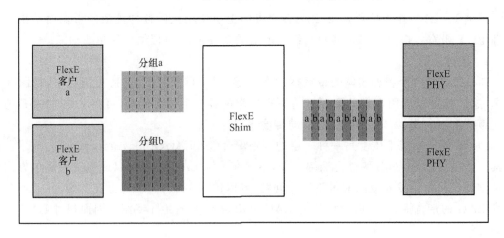

图 8-23　FlexE 的通道化功能示意图

例如,在 100G 的物理实体上承载 25G、35G、20G 与 20G 的四路 MAC 数据流,或者在三路 100G 物理实体上复用承载 125G、150G 与 25G 的 MAC 数据流。

3. 子速率功能

FlexE 的子速率功能是指 FlexE 支持速率比物理实体带宽低的 MAC 客户信号的传输,即单一低速率 MAC 数据流可在一路或者多路物理实体上传输,如图 8-24 所示。在图中,将低速的客户信号的分组数据填充空闲块,然后在物理实体上传输。例如,将 50G 的 MAC 数据流填充空闲块,使速率达到 100 Gbit/s 后,在 100G 的物理实体上传输。

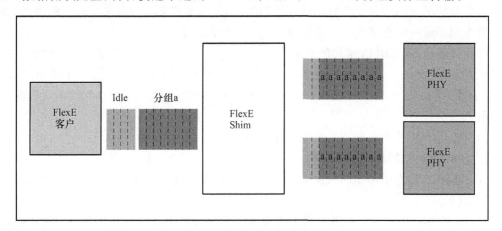

图 8-24　FlexE 的子速率功能示意图

8.4.3　100G/200G/400G FlexE 的复用功能结构

目前 OIF 论坛定义了基于 100G、200G、400G 共 3 种物理层速率的 FlexE 复用功能结构,介绍如下。

1. FlexE 的日历

假设 FlexE 组由 FlexE A、FlexE B、FlexE C、FlexE D 组成,每个 100GE 实体可以划分为 20 个时隙的数据承载通道,如图 8-25 所示。每个实体所对应的一组时隙称为一个子日历,每个时隙所对应的带宽为 5 Gbit/s。FlexE 组在传输时,FlexE A、FlexE B、FlexE C、FlexE D 的时隙按照顺序整齐排列,就像日常生活中的日历订在一起一样,因此把图 8-25 的时隙排序图称为日历。

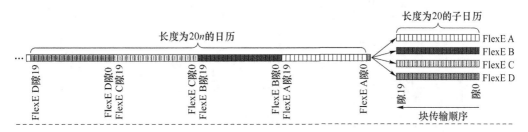

图 8-25　基于 5G 粒度的 FlexE 日历分布示意图

FlexE 客户原始数据流中的以太网帧以原子数据块(为 64/66B 编码的数据块)为单位进行切分,这些原子数据块可以通过 FlexE 垫层实现在 FlexE 组中的多个实体与时隙之间分发。

按照 OIF FlexE 标准,每个 FlexE 客户的数据流带宽可以设置为 10、40 或者 $m \times 25$ Gbit/s。

由于 FlexE 组的 100GE 实体中每个时隙承载通道的带宽为 5 Gbit/s 粒度,FlexE 客户理论上可以按照 5 Gbit/s 速率颗粒度进行任意数量的组合设置,支持更加灵活的多速率承载。

FlexE垫层通过日历机制实现多个不同速率FlexE客户数据流在FlexE组中映射、承载与带宽分配。FlexE按照每个客户数据流所需带宽以及垫层中对应每个实体的5G粒度时隙的分布情况,计算、分配实体组中可用的时隙,形成客户到一个或多个时隙的映射,再结合日历机制实现一个或多个客户数据流在实体组中的承载。

时隙是承载64/66B数据块的基本逻辑单元,客户的每个64/66B原子数据块承载在一个时隙中。FlexE在日历机制中,将"20个比特块"(对应时隙0～19)作为一个逻辑单元,将1 023个"20个比特块"作为日历组件。日历组件循环往复,最终形成5G粒度的时隙数据承载通道。

FlexE日历也可以基于25G粒度分布,不在赘述。

2. 100G FlexE 的复用功能结构

100GFlexE的复用功能结构由FlexE的公共处理和100G物理层处理二部分构成,如图8-26所示。

FlexE的客户信号a、b等首先根据需要进行空闲块的插入/删除,然后在控制器的控制下映射到FlexE的日历中。误差控制块产生器根据客户信号速率与相应物理实体速率的差异产生误差控制块,并插入日历中。

FlexE日历里的信息被分配到FlexE♯A～ FlexE♯N的子日历中,在各子日历中再加上FlexE开销,就形成了各子日历完整的信息。各子日历的信息分别通过编号为1～M的100G以太网传输,如图8-26所示。

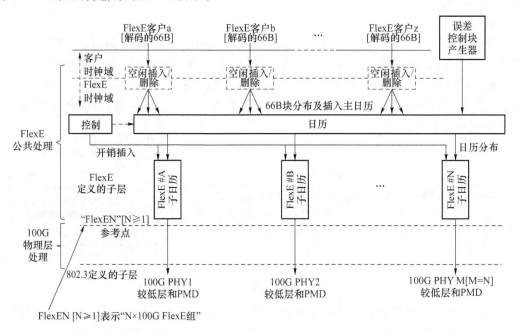

图 8-26　100G BASE-R FlexE 的复用功能

3. 200G FlexE 的复用功能结构

200G FlexE的复用功能结构与100G FlexE的复用功能结构基本相同,如图8-27所示。差别在于100G FlexE的复用功能结构是每一个FlexE子日历加载到一个100G以太网物理层,而200G FlexE的复用功能结构是每两个FlexE子日历加载到一个200G以太网物理层。这两个 FlexE 子日历在加载之前先要各自进行两个 66B 块的填充,填充完后再进行交织,如图 8-27 所示。

　　N 个 FlexE 需要 $N/2$ 个 200G 以太网实体来传输。

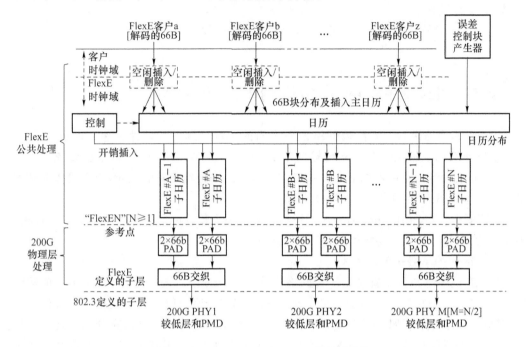

图 8-27　200G BASE-R FlexE 的复用功能

4. 400G FlexE 的复用功能结构

400GFlexE 的复用功能结构与 200G FlexE 的复用功能结构基本相同,如图 8-28 所示。

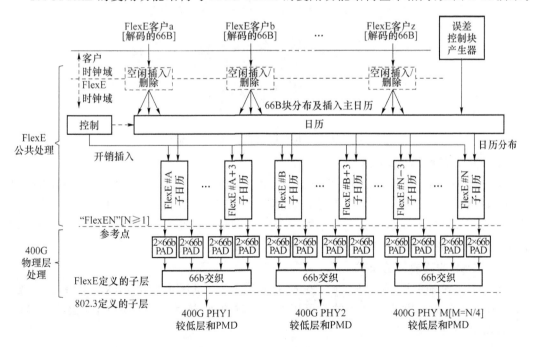

图 8-28　400G BASE-R FlexE 的复用功能

差别在于 200G FlexE 的复用功能结构是每两个 FlexE 子日历加载到一个 200G 以太网物理层,而 400G FlexE 的复用功能结构是每四个 FlexE 子日历加载到一个 400G 以太网物理层。这四个 FlexE 子日历在加载之前先要各自进行两个 66B 块的填充,填充完后再进行交织,如图 8-28 所示。

N 个 FlexE 需要 $N/4$ 个 400G 的以太网实体来传输。

8.5 Flex Ethernet 在传送网中的传送模式

FlexE 作为路由器与光传输网络设备之间的 UNI 接口,可以通过速率匹配实现 UNI 接口实际承载的数据流带宽与光传输网络 NNI 接口的 WDM/OTN 链路承载带宽的一一对应,从而极大简化路由器的 FlexE 接口在光传输网络传输设备的映射,降低设备复杂度以及投资成本(CAPEX)和维护成本(OPEX)。

OIF 论坛 Flex Ethernet 标准对于灵活以太网在光传输网络中的映射定义了三种模式:不感知模式(Unaware)、终结模式(Termination)和感知模式(Aware)。

1. FlexE 的不感知传送模式

FlexE 的不感知传输就是光传输网络不检测 FlexE 里面装的是什么,一律照单透明传输,与传统以太网接口在光传输网络中通过 PCS 码字透明映射一样。这种情况可认为是光传输网络透明承载灵活以太网的接口,如图 8-29 所示。这种模式可以充分利用现有光传输网络设备,在无须硬件升级的情况下实现对 FlexE 的承载,并可基于 FlexE 绑定功能实现跨光传输网络的端到端超大带宽通道传输。

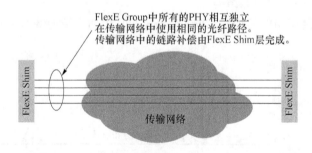

图 8-29 FlexE 在传送网中的无感传送映射示意图

2. FlexE 的终结传送模式

FlexE 终结传送模式就是在映射 FlexE 到 OTN 中之前,先终结 FlexE 的垫层(SHIM),解析出 FlexE 的客户信号,然后将 FlexE 客户信号通过 IMP 映射到 OTN 的 ODUflex 中,如图 8-30 所示。这种模式与传统以太网接口在光传输网络上的承载一致,可以在光传输网络中实现对不同 FlexE 客户流量的疏导等功能。

3. FlexE 的感知传送模式

FlexE 的感知传送(Aware Transport)模式需要在 OTN 中保留 FlexE 垫层,并且需要识别 FlexE 帧结构,并删除其中的不可用 FlexE 时隙块,然后添加填充块,补偿部分 FlexE 速率,如图 8-31 所示。

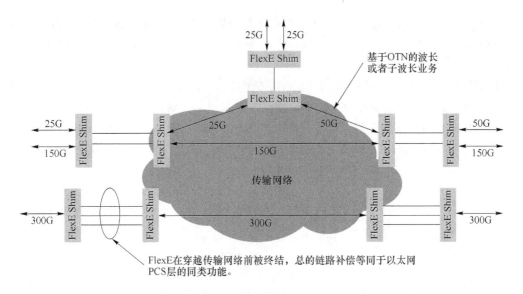

图 8-30　FlexE 在传送网中的终结模式映射示意图

FlexE 可以根据不同的组，交织成一路码流，并通过 GMP 映射到 ODUflex。该方案删除了不可用时隙，因此承载效率较高，同时尽可能保留了 FlexE 业务特征。

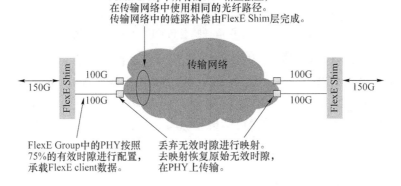

图 8-31　FlexE 在传送网中的有感传送映射示意图

8.6　Flex Ethernet 在 OTN 中的映射

本节讨论灵活以太网(Flexible Ethernet)在终结模式下是如何映射到 OTN 的，在感知模式下 FlexE 在 OTN 的映射请参考 G.709 建议(2016 版)。

FlexE 在终结模式下，映射到 OTN 采用空闲映射规程(Idle Mapping Procedure,IMP)方式，空闲映射规程使用基于空闲控制特征的时钟速率适配机制插入/删除空闲帧。

在图 8-30 中，FlexE 在进入传送网之前必须终结，相关设备必须从 FlexE 组中解出客户信号。

按照 OIF《FlexE 2.0 执行协议》，FlexE 客户信号的比特率是 $s \times 5\ 156\ 250.000$ kbit/s

$\pm\ 100$ ppm，其中 $s=2,8,n*5(n\geqslant1)$，对应速率分别约为 10 Gbit/s($s=2$)、40 Gbit/s($s=8$)、25 Gbit/s($n=1,s=5$)、50 Gbit/s($n=2,s=10$)、75 Gbit/s($n=3,s=15$)、100 Gbit/s($n=4,s=20$)、…。

FlexE 客户信号的 66 比特块应该在速率适配后、映射到 OPUflex 之前进行扰码。相反地，随着 OPUflex 信号的终结，66 比特块应该在通过 FlexE 客户层之前解扰码。

FlexE 客户信号通过空闲映射规程映射到 OPUflex，如图 8-32 所示。OPUflex 净荷的比特率是 $s\times5\ 156\ 250.000$ kbit/s±100 ppm，其中 $s=2,8,n*5\ (n\geqslant1)$；ODUflex 的比特率是 $s\times239/238\times5\ 156\ 250.000$ kbit/s±100 ppm。

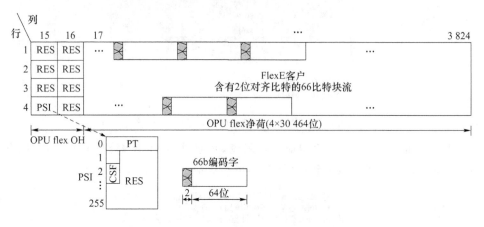

图 8-32　FlexE 客户信号映射到 OPUflex 的示意图

OPUflex 的净荷由 $4\times3\ 808$ 字节组成，客户信号经过扰码后的 66 比特块在 IMP 控制机制的控制下映射到 OPUflex 净荷区的 66 比特。66 比特块必须在 OPUflex 的净荷字节的第 1、3、5、7 位开始。

OPUflex 的开销由一个字节的净荷结构标识和 7 个字节的预留字节组成。

8.7　灵活栅格技术

传统的 DWDM 网络中采用的固定栅格面临着超高速传输和高频谱效率的双重挑战。一方面，目前 DWDM 中主要采用 50 GHz 的频谱间隔无法支持超高速信号的传输，例如，采用 PMD(偏振复用)16QAM(十六进制正交振幅调制)的 400 Gbit/s 信号需要 75 GHz 频谱带宽；而采用 PDM 32QAM 的 1 Tbit/s 信号则需要 150 GHz 频谱带宽。另一方面，当前各种速率(2.5 G/10 G/40 G/100 G)光通道都占用相同的频谱带宽(50 GHz)，在引入超高速信号后，如果继续采用固定带宽的频谱间隔，会造成严重的频谱资源浪费。随着传输需求的日益提高，频谱资源变得非常宝贵，固定带宽方案会显著降低全网的频谱利用率。

在以上两种需求的驱使下，能根据业务需求灵活分配频谱资源、同时打破固定栅格限制的灵活栅格光网络应运而生。2012 年，ITU-T 对规范 DWDM 中频率栅格宽度及中心频率位置的 G.694.1 标准进行了更新，并引入了"灵活栅格"的概念。灵活栅格的设计思想与前面灵活的 ODU(ODUflex)的设计思想类似。

所谓灵活栅格就是把波道中心频率之间的间隔压缩到较小,用于光通道的栅格根据需要可大可小,这样就可以满足不同速率占用不同频谱带宽的需求,同时又可以节约光纤的带宽资源。固定栅格和灵活栅格的示意图如图 8-33 所示。

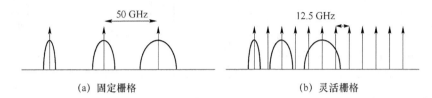

(a) 固定栅格　　　　　　　　　　　　(b) 灵活栅格

图 8-33　两种栅格模式

8.7.1　固定的 DWDM 栅格

ITU-T G.694.1 标准新定义的频率栅格支持从 12.5 GHz 到 100 GHz 甚至更高(100 GHz 的整数倍)的一系列固定波道间隔。

1. 12.5 GHz 的波道间隔

对于间隔为 12.5 GHz 的波道,容许的波道中心频率为 $193.1 + n \times 0.012\,5$ THz,其中 n 为整数。即波道的中心频率以 193.1 THz(或 1552.5 244 nm)为参考点,以 12.5 GHz 的波道间隔增加或减少。

2. 25 GHz 的波道间隔

对于间隔为 25 GHz 的波道,容许的波道中心频率为 $193.1 + n \times 0.025$ THz,其中 n 为整数。即波道的中心频率以 193.1 THz(或 1 552.5244 nm)为参考点,以 25 GHz 的波道间隔增加或减少。

3. 50 GHz 的波道间隔

对于间隔为 50 GHz 的波道,容许的波道中心频率为 $193.1 + n \times 0.05$ THz,其中 n 为整数。即波道的中心频率以 193.1 THz(或 1 552.5244 nm)为参考点,以 50 GHz 的波道间隔增加或减少。

4. 大于或等于 100 GHz 的波道间隔

对于间隔大于或等于 100 GHz 的波道,容许的波道中心频率为 $193.1 + n \times 0.1$ THz,其中 n 为整数。即波道的中心频率以 193.1 THz(或 1 552.524 4 nm)为参考点,以 100 GHz (或若干个 100 GHz)的波道间隔增加或减少。

DWDM 的各种固定栅格标称中心频率(C 和 L 波段)如表 8-2 所示。

表 8-2　DWDM 的各种固定栅格标称中心频率举例

不同栅格的标称中心频率/THz				对应标称中心波长/nm
12.5 GHz	25 GHz	50 GHz	100 GHz 及以上	
*	*	*	*	*
*	*	*	*	*
*	*	*	*	*

不同栅格的标称中心频率/THz				对应标称中心波长/nm
195. 937 5	—	—	—	1 530.041 3
195. 925 0	195.925	—	—	1 530.138 9
195. 912 5	—	—	—	1 530.236 5
195. 900 0	195.900	195.90	195.9	1530.334 1
195. 887 5	—	—	—	1 530.431 8
195. 875 0	195.875	—	—	1 530.529 5
195. 862 5	—	—	—	1 530.627 1
195. 850 0	195.850	195.85	—	1530.724 8
195. 837 5	—	—	—	1 530.822 5
195. 825 0	195.825	—	—	1 530.920 3
195. 812 5	—	—	—	1 531.018 0
195. 800 0	195.800	195.80	195.8	1 531.115 7
195. 787 5	—	—	—	1 531.213 5
195. 775 0	195.775	—	—	1 531.311 2
195. 762 5	—	—	—	1 531.409 0
195. 750 0	195.750	195.75	—	1 531.506 8
195. 737 5	—	—	—	1 531.604 6
195. 725 0	195.725	—	—	1 531.702 4
195. 712 5	—	—	—	1 531.800 3
195. 700 0	195.700	195.70	195.7	1 531.898 1
195. 687 5	—	—	—	1 531.996 0
195. 675 0	195.675	—	—	1 532.093 8
195. 662 5	—	—	—	1 532.191 7
*	*	*	*	*
*	*	*	*	*
*	*	*	*	*
*	*	*	*	*
*	*	*	*	*
*	*	*	*	*
193. 237 5	—	—	—	1 551.419 7
193. 225 0	193.225	—	—	1 551.520 0
193. 212 5	—	—	—	1 551.620 4
193. 200 0	193.200	193.20	193.2	1 551.720 8
193. 187 5	—	—	—	1 551.821 2
193. 175 0	193.175	—	—	1 551.921 6

不同栅格的标称中心频率/THz				对应标称中心波长/nm
193.162 5	—	—	—	1 552.022 0
193.150 0	193.150	193.15	—	1 552.122 5
193.137 5	—	—	—	1 552.222 9
1993.125 0	193.125	—	—	1 552.323 4
193.112 5	—	—	—	1 552.423 9
193.100 0	193.100	193.10	193.1	1 552.524 4
193.087 5	—	—	—	1 552.624 9
193.075 0	193.075	—	—	1 552.725 4
193.062 5	—	—	—	1 552.825 9
193.050 0	193.050	193.05	—	1 552.926 5
193.037 5	—	—	—	1 556.027 0
193.025 0	193.025	—	—	1 553.127 6
193.012 5	—	—	—	1 553.228 2
193.000 0	193.000	193.00	193.0	1 553.328 8
192.987 5	—	—	—	1 553.429 4
192.975 0	192.975	—	—	1 553.530 0
192.962 5	—	—	—	1 553.630 7
*	*	*	*	*
*	*	*	*	*
*	*	*	*	*
184.775 0	184.775	—	—	1 622.473 1
184.762 5	—	—	—	1622.582 8
184.750 0	184.750	184.75	—	1 622.692 6
184.737 5	—	—	—	1 622.802 4
184.725 0	184.725	—	—	1 622.912 2
184.712 5	—	—	—	1 623.022 0
184.700 0	184.700	184.70	184.7	1 623.131 9
184.687 5	—	—	—	1 623.241 7
184.675 0	184.675	—	—	1 623.351 6
184.662 5	—	—	—	1 623.461 5
184.650 0	184.650	164.65	—	1 623.571 4
184.637 5	—	—	—	1 623.681 3
184.625 0	184.625	—	—	1 623.791 2
184.612 5	—	—	—	1 623.901 2
184.600 0	184.600	184.60	184.6	1 624.011 1

OTN原理与技术

OTN YUANLI YU JISHU

续 表

不同栅格的标称中心频率/THz				对应标称中心波长/nm
184.587 5	—	—	—	1 624.121 1
184.575 0	184.575	—	—	1 624.231 1
184.562 5	—	—	—	1 624.341 1
184.550 0	184.550	184.55	—	1 624.451 1
184.537 5	—	—	—	1 624.561 2
184.525 0	184.525	—	—	1624.671 2
184.515 2	—	—	—	1 624.781 3
184.500 0	184.500	184.50	184.5	1 624.891 4
*	*	*	*	*

8.7.2 灵活的 DWDM 栅格

1. 灵活栅格的标称中心频率

ITU-T G.694.1 标准定义的灵活 DWDM 栅格(简称灵活栅格)的标称中心频率为 $193.1+n\times0.006\,25$ THz,其中 n 为整数。也就是说灵活栅格的标称中心频率是以 193.1 THz 为参考点,以 6.25 GHz 为粒度增加或减少的系列频率。

2. 灵活栅格的频隙宽度

灵活栅格的频隙是指只分配到某一频率隙的频率范围,频隙由它的标称中心频率和隙宽定义。灵活栅格的频隙宽度(简称隙宽)为 $12.5\times m$ GHz,其中 m 为正整数。显然,隙宽粒度为 12.5 GHz。

因此,描述承载光信号的波道用表示中心频率的 n 和表示频隙宽度的 m 表示即可。

两个频隙只要没有重叠都可以组合使用。

8.7.3 灵活栅格的使用

定义灵活栅格的动机之一是容许混合比特率或混合调制格式传输系统能给不同的频率时隙分配不同的宽度,以便能够优化某些波道特殊比特率和调制方案的带宽需求。

1. 灵活栅格使用举例

一个灵活 DWDM 栅格使用举例如图 8-34 所示,图中有两个 50 GHz 的频隙和两个 75 GHz 的频隙。其中 $n=0,m=4$ 表示中心频率为 $193.1+\times0.006\,25$ THz=193.1 THz,隙宽为 12.5×4 GHz=50 GHz 的波长通道;$n=-8,m=4$ 表示中心频率为 $193.1-8\times0.006\,25$ THz=193.05 THz,隙宽为 12.5×4 GHz=50 GHz 的波长通道;这两个 50 GHz 的波长通道可用于传输一对光信号。

同理,$n=19,m=6$ 表示中心频率为 193.218 75 THz,隙宽为 75 GHz 的波长通道;$n=31,m=6$ 表示中心频率为 193.293 75 THz,隙宽为 75 GHz 的波长通道;这两个 75 GHz 的波长通道可用于传输另一对光信号。

图 8-34 中,193.125 THz 和 193.181 25 THz 的频率范围没有被使用。该频段可以留

302

作 50 GHz 波道和 75 GHz 波道之间的保护频带,或者把它分配给隙宽为 50 GHz($n=8$,$m=4$)的另外一个频隙(剩下 6.25 GHz 未分配),或作别的用途(如两个 25 GHz 的频隙 $n=6$,$m=2$ 和 $n=10$,$m=2$)。

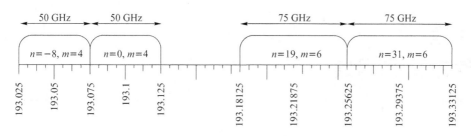

图 8-34 灵活栅格使用举例

2. 使用灵活栅格描述固定栅格

灵活 DWDM 栅格的标称中心频率的粒度和隙宽参数确定后,任何固定 DWDM 栅格都可以通过灵活栅格频隙的适当选择来描述。

例如,间隔为 50GHz 的固定 DWDM 栅格可以用如图 8-35 所示的灵活栅格来描述。

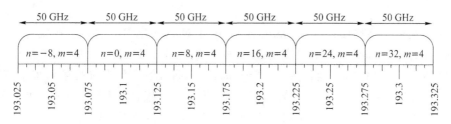

图 8-35 用灵活栅格来描述 50 GHz 固定栅格示意图

3. 灵活栅格可充分利用带宽

由于最小间隔的固定栅格是 12.5 GHz,隙宽粒度也是 12.5 GHz。为了紧挨着一个隙宽为 12.5 GHz 偶数倍的频隙(如图 8-36 中 50GHz)放一个隙宽为 12.5 GHz 奇数倍的频隙(如图 8-36 中 87.5GHz),只有标称中心频率粒度为 6.25 GHz 才做得到。这就是定义灵活栅格的好处,即可以充分利用带宽,如图 8-36 所示。

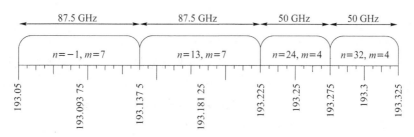

图 8-36 6.25 GHz 标称中心频率粒度充分利用带宽举例

第 9 章
软件定义光网络

为满足云计算、数据中心、移动互联网等新兴业务的动态带宽和灵活业务调度需求,适应运营商简化维护管理和提高网络运维效率的发展趋势,传送网需要支持根据业务应用需求快速地提供网络连接服务,并提供对网络带宽、QoS(Quality of Service,服务质量)变化需求的实时响应,提供具有保证 SLA(Service Level Agreement,服务等级协议)的端到端连接。

软件定义光网络(Software Defined Optical Network,SDON)是将软件定义网络(Software Defined Network,SDN)概念和技术应用于光网络。例如,WDM/ROADM、OTN、PTN 等,通过控制功能和传送功能分离,对网络资源和状态进行逻辑集中控制和监视,通过开放控制接口将抽象后的传送网资源提供给应用层,实现传送网络的可编程性、自动化网络控制,构建面向业务应用的灵活、开放、智能的光传送网络体系架构。

9.1 软件定义光网络的体系构架

本节主要介绍软件定义光网络的概念和体系构架。

9.1.1 软件定义光网络的定义和基本特征

1. 软件定义网络的概念

2006 年,斯坦福大学 Nick McKeown 教授为首的研究团队提出了 Openflow 的概念用于校园网络的试验创新,目的是要重构英特网,改变已略显不合时宜、且难以发展的现有网络基础架构。后又基于 Openflow 给网络带来可编程特性,Nick McKeown 教授和他的团队进一步提出了 SDN(Software Defined Network,软件定义网络)的概念。

SDN 的本质是让用户或者应用可以通过软件编程充分控制网络的行为,让网络软件化,进而敏捷化,以便更加快速地满足最终客户的需求,同时降低 CAPEX(Capital Expenditure,资本性支出)和 OPEX(Operating Expense,运营成本)。

那么,SDN 的网络编程与已经实现的设备编程有什么不同?

其一,SDN 可实现从设备提供商可编程转变为用户可编程。SDN 通过将控制面从封闭的厂商设备中独立出来,并且可以完全控制转发面行为,使得新的网络协议的实现可以完全在控制面编程实现,而控制面是一个开放的、基于通用操作系统的可编程环境。

其二,SDN 可实现从设备可编程转变为网络可编程。SDN 的可编程不仅针对单个网络节点,而且可以对整个网络进行编程。

其三,SDN 可实现网络和 IT 应用的无缝集成,从而使 IT 服务响应速度、服务质量进一步提升。

总之,SDN 的核心是将控制平面(或控制器)和数据平面分离,由一个中央集权的控制器指挥成百上千的交换设备,共同完成网络中数据的传输。而 Openflow 协议是这套体系正常运作的基石。

2. 软件定义光网络的概念

软件定义光网络(SDON)是将软件定义网络概念和技术应用于光网络,通过控制功能和传送功能分离,对网络资源和状态进行逻辑集中控制和监视,通过开放控制接口将抽象后的传送网资源提供给应用层,实现传送网络的可编程性、自动化网络控制,构建面向业务应用的灵活、开放、智能的光传送网络体系架构。

将 SDN 架构应用于光传送网的主要目的是:

- 提供多域、多厂商光传送网络的统一控制功能,实现多层多技术的连接控制;提升网络的兼容性和互通性,降低网络成本,提高网络的运维效率,简化网络管理维护复杂度。
- 通过集中式的资源控制和路由计算,引入集中式的恢复功能,支持跨分组、电路、光层的多层网络的全局资源、路径、流量的高效调度、配置和优化。
- 通过网络虚拟化以及提供开放统一接口等手段,向业务应用开发传送网服务功能。

3. SDON 的基本特征

SDON 具备三大基本特征:控制与传送分离、逻辑集中控制和开放控制接口。

(1)控制与传送分离

通过将控制与传送设备分离,在控制层中屏蔽光传送网设备层细节,简化现有光传送网络复杂和私有的控制管理协议。控制层和传送设备之间通过传送控制接口(D-CPI)进行通信。对于一些需由控制层和传送设备共同执行(如保护倒换、自动发现),且对执行性能有较高要求的功能,控制层可以指派传送网元设备完成相应的控制功能。

(2)逻辑集中控制

为达到全网资源的高效利用,SDON 需要将控制功能和策略控制进行集中化。与本地控制相比,集中控制可以掌握全局网络资源,进行更优化的决策控制,提高光传送网络的智能调度和协同控制能力。此外通过集中的数据采集和分析,对网络资源的状态进行逻辑集中的控制和监视,快速进行网络故障定位,简化网络管理和维护。这里的集中控制是逻辑集中,不限制控制器的物理位置和控制器软件的部署方式。为实现控制层扩展性和根据地域、安全等策略划分控制边界,SDON 控制层应支持层次化结构,支持多个控制域划分和控制器分层嵌套。

(3)开放控制接口

通过标准的网络控制接口,向外部业务应用开放网络能力和状态信息,允许业务应用层开发软件来控制传送网资源,并对传送网进行监视和调整,以满足光传送网业务灵活快捷提供、网络虚拟化、网络和业务创新等发展需求。

9.1.2 软件定义光网络的总体构架

1. SDON 的构架

SDON 的架构包括传送平面、控制器平面、管理功能、应用平面等几个部分,如图 9-1 所示。管理功能可以作为控制器内部的独立功能,也可以由独立的管理功能子系统实现。

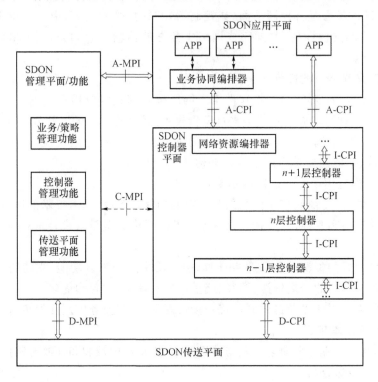

图 9-1 SDON 的架构

SDON 架构中的主要接口包括:

(1)传送控制接口(D-CPI)。控制器与传送网元之间的接口。SDN 控制器通过此接口控制传送平面资源。SDN 控制器应支持多个 D-CPI 接口,与多个传送网元相连。

(2)控制器层间接口(I-CPI)。高层控制器与低层控制器间的接口。根据 SDON 网络的控制器分层部署情况,一个控制器可提供多个 I-CPI 接口,允许同时接受多个高层控制器的控制。

(3)应用控制接口(A-CPI)。应用平面与控制器平面之间的接口。应用程序通过此接口从 SDN 控制器接收服务。控制器应支持多个的 A-CPI 接口,为多个业务应用(APP)提供服务。

(4)传送管理接口(D-MPI)。管理平面和传送网元之间的接口。管理平面可以通过 D-MPI 接口配置传送平面的资源。D-MPI 接口可以采用私有的接口。

(5)控制管理接口(C-MPI)。管理平面和控制器平面之间的接口。当管理功能采用和控制器平面独立的平面实现时,此接口为实体接口;当管理功能在控制器内部实现时,此接口位于系统内部。管理平面通过 C-MPI 接口配置控制器平面内的资源和策略。C-MPI 可以采用私有接口,此外还应提供开放的标准化接口,以满足和其他供应商控制器之间的互通需求。

(6) 应用管理接口(A-MPI)。管理平面和应用平面之间的接口。管理平面和应用平面之间可以通过该接口配置应用平面的策略,如资源接入、安全等,也可以通过该接口向应用平面发送业务编排请求。应用平面内部的业务协同编排器主要完成不同应用域之间的业务编排。控制器平面的业务编排器主要完成不同光网络区域的网络资源编排。控制器平面的业务编排器功能可以在高层的控制器内部实现。

2. 传送平面

传送平面在控制器平面的控制下实现业务的映射、调度、传送、保护、OAM、QOS 和同步等功能。

SDON 传送层包括 SDH、WDM、OTN、PTN、ROADM、POTN 等系统。控制器平面可配置传送平面自主完成部分控制功能,如链路自动发现、网络故障的恢复等。此外,传送层还可通过带内开销方式提供控制通信通道,用于控制器平面控制命令的传送。

传送平面由网元组成,传送网元可以通过传送控制接口(D-CPI)受控制器平面的控制。D-CPI 接口可以是私有接口,也可以是标准开放的接口。

对于私有的 D-CPI 接口,可通过厂商提供的 EMS 或者控制器支持上层控制器的控制。对于开放的 D-CPI 接口,可通过对传送设备资源或者设备控制代理对传送设备资源进行抽象,向控制器提供传送设备的资源和状态信息,并负责执行控制器对传送资源的操作指令。

3. 控制器平面

控制器平面的主要功能是通过南向接口控制传送平面的转发行为,并通过北向接口向应用平面开放网络能力。SDON 控制器平面支持在多域、多技术、多层次和多厂商的传送网中实现业务和连接控制、网络虚拟化、网络优化、集中以及提供第三方应用的能力。SDON 控制器平面提供对各种传送网技术的控制能力,并支持跨多层网络的控制能力,实现多层的资源优化。

SDON 控制器是对传送平面资源实施控制,并通过标准接口开放网络控制能力的软件实体。SDON 控制器可以由分布在不同物理平台上的任意数量的软件模块实现。当采用分布的软件模块实现 SDON 控制器时,应保证各组件之间信息和状态的同步和一致性。

为实现软件定义传送网架构的扩展性,SDON 控制器平面支持控制器之间通过分层迭代方式构成层次化控制架构。由下层控制器分别控制不同的网络域,并通过更高层次的控制器负责域间协同,实现分层分域的逻辑集中控制架构。各层控制器是客户与服务层关系,各层控制器之间的接口通过控制器层间接口(I-CPI)进行交互。控制器的层次化架构应支持多层控制模式、$m:1$ 层次化控制模式和 $1:n$ 层次化控制模式三种基本模式,分别如图 9-2～图 9-4 所示。灵活组合应用这三种基本模式可实现多层多域网络的协同控制管理。

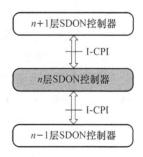

图 9-2 层次化控制模式

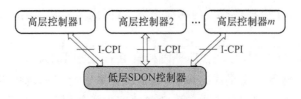

图 9-3　　m∶1 层次化控制模式

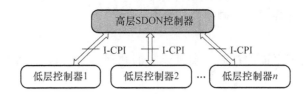

图 9-4　　1∶n 层次化控制模式

4. 管理平面

控制器主要面向业务和面向应用的资源控制,管理功能主要完成传统网络资源静态管理。在这种模式下,SDON 控制器平面采用标准化接口和资源抽象等技术实现了部分原来由管理平面实现的功能,如拓扑收集、连接和业务控制等,但仍需要管理平面执行特定的管理功能。管理平面通过管理接口对传送平面、控制器平面、应用平面和 DCN(Data Communication Network,数据通信网)进行管理,实现配置、性能、告警、计费等功能。

对于传送平面的管理,管理平面应支持传送设备的初始化设置、传送资源管控范围的分配、传送设备的告警和性能监视等。对于控制器平面的管理,管理平面应支持控制器的初始化配置、控制器控制范围的分配、控制策略配置,以及监视控制器平面的告警和性能等。此外,管理平面可通过控制器平面对控制器中的资源进行管理。其他管理功能可包括各层面的安全策略配置、软件版本和升级管理、日志管理等。

5. 应用平面

应用平面通过标准开放的接口使用控制器平面提供所需的逻辑网络能力和服务,支撑更多的业务应用(APP)。应用平面可包含各种运营商应用和客户应用,根据具体的应用场景提供不同的功能,如光虚拟网络业务、按需带宽(BoD)业务、故障分析、流量分析等。

应用层通过 A-CPI 调用控制器平面功能来使用网络服务。A-CPI 分为面向资源的 A-CPI 和面向意图的 A-CPI 两类。面向资源的 A-CPI 定义与具体技术实现相关的控制器北向接口,向用户提供多维度的抽象以及精细的控制,适用于运营商网络内部控制接口。面向意图的 A-CPI 模型自顶向下,仅表达意图而不关心其意图的实现方式。面向意图的 A-CPI 要求控制器平面充当"智能黑盒子"为应用平面发出的意图服务请求提供可用的传送资源,不关心具体技术的实现方式。

图 9-5 描述了面向资源和面向意图的 A-CPI 在 SDON 网络中的使用。图中用户按需带宽业务(BoD)应用属于应用层,它并不了解其下层 SDON 控制器及底层网络使用的具体技术,它使用面向意图的 A-CPI 与 SDON 控制器交互,向底层网络请求按需带宽业务。而网络资源管理应用(如 OSS、BSS 等)需了解网络底层详细资源信息,可使用面向资源的 A-CPI 与 SDON 控制器交互。

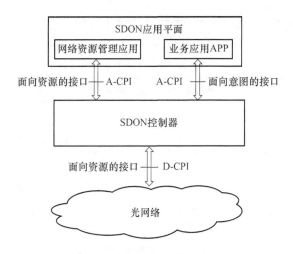

图 9-5　面向资源和面向意图的 A-CPI 接口

9.2　SDON 多层多域控制架构

SDON 的控制架构分为多域控制架构和多层控制架构,多域控制架构能够控制不同的子域,多层控制架构能控制一个子域内的不同交换层次的网络。

9.2.1　多域网络控制架构

多域网络控制架构是指网络提供商可以根据各种策略(如管理、地域、厂商等),将网络分为若干控制域,由域控制器分别控制不同的网络域,并通过更高层次的控制器负责域间协同,实现多个控制域的层次化集中控制架构。图 9-6 就是一个传送网络内部多域控制器层次化部署的例子。

各域控制器通过 I-CPI 接口接入多域协同控制器,从而支撑域间 SDON 控制器实现全网的分级控制。域控制器负责本域内的网络拓扑收集、路径计算、连接控制、保护恢复等功能,并将域内拓扑和资源进行抽象后传递给上层多域协同控制器。多域协同控制器负责多个域控制器的域间拓扑收集、跨域路径计算、跨域端到端连接控制和保护恢复等功能。

9.2.2　多层网络控制架构

多层网络控制架构是指采用统一的控制机制对多个不同交换层次的传送网络(如光层、OTN 层、MPLS-TP 层等)进行管理控制。

1. 多层网络控制的应用场景

多层网络控制的应用场景包括两种情况:

(1) 不同交换层次的网络处于不同的网络域。各网络域内部为不同交换层次,由网络域边界接口提供两个交换层次之间的适配。

(2) 同一个网络域内部包含多个网络层次,即同一种网络设备支持多种交换层次。如在分组增强型 OTN 设备上支持 MPLS-TP 层、ODUk 层和波长层面的交换。

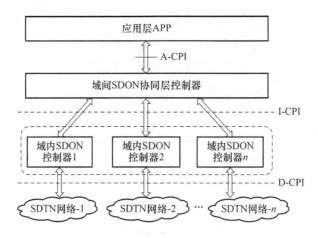

图 9-6　SDON 多域控制架构示例

SDON 控制器平面应支持对上述两种多层网络场景的控制。多层网络控制可以采用层次化的控制器架构,包括 1∶n 层次化控制器控制架构和独立控制器控制架构两种控制方式。

2. 1∶n 层次化多层控制架构

SDON 的 1∶n 层次化多层控制架构如图 9-7 所示。多层网络可以采用多个控制域的方式进行控制,每层网络作为一个独立的控制域,由独立的控制器进行管理。高层协同控制器通过下层控制器获取各层面的网络信息,完成跨层资源优化、路由和连接控制,并负责跨层次的控制。

高层协同控制器与下层控制器之间是客户与服务者关系,采用 I-CPI 或 A-CPI 接口进行通信。图 9-7 是采用 1∶n 层次化控制架构进行多层控制的例子,两个下层控制器分别负责光和分组传送网控制,高层协同控制器负责跨层协同控制。

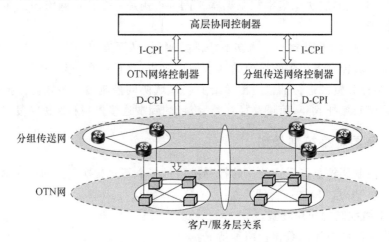

图 9-7　1∶n 层次化多层控制架构示意图

3. 独立控制的多层控制架构

独立控制的多层控制架构就是采用一个独立控制器控制多层网络,如图 9-8 所示。控制器直接通过 D-CPI 接口获取各层面网络资源信息,负责各层面的路由和连接控制,以及跨层的资源优化、路由和连接控制。

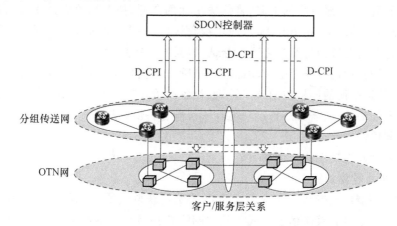

图 9-8　独立控制的多层控制架构示意图

9.3　SDON 控制器功能要求

控制器是 SDON 的核心,本节介绍 SDON 控制器的功能要求和其他主要技术要求。

9.3.1　总体功能要求

SDON 控制器平面由多个层级的控制器组成。控制器内部支持拓扑资源管理、拓扑抽象和虚拟化、路由计算、业务和连接控制、链路自动发现、策略控制和通知处理等功能,如图9-9 所示。控制器通过服务层适配功能获取底层控制器或者传送层面的资源信息并完成连接控制等功能,同时通过客户层适配功能向上层控制器和应用层提供服务。

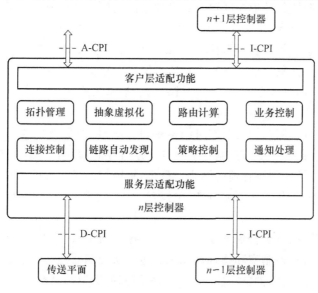

图 9-9　SDON 控制器功能示意图

控制器中客户层适配功能基于 SDON 控制器平台内部所掌控的资源及拥有的能力,可以根据客户的需求,按照自身的策略,将传送平面的资源,拓扑抽象虚拟化之后提供给 API (Applications Programming Interface,应用编程接口)一个或者多个客户使用;除此之外,客户层适配功能还需要维护与客户之间的会话,以及验证客户的身份。

SDON 控制器使用服务层适配功能模块来管理控制传送平面的资源,包括获取传送平面资源信息、传送平面的连接控制、传送平面设备的接入策略控制。由于控制器南向接口可以采用多种不同的协议,需要服务层功能能够屏蔽各种协议细节,支持将控制器内部控制指令适配到不同协议平台。

SDON 控制器各项功能介绍如下。

1. 网络拓扑收集功能

SDON 控制器应支持从传送网元或下层控制器获取其所控制的网络拓扑信息。网络拓扑信息由节点信息和链路信息构成。其中网络拓扑节点包括两类:一类是实际的传送网元设备节点;另一类是经过抽象后的抽象节点(对应一个转发域)。

控制器获取的节点信息主要包括节点交换能力、节点包含的逻辑终端点、节点共享风险组(Shared Risk Groups,SRG)、节点管理和运行状态等。

链路信息包括链路最大带宽和可用带宽、链路层速率、链路权重、SRLG(Shared Risk Link Groups,共享风险链路组)信息、保护属性、时延、链路管理和运行状态等。

SDON 控制器应支持收集其所控制的单域和多域网络的拓扑信息,应支持光层、OTN层、SDH 层、分组层等多层网络的拓扑信息收集。

控制器应支持网络拓扑信息的状态维护和实时更新,当网络拓扑发生变化时,应自动更新控制器内的网络拓扑信息。

2. 网络拓扑资源抽象和虚拟化功能

SDON 控制器应该具有网络拓扑资源抽象和虚拟化功能,具体介绍如下。

(1) 网络拓扑资源抽象功能

网络拓扑和资源抽象是指控制器有选择性地向上层控制器或应用呈现网络拓扑资源的部分特性,同时隐藏或总结与选择标准无关的特征。拓扑抽象功能根据一定的策略,将其收集到的网络拓扑信息映射为逻辑拓扑信息,即将由若干节点和链路构成的转发域(子网)映射为一个抽象节点。抽象节点是对某一特定层网络中连接终端点之间的潜在连接关系的一种逻辑表示,由多个抽象节点及其之间的链路构成抽象拓扑,以达到简化拓扑信息传递和管理或对网络外部客户隐藏网络细节的目的。

拓扑抽象功能可应用在控制器层级结构中,形成分层抽象拓扑结构。最低层的控制器直接控制传送网设备,而高层的控制器通过其下层控制器提供的抽象拓扑资源信息对网络进行控制,以简化高层控制器管理的网络信息量,提高控制器的可扩展性。拓扑抽象功能还可以用在控制器与应用层之间的控制应用接口上,以向客户提供屏蔽细节后的网络拓扑信息。

拓扑抽象功能可在每个控制器层次上进行,各控制层次上的拓扑抽象策略相互独立。一个控制器可同时直接控制实际物理网元和通过下层控制器控制的抽象网元。

根据不同的策略,网络抽象功能可支持三种不同的资源抽象粒度:不抽象、部分抽象、全部抽象。所谓不抽象就是不对网络拓扑进行抽象,呈现全部网络拓扑细节,包括网络节点、链路、端口;所谓部分抽象就是对部分网络资源进行抽象,呈现部分网络拓扑细节,包括网络节点、链路和端口;所谓全部抽象就是对全部网络节点和链路进行抽象,不呈现网络拓扑细节,仅呈现与网络边界的业务接入点。

控制器的网络拓扑信息抽象功能具体包括:根据策略,对本控制器所辖的网络拓扑资源进行拓扑抽象,支持以上三种抽象粒度方式;控制器应维护其所辖网络的拓扑资源与抽象后的拓扑资源的映射关系;控制器应支持对抽象网络拓扑进行重新抽象,即增加、修改或删除特定的抽象节点,并重新映射其对应的实际网络拓扑资源;各控制器的拓扑抽象策略应相互独立,上层抽象拓扑策略的变化,不应引起下层抽象拓扑策略的变化。

(2)网络资源虚拟化功能

网络资源虚拟化是指根据特定客户或应用需求,将实际网络资源映射为虚拟网络资源。网络虚拟化功能可在每个网络控制层次应用,即虚拟化网络或网络分片可以被高层控制器进一步虚拟化。

虚拟网络具有自身的拓扑、连接、地址和安全性等控制需求,控制器应对于不同用户的虚拟网络提供资源划分、网络视图、业务和连接控制、状态管理等方面的功能隔离。网络资源虚拟化可以支持一虚多,或者多虚一的方式,即一个物理网络资源可以被映射为多个不同的虚拟资源,或者将多个物理网络资源映射为一个虚拟资源。

网络虚拟化是一种特殊的网络资源抽象,其资源抽象的选择标准是将资源分配给一个特定的客户或应用。网络虚拟化主要用于在多个用户间共享网络资源。网络虚拟化的应用场景包括:大客户虚拟专用网、带宽批发和转售、面向 5G 网络的资源切片等。

网络资源的范围包括节点、链路和端口,网络虚拟化也就分为节点虚拟化、链路虚拟化、端口虚拟化。

所谓节点虚拟化就是将一个物理节点虚拟成多个节点,归属不同的虚拟网络;也可以将多个物理节点虚拟化为一个节点。

链路虚拟化是指将一条物理链路虚拟成多条逻辑链路,不同的逻辑链路归属不同的虚拟网络;也可以将多条物理链路虚拟化为一条逻辑链路。如果支持共享资源虚拟化,一条物理链路也可以被不同的虚拟网络共享。

虚拟网络需要每个虚拟节点分配端口资源,同一个物理端口一般只属于一个虚拟节点。如果支持共享资源虚拟化,一个物理端口可划分为多个逻辑/虚拟端口,允许一个物理接口属于多个虚拟节点,这就是端口虚拟化。

网络虚拟化功能可以支持将一个物理网络资源划分到多个虚拟网络当中,被多个客户共享。当这个资源在一个虚拟网络中被占用后,该资源在其他网络中的状态应被置为忙碌。

控制器应支持以下网络虚拟化功能要求:

- 支持网络切片功能,支持基于客户需求策略(如时延、带宽、可靠性等)创建虚拟网络,支持设置虚拟网络策略。
- 支持创建虚拟网络实例,包括为虚拟网络分配虚拟节点、链路、端口等资源,并基于一定策略为分配的资源设置应用代价,如链路代价、时延等。支持修改和删除虚拟网络实例。
- 支持在虚拟网络中建立、修改、删除网络业务和连接,支持业务和连接的 OAM 操作。

- 支持对虚拟网络拓扑和业务连接的状态维护和监控。
- 支持为虚拟网络和业务连接提供保护恢复机制。
- 支持虚拟网络的生命周期管理。生命周期管理是对虚拟网络的创建、修改、维护、删除等操作的一系列管理动作的组合,用来帮助管理员对被管理的虚拟网络进行全面的管理。

3. 路由计算功能

(1) 路由计算模式

控制器应为业务连接提供集中的端到端路径计算能力。控制器应支持单域、多域、多层网络的路径计算。

在层次化控制模式下,上层控制器应支持进行跨域(多个控制器管控的路由域)路径计算,包括两种跨域路径计算方式:集中路由计算和协作路由计算。

集中路由计算就是上层控制器掌握全网各层次的详细拓扑信息,直接进行端到端跨域路径计算。

协作路由计算就是上层控制器仅掌握抽象后域间的拓扑信息,不掌握各域内的详细拓扑信息。上层控制器根据路径计算请求所包含的约束条件和策略,计算域边界之间的多个可能的跨域路径,并向相应的下层控制器请求计算域边界之间的域内路径。下层控制器应支持根据上层控制器请求,计算域内连接路径,并反馈给上层控制器。上层控制器根据各下层控制器返回的域内路径信息,计算端到端跨域路径。

在多层网络架构中,控制器应支持计算跨层端到端最优路径,支持设置允许或禁止跨层路由计算。

(2) 路由计算约束条件和策略

控制器应支持以下路由计算优化目标:

- 最短路径(最小跳数)。使路径经过的网元数最少。
- 最小链路代价。使业务路径经过的链路代价之和最小,链路代价通过网管或根据一定策略预先配置。
- 最小时延。使业务路径经过的节点和链路时延之和最小。路径时延可通过相关OAM机制测量获得或者通过网管配置。
- 负载均衡。控制器根据网络中各个路径上的带宽使用和空闲情况,把业务分摊到不同的路径,防止网络中的流量不均衡,最大化利用网络资源。

控制器应支持以下路由计算约束条件:

- 包含特定网络资源(节点、链路)。路径中必须包含指定的节点或链路。
- 排斥特定网络资源(节点、链路)。路径中必须不包含指定的节点或链路。
- 光层特定约束条件(如波长,光层性能约束等)。
- 支持跨域最短路径约束条件,该约束条件可有上层控制器计算一条端到端最短路径约束,也可以为多个可能的最短路径约束。
- 应支持上述约束条件的组合。

控制器应支持为业务连接计算保护恢复路径,并支持以下工作和保护恢复路径分离约束:

- 链路分离;

- 节点分离；
- SRLG 分离。

在层次化控制器模式下,上层控制器根据路径约束条件计算路径时,应支持将路由计算优化目标、路由约束条件分解下发到子控制器,下层控制器根据分解后的约束条件计算域内路径。上层控制器应支持以下约束条件的分解规则:

- 对于包含、排斥特定网络资源的约束条件,上层控制器应只将下层控制器域内的网络资源约束下发给下层控制器。
- 对于路由计算优化目标和其他路由约束,上层控制器直接下发给各下层控制器。

4. 业务控制功能

SDON 控制器应支持在多层、多域网络中,完成对传送网络业务的控制功能。SDON业务控制功能主要包括:

- SDON 控制器应支持业务建立、修改和释放功能。业务请求可以从应用平面、管理平面或上层控制器发起。
- 控制器应支持向业务请求方报告业务控制操作的结果(成功/失败,失败的原因等)。
- 控制器应支持业务策略控制。业务策略控制功能主要是检查业务请求方是否提供了有效的用户名和参数,并根据业务等级协议(SLA,网络运营商和客户之间为某个特定业务而达成的一组参数和价格)来核对业务请求的参数。根据 SLA 规定的策略,控制器可与发起业务请求的用户重新协商业务参数。
- 控制器应支持对业务运行状态(如可用、不可用等)和业务服务质量参数(SLA 中规定的业务参数,如误码率、时延、丢包率、吞吐量等)的监视。

5. 连接控制功能

SDON 控制器应支持在多层、多域网络中,完成连接控制管理功能,包括连接建立、修改、释放、OAM 管理、连接状态的监视和维护,以及连接控制异常处理和连接竞争处理。

6. 链路自动发现功能

链路自动发现功能是指传送网元通过与相邻的网元之间运行自动发现协议,获得两个节点间的链路信息。SDON 控制器应支持物理邻接发现和层邻接发现(非物理相邻的两个节点,在特定传送层上存在邻接关系),应支持通过启动传送网元的自动发现协议发现链路,或者人工配置链路信息。

SDON 控制器应支持自动发现所辖控制域内的链路。高层 SDN 控制器应支持人工配置或自动发现所辖的多个控制域间的链路。

对于 OTM-n 链路、光层链路,自动发现可采用 GMPLS(Generalized Multiprotocol Label Switching,通用多协议标签交换)、LMP(Link Management Protocol,链路管理协议)实现。对于分组传送链路,链路自动发现可采用 LLDP(Link Layer Discovery Protocol,链路层发现协议)实现。

7. 策略控制功能

SDON 控制器应根据网络提供商和客户应用的不同管理需求和商业模型,提供相应的业务、安全和生存性等策略。控制器负责根据配置的策略要求,执行相关操作。控制策略可通过管理平面配置,或由上层控制器或应用层通过控制接口传递。

SDON 策略控制功能包括业务策略、网络资源抽象和虚拟化策略、路由计算策略、生存性等策略。

业务策略是指客户应用一般要与网络提供商事先约定相关的业务策略,如业务等级协议(SLA),通过应用控制接口中的相关策略参数,向控制器提交业务策略请求。

网络资源抽象和虚拟化策略是指拓扑抽象方式,网络虚拟化、切片方式等。

路由计算策略是指路由计算的原则,如最小跳数、最小时延、最小链路代价、负载分担、分集约束、跨域路由计算模式、是否跨层等。

生存性策略是指网络出现故障后保护恢复的类型、优先级、返回方式等。

8. 通知处理功能

当底层网络的资源状态发生变化时,应能够通过通知处理功能,向上层控制器报告网络资源和状态变化的通知。通知功能主要用于传送设备向控制器、下层控制器向高层控制器上报与网络拓扑和业务相关的故障告警、拓扑资源和业务的状态变化信息、传送平面性能监测信息(如超过阈值告警、性能参数报告)、控制信道故障等。

控制器在收到底层上报的通知消息后,应进行相应的控制操作,如启动保护恢复、更新网络拓扑、业务状态等。如果控制器与上层控制器或应用层 APP 连接,控制器应支持根据策略将通知消息映射到抽象或虚拟化后的网络资源,上报给上层控制器或应用 APP。

9.3.2 控制器可靠性要求

在 SDON 网络中,控制器平面管理大量传送网元,控制器或控制信道失效将对网络造成重大影响,因此必须采取一定的措施,保障控制器平面的可靠性。控制器平面的可靠性是指在控制器或控制信道失效的情况下,SDON 网络能够继续工作的能力。

1. 控制器可靠性机制

SDON 控制器可采用控制器集群方式支持控制器可靠性,具体工作机制如下。

(1)控制器集群节点间应支持负载分担,某个集群节点出现故障后,其管理的业务和设备可以自动切换到其他集群节点。

(2)控制器集群应设定最小集群节点数量,只要正常工作的集群节点数多余设定的最小集群节点数,整体控制器集群就可以正常工作。

(3)SDON 控制器支持异地冗余备份,在相互备份的控制器之间需要同步业务的状态、配置等信息,如图 9-10 所示。当故障发生时,控制功能应能自动从失效的主用控制器切换到备用控制器,并保持已建立的业务和连接不受影响。网元应自动切换到新的工作控制器,不需要人工干预。但控制器主备保护应支持人工倒换。

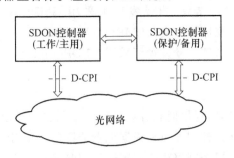

图 9-10　SDON 网络控制器冗余备份示意图

SDON 控制器还可以通过云平台部署方式来实现控制器的可靠性,采用云平台的部署机制待研究。

2. 控制信道可靠性机制

除控制器需要可靠外,传送信息的控制信道也需要可靠,控制信道可靠性机制如下:

(1) 控制器与传送网元的通信、控制器与其他控制器的通信,以及控制器与网管之间的通信至少应提供两条控制通信通道。当其中一个控制通道出现故障时,控制通信应自动切换到备用通道而不受影响。

(2) 控制器与传输网络通信的网关网元的数量应不少于两个,当某个网关网元发生故障时,控制器能够通过其他网关网元实现对网络的控制。

3. SDON 控制器平面的可靠性要求

SDON 控制器平面的可靠性要求如下:

(1) SDON 控制器平面应支持上述的控制器和控制通道的可靠性机制。

(2) 控制器或控制通道的失效,以及主备切换操作应通知管理平面。

(3) 控制器或控制通道的失效和切换操作,不应影响已建立的业务和连接。

(4) 控制器应支持对所辖资源信息的永久存储,如网络拓扑信息、业务和连接信息等。当控制器或控制信道故障恢复后,控制器应能继续完成或拒绝等待中的业务和连接请求。

(5) 在控制器平面故障恢复以后,控制器应支持与其他控制器或传送平面进行通信,对由于控制器平面失效而造成丢失的信息进行同步。控制器在不能同步相关信息时应通知管理平面。

9.3.3 控制器扩展性要求

SDON 控制器平面应具备控制大规模网络的能力和良好的可扩展性,应支持随网络规模(网络节点、链路、业务、客户和 APP)的增长平滑扩展控制能力。SDON 通过层次化控制架构和控制器组件的扩展来支持网络扩展性要求。

1. 层次化控制架构的扩展

层次化控制架构将较大规模的网络划分为多个控制域,分别由多个域控制器控制,并在控制域之上通过高层控制器控制多个域控制器,以实现大规模网络的控制。控制层次的数量取决于网络规模和控制域的划分。

2. 网络规模的扩展

控制器应具有良好的可扩展和可升级能力,可以随着网络规模的增长平滑扩展,可以支持网络规模的不断扩大和承载业务类型的进一步增长需求。

随着网络节点、链路、网络数量的增长,节点、链路和控制域的增加不应引起控制器整体更换,应保证控制器计算能力平滑升级,应在现有软硬件基础上通过增加硬件或者并行软件计算单元平滑升级。

3. 控制器软件的兼容

控制器应具有后向兼容性,当控制器软件版本升级后,升级后的控制器应保持对已有的业务的管理和维护,并保证各种既有功能的完整性和可用性。

9.3.4 控制器安全性要求

1. 控制器安全需求

SDON 网络架构改变了传统传输网的体系结构和商业模式,在提高光传送网的灵活性和可编程性的同时,也面临着更多的网络安全问题。随着集中控制器的引入和应用层 A-CPI 接口的开放,光传送网从一个原来相对"安全"的网络,过渡到将要面临与 IP 等网络相同的安全威胁。因此,SDON 的网络安全问题是需要在整个网络架构和协议设计之初就必须考虑的重要问题之一。本标准在现有的网络安全体系基础之上,结合 SDON 网络将会面临的可能的威胁和安全需求分析,提出 SDON 网络的安全要求。

与传统网络相比,SDON 传送层、管理层面临的风险基本相同,而新引入的集中式控制器和相关接口将是未来网络将要面临的主要风险,主要集中在网络级安全、信息安全、应用层安全和用户安全上。

SDON 控制器平面的威胁可以来自网络内部,也可以来自网络外部,需要充分考虑不同场景下的安全策略。SDON 架构和各个层面的安全问题需要统筹考虑,相互之间密切相关。特别是对访问控制、信息保密、默认安全配置等的安全性策略是整个网络需要考虑的共性问题。

2. 控制器通用安全要求

SDON 应满足以下通用安全要求:

(1) 控制器接口应具有完善的访问控制机制,包括认证和分级授权策略,以确保控制器能够及时拒绝其他控制器或应用的非法访问请求,以防止控制器暴露给破坏性的恶意应用。控制器支持为用户分配和管理账户和密码,支持用户权限控制,包括用户登录鉴权和用户操作鉴权等。

(2) 控制器安全策略应能保护认证数据的安全性(如证书、序列号、密码钥匙等)。在操作状态、状态转变和系统生命周期过程中(如控制器系统的初始化、系统的正常运行、系统待机、系统失效和系统恢复等状态,以及这些状态之间的转变过程),支持认证数据的生成、处理、维护和安全传送。

控制器接口应具有加密机制,对控制消息等进行加密处理,以确保通信协议消息的保密性和完整性。另外,接口协议应采用标准的经过长期安全验证的协议,以减少发生网络攻击的可能性。新的协议可能会带来更多的信息安全问题。应避免使用已经证明是不安全的并且不再被标准组织推荐的协议或算法。

(3) 为了避免资源信息的泄露,应确保控制器资源信息与其他访问实体之间重要信息(包括业务、资源和控制等信息)的隔离,并支持对查询请求的认证、确认等机制。

(4) 控制器应具有抵抗 DDoS (Distributed Denial of Service,分布式拒绝服务)等协议攻击的能力,应部署防火墙防止外部网络或客户对网络的攻击。

(5) 当受到攻击导致控制器失效时,不应影响传送面的业务转发。因此,在必要时可部署主备控制器保护,当主用控制器失效时,备用控制器能够及时承担起相应的控制功能,以确保网络的正常运行。

(6) 支持服务器、客户端等操作系统、数据库等应用平台和软件的安全性策略,对操作系统和数据库进行安全加固。例如,安装正版杀毒软件以防止病毒的入侵,支持可信计算等安全技术以强化控制器服务器的安全等级。

（7）通常软件系统使用的操作系统都有默认密码，且没有对安全机制进行设置。安全策略应确保控制器默认设置的安全性，默认配置信息包括缺省设置、默认算法、默认密匙长度、认证类型、预定义接入控制策略等。控制器安全机制应对不同的默认配置进行规范，并强制规范密码算法和安全协议，以适用于多应用场景中，在协议更新、故障恢复、系统重启等过程中，确保网络业务的安全。

（8）安全策略应确保控制通道的安全性，并支持控制通道的安全加密功能。

（9）控制器应支持保存不同 SDON 实体（如控制器、南北向接口、应用等）的所有登录记录和操作记录信息。操作日志记录用户在系统中所执行的各种操作。应支持授权用户对操作记录进行查询和备份。当需要将日志信息传送给远程服务器用于安全分析时，必须支持保密性和完整性保护。

（10）为了监视不同 SDON 实体的运行情况，应记录 SDON 实体的关键状态和计数。通过定期查询 SDON 实体的运行情况，及时发现 SDON 实体上的恶意操作。

9.4　SDON 与现有网络的兼容和演进

现有网络向 SDON 演进包括网络演进方案和设备演进路线两个方面。

9.4.1　光网络设备向 SDON 的兼容和演进

光网络设备向 SDON 演进涉及控制器的引入方式、控制接口的类型等方面，目前来看有以下三种可能的发展路线。

1. 现网设备的兼容性演进路线

现网传送设备向 SDN 演进的兼容性路线是保持现网传送设备不变，通过在网元管理系统（EMS）中引入控制器功能，在综合网络管理系统（NMS、OSS）层面引入多层多域控制器功能，实现向 SDON 的平滑式兼容演进，如图 9-11 所示。即 SDON 单域控制器通过 EMS 的现有南向接口（Qx、SNMP 等协议）实现对传送设备的控制，SDON 单域控制器与多域控制器之间采用标准的北向接口，实现 SDON 的开放性和标准性。对于后续新建设的基于 OpenFlow 芯片开发的新传送网设备，SDON 单域控制器支持基于标准的南向接口实现控制。

2. 现网设备的革命性演进路线

现网传送设备向 SDN 演进的革命性路线是，现网传送设备通过软件升级增加控制代理功能，从而支持标准的南向接口，如图 9-12（a）所示；在网元管理系统（EMS）层面引入单域控制器，单域控制器通过标准的南向接口实现对现网传送设备和基于 OpenFlow 芯片开发的新传送网设备的统一控制，EMS 网管系统仍通过现有南向接口（Qx、SNMP 等协议）实现对所有传送设备的管理。

3. 新设备的革命性演进路线

新建传送网络全部采用基于 OpenFlow 芯片开发的新传送网设备或支持控制代理的传送网设备，均支持标准的南向接口（如 OpenFlow 等），如图 9-12（b）所示，引入管控融合模式的单域控制管理器和多域协同管理控制器。单域控制管理器通过标准的南向接口实现对所有传送网设备的统一控制和管理,多域协同管理控制器实现对多个单域控制管理器的协同管控。

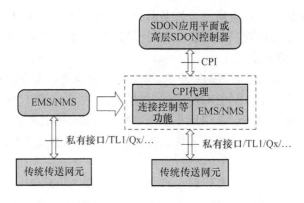

图 9-11　传统传送网元支持 SDON 的控制方案

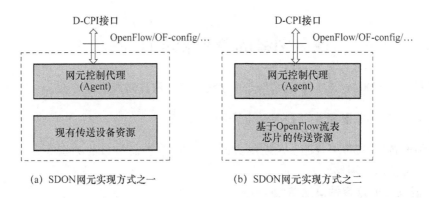

(a) SDON网元实现方式之一　　　　　(b) SDON网元实现方式之二

图 9-12　支持开放 D-CPI 接口的 SDON 传送层实现方式

9.4.2　光网络向 SDN 的演进

传送平面通常由多个子网构成,每个子网可以是来自不同厂商的传送设备。传送网向SDON 的演进需要引入单域控制器和多域协同控制器。

在控制器平面,每个子网对应有一个单域控制器,单域控制器一般由设备厂商提供。在单域控制器之上部署多域协同控制器,多域协同控制器一般由运营商或第三方提供。通过采用这种层次化的控制器架构,实现对多域传送网络的统一控制。

SDON 控制器与网管系统之间的关系可分为管控分离模式和管控融合模式两类。

1. 管控分离模式下的演进方案

在管控分离模式下,单域控制器的引入有以下两种方案:

方案一是单域控制器与传送网络之间没有单独的南向接口连接,单域控制器通过 MCI接口与 EMS 连接,通过现有的网管南向接口(Qx 或 SNMP 等)实现业务连接控制和资源调度功能,如图 9-13 所示。

方案二是单域控制器与传送网络之间直接通过南向接口(如 OpenFlow 等)连接,实现业务连接控制和资源调度功能；EMS 仍通过现有的网管南向接口（Qx 或 SNMP 等）与传送网络之间互连，如图 9-14 所示。

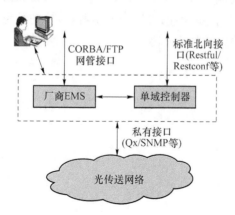

图 9-13　单域控制器与 EMS 的兼容演进方案 1

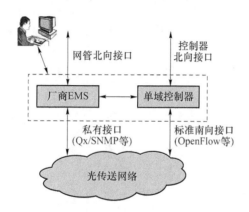

图 9-14　单域控制器与 EMS 的兼容演进方案 2

2. 管控融合模式下的演进方案

在管控融合模式下，SDON 控制器将作为控制/管理系统的一个功能模块，并与网管系统的其他功能模块通过系统内部接口进行通信。单域控制/管理系统与网元之间可采用 OpenFlow、Qx 等协议进行通信，单域控制/管理系统和多域控制/管理系统之间可采用 Restful 等协议进行通信。多域控制/管理系统向应用平面提供开放的 API 接口，实现传送网业务能力的开放。

对于采用 ASON 分布式控制平面的传送网，向 SDON 的演进可以考虑以下三种方式。

一是在现有 ASON 网络环境下，在传送设备上仍保留分布式 ASON 路由、信令、发现等功能，并在传送设备或网管系统中增加相应的控制代理，向上通过 OpenFlow 或 Restconf 等协议连接到控制器，ASON 分布式控制机制负责域内拓扑、路由和连接控制，SDON 集中控制器负责网络拓扑资源抽象、域间路由和连接控制，并向上层控制器和应用层提供服务。

二是对于采用路径计算单元 PCE 的 ASON 网络，由 PCE 负责域内路由集中计算和业务连接的请求，采用分布式信令实现业务连接控制、网络恢复等功能。通过在集中 PCE 控制单元中扩展北向接口和网络虚拟化抽象功能,与上层控制器连接。由上层控制器完成域间的路径计算、域间连接控制和保护恢复、开放网络服务能力等功能。

三是在传送设备上增加控制代理,直接与控制器连接,升级为集中控制方式。传送设备不再继续使用分布式 ASON 控制平面协议。

缩略语

英文缩写	英文	中文
3R	Re-amplifying, Reshaping and Retiming	再放大、再整形、再定时
AAU	Active Antenna Unit	有源天线处理单元
ADM	Add/Drop Multiplexer	分插复用器
AI	Adapted Information	适配信息
AIS	Alarm Indication Signal	告警指示信号
AMP	Asynchronous Mapping Procedure	异步映射规程
AON	All Optical Network	全光网络
AOTF	Acoustic-Optic Tunable Filter	声光可调滤波器
AP	Access Point	接入点
APD	Avalanche Photodiode	雪崩光电二极管
API	Access Point Identifier	接入点标识符
APS	Automatic Protection Switching	自动保护倒换
ASE	Amplified Spontaneous Emission	放大自发辐射
ASCII	American Standard Code for Information Interchange	美国信息交换标准代码
ASON	Automatic Switched Optical Network	自动交换光网络
ASTN	Automatic Switched Transport Network	自动交换传送网
ATM	Asynchronous Transfer Mode	异步转移模式
AWG	Arrayed Waveguide Grating	阵列波导光栅
BBU	Baseband Unit	基带单元
BDI	Backward Defect Indicator	后向缺陷指示
BDI-O	Backward Defect Indication Overhead	开销后向缺陷指示
BDI-P	Backward Defect Indication Payload	净荷后向缺陷指示
BEI	Backward Error Indicator	后向差错指示
BER	Bit Error Ratio	误比特率
BGP	Border Gateway Protocol	边界网关协议

BI	Backward Indication	后向指示
BIAE	Backward Incoming Alignment Error	后向引入定位错误
BIP	Bit Interleaved Parity	比特间插奇偶性
BMP	Bit-synchronous Mapping Procedure	比特同步映射规程
C	Connection Function	连接功能
CallC	Call Controller	呼叫控制器
CBR	Constant Bit Rate Signal	恒定比特率信号
CC	Connection Controller	连接控制器
CCI	Connection Control Interface	连接控制接口
CCITT	Consultative Committee International for Telephony and Telegraph	国际电报电话咨询委员会
CI	Characteristic Information	特征信息
CDN	Content Delivery Network	内容分发网络
CLNE	Client Layer Network Entity	客户层网络实体
CM	Connection Monitoring	连接监视
CMEP	Connection Monitoring End Point	连接监视端点
CMOH	Connection Monitoring Overhead	连接监视开销
CMIP	Common Management Information Protocol	公用管理信息协议
CO	Central Office	中心局
COMMS	Communications Channel	通信通道
CP	Connection Point	连接点
CRC	Cyclic Redundancy Check	循环冗余校验
CTRL	Control Word Sent from Source to Sink	源端到宿端的控制字
CU	Central Unit	集中处理单元
CWDM	Coarse Wavelength Division Multiplexing	粗波分复用
DAPI	Destination Access Point Identifier	目的接入点标识符
DC	Dispersion Compensation	色散补偿
DC	Data Center	数据中心
DCC	Data Communication Channel	数据通信通道
DCI	Data Center Interconnect	数据中心互联
DCN	Data Communication Network	数据通信网络
DGD	Differential Group Delay	差分群时延
DNU	Do Not Use	不使用
DNR	Do Not Revert	不返回
DU	Distributed Unit	分布单元
DWDM	Dense Wavelength Division Multiplexing	密集波分复用
DXC	Digital Cross-Connection	数字交叉连接
EA	Electro-Absorption	电吸收
ECC	Embedded Communication Channel	嵌入式通信通道
EDC	Error Detection Code	检错码
EDFA	Erbium Doped Fiber Amplifier	掺铒光纤放大器

eMBB	Enhanced Mobile Broadband	增强移动宽带
EML	Element Management Layer	网元管理层
eNB	Evolved Node B	演进型基站
E-NNI	Exterior Network-Node Interface	域间网络-节点接口
EOS	End of Sequence	序列最后一个成员
EPC	Evolved Packet Core	演进分组核心网
EXER	Exercise	练习
EXI	Extension Header Identifier	扩展头部标识符
EXP	Experimental Overhead	试验开销
FAS	Frame Alignment Signal	帧定位信号
FBG	Fiber Bragg Grating	光纤布拉格光栅
FCS	Frame Check Sequence	帧校验序列
FDDI	Fiber Distributed Data Interface	光纤分布式数据接口
FDI	Forward Defect Indicator	前向缺陷指示
FDI-O	Forward Defect Indication Overhead	开销前向缺陷指示
FDI-P	Forward Defect Indication Payload	净荷前向缺陷指示
FDM	Frequency Division Multiplexing	频分复用
FEC	Forward Error Correction	前向纠错
ffs	for Further Study	待研究
FlexE	Flexible Ethernet	灵活以太网
FlexO	Flexible Optical Transport Network	灵活光传送网
FS	Fixed Stuff	固定填充字节
FS	Forced Switch	强制倒换
FTFL	Fault Type & Fault Location	错误类型和错误定位
GCC	Generic Communications Channel	通用通信通道
GFP	General Framing Procedure	通用成帧程序
GID	Group Identification	组识别
GMP	Generic Mapping Procedure	通用映射规程
GMPLS	Generalized Multiprotocol Label Switching	通用多协议标签交换
gNB		5G 基站
HDLC	High Level Data Link Control	高级数据链路控制规程
HEC	Header Error Control	信头差错控制
IAE	Incoming Alignment Error	输入定位错误
IaDI	Intra-Domain Interface	域内接口
IETF	Internet Engineering Task Force	互联网工程任务组
IP	Internet Protocol	互联网协议
IPRAN	IP Radio Access Network	IP 化的无线接入网
IrDI	Inter-Domain Interface	域间接口
I-NNI	Internal Network-to-Node Interface	域内网络节点接口
ISO	International Organization for Standardization	国际标准化组织

ITU-T	International Telecommunication Union-Telecommunication Standardization Sector	国际电信联盟电信标准部
JC	Justification Control	调整控制
JOH	Justification Overhead	调整控制开销
LAN	Local Area Network	局域网
LC	Link Connection	链路连接
LCAS	Link Capacity Adjustment Scheme	链路容量调整方案
LCASC	Link Capacity Adjustment Scheme Controller	链路容量调整方案控制器
LCK	Locked	锁定
LO	Lockout for Protection	保护锁定
LOM	Loss of Multiframe	复帧丢失
LOS	Loss of Signal	信号丢失
LRM	Link Resource Manager	链路资源管理器
LSB	Least Significant Bit	最低有效位
MAF	Management Application Function	管理应用功能
MAN	Metropolitan Area Network	城域网
MCF	Message Communication Function	消息通信功能
MEC	Mobile Edge Computing	移动边缘计算
MEMS	Micro-Electro Mechanical System	微电机械系统
MFAS	Multi-Frame Alignment Signal	复帧定位信号
MFI	Multiframe Indicator	复帧指示器
MI	Management Information	管理信息
MII	Media-Independent Interface	与媒体无关的接口
MLM	Multi-Longitudinal Mode	多纵模
mMTC	massive Machine Type Communications	海量机器类通信
MODEM	MOdulator-DEModulator	调制解调器
MOTN	Mobile-optimized Optical Transport Network	移动承载优化光传送网
MP	Management Plane	管理平面
MP	Management Point	管理参考点
MPI	Main Path Interface	主光通道接口
MPI-R	Single Channel Receive Main Path Interface Reference Point	单信道主光通道 R 参考点
MPI-S	Single Channel Source Main Path Interface Reference Point	单信道主光通道 S 参考点
MPI-R_M	Multichannel Receive Main Path Interface Reference Point	多信道主光通道 R 参考点
MPI-S_M	Multichannel Source Main Path Interface Reference Point	多信道主光通道 S 参考点

MPLS	Multiprotocol Lable Switching	多协议标记交换
MPLS-TP	Multiprotocol Label Switching Transport Profile	MPLS 传送构架
MS	Manual Switch	人工倒换
MSB	Most Significant Bit	最高有效位
MSI	Multiplex Structure Identifier	复用结构标识符
MST	Member Status	成员状态域
MSTP	Multi-service Transfer Platform	基于 SDH 的多业务传送平台
NA	Not Applicable	未应用
naOH	Nonassociated Overhead	非关联开销
NE	Network Element	网络单元
NJO	Negative Justification Opportunity	负调整机会
NMI-A	Network Management Interface-Administration	管理平面与控制平面接口
NMI-T	Network Management Interface -Transport	管理平面与传送平面接口
NNI	Network Node Interface	网络节点接口
NMS	Network Management System	网络管理系统
NORM	Normal Operating Mode	正常工作状态
NR	No Request	无请求
NRZ	Non-return to Zero	非归零码
OA	Optical Amplifier	光放大器
OADM	Optical Add-Drop Multiplexer	光分插复用器
OAM	Operation，Administration，Maintenance	运行、管理、维护
OBPF	Optical Band Pass Filter	光带通滤波器
OCDM	Optical Code Division Multiplexing	光码分复用
OCDMA	Optical Code Division Multiple Address	光码分多址复用
OCh	Optical Channel with Full Functionality	全功能的光通道
OChr	Optical Channel with Reduced Functionality	简化功能的光通道
OD	Optical Demultiplexer	光解复用器
OCI	Open Connection Indication	断开连接指示
ODU	Optical Channel Data Unit	光通道数据单元
ODUk	Optical Channel Data Unit-k	k 阶 ODU
ODTUjk	Optical Channel Data Tributary Unit j into k	光通道数据支路单元 jk
ODTUG	Optical Channel Data Tributary Unit Group	光通道数据支路单元组
ODUk-Xv	X virtually concatenated ODUk's	X 个 ODUk 虚级联而成的容器
OEO	Optical-to-electrical-to-optical	光-电-光转换

OFC	Optical Fiber Communication	光纤通信
OH	Overhead	开销
OIF	Optical Internet Forum	光联网论坛
OLNE	Optical Layer Network Entity	光层网络实体
OM	Optical Multiplexer	光复用器
OMN	OTN Management Network	OTN 管理网络
OMS	Optical Multiplex Section	光复用段
OMSN	Optical Management Sub-Network	光管理子网
OMS-OH	Optical Multiplex Section Overhead	光复用段开销
OMU	Optical Multiplex Unit	光复用单元
ONE	Optical Network Element	光网络单元
ONNI	Optical Network Node Interface	光网络节点接口
OOS	OTM Overhead Signal	OTM 开销信号
OPS	Optical Physical Section	光物理段
OPU	Optical Channel Payload Unit	光通道净荷单元
OPUk	Optical Channel Payload Unit-k	k 阶 OPU
OPUk-Xv	X Virtually Concatenated OPUk's	X 个 OPUk 虚级联的容器
OSC	Optical Supervisory Channel	光监控信道
OSI	Open System Interconnection	开放系统互连
OT	Optical Terminal	光终端
OTDM	Optical Time Division Multiplexing	光时分复用
OTH	Optical Transport Hierarchy	光传送体系
OTM	Optical Transport Module	光传送模块
OTN	Optical Transport Network	光传送网
OTS	Optical Transmission Section	光传输段
OTSn	Optical Transmission Section of Level n	n 阶光传输段
OTS-OH	Optical Transmission Section Overhead	光传输段开销
OTU	Optical Channel Transport Unit	光通道传送单元
OTUk	Optical Channel Transport Unit-k	光通道传送单元 k
OTUkV	Functionally Standardized Optical Channel Transport Unit-k	部分标准化的 k 阶光通道传送单元
OTUCn	Optical Transport Unit-Cn	$n * 100$G 光传送单元
OXC	Optical Cross Connect	光交叉连接
PBS	Polarization Beam Separator	偏振分束器
P2P	peer-to-peer	点到点
PC	Protocol Controller	协议控制器
PC	Permanent Connection	永久型连接
PCC	Protection Communication Channel	保护通信信道

PDH	Plesiochronous Digital Hierarchy	准同步数字系列
PFI	Payload FCS Identifier	净荷帧校验序列标识符
PIN	P Type-intrinsic-n Type	PIN 型光电二极管
PJO	Positive Justification Opportunity	正调整机会
PLD	Payload	净荷
PLI	Payload Length Identifier	净荷长度标识符
PM	Path Monitoring	通道监视
PMD	Polarization Mode Dispersion	偏振模色散
PMI	Payload Missing Indication	净荷丢失指示
PMOH	Path Monitoring Over Head	通道监视开销
POTN	Packet OTN	分组增强型 OTN
ppm	parts per million	百万分之一
PPP	Point-to-Point Protocol	点到点协议
PRBS	Pseudo Random Binary Sequence	伪随机二进制序列
PSD	Power Spectral Density	功率谱密度
PSI	Payload Structure Identifier	净荷结构标识符
PT	Payload Type	净荷类型
PTI	Payload Type Identifier	净荷类型标识符
PTN	Packet Transport Network	分组传送网
PVWP	Partial Virtual Wavelength Path	部分虚波长通道
QAM	Quadrate Amplitude Modulation	正交幅度调制
QPSK	Quadrature Phase Shift Keying	正交相移键控
RA	Require Agent	请求代理
RC	Route Controller	路由控制器
RDI	Remote Defect Indication	远端缺陷指示
RES	Reserved for Future International Standardization	留作未来使用
RI	Remote Information	远端参考信息
RMS	Root Mean Square	均方根
ROADM	Reconfigurable Optical Add-Drop Multiplexer	可重构光分插复用器
RP	Remote Point	远端参考点
RR	Reverse Request	反向请求
RS-Ack	Re-sequence Acknowledge	序列重排确认
RWA	Routing and Wavelength Assignment	选路及波长分配
RZ	Return to Zero	归零码
R_M	Multichannel Receive Reference Point (for line OAs)	多信道接收参考点

R_{S-M}	Single Channel (to Multichannel) Receive Reference Point	单信道至多信道的接收参考点
R_S	Single Channel Receive Reference Point	单信道接收参考点
SAPI	Source Access Point Identifier	源接入点标识符
SD	Signal Degrade	信号劣化
SDH	Synchronous Digital Hierarchy	同步数字系列
SC	Switched Connection	交换式连接
SDN	Software Defined Network	软件定义网络
SF	Signal Fail	信号失效
Sk	Sink	信宿
SLA	Service Level Agreement	业务等级协定
SLM	Single-longitudinal Mode	单纵模
SM	Section Monitoring	段监视
SMOH	Section Monitoring Over Head	段监视开销
SMSR	Side-mode Suppression Ratio	边模抑制比
SNC	Sub-network Connection	子网连接
SNMP	Simple Network Management Protocol	简单网络管理协议
So	Source	信源
SOA	Semiconductor Optical Amplifier	半导体光放大器
SONET	Synchronous Optical Network	同步光网络
SPC	Soft Permanent Connection	软永久型连接
S_M	Multichannel Source Reference Point(for Line OAs)	多信道 S 参考点
S_{M-S}	Single Channel (from Multichannel) Source Reference Point	多信道至单信道的发送参考点
S_S	Single Channel Source Reference Point	单信道 S 参考点
SSD	Server Signal Degraded	服务层信号劣化
SSF	Server Signal Fail	服务层信号失效
SQ	Sequence Indicator	序列指示器
STM	Synchronous Transport Module	同步传送模块
TC	Tandem Connection	串联连接
TCM	Tandem Connection Monitoring	串联连接监视
TCMOH	andem Connection Monitoring OverHead	串联连接监视开销
TCP	Termination Connection Point	终端连接点
TDM	Time Division Multiplex	时分复用
TIM	Trail Trace Identifier Mismatch	路径踪迹标识符失配
TMN	Telecommunication Management Network	电信管理网
TP	Transport Plane	传送平面
TS	Tributary Slot	支路时隙
TSD	Trail Signal Degraded	路径信号劣化

TSF	Trail Signal Fail	路径信号失效
TT	Trail Termination function	路径终端功能
TTI	Trail Trace Identifier	路径踪迹标识符
TxTI	Transmitted Trace Identifier	发送的 TTI
UNI	User-to-Network Interface	用户网络接口
UPI	User Payload Identifier	用户净荷标识符
URLLC	Ultra-Reliable and Low Latency Communications	高可靠低时延通信
VCG	Virtual Concatenation Group	虚级联组
VCOH	Virtual Concatenation Overhead	虚级联开销
vcPT	virtual concatenated Payload Type	虚级联净荷类型
VWP	Virtual Wavelength Path	虚拟波长通道
WDM	Wavelength Division Multiplexing	波分复用
WP	Wavelength Path	波长通道
WSON	Wavelength Switched Optical Network	波长交换光网络
WTR	Wait to Restore	等待恢复

参考文献

[1] Recommendation ITU-T G. 872. Architecture of optical transport networks (OTN). 2017(1).

[2] Recommendation ITU-T G. 709/Y. 1331. Interfaces for the optical transport network. 2016 (6).

[3] Recommendation ITU-T G. 709. 1/Y. 1331. 1. Flexible OTN short-reach interfaces. 2018(6).

[4] Recommendation ITU-T G. 709. 2/Y. 1331. 2. OTU4 long-reach interface. 2018(7).

[5] Recommendation ITU-T G. 709. 3/Y. 1331. 3. Flexible OTN long-reach interfaces. 2018(6).

[6] Recommendation ITU-T G. 870/Y. 1352. Terms and definitions for optical transport networks. 2016(11).

[7] Recommendation ITU-T G. 873. 1. Optical transport network: Linear protection. 2017(10).

[8] Recommendation ITU-T G. 873. 2. ODUk shared ring protection. 2015(8).

[9] Recommendation ITU-T G. 873. 3. Optical transport network-Shared mesh protection. 2017(9).

[10] OIF. FlexE 2. 0 Implementation Agreement. 2018(1).

[11] Recommendation ITU-T G. 959. 1. Optical transport network physical layer interfaces. 2016(4).

[12] Recommendation ITU-T G. 694. 1. Spectral grids for WDM applications: DWDM frequency grid. 2012(2).

[13] OIF. Draft OTN Over Packet Fabric Protocol (OPF) Implementation Agreement. 2011(10).

[14] Recommendation ITU-T G. 7702. Architecture for SDN control of transport networks. 2018 (3).

[15] 毛谦. ASON 技术的发展与应用. 中国新通信, 2007(2).

[16] 毛谦. 光通信与 5G 协同发展将成业界热点. 通信世界, 2017(5).

[17] 毛谦. 我国光通信技术和产业的最新发展. 光通信研究, 2014(1).

[18] 毛谦. 三个结合与四个融合成光接入网重要发展趋势, 2017 光通信技术和发展论坛, 2017(9).

[19] 毛谦. 对宽带通信技术发展几个问题的思考. OFweek 宽带通信与物联网前沿技术研讨会论文集, 2013(9).

[20] 毛谦. 光纤接入是"宽带中国"的基石. 信息通信技术. 2012(2).

[21] 毛谦. 光通信技术系列讲座. 武汉邮电科学研究院烽火科技学院. 2012(3).

[22] 韦乐平. 迈向全光网: 大连接时代的光通信进阶之路. 通信产业报, 2017(1).

[23] 韦乐平. SDN: 颠覆性的网络技术构架创新. 重庆邮电大学学报(自然科学版), 2015(8).

[24] 吕建新, 黄诚勇, 宋旅宁. 统一交换技术的研究和实现. 光通信研究, 2014(6).

[25] 杨天普, 戴广翀, 杜铮, 等. 超 100 Gbit/s OTN 标准及关键技术. 电信工程技术与标准化, 2017(4).

[26] 烽火通信科技股份有限公司. FONST 6000 U 系列分组增强型 OTN 设备产品描述. 2014(4).

[27] 马琳, 荆瑞泉. OTN 设备标准的最新进展. 电信网技术, 2010(12).

[28] 张成良, 韦乐平. 新一代传送网关键技术和发展趋势. 电信科学, 2013(1).

[29] 何建明. OXC/OADM 关键技术及其发展. 中兴通讯技术, 2002(4).

[30] 沈世奎, 师严. 软件定义可编程的光传送网络. 邮电设计技术, 2014(10).

[31] 易准. 400 Gbit/s WDM 技术方案及应用场景分析. 电信快报, 2016(6).

[32] 魏澎. 超 100 Gbit/s WDM 传输系统技术发展及应用分析. 邮电设计技术, 2017(2).

[33] 沈世奎, 郑波, 王硕, 等. 邮电设计技术, 2018(4).

[34] 中华人民共和国通信行业标准 YD/T 1462—2011. 光传送网(OTN)接口, 2011(12).

[35] 中华人民共和国通信行业标准 YD/T 2713—2014. 光传送网(OTN)保护技术要求. 2014(10).

[36] 中华人民共和国通信行业标准 YD/T 1634—2016. 光传送网(OTN)物理层接口. 2016(4).

[37] 中华人民共和国通信行业标准 YD/T 2484—2013. 分组增强型光传送网(OTN)设备技术要求. 2013(4).

[38] 中华人民共和国通信行业标准 YD/T. 软件定义光网络(SDON)总体技术要求(报批稿).

[39] 中国电信. CTNet2025 网络构架白皮书. 2016(7).

[40] 中国电信 CTNet2025 网络重构开放实验室. 5G 时代光传送网技术白皮书. 2017(9).

［41］ 中国电信，华为技术有限公司.灵活以太网技术白皮书. 2018.

［42］ 中国电信. 中国电信5G技术白皮书. 2018(6).

［43］ 中国通信学会. 中国通信学科发展史. 北京：中国科学技术出版社，2010.

［44］ 刘国辉，袁燕. 光传送网中客户信号的映射和复用. 光通信研究，2003(3).

［45］ 毛建庄，刘国辉. 光传送网中的虚级联技术. 光通信研究，2003(3).

［46］ 刘国辉，吴红青. 虚级联在数字包封技术中的应用. 光学与光电技术，2003(4).

［47］ 刘国辉，吴红青. 光传送网数字包封中的时分复用技术. 广东通信技术，2003(8).

［48］ 刘国辉. 链路容量调整方案的控制原理分析. 中国有线电视，2003(21).

［49］ 柯文，刘国辉. 光传送网虚级联信号的链路容量调整方案. 光通信研究，2003,增刊(I).

［50］ 刘国辉. 光传送网原理与技术. 北京：北京邮电大学出版社，2004.